中小型农田水利工程设计图集

——以陕西省为例

陕西省水利电力勘测设计研究院
陕西省水利厅农村水利水电处 编著

中国水利水电出版社
www.waterpub.com.cn
·北京·

内 容 提 要

本图集是在总结陕西省中小型农田水利工程建设经验的基础上，收集有关典型已建成工程案例图纸编绘而成。本图集包括低坝引水枢纽、无坝"闸站合一、临河泵站"引水枢纽、泵站、中小型渠道型式及混凝土衬砌、农桥、跌水与陡坡、渠道水闸、渡槽、涵洞、隧洞、倒虹吸、量水堰、喷灌、微喷灌等建筑物的设计图。入选本图集的各类建筑物，都经过了较长时间的运用实践，基本上反映了陕西省中小型农田水利工程的主要型式、结构特点，内容丰富，具有鲜明的典型性、代表性和实用性。

本图集对从事农田水利工程设计的技术人员和相关专业的高等院校师生具有一定的参考价值。

图书在版编目（ＣＩＰ）数据

中小型农田水利工程设计图集：以陕西省为例／陕西省水利电力勘测设计研究院，陕西省水利厅农村水利水电处编著. -- 北京：中国水利水电出版社，2023.12
ISBN 978-7-5226-2136-4

Ⅰ. ①中… Ⅱ. ①陕… ②陕… Ⅲ. ①农田水利－水利工程－工程设计－陕西－图集 Ⅳ. ①S27-64

中国国家版本馆CIP数据核字(2024)第019868号

书　名	中小型农田水利工程设计图集——以陕西省为例 ZHONG - XIAOXING NONGTIAN SHUILI GONGCHENG SHEJI TUJI——YI SHANXI SHENG WEILI
作　者	陕西省水利电力勘测设计研究院 陕西省水利厅农村水利水电处 编著
出版发行	中国水利水电出版社 （北京市海淀区玉渊潭南路 1 号 D 座　100038） 网址：www.waterpub.com.cn E - mail：sales@mwr.gov.cn 电话：(010) 68545888（营销中心）
经　售	北京科水图书销售有限公司 电话：(010) 68545874、63202643 全国各地新华书店和相关出版物销售网点
排　版	中国水利水电出版社微机排版中心
印　刷	清淞永业（天津）印刷有限公司
规　格	297mm×420mm　横 8 开　26.75 印张　920 千字
版　次	2023 年 12 月第 1 版　2023 年 12 月第 1 次印刷
印　数	0001—1100 册
定　价	280.00 元

凡购买我社图书，如有缺页、倒页、脱页的，本社营销中心负责调换

编 委 会

主　　任：魏克武

副 主 任：田　进　吕颖峰　白鹏翔　郑　坤　王光社　焦小琦　闫　星

委　　员：董建筑　王增强　惠焕利　冯缠利　王文成　刘宁哲　王　平
　　　　　陈武春　喻竑昌

秘 书 组：王增强　张　弛　杜娟莉

主　　编：郑克敬　魏克武

副 主 编：郑湘文　关祥飞　赵军校　雷智昌　张晓库　赵　玮　喻竑昌

参编人员：张利民　周景华　郭正组　孙军平　屈艳妮　张　弛　雷　靖
　　　　　方　圆　唐　龙　李跃涛　赵靖伟　姜存良　周高让　冯宏革
　　　　　李登峰　贾志胜　常　斌　王　健　李勇民　张利梅　李思源
　　　　　杨远斐　马鲸淯

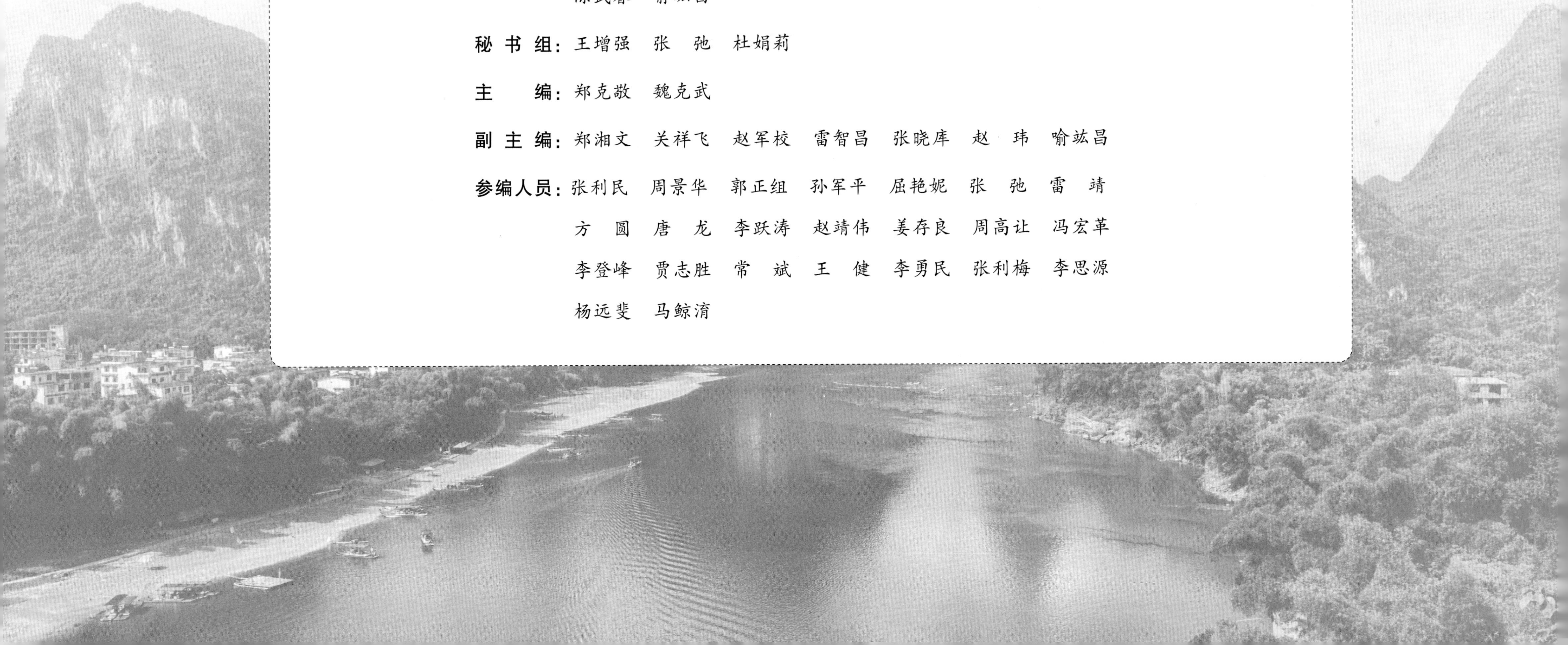

陕西省在中国灿烂的历史文化中具有非常重要的地位。由于其独特的地理位置和水资源条件，从大禹治水开始，陕西人民就不断书写着波澜壮阔的治水篇章。郑国渠、关中八惠等一座座水利工程无不彰显着同时代的治水智慧和先进的设计理念。

中华人民共和国成立以来，在农田水利基本建设的浪潮中，我国修建了一大批水库、灌区、泵站等水利工程，取得了许多宝贵的经验，培养了一大批优秀的设计工程师。在改革开放初期，陕西省水利电力勘测设计研究院灌区设计在全国处于先进水平，我国第一部灌溉设计规范就是由其主持编制的，对我国灌区设计作出了应有的贡献。20世纪80年代，由于我的工作内容涉及灌区工程，单位专门把我送到陕西省水利电力土木建筑勘测设计院（现陕西省水利电力勘测设计研究院）进行培养学习。在两年的时间里，我得到了省内许多水利前辈及同事的指导和帮助，在此表示衷心的感谢。

《中小型农田水利工程设计图集——以陕西省为例》在已出版的《中小型农田水利工程设计手册》的基础上，针对设计人员的具体需求，用更加形象的工程师语言——图纸的形式，把多年的设计经验和精华表现出来，可以让设计人员更好地借鉴和参考。图集内容几乎涵盖了农田水利工程设计中所有的型式，包括低坝引水枢纽、无坝引水枢纽、泵站、水闸、渠道衬砌、农桥、渡槽、倒虹吸、隧道、涵洞、跌水与陡坡、量水堰、喷灌等方面。这些设计图纸皆来自工程实际，经过了长时间的运行考验，虽然工程图集以陕西省的工程经验为例，但对全国的农田水利工程都具有一定的参考价值。

水利部水利电力规划设计总院　副总工程师　李现社

2023 年 1 月

中华人民共和国成立以来，陕西省历届省委、省政府坚持把农田水利基本建设作为夯实农业基础、确保粮食安全、促进农村发展和农业增产及农民增收的一项基础工作和战略举措来抓，带领全省人民团结奋战、艰苦奋斗，水利工程建设取得了辉煌成就。截至 2017 年年底，建成万亩以上的灌区 186 处，共建水库 1101 座，机电灌排泵站 3424 座，总装机功率 72 万 kW，水闸 608 座，塘坝 10008 座，机井 680800 眼，全省灌溉面积达到 2128 万亩，其中：喷灌面积 51.56 万亩，微喷灌面积 88.10 万亩，低压管道输水灌溉面积 514.61 万亩，基本形成了蓄、引、提、调结合，大、中、小、微并举的农田水利灌溉网络，为陕西省经济社会的快速发展，确保粮食安全、防洪安全、供水安全提供了有力的支撑和保障。与此同时，参与陕西省水利工程建设的单位和技术人员都积累了丰富的勘测设计工程建设经验。为了适应陕西省中小型农田水利工程建设的快速发展，加快项目前期工作进度，进一步提高工程设计质量，又快又好地完成陕西省中小型农田水利工程建设，特编写《中小型农田水利工程设计图集——以陕西省为例》（以下简称《图集》）。

《图集》包括低坝引水枢纽、无坝"闸站合一，临河泵站"引水枢纽、泵站、中小型渠道型式及混凝土衬砌防渗、农桥、跌水与陡坡、渠道水闸、渡槽、涵洞、隧洞、倒虹吸、量水堰、喷灌、微喷灌等建筑物的设计图。入选《图集》的各类建筑物，都经过了较长时间的运用实践，基本上反映了陕西省中小型农田水利工程的主要型式、结构特点，内容丰富，具有鲜明的典型性、代表性和实用性，对从事水利水电工程设计的技术人员和相关专业的高等院校师生，具有一定的参考价值。由于水利水电工程地形地貌、水文地质、工程地质等建设条件各异，在参考本《图集》时，要根据工程特点因地制宜，取其所长，不应照搬。

《图集》在建筑物的筛选过程中，得到了陕西水环境工程勘测设计研究院、陕西省宝鸡峡水利水电设计院、中国电建集团西北勘测设计研究院有限公司、渭南市水利水电勘测设计院、陕西省泾惠水利水电设计院、陕西秦东水利水电勘测设计有限公司、宝鸡市江河水利水电设计院、咸阳市水利水电规划勘测设计研究院、西安水务（集团）规划设计研究院有限公司、渭南市洛惠渠管理局设计室、杨凌瑞沃水利水电规划设计有限公司、杨凌西北水利水电建筑勘察设计院有限公司、西北综合勘察设计研究院等单位领导和设计人员的热忱帮助和鼎力支持，在此致以诚挚的感谢。

由于篇幅所限，在众多的工程设计图中，入选《图集》的工程尚存在一定的局限性，设计图还存在某些错误和不足，恳请广大读者批评指正。

编　者

2023 年 1 月

前　言

目 录

序

前言

西安市黑河灌区引水枢纽总平面布置图 …………………………………… 1
西安市黑河灌区引水枢纽溢流坝剖面图（一）…………………………… 2
西安市黑河灌区引水枢纽溢流坝剖面图（二）…………………………… 3
西安市黑河灌区东、西干渠进水闸冲沙闸设计图（一）……………… 4
西安市黑河灌区东、西干渠进水闸冲沙闸设计图（二）……………… 5
西安市黑河灌区东、西干渠进水闸冲沙闸设计图（三）……………… 6
西安市黑河灌区东、西干渠进水闸冲沙闸设计图（四）……………… 7
西安市黑河灌区东、西干渠进水闸冲沙闸设计图（五）……………… 8
秦岭国家植物园灌溉供水工程田峪河引水枢纽平面布置图 ………… 9
秦岭国家植物园灌溉供水工程田峪河引水枢纽溢流坝设计图（一）… 10
秦岭国家植物园灌溉供水工程田峪河引水枢纽溢流坝设计图（二）… 11
秦岭国家植物园灌溉供水工程田峪河引水枢纽冲沙闸设计图 ……… 12
秦岭国家植物园灌溉供水工程田峪河引水枢纽进水闸、沉沙池设计图（一）… 13
秦岭国家植物园灌溉供水工程田峪河引水枢纽进水闸、沉沙池设计图（二）… 14
蓝田县县城供水引水枢纽工程溢流坝上游立视图 …………………… 15
蓝田县县城供水引水枢纽工程溢流坝、消力池设计图（一）……… 16
蓝田县县城供水引水枢纽工程溢流坝、消力池设计图（二）……… 17
岚皋县农田水利项目田垭村堰坝设计图（一）………………………… 18
岚皋县农田水利项目田垭村堰坝设计图（二）………………………… 19
港口抽黄工程闸站合一临河泵站（一级站）平面布置图（一）…… 20
港口抽黄工程闸站合一临河泵站（一级站）平面布置图（二）…… 21
渭南市东雷抽黄续建工程太里湾一级站总体平面布置图 …………… 22
渭南市东雷抽黄续建工程太里湾一级站横剖面设计图 ……………… 23
黄河延水关取水枢纽取水斗槽平面布置图（一）……………………… 24
黄河延水关取水枢纽取水斗槽平面布置图（二）……………………… 25
黄河延水关取水枢纽取水斗槽纵断面图（一）………………………… 26
黄河延水关取水枢纽取水斗槽纵断面图（二）………………………… 27
金鸡沙水库供水工程竖井式泵站平面布置图 ………………………… 28
金鸡沙水库供水工程竖井式泵站剖面设计图 ………………………… 29
渭南市东雷抽黄工程东雷二级站水泵电动机层平面布置图（一）… 30
渭南市东雷抽黄工程东雷二级站水泵电动机层平面布置图（二）… 31
渭南市东雷抽黄工程东雷二级站主厂房剖面设计图（一）………… 32
渭南市东雷抽黄工程东雷二级站主厂房剖面设计图（二）………… 33

渭南市东雷抽黄工程东雷二级站横剖面设计图 ……………………… 34
港口抽黄灌区望远沟泵站平面布置图 ………………………………… 35
港口抽黄灌区望远沟泵站剖面图 ……………………………………… 36
港口抽黄灌区望远沟泵站进水池及厂房部分设计图（一）………… 37
港口抽黄灌区望远沟泵站进水池及厂房部分设计图（二）………… 38
港口抽黄灌区望远沟泵站进水池及厂房部分设计图（三）………… 39
港口抽黄灌区望远沟泵站出水部分设计图（一）……………………… 40
港口抽黄灌区望远沟泵站出水部分设计图（二）……………………… 41
港口抽黄灌区望远沟泵站水泵电机基础设计图 ……………………… 42
港口抽黄灌区望远沟泵站镇墩设计图（一）…………………………… 43
港口抽黄灌区望远沟泵站镇墩设计图（二）…………………………… 44
港口抽黄灌区望远沟泵站镇墩设计图（三）…………………………… 45
渭南市东雷抽黄工程南乌牛二级站总平面布置图 …………………… 46
渭南市东雷抽黄工程南乌牛二级站 1/2 纵剖面设计图（一）……… 47
渭南市东雷抽黄工程南乌牛二级站 1/2 纵剖面设计图（二）……… 48
港口抽黄灌区西傲泵站平剖面设计图（一）…………………………… 49
港口抽黄灌区西傲泵站平剖面设计图（二）…………………………… 50
南沟门水库供水工程一级泵站总平面图 ……………………………… 51
南沟门水库供水工程一级泵站纵剖面图 ……………………………… 52
南沟门水库供水工程一级泵站水机设备布置图（一）……………… 53
南沟门水库供水工程一级泵站水机设备布置图（二）……………… 54
港口抽黄灌区零级站平面设计图 ……………………………………… 55
港口抽黄灌区零级站剖面设计图 ……………………………………… 56
港口抽黄灌区零级站浮船上部厂房平面设计图 ……………………… 57
港口抽黄灌区花五站平面布置图 ……………………………………… 58
港口抽黄灌区花五站厂房高池部分剖面图 …………………………… 59
港口抽黄灌区花五站进水部分平面布置图 …………………………… 60
交口抽渭灌区田市泵站总平面设计图 ………………………………… 61
交口抽渭灌区田市泵站 900ZLB－100 泵组平面图 ………………… 62
交口抽渭灌区田市泵站 1400ZLB－85 泵组平面图 ………………… 63
交口抽渭灌区田市泵站 1400ZLB－85 机组剖面图 ………………… 64
交口抽渭灌区田市泵站 900ZLB－100 机组剖面图 ………………… 65
山阳县第二水厂供水工程辐射井工艺图（一）……………………… 66

山阳县第二水厂供水工程辐射井工艺图（二） ……………………………… 67
山阳县第二水厂供水工程辐射井工艺图（三） ……………………………… 68
蒲城抽洛石羊一级抽水站主副厂房平面图 …………………………………… 69
蒲城抽洛石羊一级抽水站主副厂房A—A剖面图 …………………………… 70
蒲城抽洛石羊一级抽水站压力管道设计图 …………………………………… 71
港口抽黄灌区试验站进水池退水设计图 ……………………………………… 72
渭南市港口抽黄试验站进水池、主厂房平面布置图 ………………………… 73
渭南市港口抽黄试验站1号机组剖面图 ……………………………………… 74
渭南市港口抽黄试验站±0.00层平面布置图 ………………………………… 75
渭南市抽黄供水北湾调蓄池工程斜拉式潜水泵站平面布置图 ……………… 76
渭南市抽黄供水北湾调蓄池工程斜拉式潜水泵站A—A剖面图 …………… 77
宝鸡峡大北沟水库坝后式泵站总体平面布置图 ……………………………… 78
宝鸡峡大北沟水库坝后式泵站1—1剖面图 ………………………………… 79
富县电厂2×1000MW厂外补给水工程泵站厂区总平面布置图 …………… 80
富县电厂2×1000MW厂外补给水工程泵站纵剖面设计图 ………………… 81
富县电厂2×1000MW厂外补给水工程泵站检修平台层平面图 …………… 82
富县电厂2×1000MW厂外补给水工程泵站主副厂房纵剖面图 …………… 83
富县电厂2×1000MW厂外补给水工程泵站主厂房内安装立式长轴泵纵横剖面图 … 84
灌区支斗渠道横断面设计图 …………………………………………………… 85
冯家山水库灌区渠道横断面典型设计图 ……………………………………… 86
泾惠渠一支渠高地下水位段衬砌设计图 ……………………………………… 87
羊毛湾水库引水工程取水头部总干渠加盖段设计图 ………………………… 88
泾惠渠三支渠衬砌改造工程便桥设计图 ……………………………………… 89
泾惠渠三支渠测流桥设计图 …………………………………………………… 90
泾惠渠一支渠农桥设计图 ……………………………………………………… 91
东雷抽黄灌区总干渠拱型农桥设计图（一） ………………………………… 92
东雷抽黄灌区总干渠拱型农桥设计图（二） ………………………………… 93
东雷抽黄灌区总干渠拱型农桥设计图（三） ………………………………… 94
东雷抽黄灌区总干渠拱型农桥设计图（四） ………………………………… 95
东雷抽黄灌区总干渠拱型农桥设计图（五） ………………………………… 96
东雷抽黄灌区总干渠拱型农桥设计图（六） ………………………………… 97
东雷抽黄灌区总干渠拱型农桥设计图（七） ………………………………… 98
东雷抽黄灌区总干渠拱型农桥设计图（八） ………………………………… 99
东雷抽黄灌区总干渠拱型农桥设计图（九） ………………………………… 100
东雷抽黄灌区总干渠拱型农桥设计图（十） ………………………………… 101
东雷抽黄灌区总干渠拱型农桥设计图（十一） ……………………………… 102
东雷抽黄灌区总干渠拱型农桥设计图（十二） ……………………………… 103
东雷抽黄灌区总干渠拱型农桥设计图（十三） ……………………………… 104
东雷抽黄灌区总干渠拱型农桥设计图（十四） ……………………………… 105
东雷抽黄灌区总干渠拱型农桥设计图（十五） ……………………………… 106
宝鸡峡灌区北干渠13m跨径生产桥设计图（一） …………………………… 107
宝鸡峡灌区北干渠13m跨径生产桥设计图（二） …………………………… 108
宝鸡峡灌区北干渠13m跨径生产桥设计图（三） …………………………… 109

宝鸡峡灌区北干渠13m跨径生产桥设计图（四） …………………………… 110
宝鸡峡灌区北干渠13m跨径生产桥设计图（五） …………………………… 111
宝鸡峡灌区北干渠13m跨径生产桥设计图（六） …………………………… 112
宝鸡峡灌区北干渠13m跨径生产桥设计图（七） …………………………… 113
宝鸡峡灌区北干渠13m跨径生产桥设计图（八） …………………………… 114
宝鸡峡灌区北干渠13m跨径生产桥设计图（九） …………………………… 115
宝鸡峡灌区北干渠20m跨径生产桥设计图（一） …………………………… 116
宝鸡峡灌区北干渠20m跨径生产桥设计图（二） …………………………… 117
宝鸡峡灌区北干渠20m跨径生产桥设计图（三） …………………………… 118
宝鸡峡灌区北干渠20m跨径生产桥设计图（四） …………………………… 119
砌石拱式排洪桥设计图 ………………………………………………………… 120
西安市黑河灌区直落式跌水设计图（一） …………………………………… 121
西安市黑河灌区直落式跌水设计图（二） …………………………………… 122
西安市黑河灌区直落式跌水设计图（三） …………………………………… 123
西安市黑河灌区直落式跌水设计图（四） …………………………………… 124
砌石结构陡坡设计图 …………………………………………………………… 125
混凝土结构陡坡设计图 ………………………………………………………… 126
混凝土结构跌水设计图 ………………………………………………………… 127
洛惠渠灌区东干三支渠退水道多级跌水（八跌浪）设计图 ………………… 128
洛惠渠灌区总干渠夺村退水道多级跌水设计图 ……………………………… 129
泾惠渠灌区三支渠斗门设计图 ………………………………………………… 130
冯家山水库灌区总干渠0.6m×0.6m分水闸设计图 ………………………… 131
白水县林皋水库灌区干渠节制闸、分水闸设计图（一） ………………… 132
白水县林皋水库灌区干渠节制闸、分水闸设计图（二） ………………… 133
西安市黑河灌区西干支渠进水闸设计图 ……………………………………… 134
羊毛湾水库引水工程分水闸设计图（一） …………………………………… 135
羊毛湾水库引水工程分水闸设计图（二） …………………………………… 136
冯家山水库灌区北抽二进水闸设计图 ………………………………………… 137
冯家山水库灌区北抽三节制闸、分水闸设计图 ……………………………… 138
西安市黑河灌区1号支沟倒虹纵横断面设计图（一） ……………………… 139
西安市黑河灌区1号支沟倒虹纵横断面设计图（二） ……………………… 140
西安市黑河灌区1号支沟倒虹出口设计图（一） …………………………… 141
西安市黑河灌区1号支沟倒虹出口设计图（二） …………………………… 142
桃曲坡水库灌区低干渠2号桥倒总平面布置图（一） ……………………… 143
桃曲坡水库灌区低干渠2号桥倒纵剖面设计图（一） ……………………… 144
桃曲坡水库灌区低干渠2号桥倒总平面布置图（二） ……………………… 145
桃曲坡水库灌区低干渠2号桥倒纵剖面设计图（二） ……………………… 146
桃曲坡水库灌区低干渠2号桥倒排水沟纵断面设计图 ……………………… 147
桃曲坡水库灌区低干渠2号桥倒排架配筋设计图 …………………………… 148
桃曲坡水库灌区低干渠2号桥倒桥墩设计图 ………………………………… 149
竖井型管式公路倒虹吸设计图 ………………………………………………… 150
斜管型管式公路倒虹吸设计图 ………………………………………………… 151
石堡川水库灌区总干渠张索渡槽设计图（一） ……………………………… 152

石堡川水库灌区总干渠张索渡槽设计图（二）……………………153

石堡川水库灌区总干渠张索渡槽设计图（三）……………………154

石堡川水库灌区总干渠张索渡槽设计图（四）……………………155

石堡川水库灌区总干渠张索渡槽设计图（五）……………………156

石堡川水库灌区总干渠张索渡槽设计图（六）……………………157

石堡川水库灌区总干渠张索渡槽设计图（七）……………………158

西安市黑河灌区西高干窑头沟渡槽设计图（一）………………159

西安市黑河灌区西高干窑头沟渡槽设计图（二）………………160

西安市黑河灌区西高干窑头沟渡槽设计图（三）………………161

西安市黑河灌区西高干窑头沟渡槽设计图（四）………………162

石头河水库灌区东干渠东滑峪渡槽设计图…………………………163

南沟门水库供水总干渠渡槽设计图（一）…………………………164

南沟门水库供水总干渠渡槽设计图（二）…………………………165

白水县林皋水库灌区五支渡槽设计图（一）……………………166

白水县林皋水库灌区五支渡槽设计图（二）……………………167

交口抽渭灌区支渠跨干支沟渡槽设计图（一）…………………168

交口抽渭灌区支渠跨干支沟渡槽设计图（二）…………………169

桃曲坡水库灌区低干渠3号渡槽设计图（一）…………………170

桃曲坡水库灌区低干渠3号渡槽设计图（二）…………………171

桃曲坡水库灌区低干渠3号渡槽设计图（三）…………………172

桃曲坡水库灌区低干渠3号渡槽设计图（四）…………………173

桃曲坡水库灌区低干渠3号渡槽设计图（五）…………………174

桃曲坡水库灌区渡槽改造设计图……………………………………175

西安市黑河灌区东干渠马岔河涵洞设计图（一）………………176

西安市黑河灌区东干渠马岔河涵洞设计图（二）………………177

西安市黑河灌区东干渠马岔河涵洞设计图（三）………………178

东雷二期抽黄灌区砌石拱式排洪涵洞设计图……………………179

东雷二期抽黄灌区管式排洪涵洞设计图……………………………180

西安市黑河灌区西干渠2号隧洞设计图（一）…………………181

西安市黑河灌区西干渠2号隧洞设计图（二）…………………182

羊毛湾水库引水工程输水隧洞设计图（一）……………………183

羊毛湾水库引水工程输水隧洞设计图（二）……………………184

羊毛湾水库引水工程输水隧洞横断面设计图……………………185

桃曲坡水库灌区低干渠输水隧洞横断面设计图…………………186

支渠量水堰设计图……………………………………………………187

巴歇尔量水堰设计图…………………………………………………188

杨凌区农业种植试验示范园喷灌典型设计图……………………189

杨凌区农业种植试验示范园滴灌典型设计图……………………190

杨凌区农业种植试验示范园温室大棚田间典型布置图（一）…191

杨凌区农业种植试验示范园温室大棚田间典型布置图（二）…192

杨凌区农业种植试验示范园高效节水灌溉工程平面分区图……193

杨凌区农业种植试验示范园高效节水灌溉工程平面布置图……194

杨凌区农业种植试验示范园高效节水灌溉工程管网水力计算图…195

杨凌区农业种植试验示范园葡萄滴灌典型设计图………………196

杨凌区农业种植试验示范园猕猴桃微喷灌典型设计图…………197

杨凌区农业种植试验示范园日光温室滴灌典型设计图（一）…198

杨凌区农业种植试验示范园日光温室滴灌典型设计图（二）…199

杨凌区农业种植试验示范园低压管道输水灌溉设计图…………200

杨凌区农业种植试验示范园滴灌、微喷灌、小管出流灌溉系统组成图…201

西安市黑河灌区引水枢纽总平面布置图

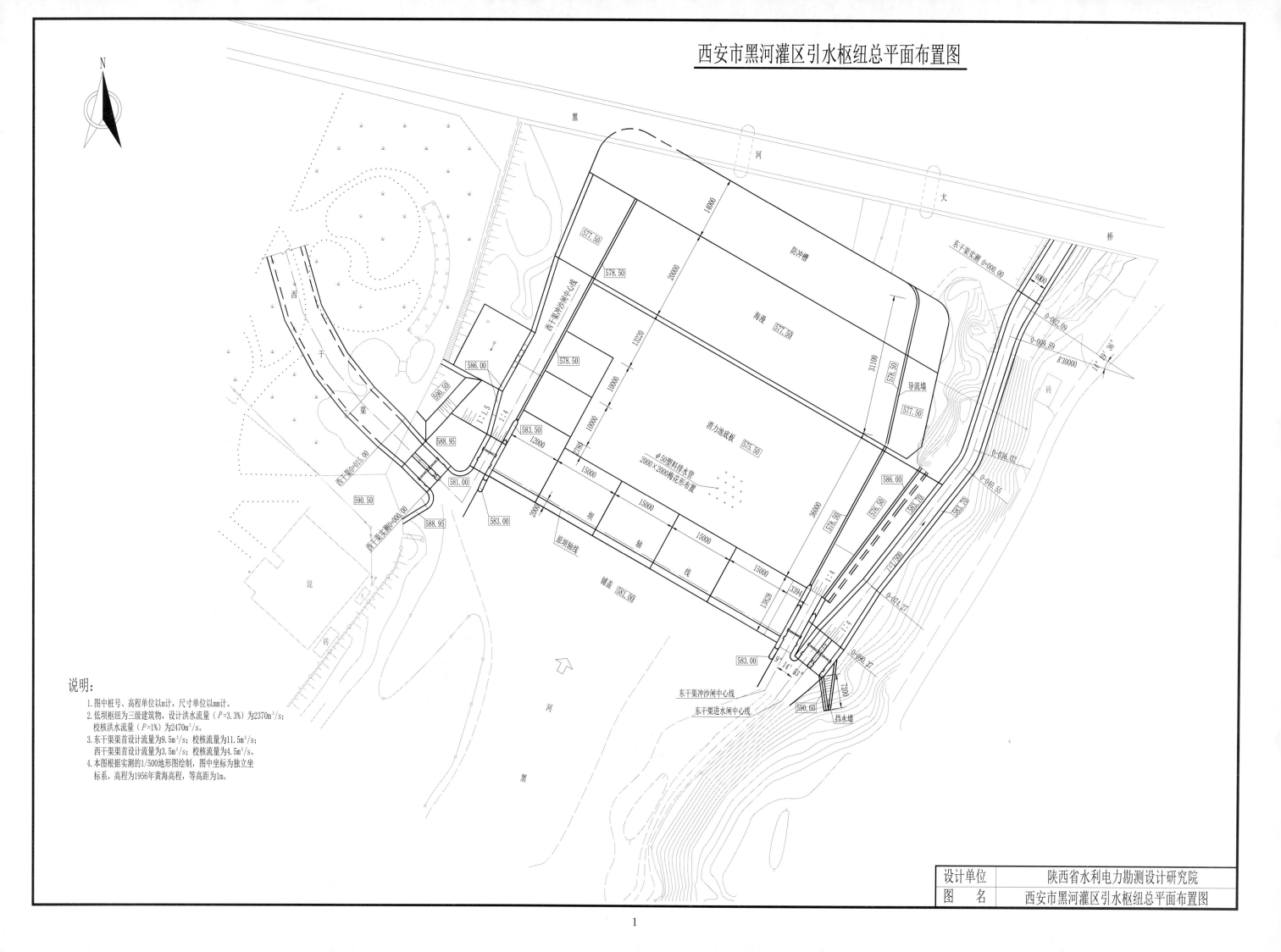

说明:

1. 图中桩号、高程单位以m计，尺寸单位以mm计。

2. 低坝枢纽为三级建筑物，设计洪水流量（$P=3.3\%$）为2370m³/s；校核洪水流量（$P=1\%$）为2470m³/s。

3. 东干渠渠首设计流量为9.5m³/s；校核流量为11.5m³/s；西干渠渠首设计流量为3.5m³/s；校核流量为4.5m³/s。

4. 本图根据实测的1/500地形图绘制，图中坐标为独立坐标系，高程为1956年黄海高程，等高距为1m。

设计单位	陕西省水利电力勘测设计研究院
图 名	西安市黑河灌区引水枢纽总平面布置图

西安市黑河灌区引水枢纽溢流坝剖面图（一）

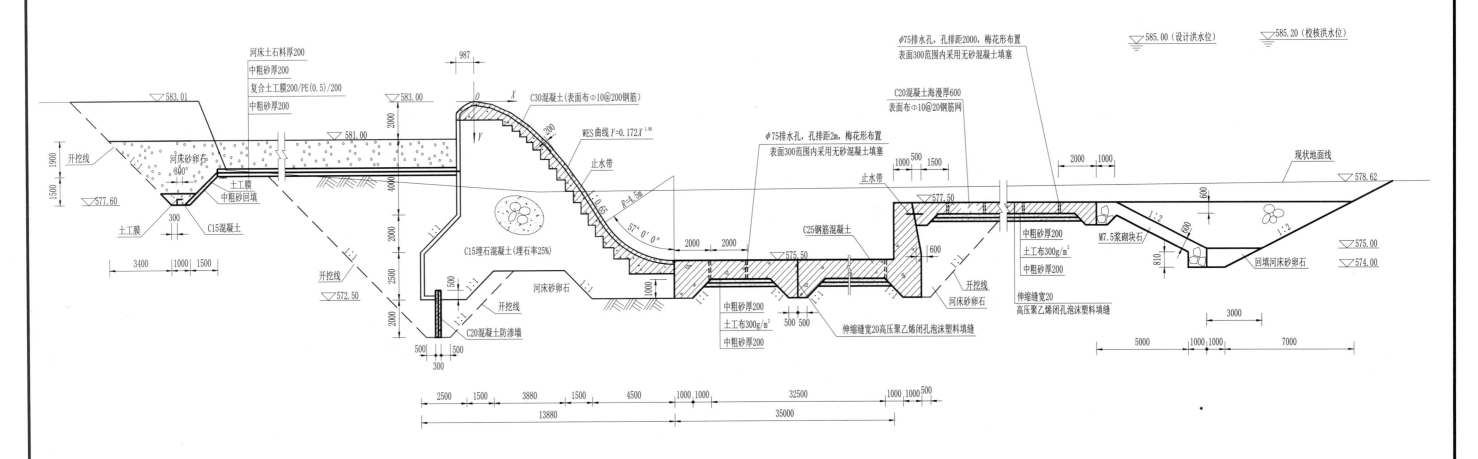

溢流坝幂曲线坐标计算表

X(m)	0	0.2	0.5	1.0	1.5	2.0	2.5	3.0	3.5
Y(m)	0	0.0088	0.0477	0.1720	0.3642	0.6201	0.9370	1.3128	1.7460
X(m)	4.0	4.5	5.0	5.5	6.0	6.5	7.0		
Y(m)	2.2353	2.7795	3.3777	4.0290	4.7327	5.4881	6.2945		

说明：
1. 图中高程单位以m计，尺寸单位以mm计。
2. 经复核，水毁修复坝体断面尺寸满足抗滑、抗倾要求，泄流能力达到设计要求。

设计单位	陕西省水利电力勘测设计研究院
图名	西安市黑河灌区引水枢纽溢流坝剖面图（一）

西安市黑河灌区引水枢纽溢流坝剖面图（二）

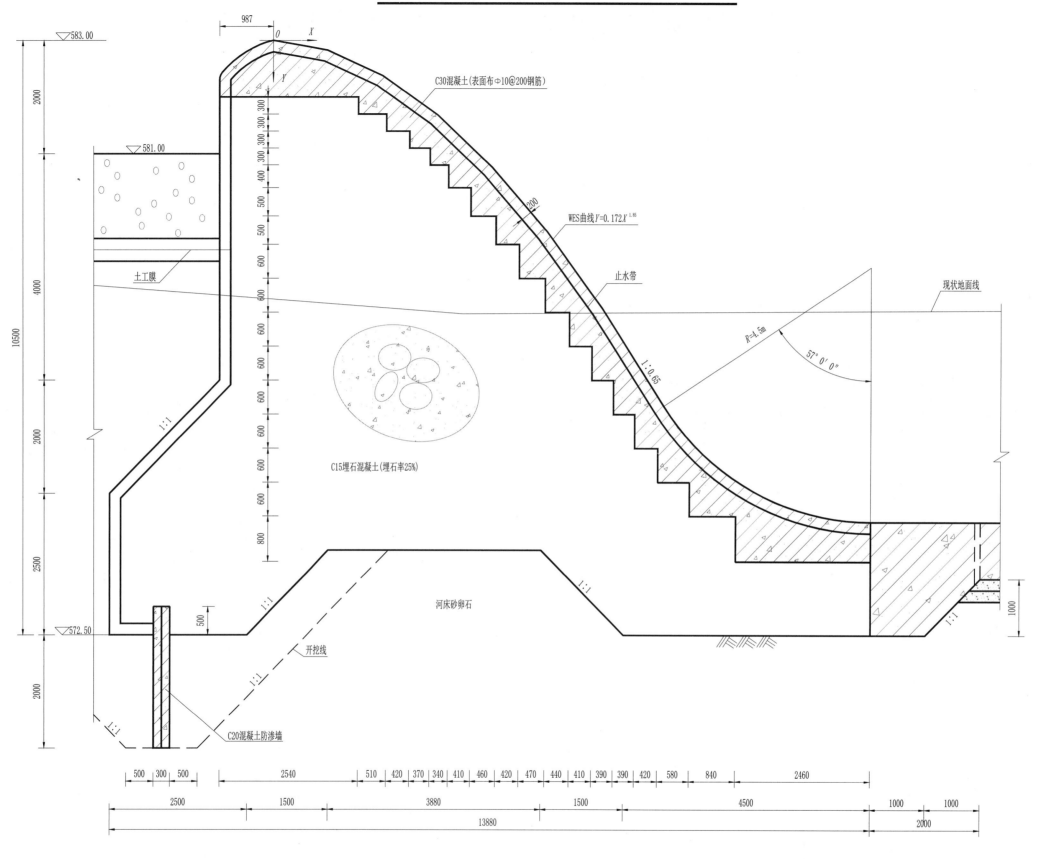

C30混凝土(表面布Φ10@200钢筋)

WES曲线Y=0.172X^{1.85}

止水带

现状地面线

R=4.5m

57° 0′ 0″

1:0.65

土工膜

C15埋石混凝土(埋石率25%)

河床砂卵石

开挖线

C20混凝土防渗墙

说明:
1. 图中高程单位以m计，尺寸单位以mm计。
2. 经复核，水毁修复坝体断面尺寸满足抗滑、抗倾要求，泄流能力达到设计要求。

设计单位	陕西省水利电力勘测设计研究院
图　名	西安市黑河灌区引水枢纽溢流坝剖面图（二）

东干渠进水闸、冲沙闸平面图

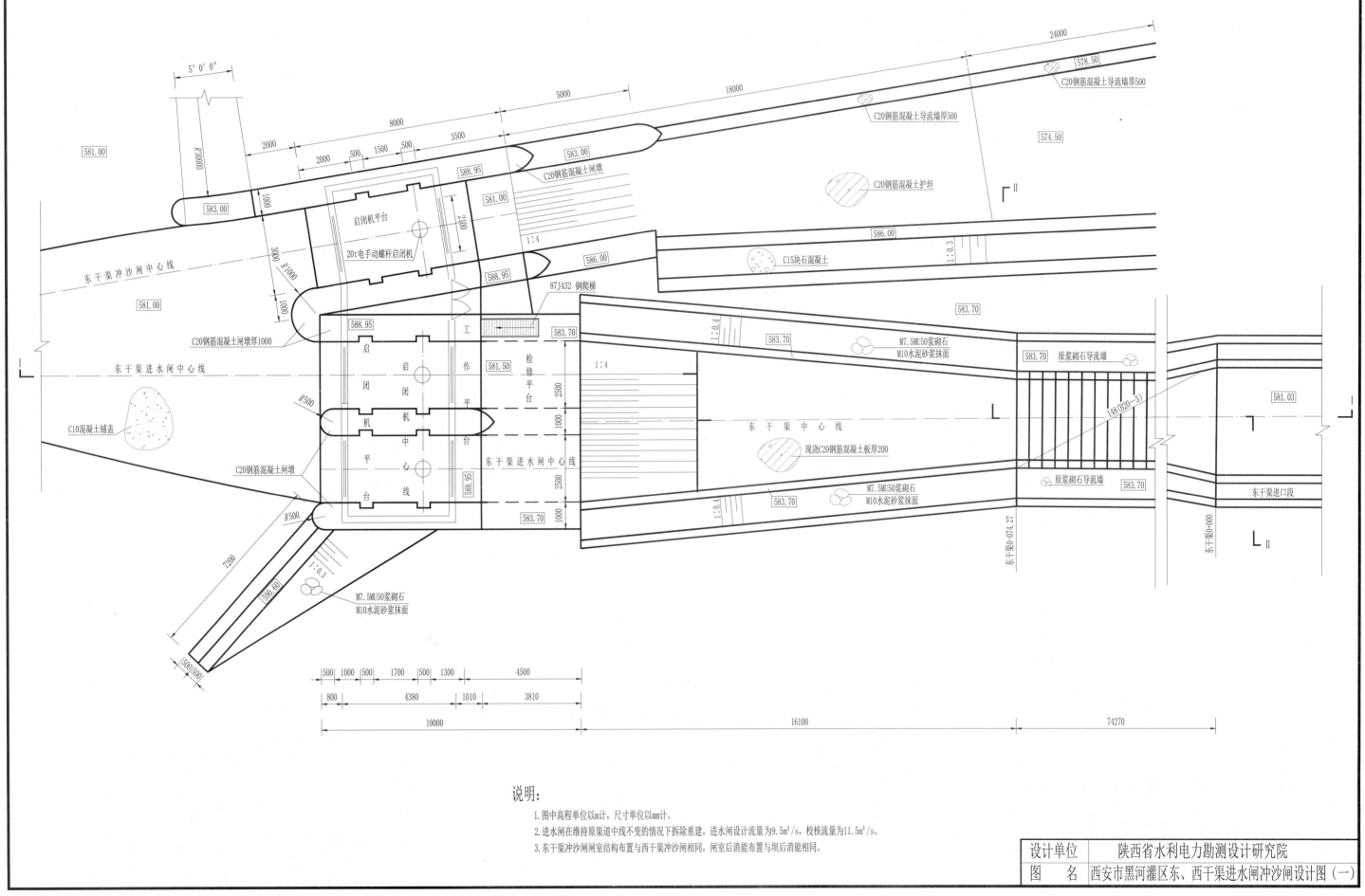

说明:
1. 图中高程单位以m计,尺寸单位以mm计。
2. 进水闸在维持原渠道中线不变的情况下拆除重建,进水闸设计流量为9.5m³/s,校核流量为11.5m³/s。
3. 东干渠冲沙闸闸室结构布置与西干渠冲沙闸相同,闸室后消能布置与坝后消能相同。

设计单位	陕西省水利电力勘测设计研究院
图　名	西安市黑河灌区东、西干渠进水闸冲沙闸设计图（一）

4

Ⅰ－Ⅰ东干渠进水闸剖面图

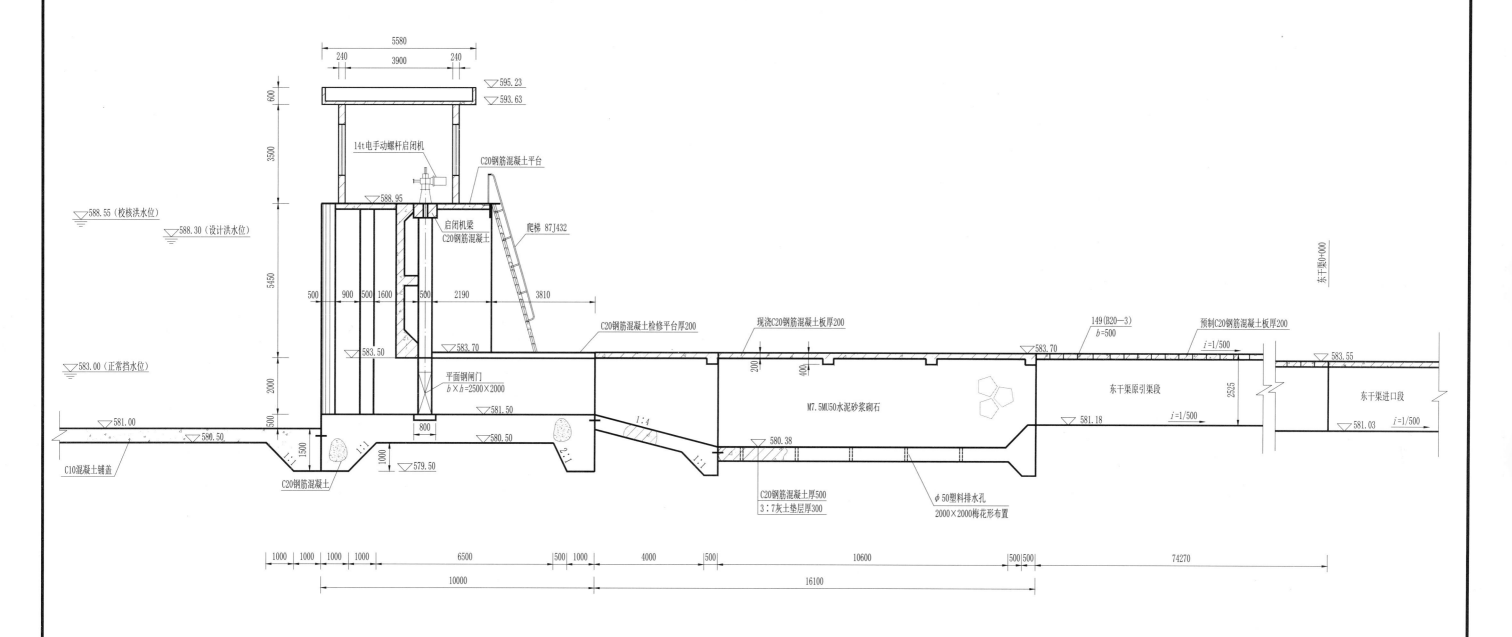

说明:
1. 图中高程单位以m计,尺寸单位以mm计。
2. 进水闸在维持原渠道中线不变的情况下拆除重建,进水闸设计流量为9.5m³/s,校核流量为11.5m³/s。
3. 东干渠冲沙闸闸室结构布置与西干渠冲沙闸相同,闸室后消能布置与坝后消能相同。

设计单位	陕西省水利电力勘测设计研究院
图 名	西安市黑河灌区东、西干渠进水闸冲沙闸设计图（二）

Ⅱ－Ⅱ纵剖面图

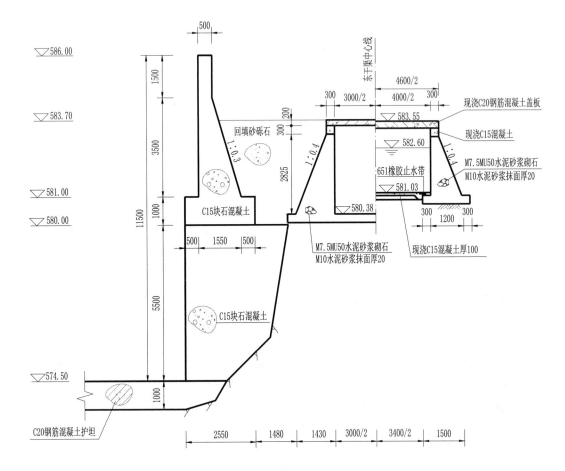

东干渠进水闸、冲沙闸工程量表

序号	项目	单位	数量	备注
1	挖砂卵石	m³	179	进水闸、冲沙闸闸室段
2	回填土夹石	m³	285	进水闸、冲沙闸闸室段
3	挖石方	m³	505	进水闸、冲沙闸闸室段
4	现浇C25钢筋混凝土	m³	26.0	胸墙等
5	现浇C20钢筋混凝土	m³	1370	闸墩、闸室底板、启闭机梁等
6	预制C20钢筋混凝土	m³	40	盖板等
7	C15钢筋块石混凝土	m³	588.4	挡墙等
8	C10混凝土	m³	329	铺盖等
9	M7.5MU50水泥砂浆砌石	m³	458	
10	M10水泥砂浆抹面	m²	1976	
11	弯扎钢筋	t	71.1	
12	φ40塑料排水孔	m	42	护坦
13	651橡胶止水带	m	76	
14	沥青刨花板	m²	38	
15	2.5m×2.0m钢闸门	扇/t	2	进水闸
16	3m×2.5m钢闸门	扇/t	1	冲沙闸
17	14t电动手动螺杆式启闭机	套	2	进水闸
18	20t电动手动螺杆式启闭机	套	1	冲沙闸
19	闸房	m²	42	
20	拆除C15埋石混凝土	m³	86	坝
21	拆C30混凝土量	m³	68	坝
22	拆除浆砌石量	m³	276	原水闸
23	拆混凝土量	m³	33	原水闸
24	拆除闸房	m²	33	原水闸
25	拆除闸门	套	4	原水闸
26	拆除钢筋混凝土	m³	20	原水闸

说明：

1.图中高程单位以m计，尺寸单位以mm计。

2.进水闸在维持原渠道中线不变的情况下拆除重建，进水闸设计流量为9.5m³/s，校核流量为11.5m³/s。

3.东干渠冲沙闸闸室结构布置与西干渠冲沙闸相同，闸室后消能布置与坝后消能相同。

设计单位	陕西省水利电力勘测设计研究院
图　名	西安市黑河灌区东、西干渠进水闸冲沙闸设计图（三）

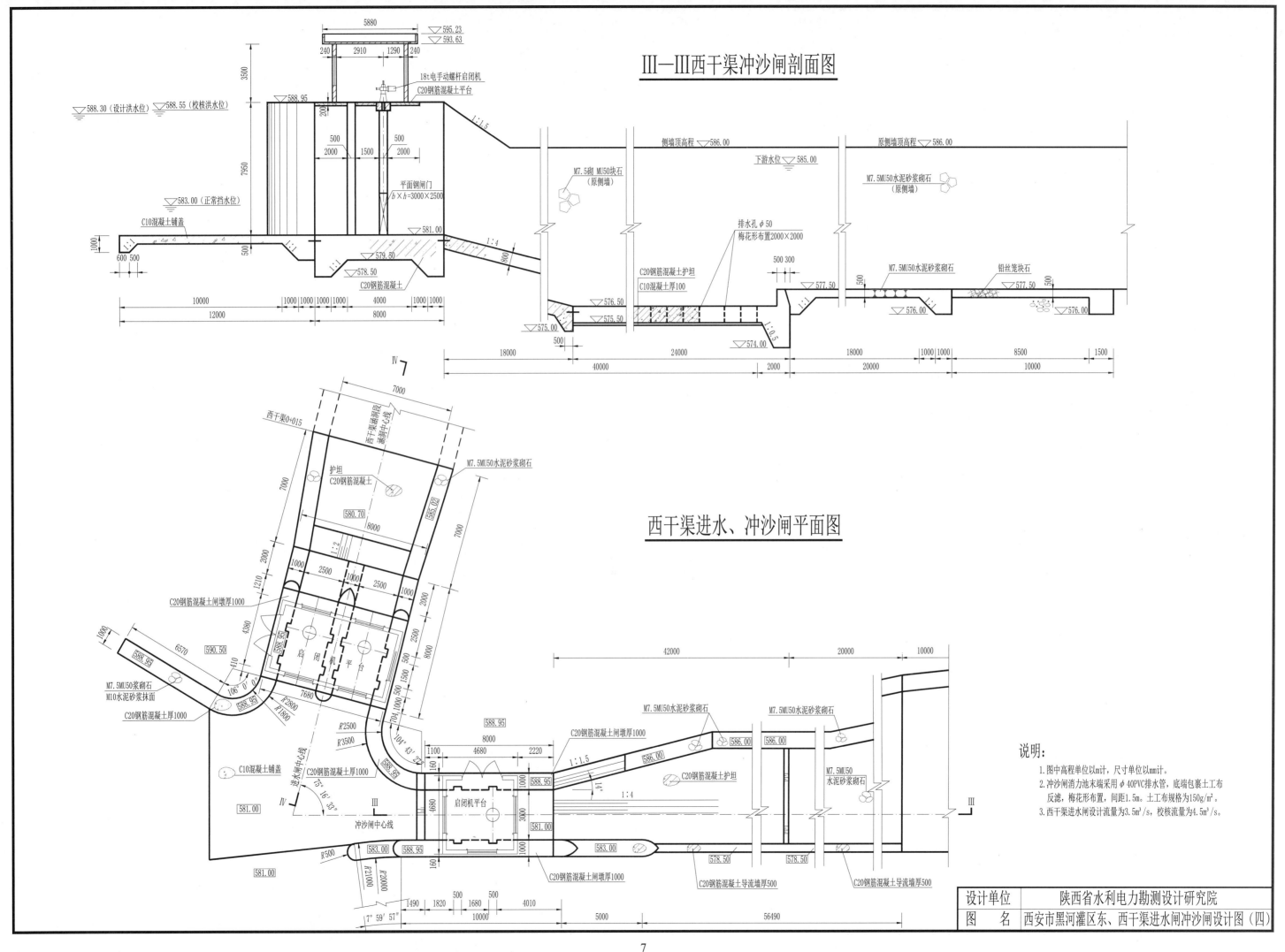

Ⅲ—Ⅲ西干渠冲沙闸剖面图

西干渠进水、冲沙闸平面图

说明：
1. 图中高程单位以m计，尺寸单位以mm计。
2. 冲沙闸消力池末端采用φ40PVC排水管，底端包裹土工布反滤，梅花形布置，间距1.5m。土工布规格为150g/m²。
3. 西干渠进水闸设计流量为3.5m³/s，校核流量为4.5m³/s。

设计单位	陕西省水利电力勘测设计研究院
图　名	西安市黑河灌区东、西干渠进水闸冲沙闸设计图（四）

Ⅳ—Ⅳ西干渠进水闸剖面图

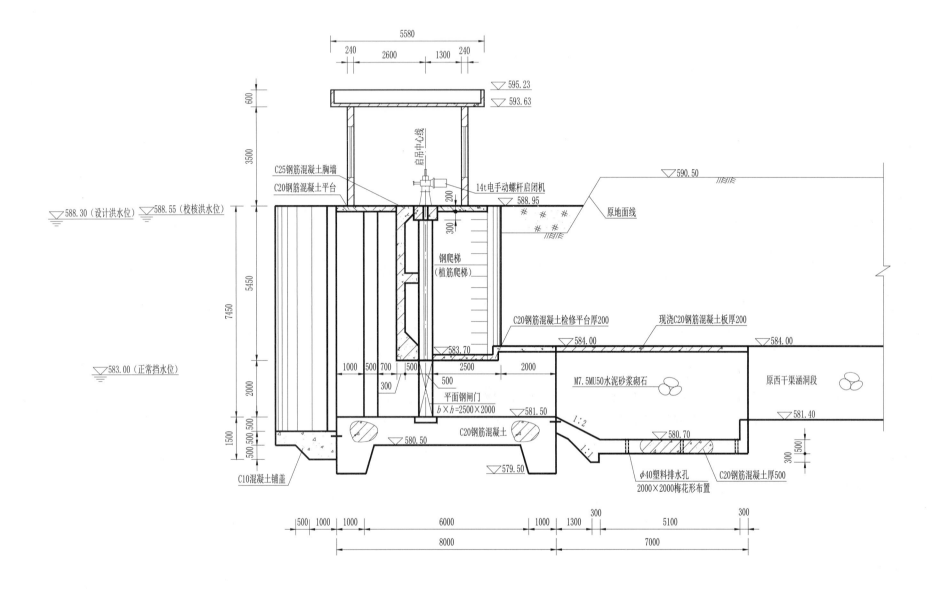

西干渠进水闸、冲沙闸工程量表

序号	项目	单位	数量	备注
1	挖土夹石	m³	999	进水闸、冲沙闸闸室段
2	回填土夹石	m³	1700	进水闸、冲沙闸闸室段
3	现浇C20钢筋混凝土	m³	990	闸墩、闸室底板、启闭机梁等
4	现浇C25钢筋混凝土	m³	26	胸墙等
5	现浇C10混凝土	m³	236	铺盖等
6	M7.5MU50水泥砂浆砌石	m³	437.6	
7	M10水泥砂浆抹面	m²	201.0	
8	弯扎钢筋	t	54	
9	φ40塑料排水孔	m	21	护坦
10	651橡胶止水带	m	49	
11	沥青砂板条	m²	28	
12	2.5m×1.5m钢闸门	扇/t	2	进水闸
13	3m×2m钢闸门	扇/t	1	冲沙闸
14	14t电动螺杆式启闭机	套	2	进水闸
15	20t电动螺杆式启闭机	套	1	冲沙闸
16	闸房	m²	1	
17	拆除浆砌石量	m³	338	
18	拆混凝土量	m³	53	
19	拆除闸房	m²	45	
20	拆除闸门	套	5	
21	拆除钢筋混凝土	m³	30	

说明：
1. 图中高程单位以m计，尺寸单位以mm计。
2. 冲沙闸消力池末端采用φ40PVC排水管，底端包裹土工布
   反滤，梅花形布置，间距1.5m。土工布规格为150g/m²。
3. 西干渠进水闸设计流量为3.5m³/s，校核流量为4.5m³/s。

设计单位	陕西省水利电力勘测设计研究院
图 名	西安市黑河灌区东、西干渠进水闸冲沙闸设计图（五）

秦岭国家植物园灌溉供水工程田峪河引水枢纽平面布置图

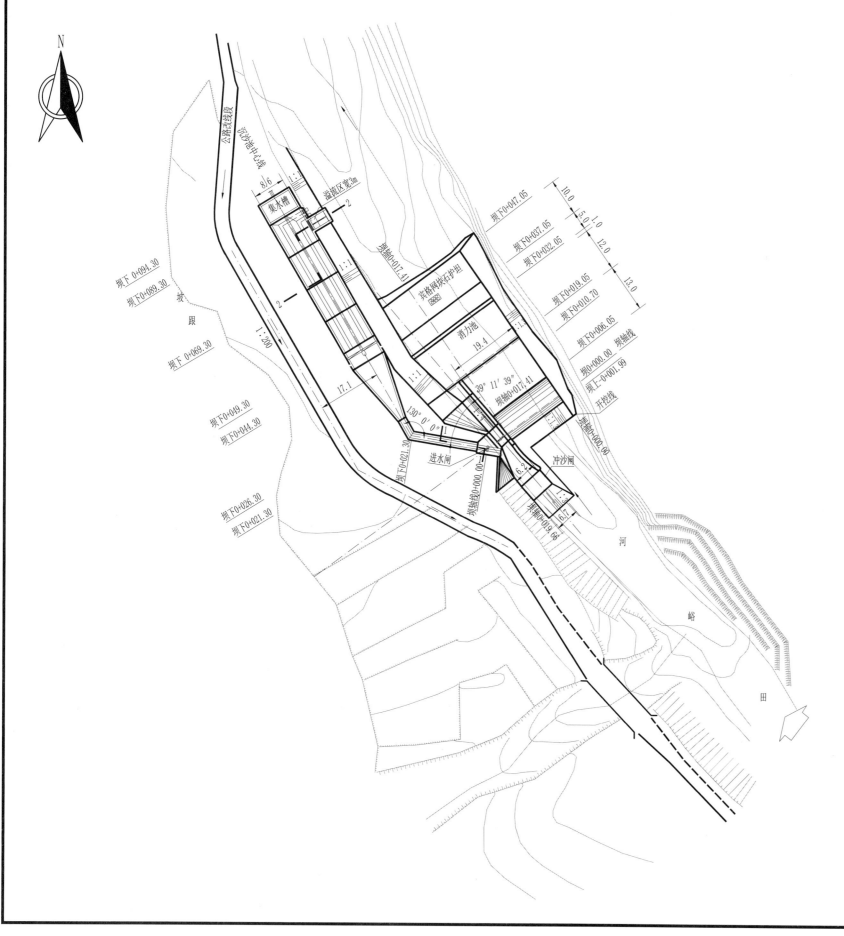

工程特性表

序号及名称	单位	数量	备注
主要建筑物			
1.滚水坝			
坝顶高程	m	746.70	
最大坝高	m	3.7	
坝顶长	m	17.41	
校核洪水流量	m³/s	620	P=2%
设计洪水流量	m³/s	429	P=5%
上游校核洪水位	m	752.20	
上游设计洪水位	m	751.10	
下游校核洪水位	m	749.58	
下游设计洪水位	m	748.89	
2.冲沙闸			
闸门型式		铸铁闸门	
闸孔尺寸(b×h)	m×m	2.5×2.5	
闸底板高程	m	745.50	
闸门数量	扇	1	
启闭机QL-120-SD	台	1	手电两用启闭机
3.进水闸			
闸门型式		铸铁闸门	
闸孔尺寸(b×h)	m×m	1.2×1.5	闸门最大工作水头4.34m
闸底板高程	m	745.80	
设计引水流量	m³/s	0.29	25000m³/d
进水闸冲沙设计流量	m³/s	2.04	
闸门数量	扇	1	
启闭机 QL-80-SD	台	1	手电两用启闭机
拦污栅	扇 台	1 1	电动葫芦
4.定期冲洗式沉沙池			
双室沉沙池(长×宽)	m×m	50×4	每个沉沙池室宽为4m
沉沙池进口底板高程	m	745.68	
沉沙池冲沙槽(b×h)	m×m	0.8×0.5	2扇冲沙槽出口铸铁闸门
沉沙池进口进水闸(b×h)	m×m	4.0×1.5	2扇
启闭机 QL-80-SD	台	2	沉沙池进口进水闸
启闭机 QL-30-SD	台	2	冲沙槽出口铸铁闸门

说明:
1.图中高程、桩号、尺寸单位均以m计。
2.田峪河取水枢纽工程属Ⅳ等小(1)型,建筑物级别为4级。

设计单位	陕西省水利电力勘测设计研究院
图 名	秦岭国家植物园灌溉供水工程田峪河引水枢纽平面布置图

田峪河引水枢纽溢流坝上游立视图

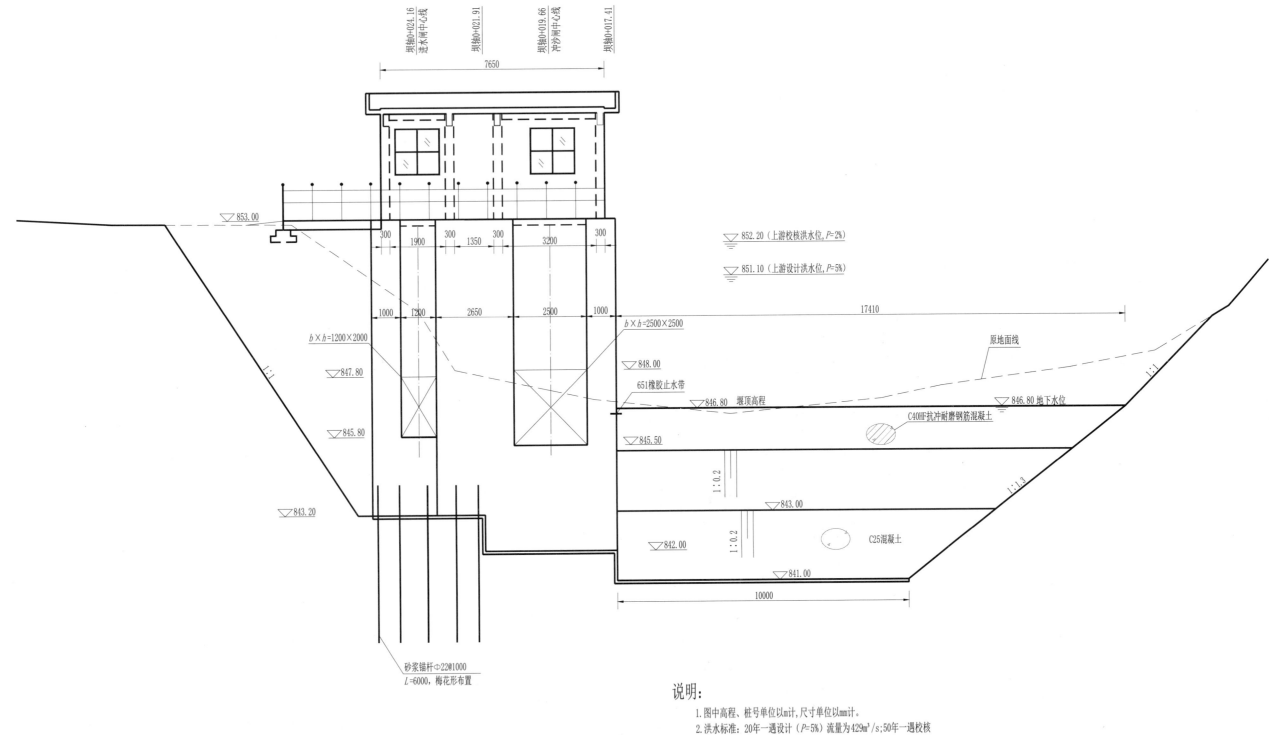

说明:

1. 图中高程、桩号单位以m计,尺寸单位以mm计。

2. 洪水标准:20年一遇设计(P=5%)流量为429㎥/s;50年一遇校核 (P=2%)流量为620㎥/s,进水闸设计引水流量为0.5㎥/s。

设计单位	陕西省水利电力勘测设计研究院
图　名	秦岭国家植物园灌溉供水工程田峪河引水枢纽溢流坝设计图(一)

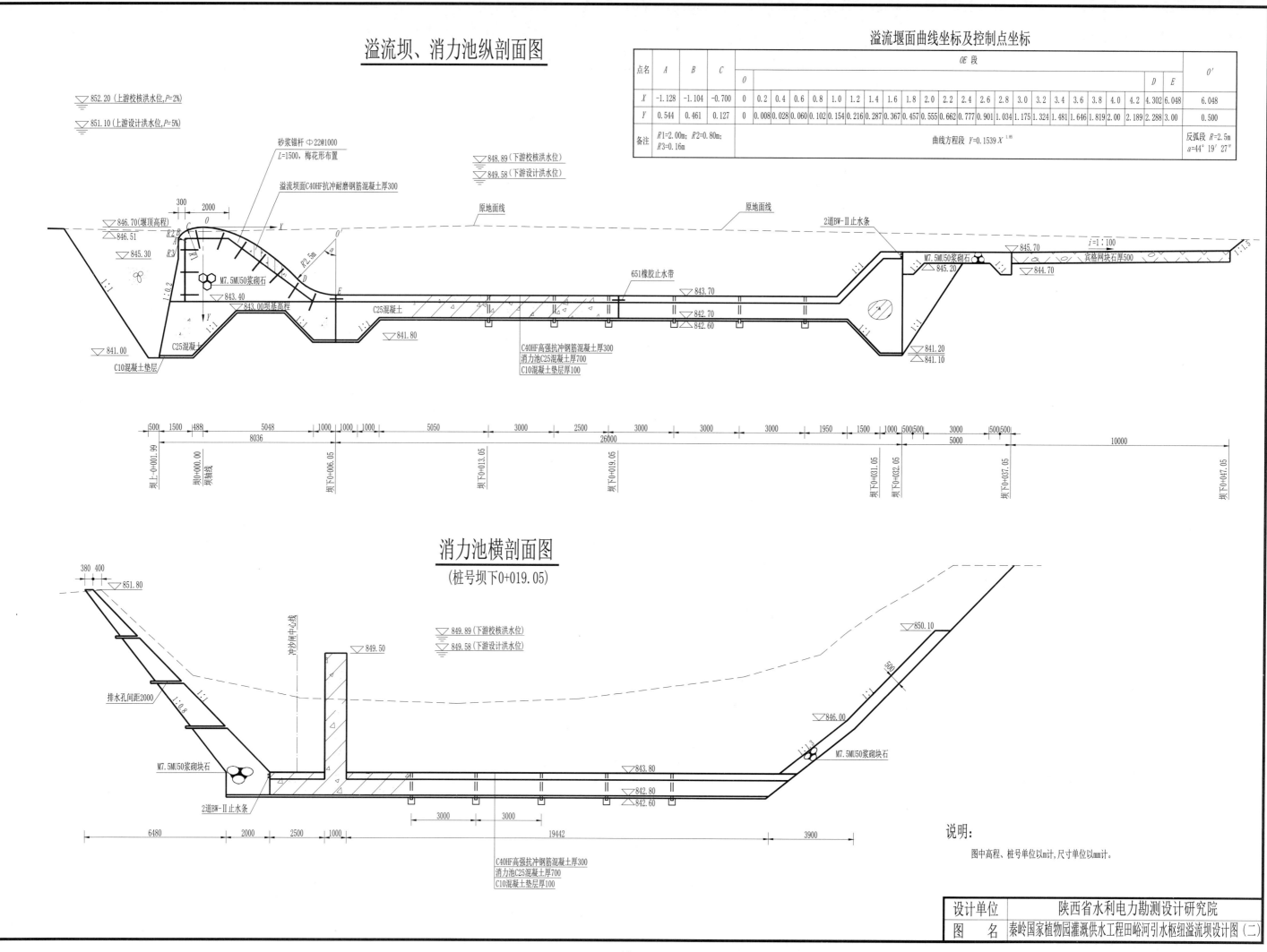

溢流坝、消力池纵剖面图

溢流堰面曲线坐标及控制点坐标

点名	A	B	C	OE 段																						D	E	O'
				0																								
X	-1.128	-1.104	-0.700	0	0.2	0.4	0.6	0.8	1.0	1.2	1.4	1.6	1.8	2.0	2.2	2.4	2.6	2.8	3.0	3.2	3.4	3.6	3.8	4.0	4.2	4.302	6.048	6.048
Y	0.544	0.461	0.127	0	0.008	0.028	0.060	0.102	0.154	0.216	0.287	0.367	0.457	0.555	0.662	0.777	0.901	1.034	1.175	1.324	1.481	1.646	1.819	2.00	2.189	2.288	3.00	0.500
备注	R1=2.00m; R2=0.80m; R3=0.16m			曲线方程段 $Y=0.1539X^{1.85}$																							反弧段 R=2.5m a=44°19′27″	

消力池横剖面图
(桩号坝下0+019.05)

说明:

图中高程、桩号单位以m计,尺寸单位以mm计。

设计单位	陕西省水利电力勘测设计研究院
图 名	秦岭国家植物园灌溉供水工程田峪河引水枢纽溢流坝设计图(二)

11

冲沙闸剖面图

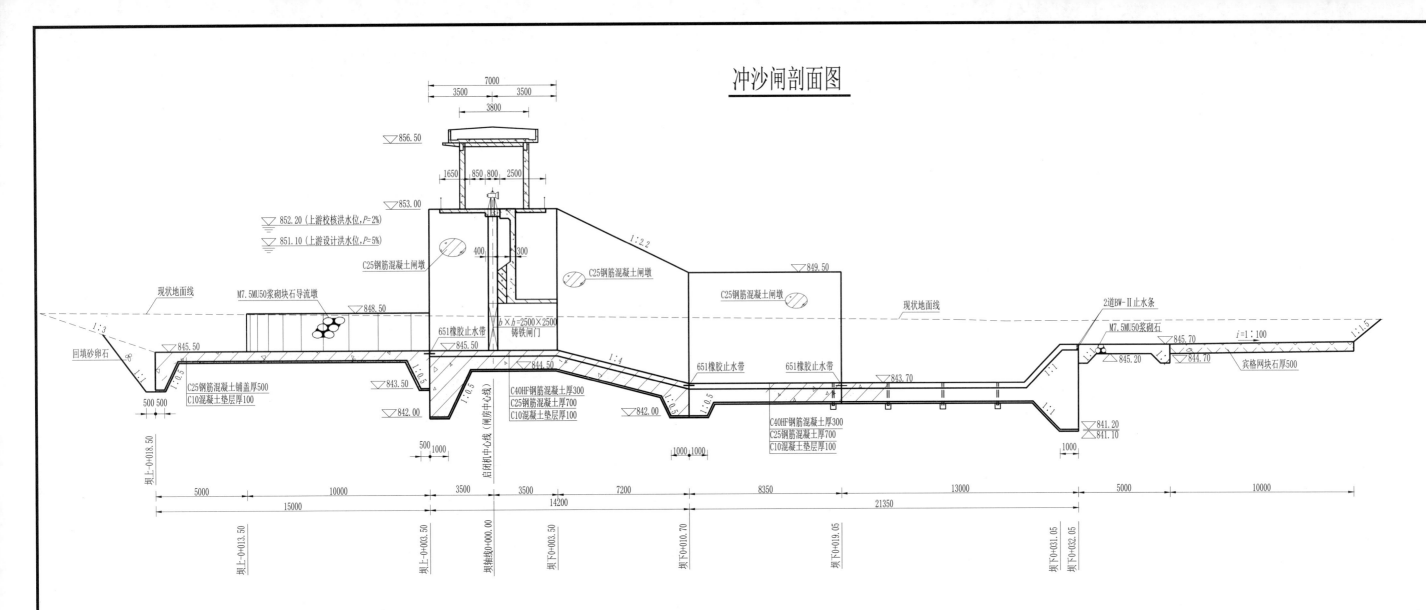

▽856.50
▽853.00
▽852.20 (上游校核洪水位,P=2%)
▽851.10 (上游设计洪水位,P=5%)
7000
3500　3500
3800
1650　850　800　2500
400　300

C25钢筋混凝土闸墩
M7.5MU50浆砌块石导流墩
现状地面线
现状地面线
C25钢筋混凝土闸墩
C25钢筋混凝土闸墩
▽849.50
▽848.50
1:2.2
651橡胶止水带
b×h=2500×2500
铸铁闸门
▽845.50
▽844.50
▽843.50
▽842.00
C25钢筋混凝土铺盖厚500
C10混凝土垫层厚100
回填砂卵石
▽845.50
1:3
1:1
500　500
坝上-0+018.50
启闭机中心线(闸房中心线)
500　1000
C40HF钢筋混凝土厚300
C25钢筋混凝土厚700
C10混凝土垫层厚100
1:4
▽842.00
1:0.5
651橡胶止水带
651橡胶止水带
▽843.70
C40HF钢筋混凝土厚300
C25钢筋混凝土厚700
C10混凝土垫层厚100
1000　1000
2道BW-Ⅱ止水条
M7.5MU50浆砌石
▽845.70
▽845.20
▽844.70
宾格网块石厚500
i=1:100
1:1.5
1:1
1000
▽841.20
▽841.10

5000　10000　3500　3500　7200　8350　13000　5000　10000
15000　14200　21350
坝上-0+013.50　坝上-0+003.50　坝轴线0+000.00　坝下F0+003.50　坝下F0+010.70　坝下F0+019.05　坝下F0+031.05　坝下F0+032.05

冲沙闸主要工程量表

序号	名称	单位	数量	备注
1	现浇C40HF高强抗冲混凝土	m³	71	闸底板处理厚0.5m
2	现浇C25钢筋混凝土	m³	308	铺盖、闸底板底层
3	现浇C25钢筋混凝土	m³	267	闸墩
4	现浇C25钢筋混凝土	m³	57	胸墙、启闭机层板及大梁
5	现浇C10混凝土	m³	36	找平层厚0.1m
6	M7.5MU50浆砌石	m³	1840	上游导流墩、挡土墙
7	表面清砂卵石	m³	1011	厚度1m
8	明挖砾砂、卵石、漂石	m³	1460	闸基开挖
9	明挖岩石	m³	39	闸基开挖
10	夯填河卵石	m³	40	
11	钢筋制安	t	44	
12	651橡胶止水带	m	10	
13	BW-Ⅱ止水条	m	150	
14	低发泡泡沫板	m²	64	
15	宾格网块石	m²	38	护坦
16	钢爬梯	t	0.5	
17	铸铁闸门	扇	1	b×h=2.5m×2.5m
18	电动螺杆启闭机	台	1	型号QL-120-SD
19	冲沙闸房面积	m²	21	

说明：

1. 图中高程、桩号单位以m计，尺寸单位以mm计。
2. 冲沙闸底板临水面采用C40HF钢筋混凝土护面，混凝土抗渗等级不低于W4，混凝土抗冻等级不低于F150。
3. 冲沙闸设计过闸流量为17.0m³/s，最大过闸流量为48.0m³/s。
4. 冲沙闸底板与上游混凝土铺盖连接处均设止水伸缩缝，缝宽30mm，缝内充填沥青砂板条，并安设651橡胶止水带。
5. 冲沙闸上游铺盖采用C20钢筋混凝土，混凝土抗渗等级不低于W4，混凝土抗冻等级不低于F150。

设计单位	陕西省水利电力勘测设计研究院
图　名	秦岭国家植物园灌溉供水工程田峪河引水枢纽冲沙闸设计图

进水闸沉沙池剖面图

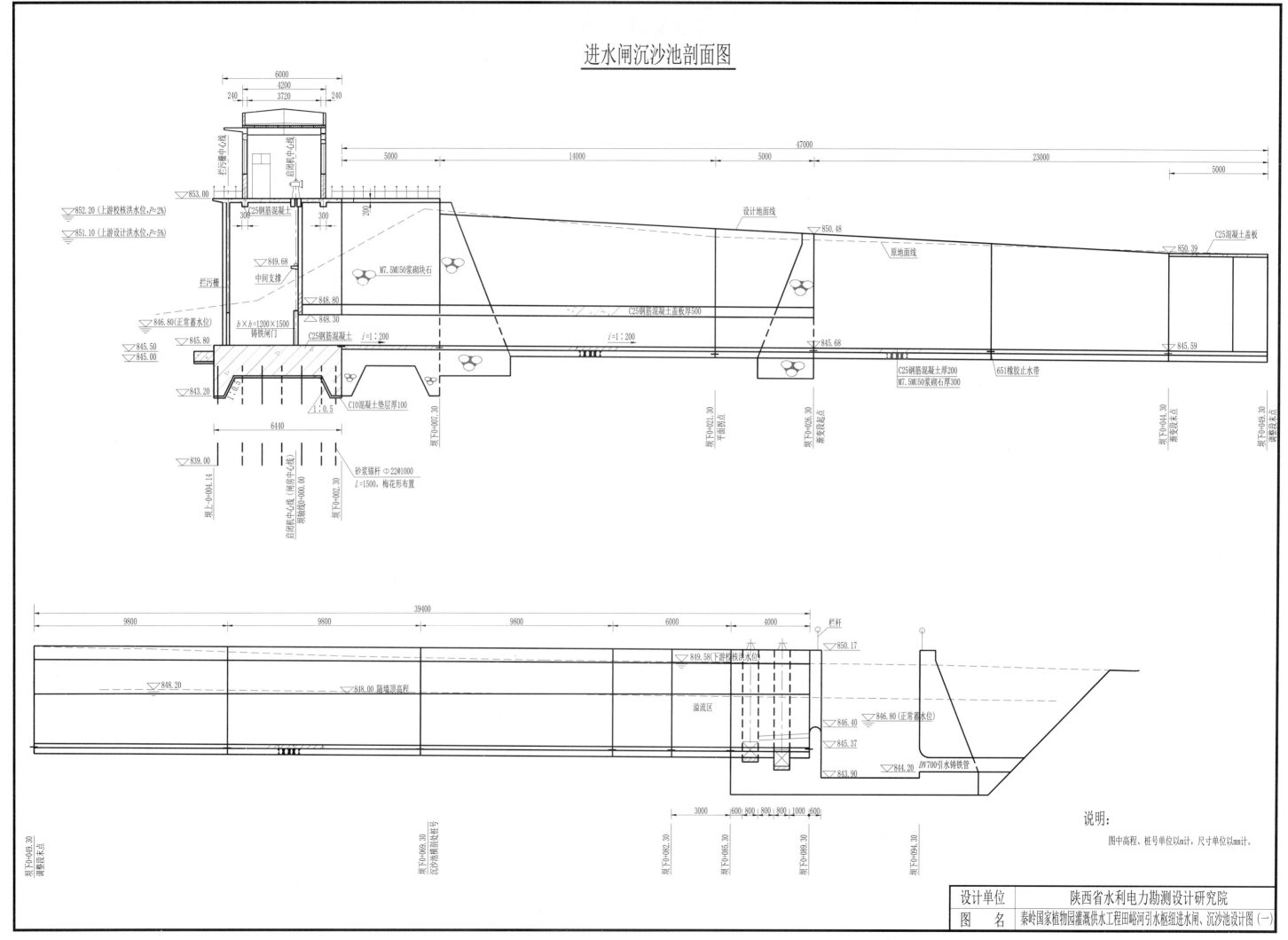

设计单位	陕西省水利电力勘测设计研究院
图　名	秦岭国家植物园灌溉供水工程田峪河引水枢纽进水闸、沉沙池设计图（一）

说明：

图中高程、桩号单位以m计，尺寸单位以mm计。

2—2剖面图

（坝下0+069.30）

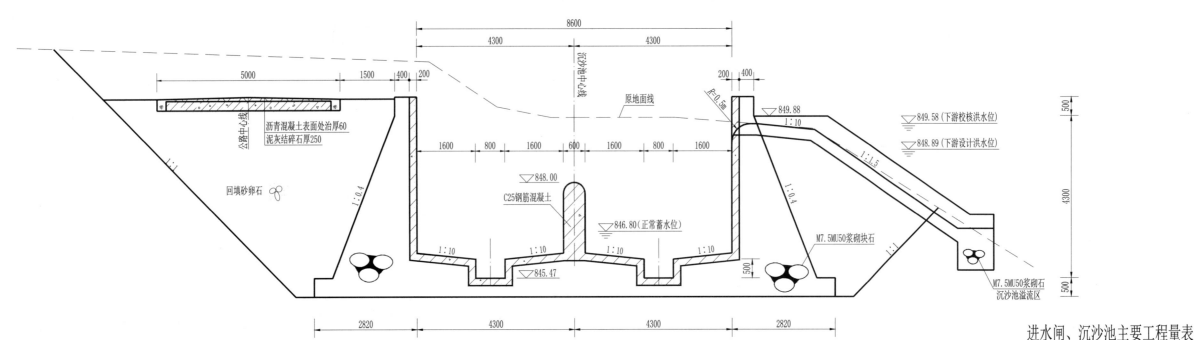

1—1剖面图

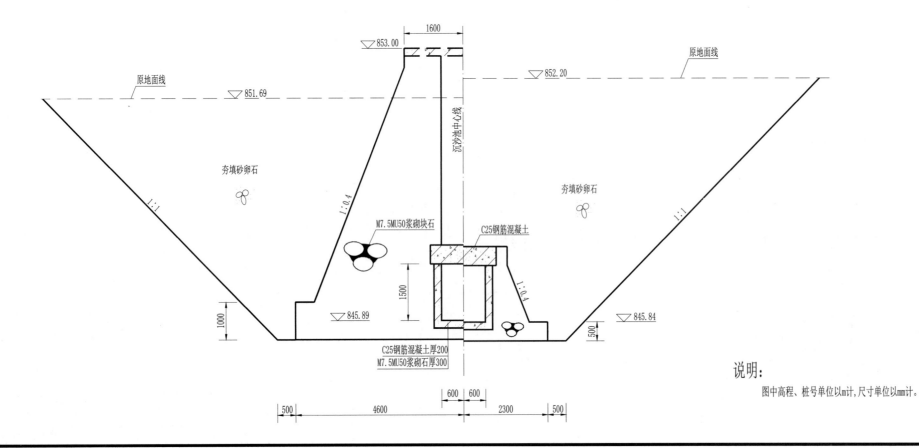

说明：

图中高程、桩号单位以m计，尺寸单位以mm计。

进水闸、沉沙池主要工程量表

序号	名称	单位	数量	备注
1	现浇C25钢筋混凝土	m³	43	铺盖、闸底板底层
2	现浇C25钢筋混凝土	m³	111	闸墩
3	现浇C25钢筋混凝土	m³	6	胸墙、启闭机层板及大梁
4	现浇C25钢筋混凝土	m³	344	盖板涵、底板与边墙衬砌
5	现浇C10混凝土	m³	2	找平层厚0.1m
6	M7.5MU50浆砌石	m³	1817	挡土墙
7	M7.5MU50浆砌石	m³	17	溢流区衬砌厚0.5m
8	干砌石	m³	605	左岸边恢复砌石厚0.5m
9	表面清砂卵石	m³	2558	厚度1m
10	明挖砾砂、卵石、漂石	m³	9057	闸基开挖
11	夯填河卵石	m³	3977	
12	钢筋制安	t	23	
13	Φ22锚筋	根	37	单根长6m
14	钢爬梯	t	0.7	
15	低发泡沫板	m²	248	
16	651橡胶止水带	m	230	
17	铸铁闸门	扇	1	$b×h$=1.2m×1.5m
18	铸铁闸门	扇	2	$b×h$=4m×1.5m
19	铸铁闸门	扇	2	$b×h$=0.8m×1m
20	进水口拦污栅	扇	1	$b×h$=1.5m×2.2m
21	电手动螺杆启闭机	台	3	型号QL-80-SD
22	电手动螺杆启闭机	台	2	型号QL-30-SD冲沙槽出口铸铁闸门
23	电动葫芦	台	1	型号CD12-12D
24	进水闸房面积	m²	17	
25	管理站房面积	m²	40	
26	公路改建(长130m,宽5m)	m²	650	6cm厚沥青混凝土表面处置
27	栏杆（钢管DN100mm）	m	170	

设计单位	陕西省水利电力勘测设计研究院
图 名	秦岭国家植物园灌溉供水工程田峪河引水枢纽组进水闸、沉沙池设计图（二）

蓝田县县城供水引水枢纽工程溢流坝上游立视图

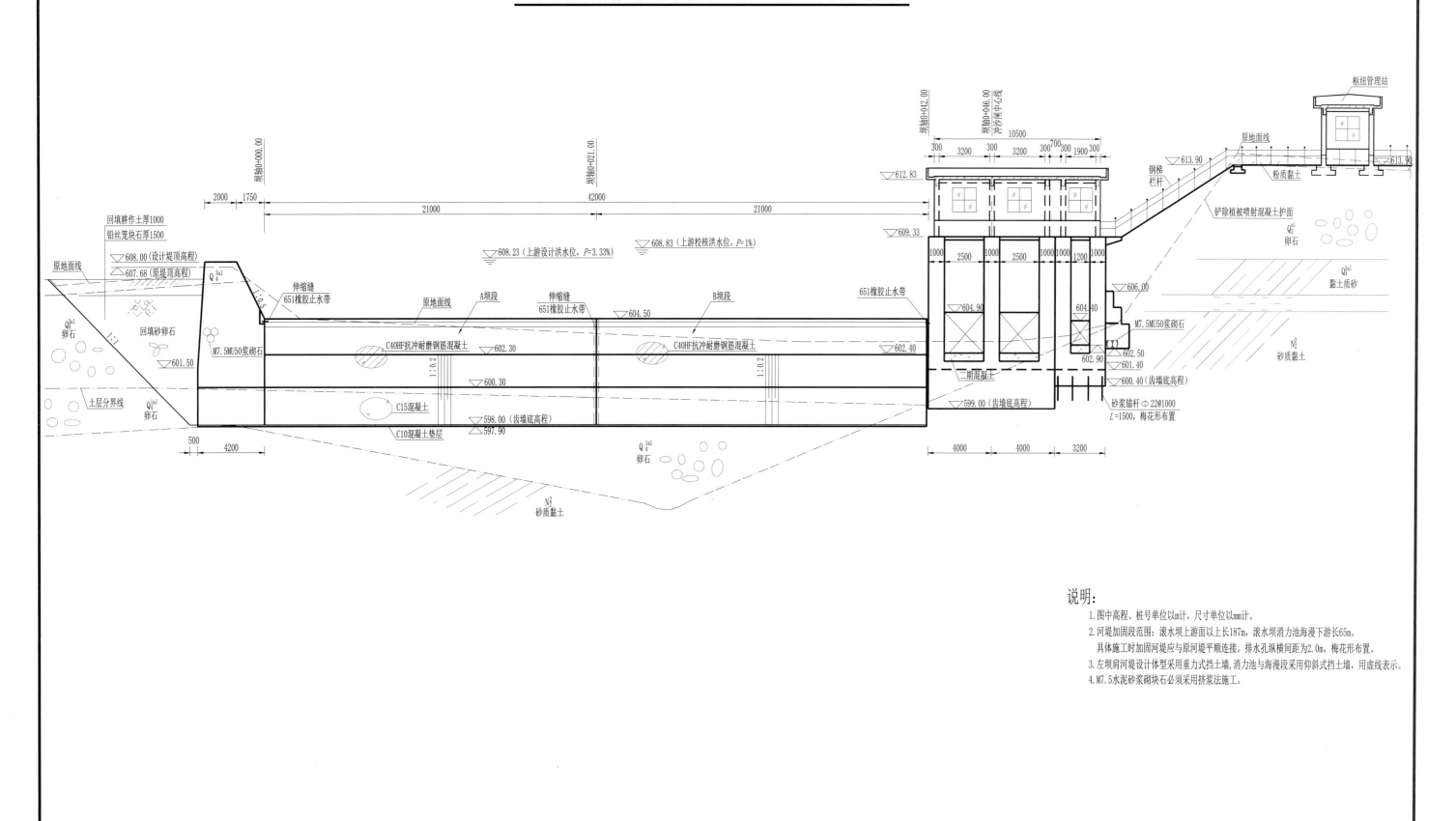

说明：
1. 图中高程、桩号单位以m计，尺寸单位以mm计。
2. 河堤加固段范围：滚水坝上游面以上长187m，滚水坝消力池海漫下游长65m。
   具体施工时加固河堤应与原河堤平顺连接。排水孔纵横间距为2.0m，梅花形布置。
3. 左坝肩河堤设计体型采用重力式挡土墙，消力池与海漫段采用仰斜式挡土墙，用虚线表示。
4. M7.5水泥砂浆砌块石必须采用挤浆法施工。

设计单位	陕西省水利电力勘测设计研究院
图　名	蓝田县县城供水引水枢纽工程溢流坝上游立视图

15

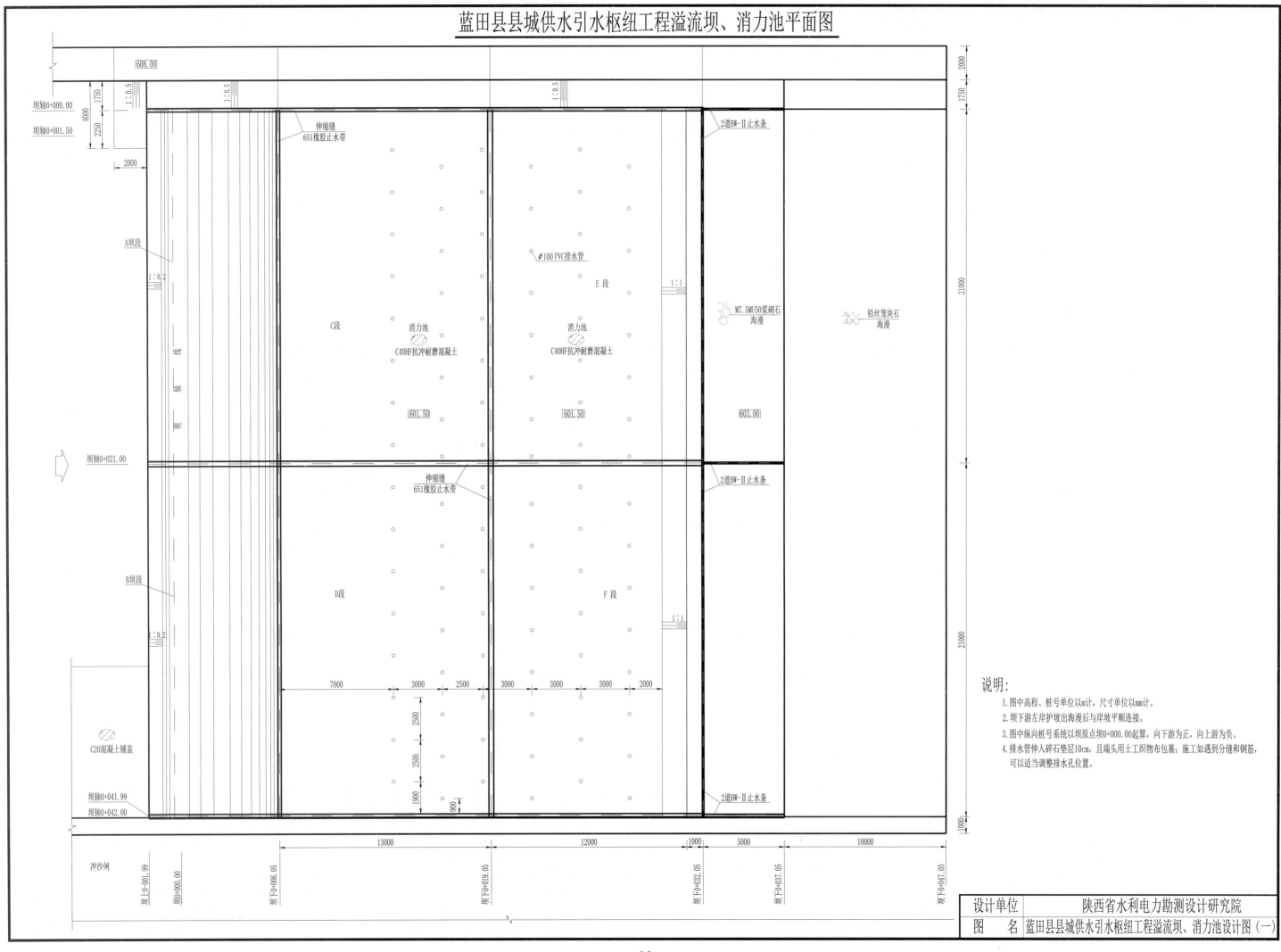

蓝田县县城供水引水枢纽工程溢流坝、消力池平面图

说明:
1. 图中高程、桩号单位以m计，尺寸单位以mm计。
2. 坝下游左岸护坡出海漫后与岸坡平顺连接。
3. 图中纵向桩号系统以坝原点坝0+000.00起算，向下游为正，向上游为负。
4. 排水管伸入碎石垫层10cm，且端头用土工织物包裹；施工如遇到分缝和钢筋，可以适当调整排水孔位置。

设计单位	陕西省水利电力勘测设计研究院
图 名	蓝田县县城供水引水枢纽工程溢流坝、消力池设计图（一）

16

蓝田县县城供水引水枢纽工程溢流坝、消力池横剖面图

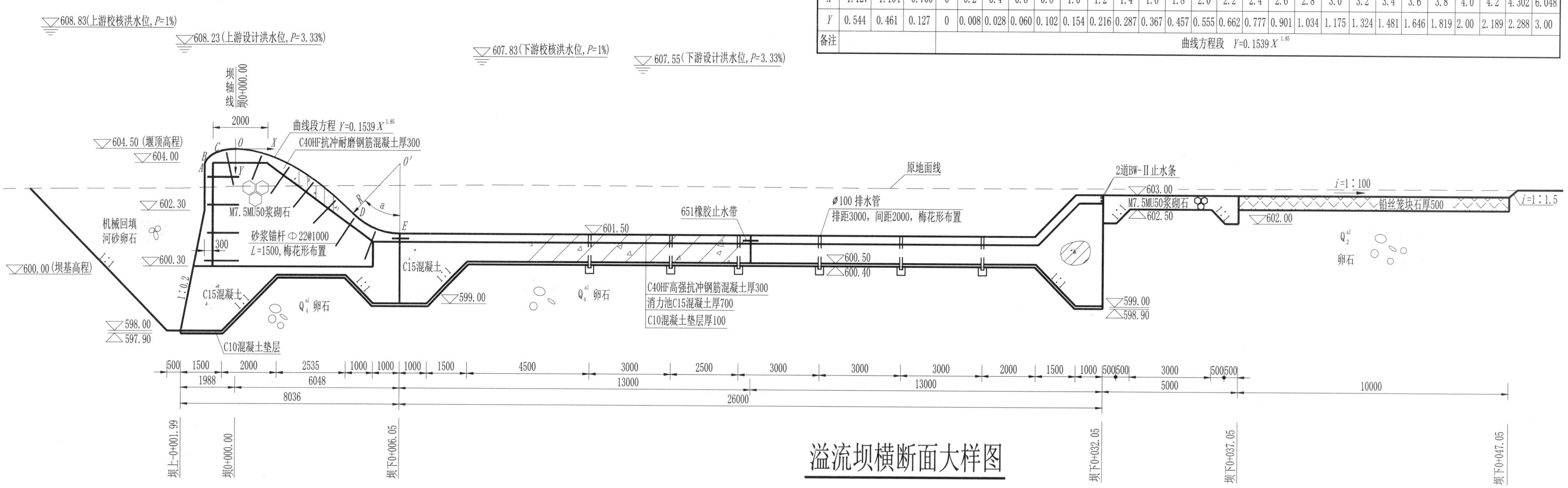

溢流坝堰面曲线坐标及控制点坐标

点名	A	B	C	OD段																				D	E
				0																					
X	-1.127	-1.104	-0.700	0	0.2	0.4	0.6	0.8	1.0	1.2	1.4	1.6	1.8	2.0	2.2	2.4	2.6	2.8	3.0	3.2	3.4	3.6	3.8	4.0	4.2	4.302	6.048
Y	0.544	0.461	0.127	0	0.008	0.028	0.060	0.102	0.154	0.216	0.287	0.367	0.457	0.555	0.662	0.777	0.901	1.034	1.175	1.324	1.481	1.646	1.819	2.00	2.189	2.288	3.00
备注				曲线方程段 $Y=0.1539X^{1.85}$																					

▽608.83(上游校核洪水位,P=1%)
▽608.23(上游设计洪水位,P=3.33%)
▽607.83(下游校核洪水位,P=1%)
▽607.55(下游设计洪水位,P=3.33%)

坝轴线 坝0+000.00
2000
曲线段方程 $Y=0.1539X^{1.85}$
C40HF抗冲耐磨钢筋混凝土厚300
▽604.50(堰顶高程)
▽604.00
▽602.30
M7.5MU50浆砌石
砂浆锚杆 $\phi22@1000$ $L=1500$,梅花形布置
300
▽600.30
机械回填河砂卵石
▽600.00(坝基高程)
C15混凝土
Q_4^{al} 卵石
▽598.00
▽597.90
C10混凝土垫层
原地面线
651橡胶止水带
$\phi100$ 排水管 排距3000,间距2000,梅花形布置
2道BW-II止水条
▽603.00
M7.5MU50浆砌石
▽602.50
i=1:100
铅丝笼块石厚500
i=1:1.5
▽602.00
Q_4^{al} 卵石
▽601.50
C15混凝土
C40HF高强抗冲钢筋混凝土厚300
消力池C15混凝土厚700
C10混凝土垫层厚100
▽600.50
▽600.40
▽599.00
Q_4^{al} 卵石
▽599.00
▽598.90

500 1500 2000 2535 1000 1000 1000 1500 4500 3000 2500 3000 3000 3000 2000 1500 1000 500 500 3000 500 500 10000
1988 6048
8036
13000 13000 5000
26000

坝上0+001.99 坝0+000.00 坝下0+006.05 坝下0+032.05 坝下0+037.05 坝下0+047.05

溢流坝横断面大样图

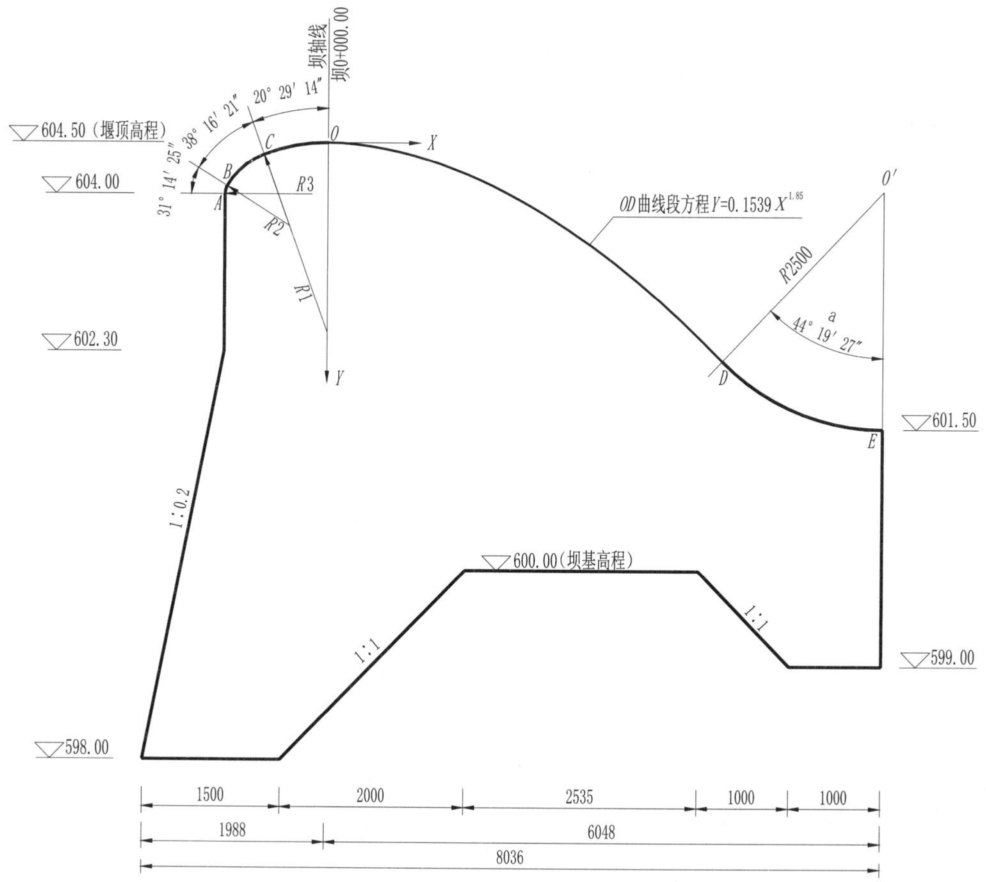

▽604.50(堰顶高程)
坝轴线 坝0+000.00
31°14′25″ 38°16′21″ 20°29′14″
▽604.00
$R3$ $R2$ $R1$
OD曲线段方程 $Y=0.1539X^{1.85}$
▽602.30
$R2500$
44°19′27″ a
▽601.50
▽600.00(坝基高程)
▽599.00
1:1
▽598.00

1500 2000 2535 1000 1000
1988 6048
8036

消力池排水孔大样图

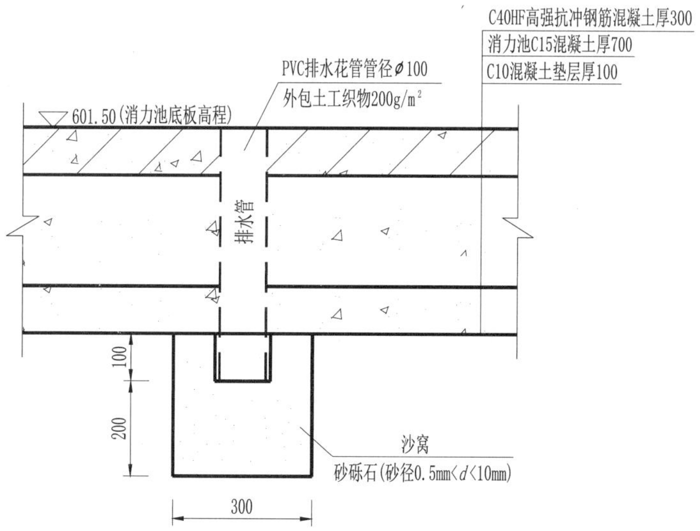

PVC排水花管管径$\phi100$ 外包土工织物200g/m²
C40HF高强抗冲钢筋混凝土厚300
消力池C15混凝土厚700
C10混凝土垫层厚100
▽601.50(消力池底板高程)
排水管
100
200
沙窝
砂砾石(砂径0.5mm<d<10mm)
300

说明:
图中高程、桩号单位以m计,尺寸单位以mm计。

设计单位	陕西省水利电力勘测设计研究院
图 名	蓝田县县城供水引水枢纽工程溢流坝、消力池设计图(二)

平面布置图

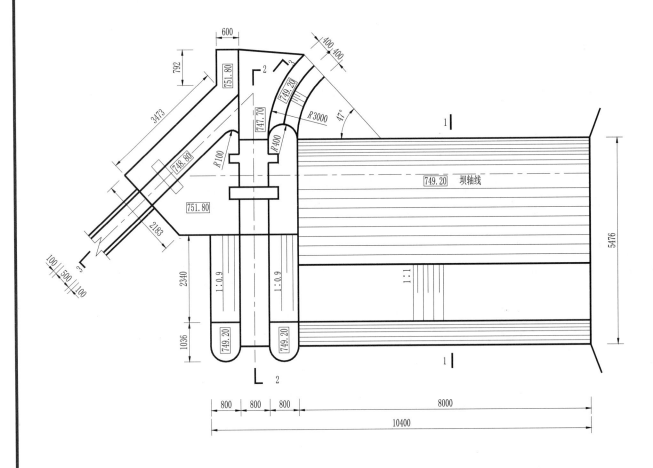

1—1剖面图

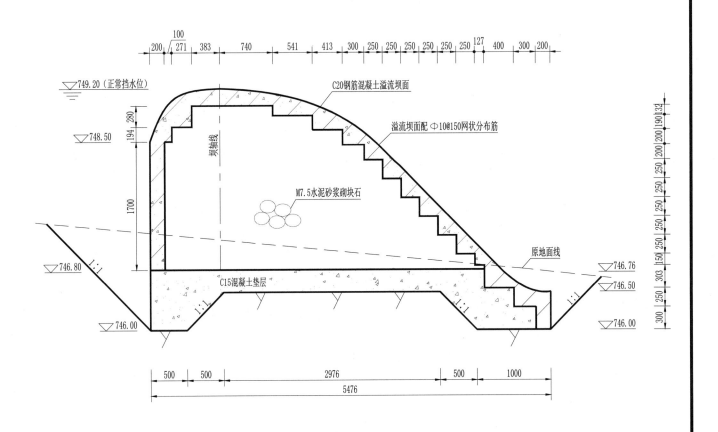

749.20（正常挡水位）

C20钢筋混凝土溢流坝面

溢流坝面配Φ10@150网状分布筋

坝轴线

M7.5水泥砂浆砌块石

原地面线

C15混凝土垫层

说明：

1. 图中高程单位以m计，尺寸单位以mm计。
2. 坝基础开挖后，基岩表面需凿毛，对光面进行处理。
3. 基础的齿槽开挖应采用人工，不得放炮。
4. 浇筑垫层混凝土之前，应将基岩面彻底清洗，不得有粉尘、杂物。
5. 基础有松动岩块需清除，凹凸不平处采用细石混凝土找平，然后浇筑垫层。
6. 坝面锚筋采用Φ16钢筋，每根长为800mm，间距为1000mm。

设计单位	岚皋县水利工作队
图　名	岚皋县农田水利项目田垭村堰坝设计图（一）

2—2剖视图

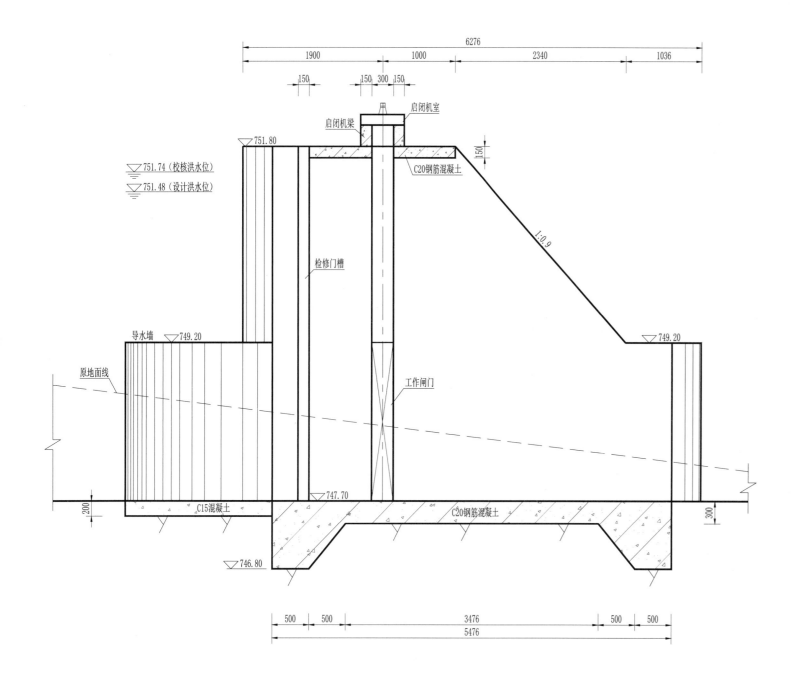

3—3剖视图

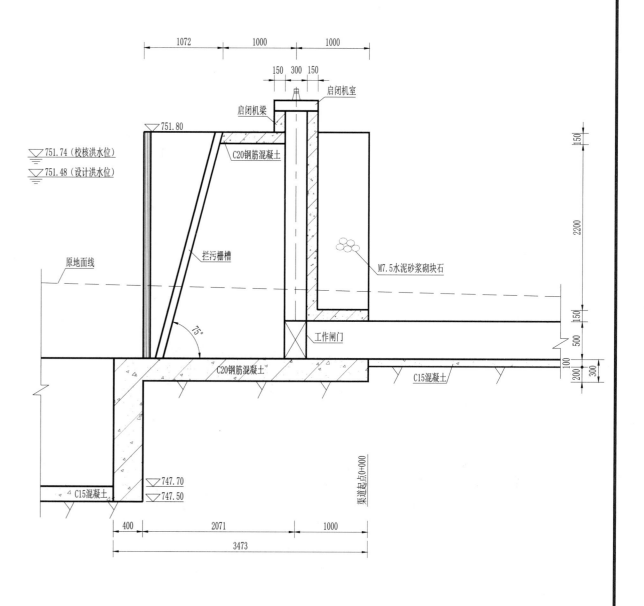

说明：
　1.图中高程单位以m计，尺寸单位以mm计。
　2.进水闸门型号为PGZ0.5m×0.5m，配1t手摇式螺旋启闭机一台，启闭机平台高程为851.80m，拦污槽宽为100mm，深为100mm。
　3.冲沙闸门型号为PGZ0.8m×1.5m，配3t手摇式螺旋启闭机一台，启闭机平台高程为851.80m，检修门槽宽为150mm，深为150mm。
　4.冲沙闸底板比降为1：100。

设计单位	岚皋县水利工作队
图　名	岚皋县农田水利项目田垭村堰坝设计图（二）

港口抽黄工程闸站合一临河泵站(一级站)平面布置图

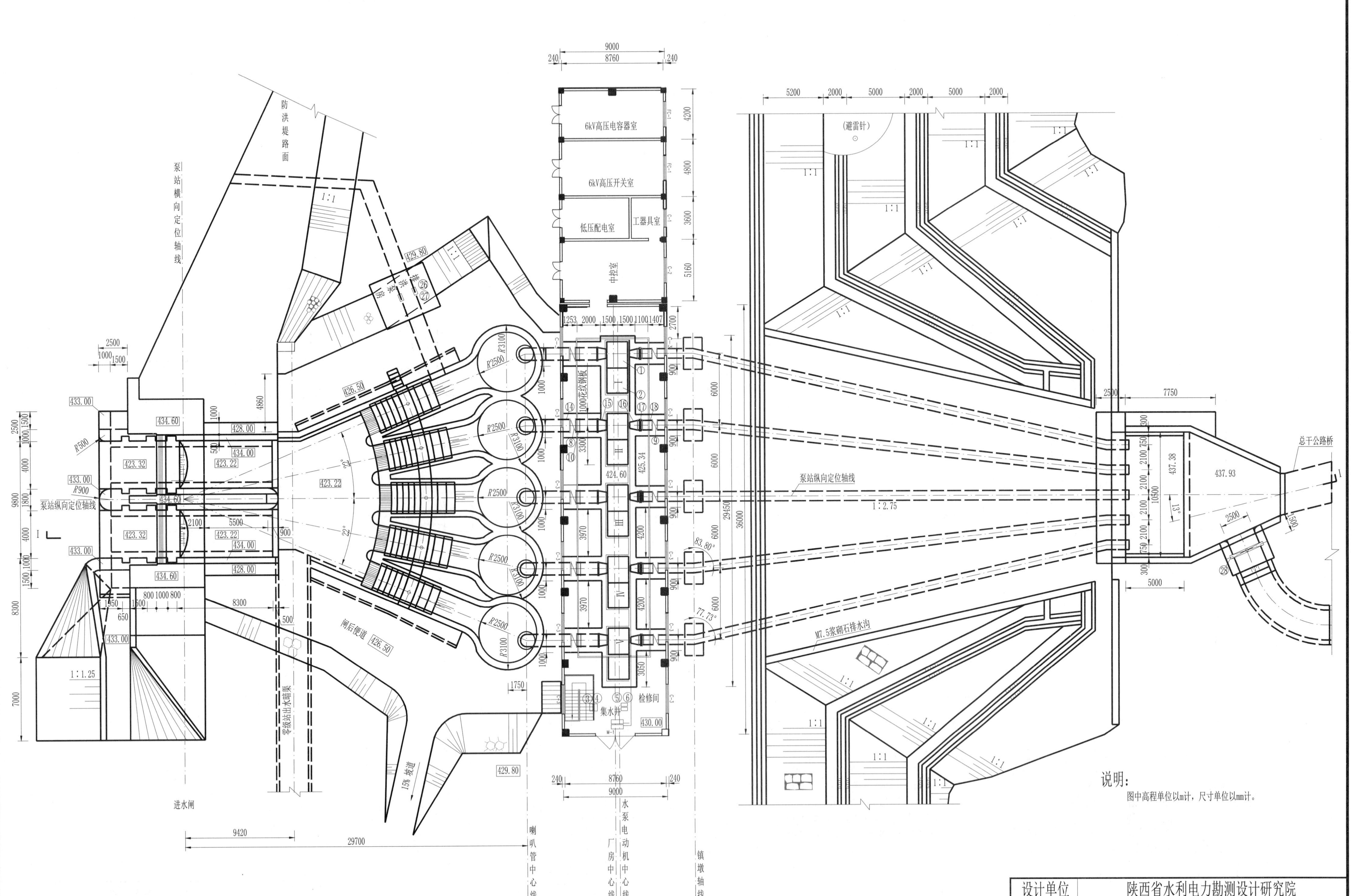
6kV高压电容器室
6kV高压开关室
低压配电室
工器具室
中控室
检修间
集水井
防洪堤路面
泵站横向定位轴线
泵站纵向定位轴线
排洪泵房
闸后便道
零级站出水暗渠
进水闸
15%坡道
(避雷针)
总干公路桥
M7.5浆砌石排水沟
1000花纹钢板
喇叭管中心线
厂房中心线
水泵电动机中心线
镇墩轴线
1:1
1:1.25
1:2.75
9000
8760
240
29700
9420
36000
29450

说明：

图中高程单位以m计，尺寸单位以mm计。

设计单位	陕西省水利电力勘测设计研究院
图　　名	港口抽黄工程闸站合一临河泵站(一级站)平面布置图(一)

Ⅰ—Ⅰ剖视图

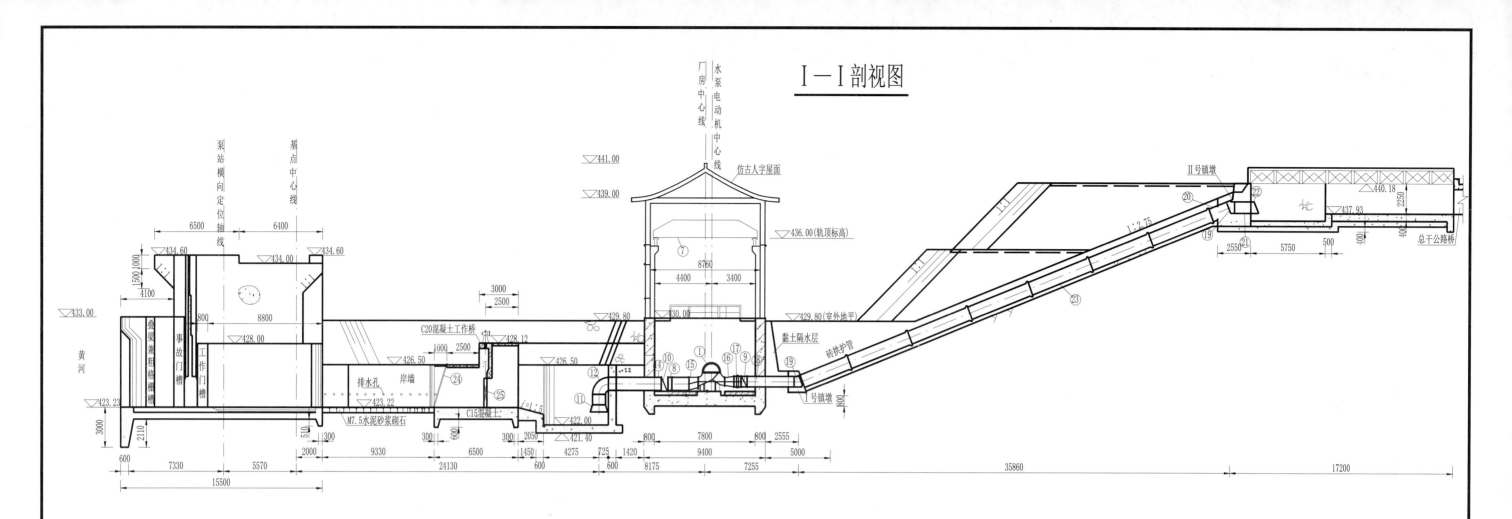

主要设备材料表

编号	设备名称	规格型号	单位	数量	备注
①	水泵	DFSS700-27/8	台	5	q=1.46m³/s, H=17.9m
②	电动机	Y4502-8	台	5	6kV, N=355 kW
③	真空泵	SZ-2	台	2	
④	电动机	JQ-52-4	台	2	
⑤	排水泵	KQW100/200-3/4	台	2	
⑥	电动机	Y180M-4 N=3kW	台	5	
⑦	5t电动单梁桥式电动吊车	572型 起吊高度12m	台	1	地面操纵 L_k=7.5m
⑧	活法兰	D=900	套	5	
⑨	电动蝶阀	D943X-10 D=800	套	5	
⑩	电动蝶阀	D943X-10 D=900	套	5	
⑪	喇叭管	D=900～1050	个	5	一端法兰
⑫	90°弯管	D=900, R=1.50	个	5	两端法兰
⑬	直钢管	D=900	个	5	
⑭	直钢管	D=900	个	5	两端法兰
⑮	偏心大小头	D=700～900	个	5	两端法兰
⑯	正心大小头	D=600～800	个	5	两端法兰
⑰	伸缩接头	VSSJA-2, D=800	个	5	两端法兰
⑱	直钢管	D=800	个	5	

编号	设备名称	规格型号	单位	数量	备注
⑲	弯管	D=800, a=19°59'	个	2	
		D=800, a=20°46'	个	4	
		D=800, a=22°50'	个	4	
⑳	直钢管	D=800	个	1	
		D=800	个	2	
		D=800	个	2	
㉑	直钢管	D=800	个	5	
㉒	拍门	D=800	套	5	
㉓	混凝土预制管	DN800 5m一节	节	35	0.6MPa
㉔	自动清污机	2.2m×3.28m	扇	5	
㉕	铸铁闸门	2.2m×2.2m	扇	5	配QDA-120启闭机 Q=5t N=2.2kW
㉖	排洪泵	KQW150/250-18.5/4	台	2	
㉗	电动机	Y180L-6 N=18.5kW	台	2	
㉘	铸铁闸门	2.5×1.4m	扇	1	配QDA-250启闭机 Q=18t N=4kW

出口管弯管中心角

机组编号	III号机组	I号、V号机组	II号、VI号机组
水平角	0°00'	12°16'	6°12'
垂直角	19°59'	19°34'	19°52'
弯管中心角	19°59'	22°58'	20°46'

一级站工程特性表

名称	单位	数量
设施灌溉面积	万亩	20.89
设计流量	m³/s	7.30
设计扬程	m	17.9
安装水泵电动机	台(套)	5
电动机功率	kW	355
泵站总功率	kW	1775
供电电压	kV	6

说明:

图中高程单位以m计, 尺寸单位以mm计。

设计单位	陕西水环境工程勘测设计研究院
图 名	港口抽黄工程闸站合一临河泵站(一级站)平面布置图(二)

总平面布置图

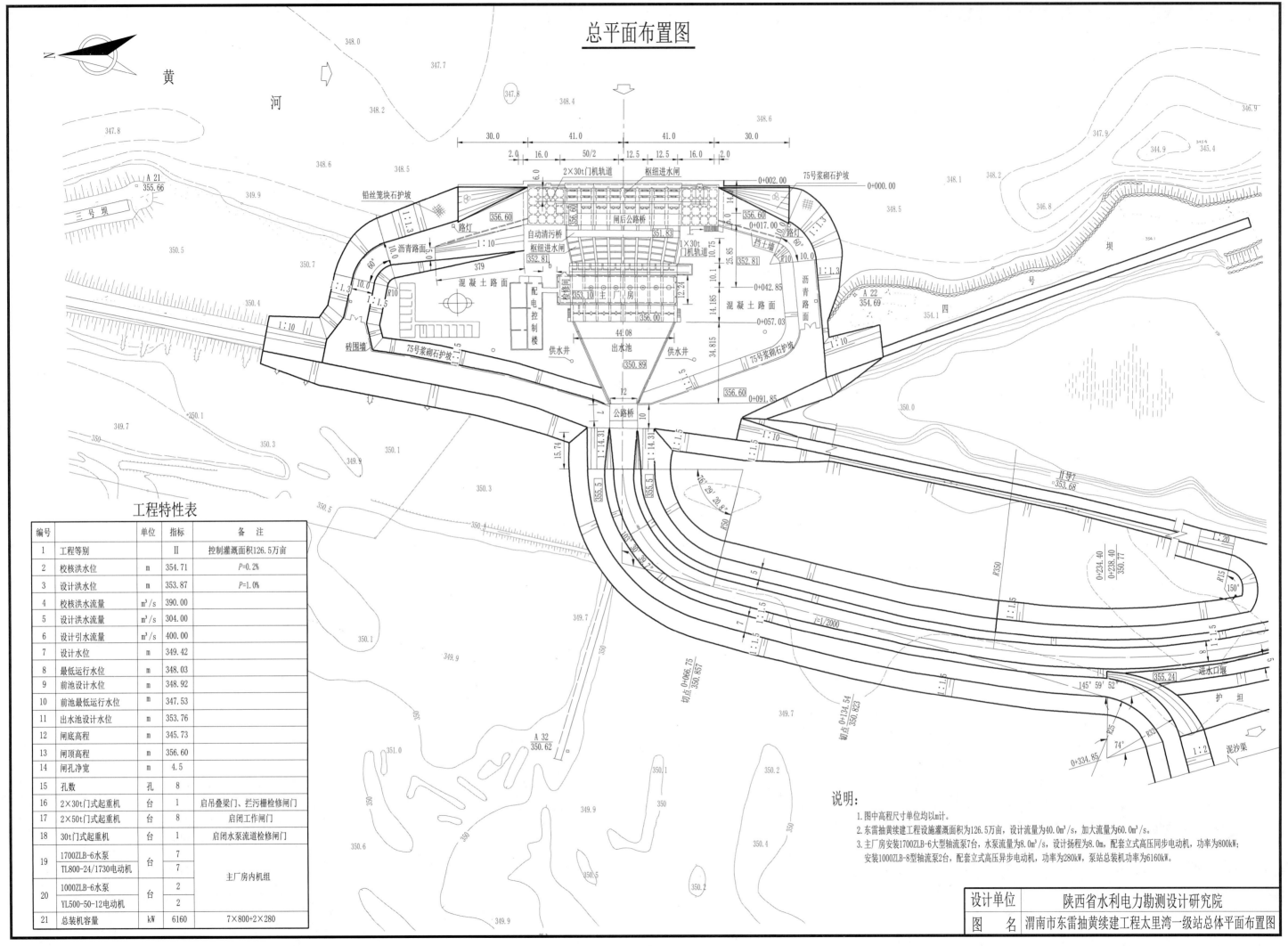

工程特性表

编号	工程特性	单位	指标	备注
1	工程等别		II	控制灌溉面积126.5万亩
2	校核洪水位	m	354.71	P=0.2%
3	设计洪水位	m	353.87	P=1.0%
4	校核洪水流量	m³/s	390.00	
5	设计洪水流量	m³/s	304.00	
6	设计引水流量	m³/s	400.00	
7	设计水位	m	349.42	
8	最低运行水位	m	348.03	
9	前池设计水位	m	348.92	
10	前池最低运行水位	m	347.53	
11	出水池设计水位	m	353.76	
12	闸底高程	m	345.73	
13	闸顶高程	m	356.60	
14	闸孔净宽	m	4.5	
15	孔数	孔	8	
16	2×30t门式起重机	台	1	启吊叠梁门、拦污栅检修闸门
17	2×50t门式起重机	台	8	启闭工作闸门
18	30t门式起重机	台	1	启闭水泵流道检修闸门
19	1700ZLB-6水泵	台	7	主厂房内机组
	TL800-24/1730电动机	台	7	
20	1000ZLB-6水泵	台	2	
	YL500-50-12电动机	台	2	
21	总装机容量	kW	6160	7×800+2×280

说明:

1. 图中高程尺寸单位均以m计。
2. 东雷抽黄续建工程设施灌溉面积为126.5万亩,设计流量为40.0m³/s,加大流量为60.0m³/s。
3. 主厂房安装1700ZLB-6大型轴流泵7台,水泵流量为8.0m³/s,设计扬程为8.0m,配套立式高压同步电动机,功率为800kW;安装1000ZLB-8型轴流泵2台,配套立式高压异步电动机,功率为280kW,泵站总装机功率为6160kW。

设计单位	陕西省水利电力勘测设计研究院
图 名	渭南市东雷抽黄续建工程太里湾一级站总体平面布置图

横剖面设计图

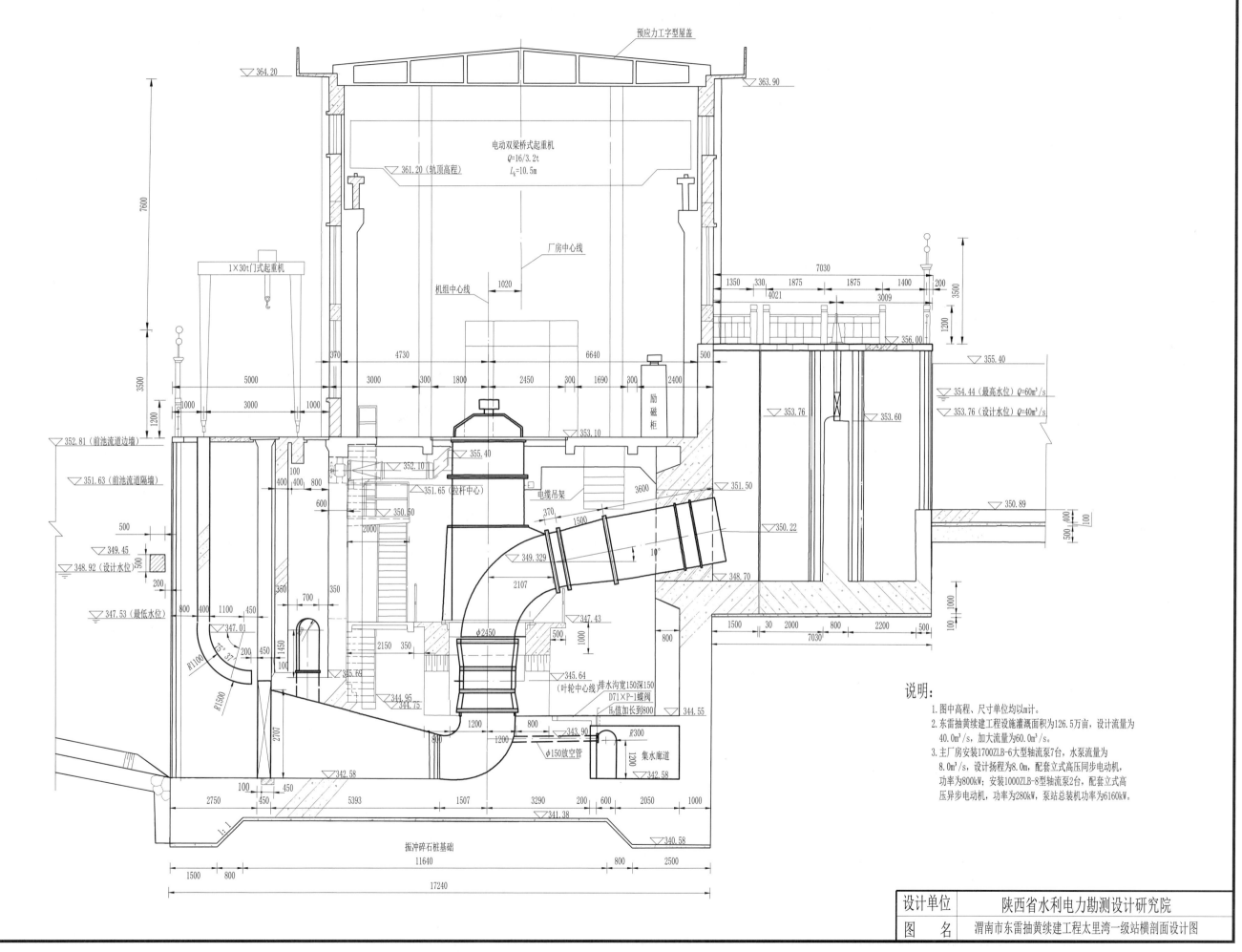

说明:
1. 图中高程、尺寸单位均以m计。
2. 东雷抽黄续建工程设施灌溉面积为126.5万亩,设计流量为40.0m³/s,加大流量为60.0m³/s。
3. 主厂房安装1700ZLB-6大型轴流泵7台,水泵流量为8.0m³/s,设计扬程为8.0m,配套立式高压同步电动机,功率为800kW;安装1000ZLB-8型轴流泵2台,配套立式高压异步电动机,功率为280kW,泵站总装机功率为6160kW。

设计单位	陕西省水利电力勘测设计研究院
图 名	渭南市东雷抽黄续建工程太里湾一级站横剖面设计图

黄河延水关取水枢纽取水斗槽平面布置图（一）

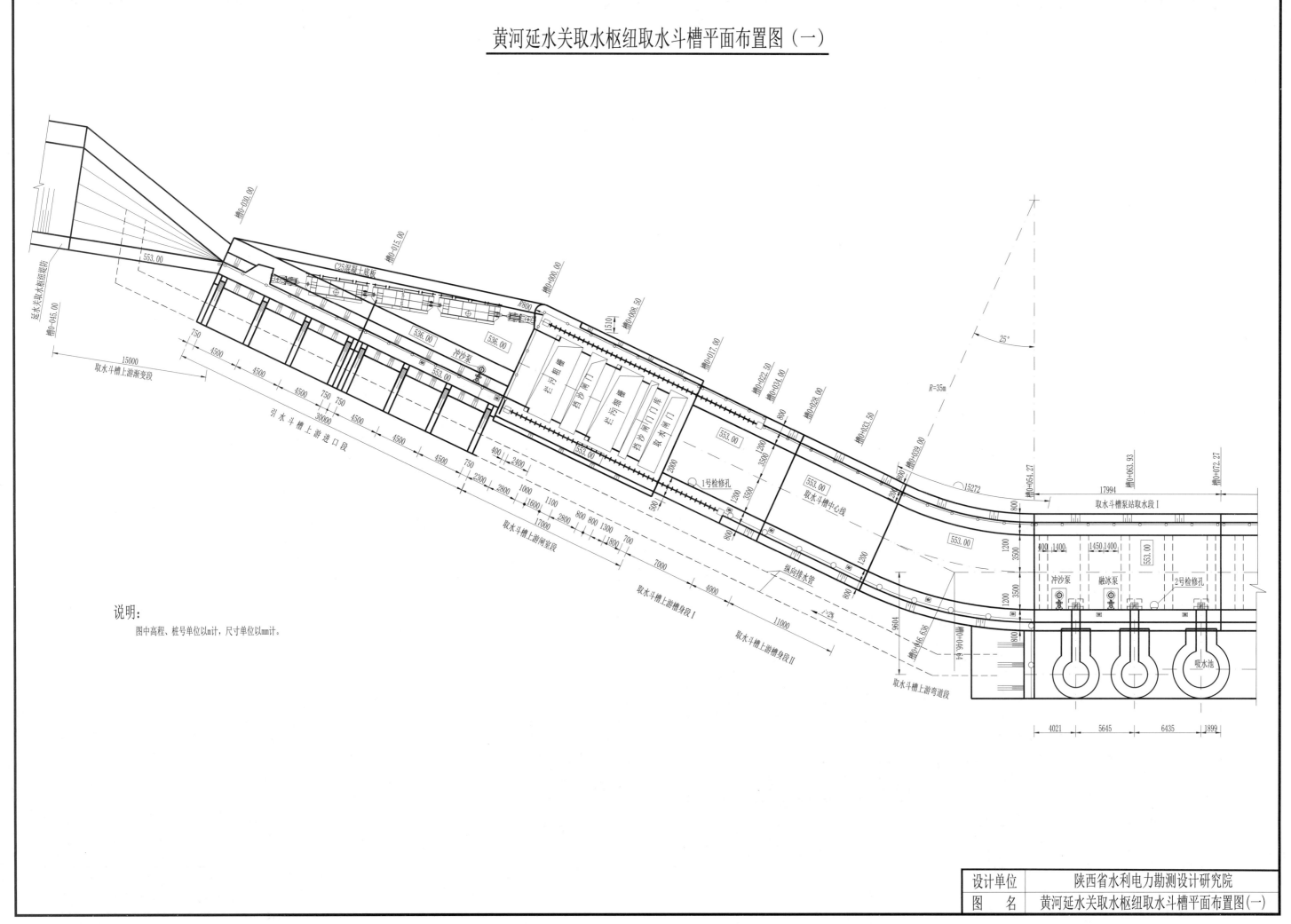

说明：
图中高程、桩号单位以m计，尺寸单位以mm计。

设计单位	陕西省水利电力勘测设计研究院
图　名	黄河延水关取水枢纽取水斗槽平面布置图(一)

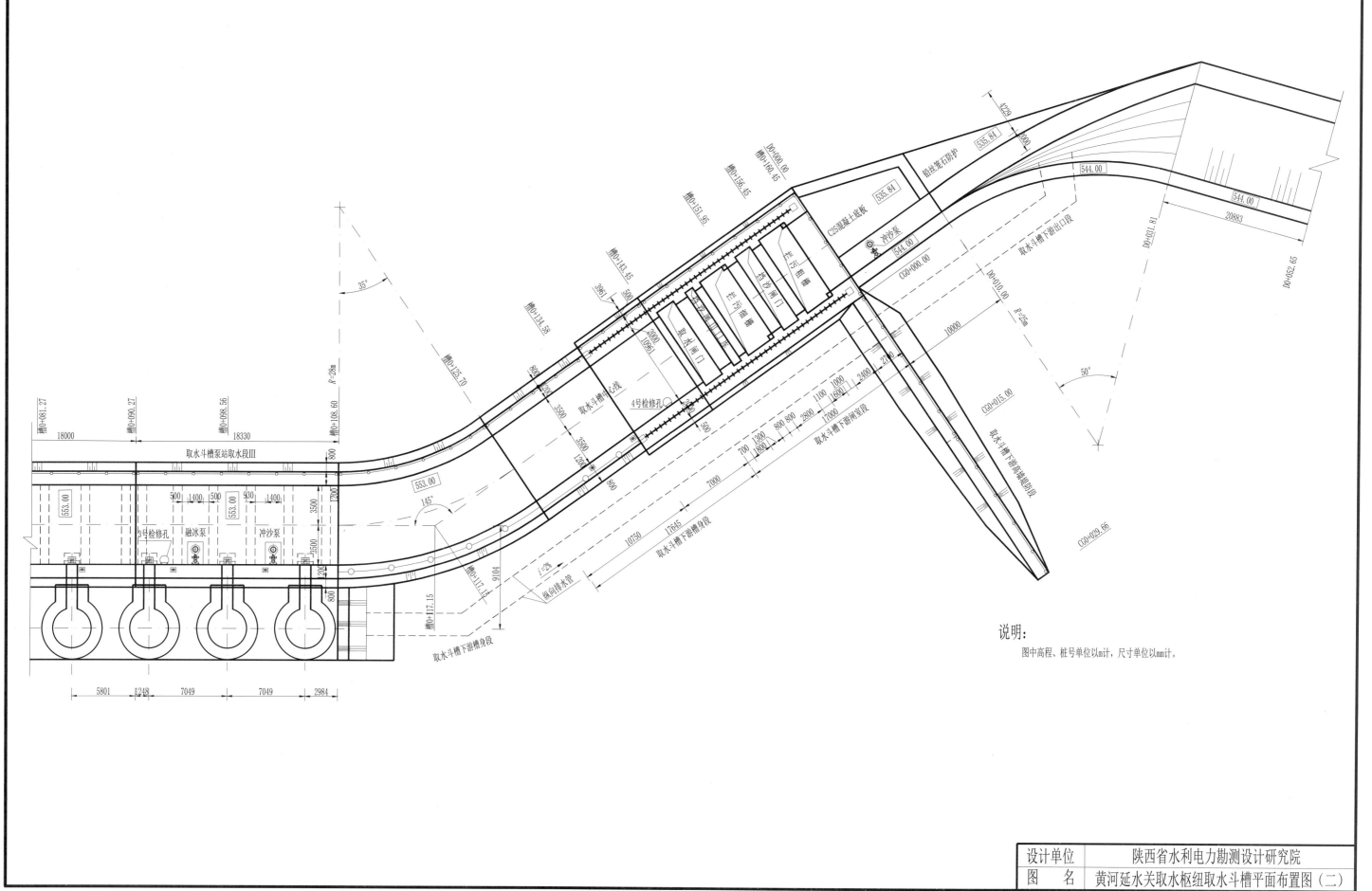

说明：

图中高程、桩号单位以m计，尺寸单位以mm计。

设计单位	陕西省水利电力勘测设计研究院
图　名	黄河延水关取水枢纽取水斗槽平面布置图（二）

黄河延水关取水枢纽取水斗槽纵断面图

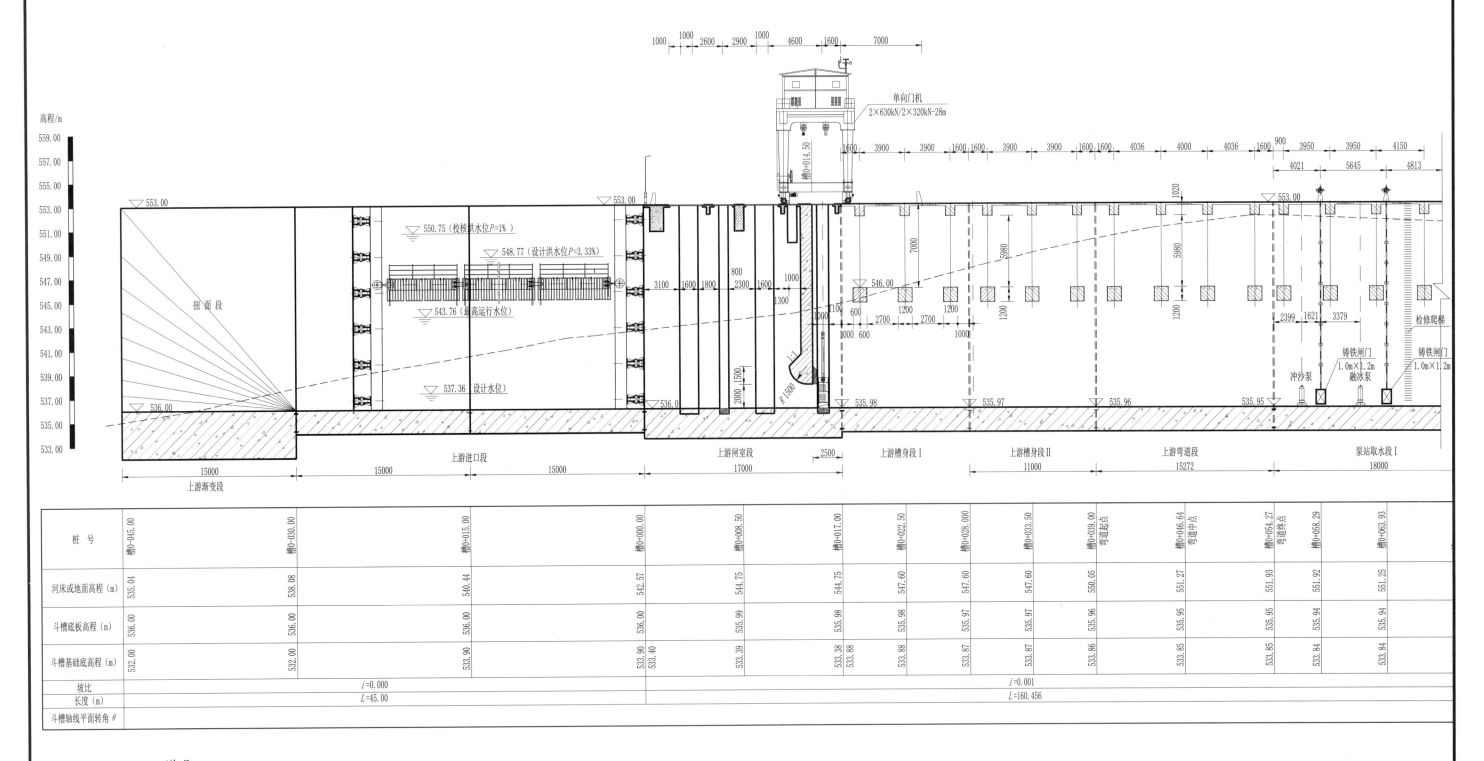

桩 号	槽0-045.00	槽0-030.00	槽0-015.00	槽0+000.00	槽0+008.50	槽0+017.00	槽0+022.50	槽0+028.000	槽0+033.50	槽0+039.00 弯道起点	槽0+046.64 弯道中点	槽0+054.27 弯道终点	槽0+058.29	槽0+063.93
河床或地面高程（m）	535.04	538.08	540.44	542.57	544.75	544.75	547.60	547.60	547.60	550.05	551.27	551.93	551.92	551.25
斗槽底板高程（m）	536.00	536.00	536.00	536.00	535.99	535.98	535.98	535.97	535.97	535.96	535.95	535.95	535.94	535.94
斗槽基础底高程（m）	532.00	532.00	533.90	533.90 / 533.40	533.39	533.38 / 533.88	533.88	533.87	533.87	533.86	533.85	533.85	533.84	533.84
坡比		$i=0.000$							$i=0.001$					
长度（m）		$L=45.00$							$L=160.456$					
斗槽轴线平面转角θ														

说明：

　　1.图中高程、桩号单位以m计，尺寸单位以mm计。

　　2.取水斗槽设计范围为桩号槽0-030.00～槽0+160.46。

设计单位	陕西省水利电力勘测设计研究院
图 名	黄河延水关取水枢纽取水斗槽纵断面图（一）

黄河延水关取水枢纽取水斗槽纵断面图

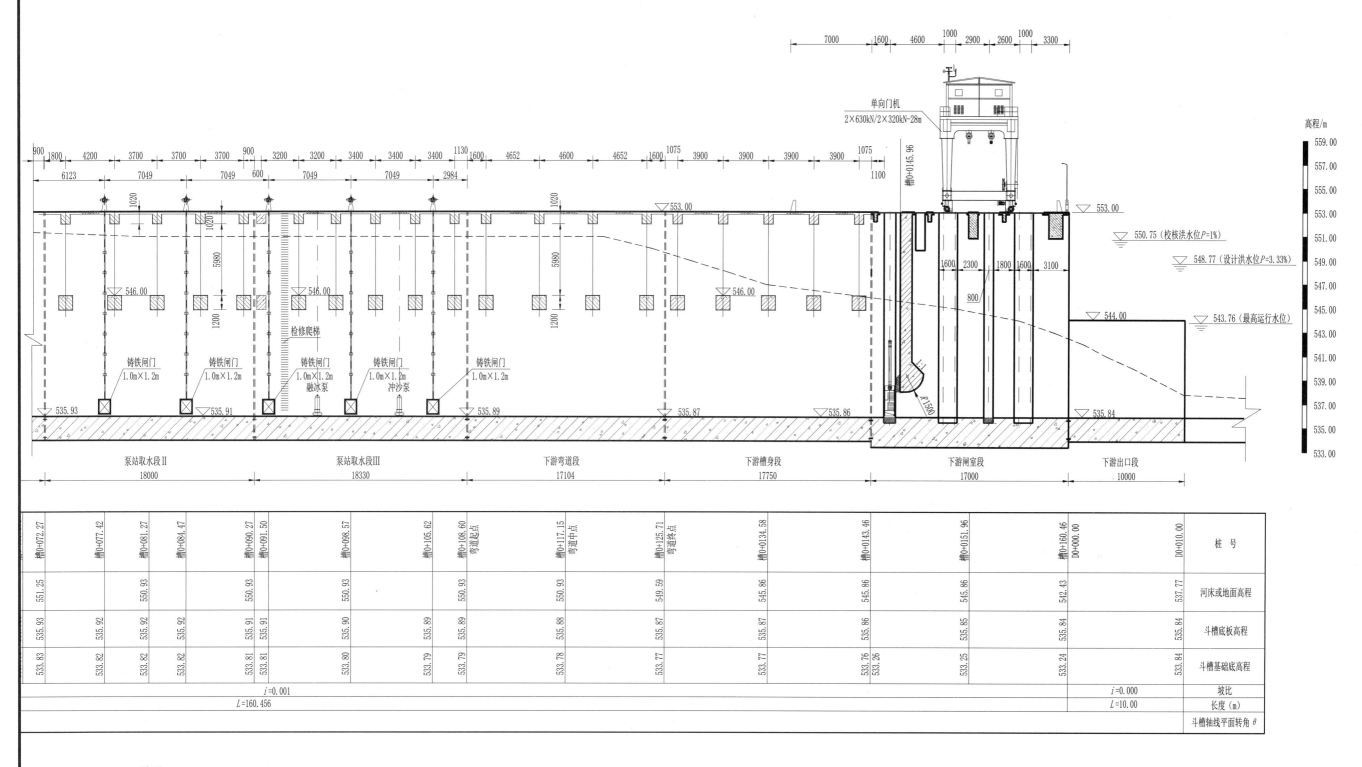

说明：
1. 图中高程、桩号单位以m计，尺寸单位以mm计。
2. 取水斗槽设计范围为桩号槽0-030.00～槽0+160.46。

桩号	河床或地面高程	斗槽底板高程	斗槽基础底高程	坡比	长度（m）	斗槽轴线平面转角 θ
槽0+072.27	551.25	535.93	533.83			
槽0+077.42		535.92	533.82			
槽0+081.27	550.93	535.92	533.82			
槽0+084.47		535.92	533.82			
槽0+090.27	550.93	535.91	533.81			
槽0+091.50		535.91	533.81			
槽0+098.57	550.93	535.90	533.80			
槽0+105.62		535.89	533.79			
槽0+108.60 弯道起点	550.93	535.89	533.79			
槽0+117.15 弯道中点	550.93	535.88	533.78			
槽0+125.71 弯道终点	549.59	535.87	533.77			
槽0+134.58	545.86	535.87	533.77			
槽0+143.46	545.86	535.86	533.76 533.26			
槽0+151.96	545.86	535.85	533.25			
槽0+160.46	542.43	535.84	533.24			
100+000.00	537.77	535.84	533.84			

坡比 i=0.001 L=160.456 ／ i=0.000 L=10.00

泵站取水段Ⅱ 18000
泵站取水段Ⅲ 18330
下游弯道段 17104
下游槽身段 17750
下游闸室段 17000
下游出口段 10000

铸铁闸门 1.0m×1.2m
检修爬梯
融冰泵
冲沙泵

单向门机 2×630kN/2×320kN-28m

▽ 553.00
▽ 550.75（校核洪水位P=1%）
▽ 548.77（设计洪水位P=3.33%）
▽ 543.76（最高运行水位）
▽ 544.00

高程/m

设计单位	陕西省水利电力勘测设计研究院
图 名	黄河延水关取水枢纽取水斗槽纵断面图（二）

平面布置图

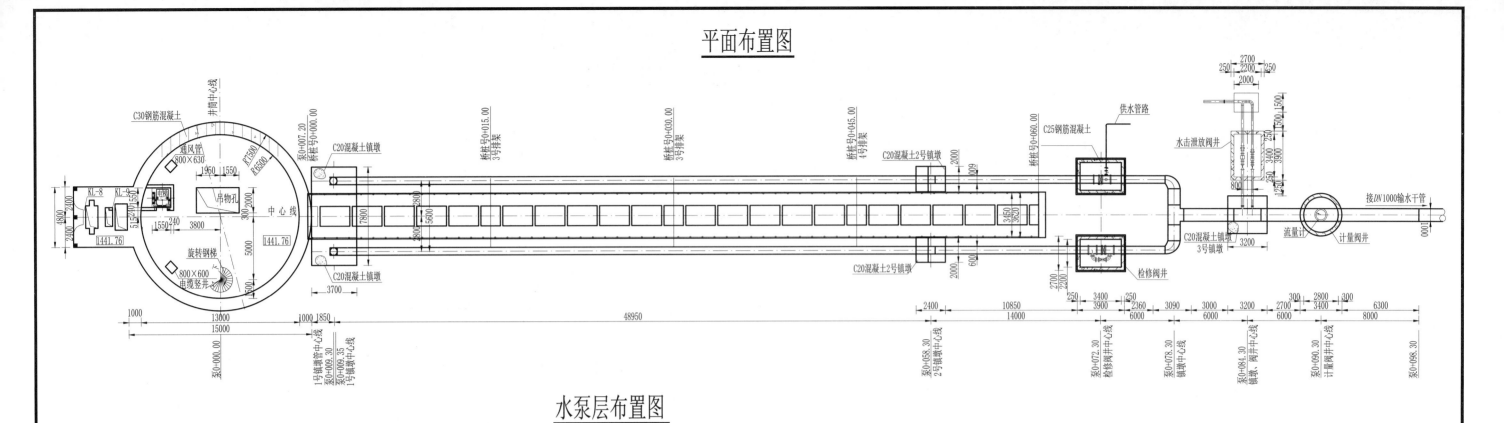

水泵层布置图

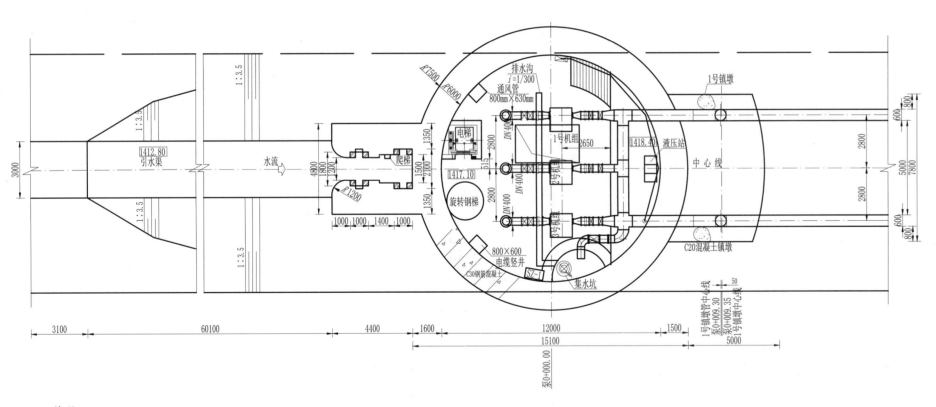

泵站特性表

序号	名称	单位	数量	备注
1	设计下水位	m	1323.50	
2	最高下水位	m	1339.35	
3	最低下水位	m	1315.00	
4	设计上水位	m	1357.63	
5	设计净扬程范围	m	18.28~42.63	
6	设计扬程	m	44.6~68.70	
7	单机抽水流量	m³/s	0.162~0.406	
8	设计扬程单机抽水流量	m³/s	0.248	2泵井联单泵出水量
9	总抽水流量	m³/s	0.298~0.659	
10	立式离心泵	台/备	2/1	Q=0.495m³/s，2用1备
11	水泵效率	%	80~87	
12	配套电动机，N=280kW	台	2/1	
13	泵站装机功率	kW	840	

说明：

1. 图中高程、桩号单位以m计，尺寸单位以mm计。
2. 图中所示钢管DN400及以下管材采用Q235-B，其余采用Q345-B；内防腐采用IPN8710-2B，做法为二底二面；外防腐采用IPN8710-3（2C），做法为二布四油。
3. 工程投运后，管理单位需配备柴草污物打捞船。汛期每遇洪水后，冬初封冰前等均应及时清理库内柴草等悬浮污物。

设计单位	陕西省水利电力勘测设计研究院
图名	金鸡沙水库供水工程竖井式泵站平面布置图

泵站A—A剖面图

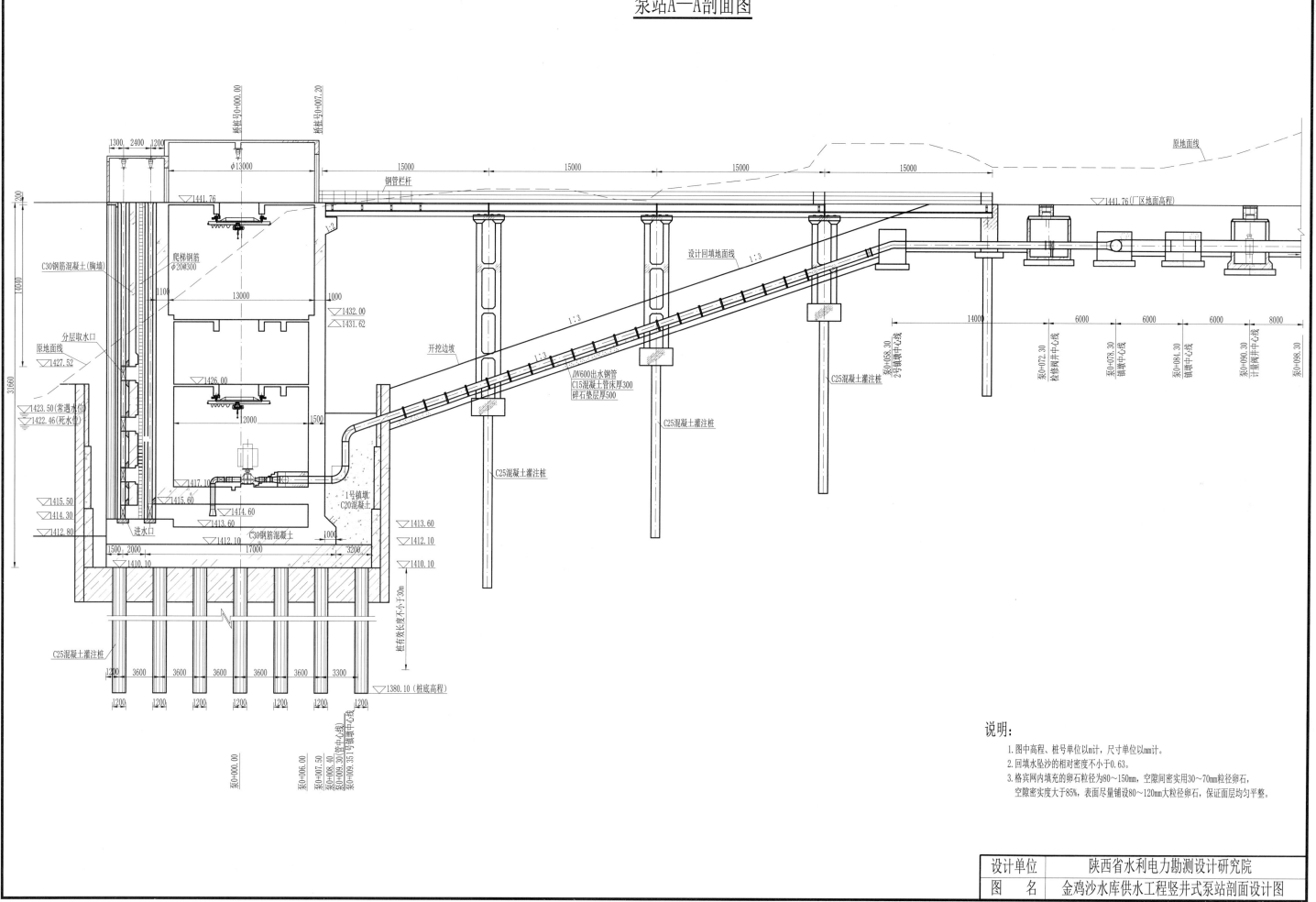

说明:
1. 图中高程、桩号单位以m计,尺寸单位以mm计。
2. 回填水坠沙的相对密度不小于0.63。
3. 格宾网内填充的卵石粒径为80～150mm,空隙间密实用30～70mm粒径卵石,
   空隙密实度大于85%,表面尽量铺设80～120mm大粒径卵石,保证面层均匀平整。

设计单位	陕西省水利电力勘测设计研究院
图 名	金鸡沙水库供水工程竖井式泵站剖面设计图

平面布置图

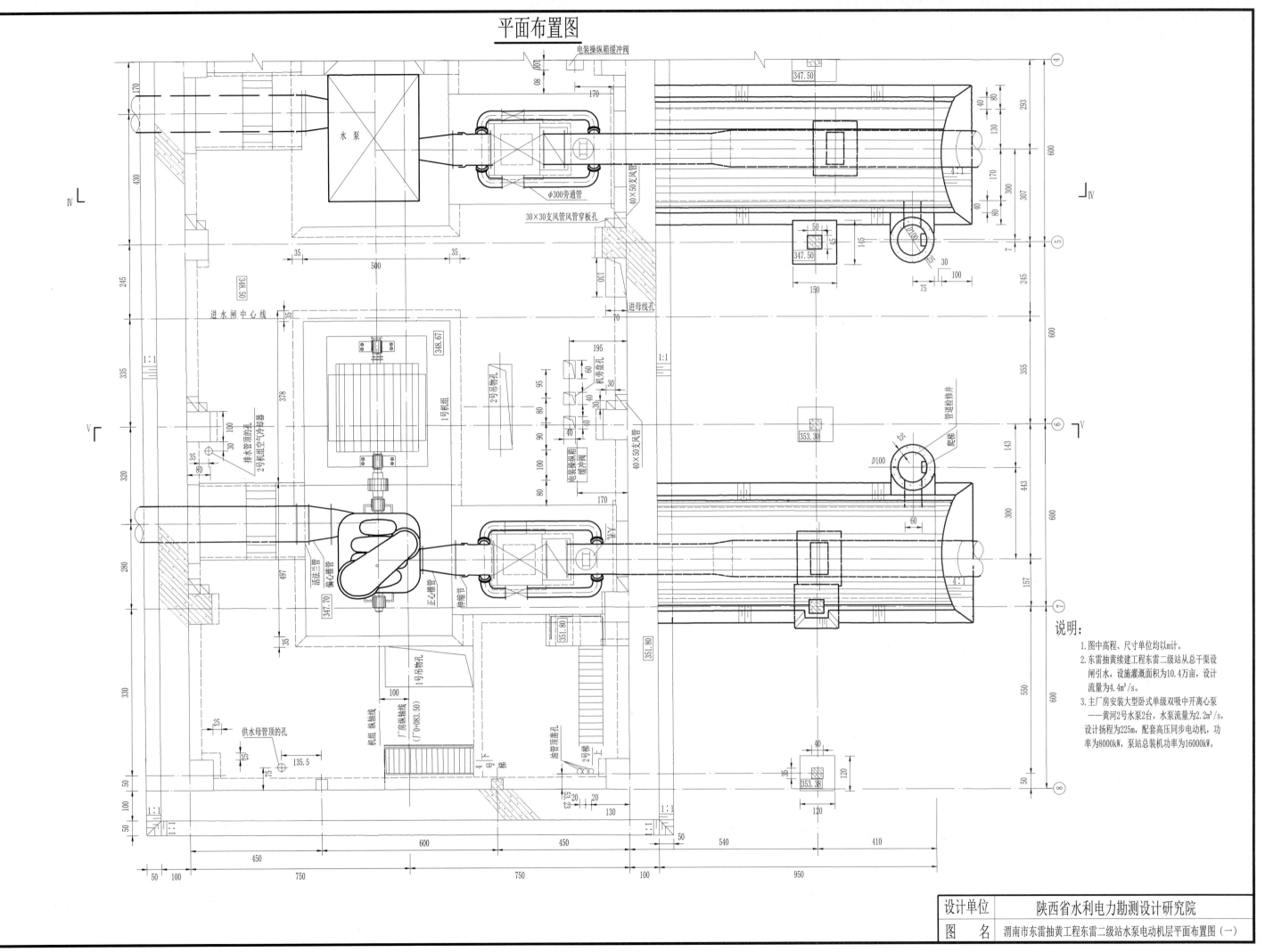

说明:
1. 图中高程、尺寸单位均以m计。
2. 东雷抽黄续建工程东雷二级站从总干渠设闸引水,设施灌溉面积为10.4万亩,设计流量为4.4m³/s。
3. 主厂房安装大型卧式单级双吸中开离心泵——黄河2号水泵2台,水泵流量为2.2m³/s,设计扬程为225m,配套高压同步电动机,功率为8000kW,泵站总装机功率为16000kW。

设计单位	陕西省水利电力勘测设计研究院
图 名	渭南市东雷抽黄工程东雷二级站水泵电动机层平面布置图(一)

平面布置图

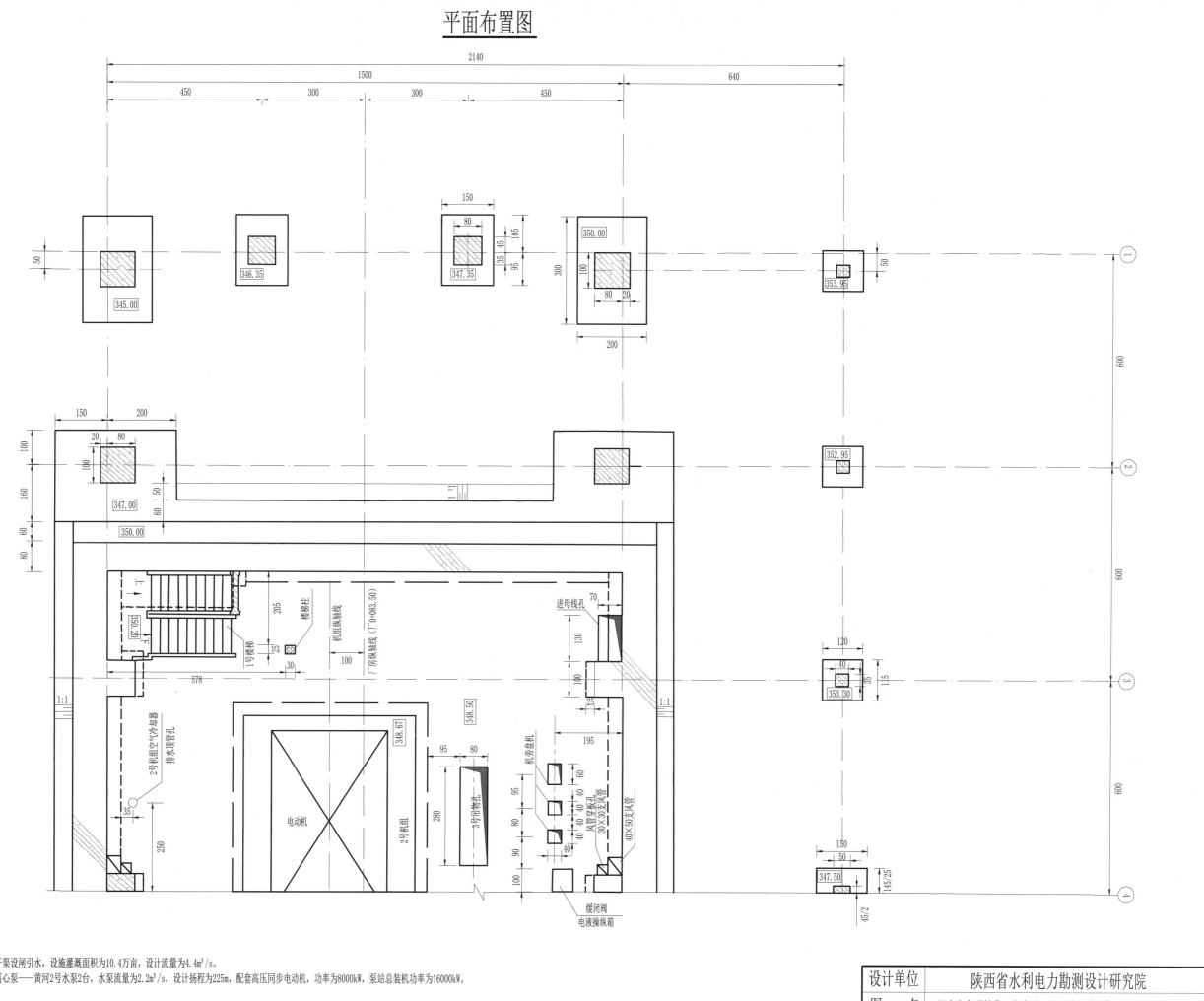

说明:

    1.图中高程、尺寸单位均以m计。

    2.东雷抽黄续建工程东雷二级站从总干渠设闸引水，设施灌溉面积为10.4万亩，设计流量为4.4m³/s。

    3.主厂房安装大型卧式单级双吸中开离心泵——黄河2号水泵2台，水泵流量为2.2m³/s，设计扬程为225m，配套高压同步电动机，功率为8000kW，泵站总装机功率为16000kW。

设计单位	陕西省水利电力勘测设计研究院
图　名	渭南市东雷抽黄工程东雷二级站水泵电动机层平面布置图（二）

剖面设计图

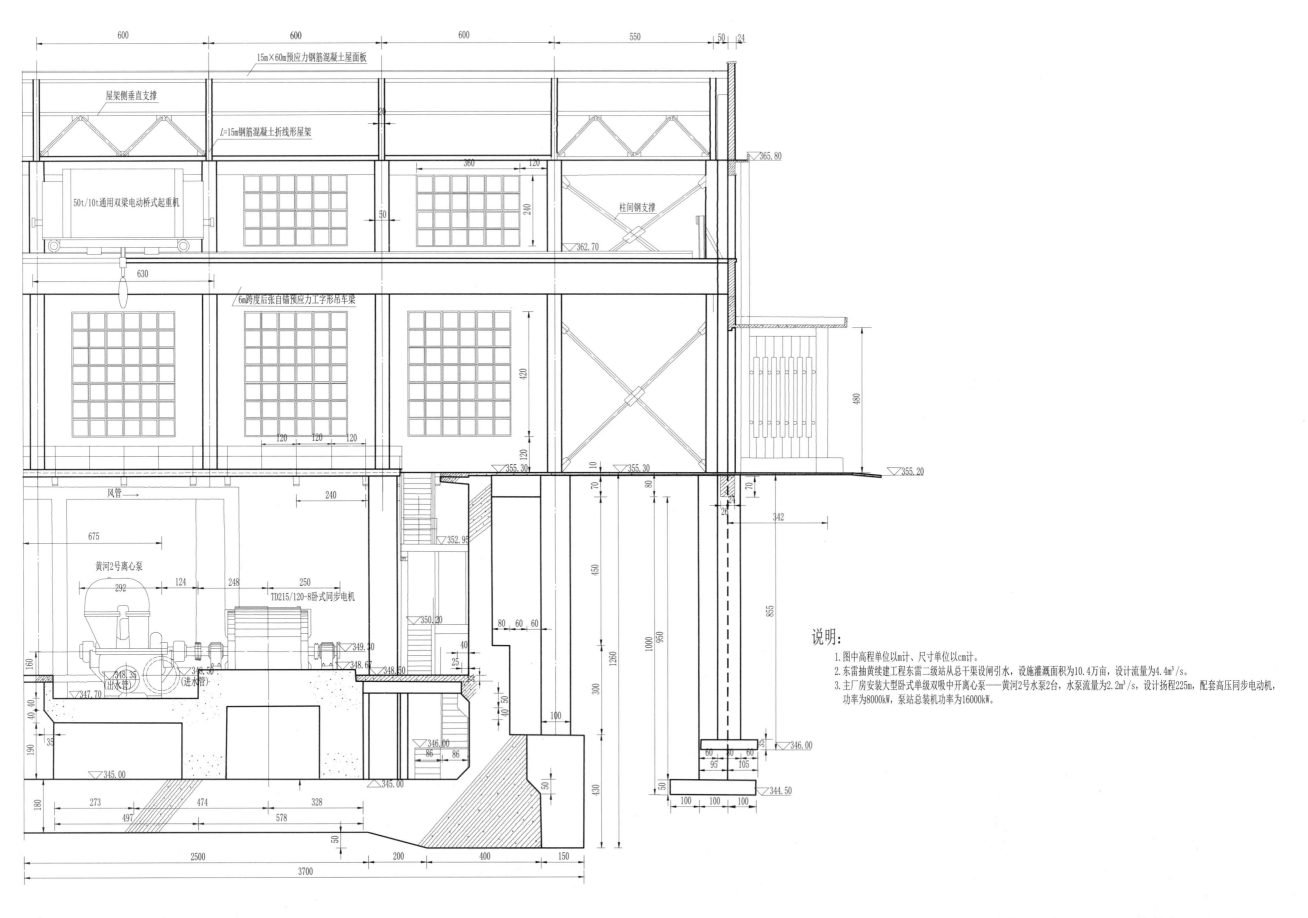

15m×60m预应力钢筋混凝土屋面板

屋架侧垂直支撑

L=15m钢筋混凝土折线形屋架

柱间钢支撑

50t/10t通用双梁电动桥式起重机

6m跨度后张自锚预应力工字形吊车梁

黄河2号离心泵

TD215/120-8卧式同步电机

风管

(出水管) (进水管)

说明：
1. 图中高程单位以m计，尺寸单位以cm计。
2. 东雷抽黄续建工程东雷二级站从总干渠设闸引水，设施灌溉面积为10.4万亩，设计流量为4.4m³/s。
3. 主厂房安装大型卧式单级双吸中开离心泵——黄河2号水泵2台，水泵流量为2.2m³/s，设计扬程225m，配套高压同步电动机，功率为8000kW，泵站总装机功率为16000kW。

设计单位	陕西省宝鸡峡水利水电设计院
图 名	渭南市东雷抽黄工程东雷二级站主厂房剖面设计图（一）

剖面设计图

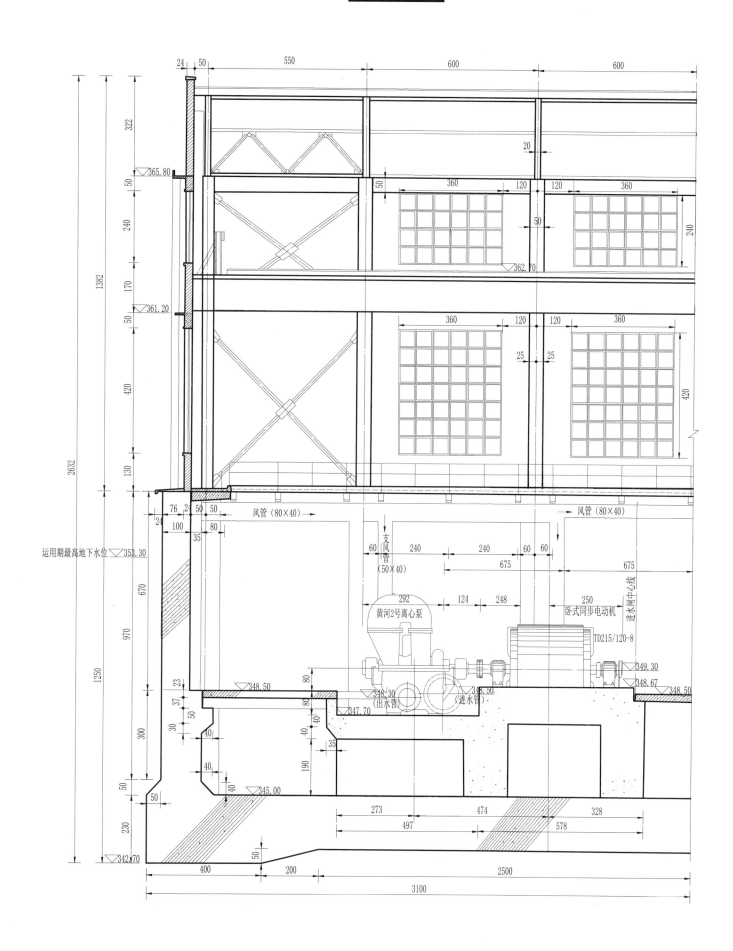

说明:
1. 图中高程单位以m计、尺寸单位以cm计。
2. 东雷抽黄续建工程东雷二级站从总干渠设闸引水,设施灌溉面积为10.4万亩,设计流量为4.4m³/s。
3. 主厂房安装大型卧式单级双吸中开离心泵——黄河2号水泵2台,水泵流量为2.2m³/s,设计扬程为225m,配套高压同步电动机,功率为8000kW,泵站总装机功率为16000kW。

设计单位	陕西省宝鸡峡水利水电设计院
图 名	渭南市东雷抽黄工程东雷二级站主厂房剖面设计图(二)

陕西省宝鸡峡水利水电设计院

剖面设计图

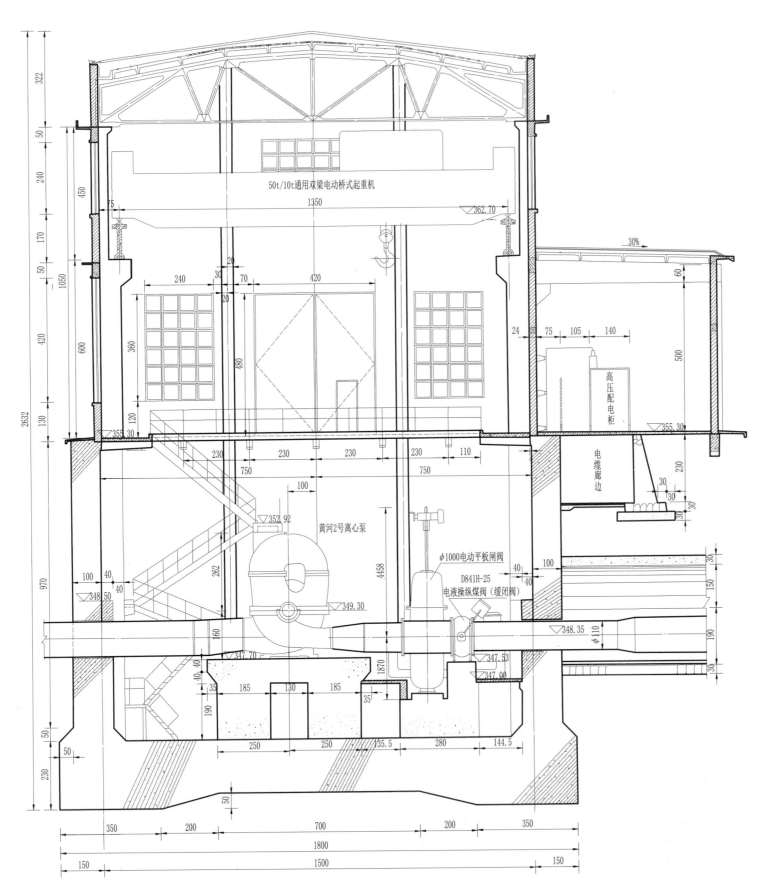

说明:

1. 图中高程单位以m计、尺寸单位以cm计。

2. 东雷抽黄续建工程东雷二级站从总干渠设闸引水, 设施灌溉面积为10.4万亩, 设计流量为4.4m³/s。

3. 主厂房安装大型卧式单级双吸中开离心泵——黄河2号水泵2台, 水泵流量为2.2m³/s, 设计扬程为225m, 配套高压同步电动机, 功率为8000kW, 泵站总装机功率为16000kW。

设计单位	陕西省宝鸡峡水利水电设计院
图 名	渭南市东雷抽黄工程东雷二级站横剖面设计图

泵站横剖面图

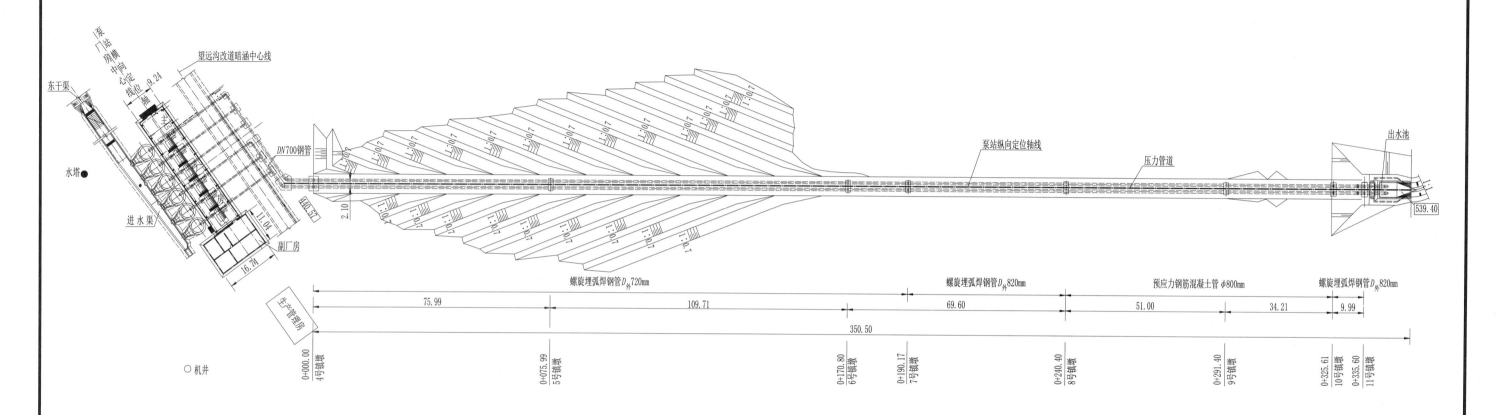

望远沟改道暗涵中心线

泵站纵向定位轴线

压力管道

出水池

539.40

东干渠

水塔

进水渠

副厂房

DN700钢管

机井

螺旋埋弧焊钢管D_H720mm 螺旋埋弧焊钢管D_H820mm 预应力钢筋混凝土管φ800mm 螺旋埋弧焊钢管D_H820mm

75.99 109.71 69.60 51.00 34.21 9.99

350.50

0+000.00 4号镇墩 0+075.99 5号镇墩 0+170.80 6号镇墩 0+190.17 7号镇墩 0+240.40 8号镇墩 0+291.40 9号镇墩 0+325.61 10号镇墩 0+335.60 11号镇墩

望远沟泵站更新改造工程特性表

序号	名称	单位	数量	备注
1	泵站级数	级	3	
2	设计下水位高程	m	439.38	
3	设计上水位高程	m	540.50	
4	设计净扬程	m	101.12	
5	设计扬程	m	102.12	
6	水泵型号S400-6/4B	台	6	卧式离心泵
7	配套电机型号Y450-4	台	6	6kV,800kW
8	设计流量	m³/s	2.46	$Q_单=0.41m³/s$
9	水泵效率	%	81	
10	水泵转速	r/min	1480	
11	泵站总装机功率	kW	4800	

说明:
1. 图中高程、桩号及尺寸单位均以m计。
2. 泵站安全鉴定为四类,全部拆除重建。
3. 望远沟泵站更新改造是在维持泵站设计灌溉面积、设计流量、设计净扬程以及总平面布置不变的基础上实施的。泵站设计灌溉面积为5.1万亩,设计流量为2.46m³/s,设计净扬程为101.12m。
4. 泵站共安装S400-6/4B型卧式离心泵6台,单机流量为0.41m³/s,总扬程为102.12m,配套6kV高压异步电动机,型号为Y450-4,单机功率为800kW,泵站由凹里变电站6kV电压直供,泵站总装机功率为4800kW。
5. 泵站更新改造横向定位轴线为现状厂房中心线,纵向定位轴线为现状压力管道的管坡中心线。

设计单位	陕西水环境工程勘测设计研究院
图 名	港口抽黄灌区望远沟泵站平面布置图

望远沟泵站剖面图

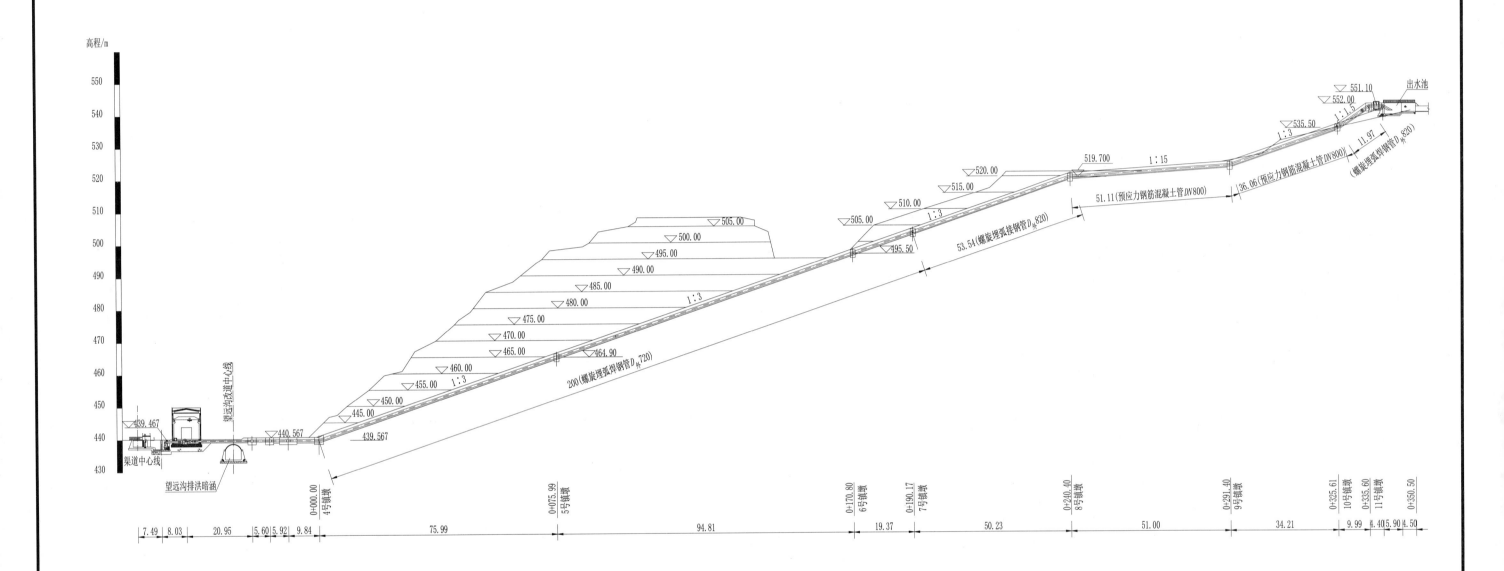

说明:
1. 图中高程、桩号单位以m计，尺寸单位以mm计。
2. 泵站安全鉴定为四类，全部拆除重建。
3. 望远沟泵站更新改造是在维持泵站设计灌溉面积、设计流量、设计净扬程以及总平面布置不变的基础上实施的。泵站设计灌溉面积为5.1万亩，设计流量为2.46m³/s，设计净扬程为102.12m。
4. 泵站共安装S400-6/4B型卧式离心泵6台，单机流量为0.41m³/s，总扬程为102.12m，配套6kV高压异步电动机，型号为Y450-4，单机功率为800kW，泵站由凹里变电站6kV电压直供，泵站总装机功率为4800kW。
5. 泵站更新改造横向定位轴线为现状厂房中心线，纵向定位轴线为现状压力管道的管坡中心线，望远沟排洪渠涵定位轴线维持不变。

设计单位	陕西水环境工程勘测设计研究院
图 名	港口抽黄灌区望远沟泵站剖面图

平面布置图

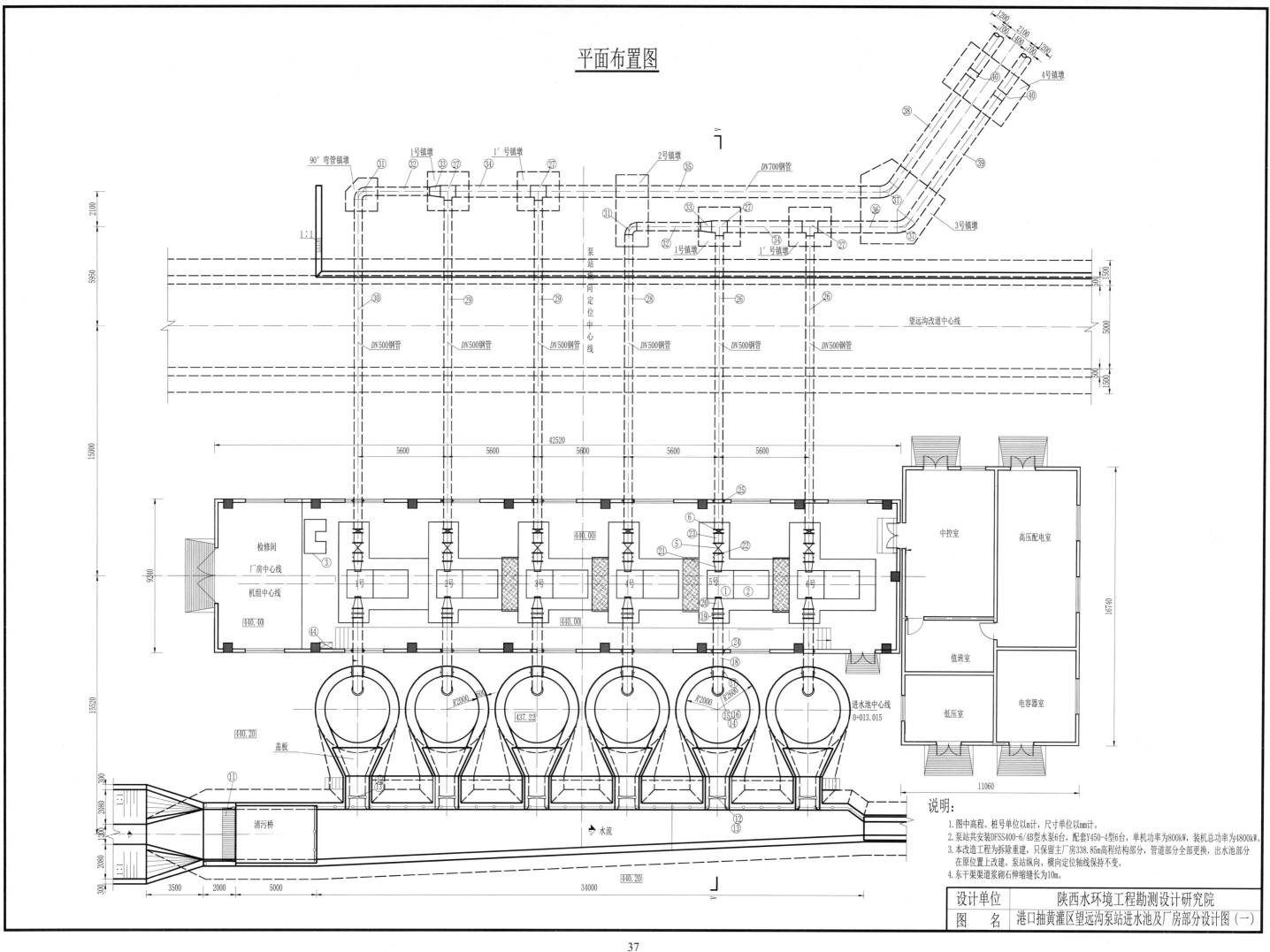

说明:
1. 图中高程、桩号单位以m计,尺寸单位以mm计。
2. 泵站共安装DFSS400-6/4B型水泵6台,配套Y450-4型6台,单机功率为800kW,装机总功率为4800kW。
3. 本改造工程为拆除重建,只保留主厂房338.85m高程结构部分,管道部分全部更换,出水池部分在原位置上改建。泵站纵向、横向定位轴线保持不变。
4. 东干渠渠道浆砌石伸缩缝长为10m。

设计单位	陕西水环境工程勘测设计研究院
图 名	港口抽黄灌区望远沟泵站进水池及厂房部分设计图(一)

泵站横剖面图

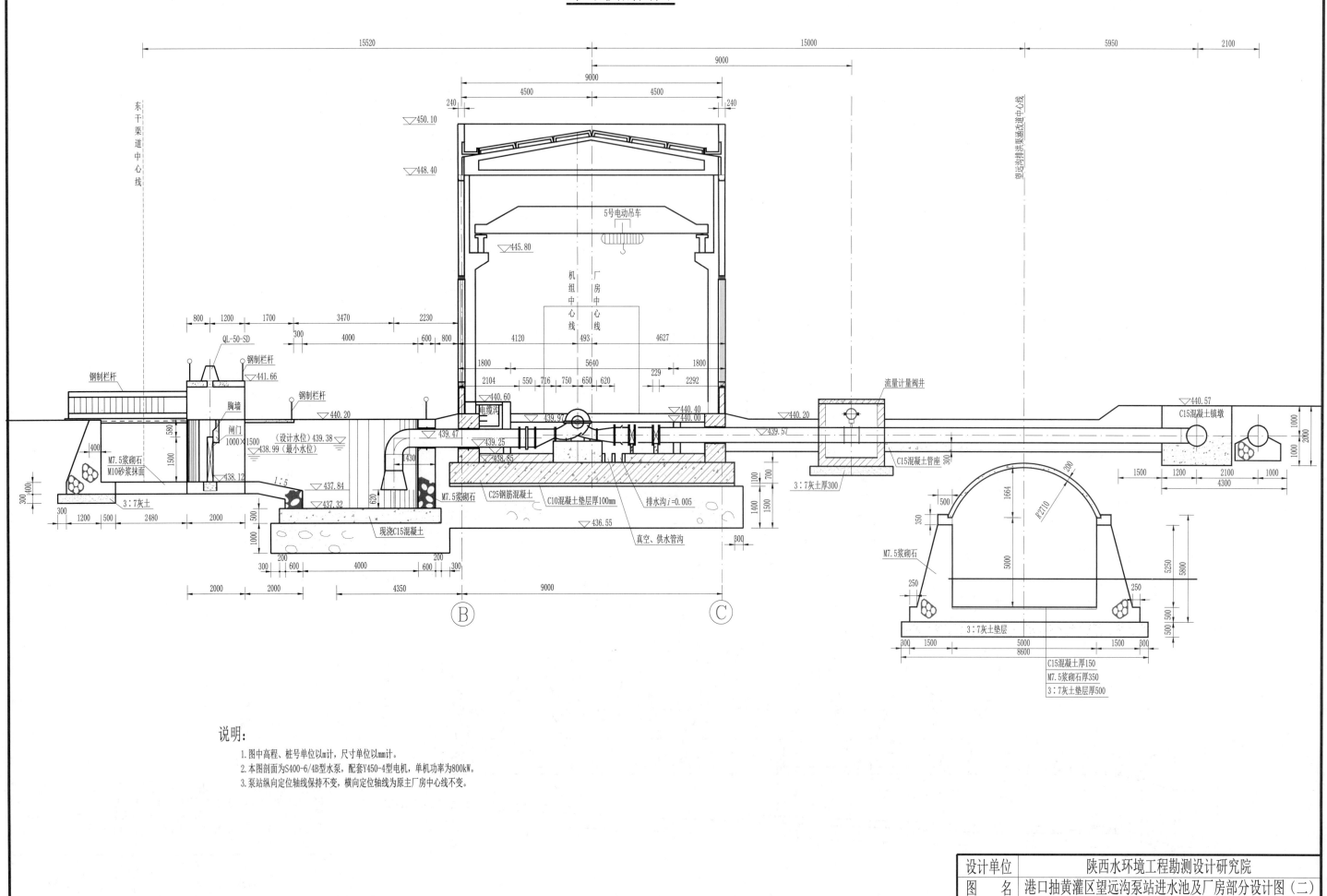

说明:
1. 图中高程、桩号单位以m计,尺寸单位以mm计。
2. 本图剖面为S400-6/4B型水泵,配套Y450-4型电机,单机功率为800kW。
3. 泵站纵向定位轴线保持不变,横向定位轴线为原主厂房中心线不变。

设计单位	陕西水环境工程勘测设计研究院
图 名	港口抽黄灌区望远沟泵站进水池及厂房部分设计图(二)

进水及厂房部分主要设备表及材料表

编号	名称	规格	单位	数量	单重 (kg)	总重 (kg)	备注
①	水泵	DFSS400-6/4B	台	6			q_s=0.41m³/s, H=115.3m, N=1480r/min
②	电机	Y450-4	台	6			6kV, 800kW
③	真空泵及配套电机	SZ-2	台	2			N=7.5kW
④	排水泵及配套电机	KQW100/200-3/4	台	2			N=2.2kW
⑤	蓄能罐式缓闭止回阀	DN500, P_g=2.5MPa	台	6			
⑥	电动蝶阀	DN500, D943X-2.5	台	6			N=0.75kW
⑦	轴流风机	No.5#	台	7			N=1.1kW
⑧	潜水电泵	200QJ25-182/13	台	1			N=22kW
⑨	电动单梁桥式起重机	3t	台	1			L_k=8.5m, N=9.9kW
⑩	辐射式电加热器	H×B-15	台	12			N=1.0～1.5kW
⑪	回转式清污机	FHG	台	1			孔口尺寸：3m×2.1m
⑫	手电两用螺杆式启闭机	5t	台	6			
⑬	平板铸铁闸门	B×H=1000mm×1500mm	台	6			
⑭	喇叭口	DN600～DN900, L=640, δ=10	个	6	107.31	643.87	一端焊接
⑮	直钢管	DN600, L=447, δ=10	节	6	68.44	410.64	两端焊接
⑯	弯头	DN600, R=540, α=90°, δ=10	个	6	131.11	786.67	两端焊接
⑰	刚性防水套管	A型 DN600	套	6	54.50	327.00	
⑱	直钢管	DN600, L=3794, δ=10	节	6	623.58	3741.50	一端法兰
⑲	卡箍式伸缩节	DN600, P_g=1.0MPa	个	6			设计间隙30mm
⑳	偏心大小头	DN600～DN400, L=716, δ=10	个	6	158.15	948.91	两端法兰
㉑	正心大小头	DN300～DN500, L=620, δ=9	个	6	180.80	1084.80	两端法兰
㉒	套管式伸缩节	DN500, P_g=2.5MPa	个	6			L=500mm
㉓	直钢管	DN500, L=600, δ=9	节	6	266.20	1597.18	两端法兰
㉔	穿墙套管	DN600	套	6	54.50	327.00	
㉕	穿墙套管	DN500	套	6	44.54	267.24	
㉖	直钢管	DN500, L=18150, δ=9	节	2	2208.96	4417.93	一端法兰，一端焊接
㉗	异径三通	DN700×DN700×DN500, L_1=978, L_2=539, δ=12	个	2	238.40	476.80	
㉘	直钢管	DN500, L=18151, δ=9	节	1	2209.08	2209.08	一端法兰，一端焊接
㉙	直钢管	DN500, L=19712, δ=9	节	2	2390.62	4781.23	一端法兰，一端焊接
㉚	直钢管	DN500, L=19762, δ=9	节	1	2396.43	2396.43	一端法兰，一端焊接
㉛	弯头	DN500, R=489, α=90°, δ=9	个	2	92.00	184.00	两端焊接
㉜	直钢管	DN500, L=3934, δ=9	节	2	457.50	915.01	两端焊接
㉝	正心大小头	DN500～DN700, L=688, δ=12	个	2	2514.24	5028.48	两端焊接
㉞	直钢管	$D_外$720, L=4622, δ=12.7	节	2	1023.82	2047.64	两端焊接
㉟	直钢管	$D_外$720, L=20626, δ=12.7	节	1	4568.87	4568.87	两端焊接
㊱	直钢管	$D_外$720, L=4896, δ=12.7	节	1	1084.51	1084.51	两端焊接
㊲	弯头	$D_外$720, R=1050, α=54°, δ=12.7	个	2	237.02	474.03	
㊳	直钢管	$D_外$720, L=8066, δ=12.7	节	1	1786.70	1786.70	两端焊接
㊴	直钢管	$D_外$720, L=9136, δ=12.7	节	1	2023.72	2023.72	两端焊接
㊵	弯头	$D_外$720, R=1050, α=18°26', δ=12.7	个	2	75.31	150.63	
㊶	管撑	DN600	个	6	38.57	231.42	
㊷	空调	4P	台	2			
㊸	室外消火栓	SS100/65-1.0	套	2			
㊹	室内消火栓	SN65	套	4			
	合计				25034.88	42911.28	

说明：

表中钢制管件应从进水池开始，4号镇墩弯管止。

设计单位	陕西水环境工程勘测设计研究院
图　名	港口抽黄灌区望远沟泵站进水池及厂房部分设计图（三）

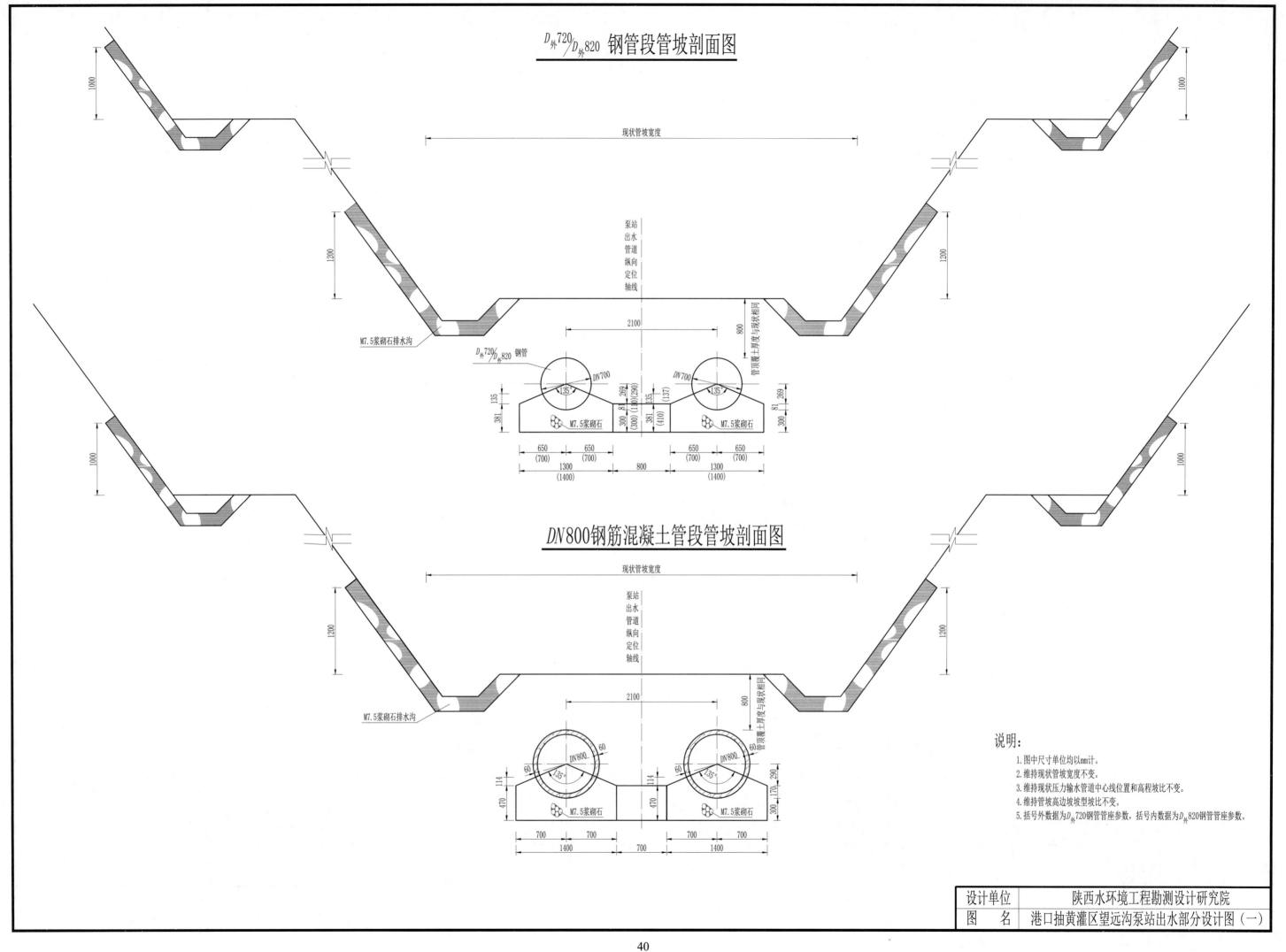

$D_{外}720/D_{外}820$ 钢管段管坡剖面图

$DN800$ 钢筋混凝土管段管坡剖面图

说明：
1. 图中尺寸单位均以mm计。
2. 维持现状管坡宽度不变。
3. 维持现状压力输水管道中心线位置和高程坡比不变。
4. 维持管坡高边坡坡型坡比不变。
5. 括号外数据为$D_{外}720$钢管管座参数，括号内数据为$D_{外}820$钢管管座参数。

设计单位	陕西水环境工程勘测设计研究院
图　名	港口抽黄灌区望远沟泵站出水部分设计图（一）

40

平面图

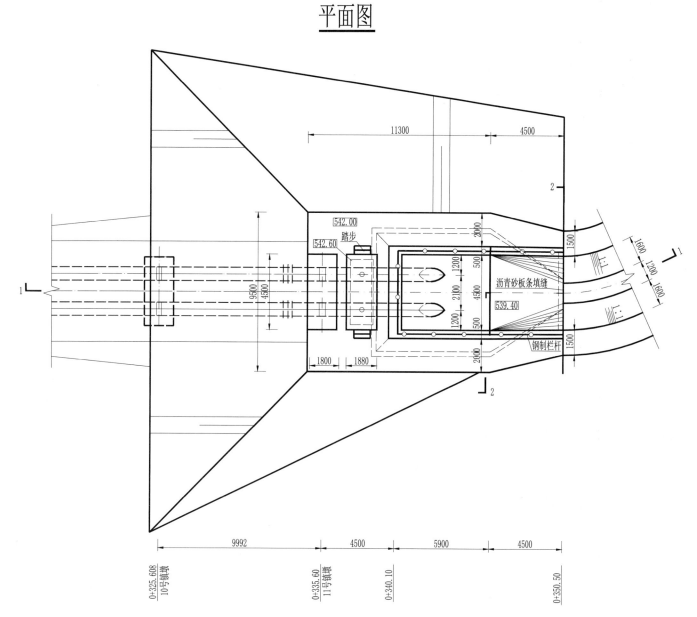

11300 4500

542.00
542.60 踏步

2900
2100

沥青砂板条填缝
539.40

1200 500
2100
1200 500

4500
9500

1600 1200 1600

1800 1880

钢制栏杆

9992 4500 5900 4500

0+325.608
10号镇墩

0+335.60
11号镇墩

0+340.10

0+350.50

1—1剖面图

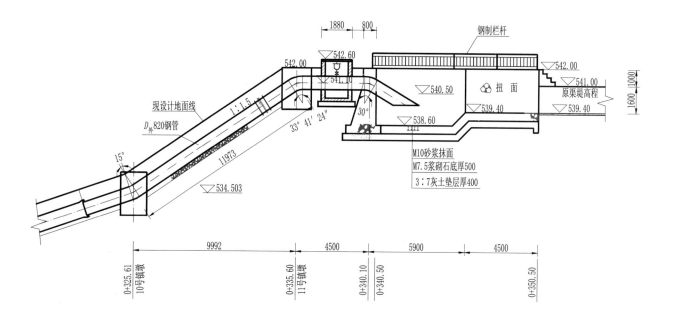

1880 800

钢制栏杆

542.60
542.00
541.10

542.00
540.50 扭 面
541.00
原渠堤高程

现设计地面线
$D_{外}$820钢管

1:1.5
33°41'24"

538.60
539.40
539.40

30°

15°
11973

M10砂浆抹面
M7.5浆砌石底厚500
3:7灰土垫层厚400

534.503

1600 1000
1600

9992 4500 5900 4500

0+325.61
10号镇墩

0+335.60
11号镇墩

0+340.10
0+340.50

0+350.50

2—2剖面图

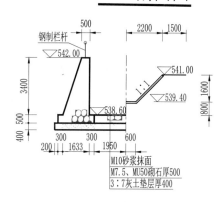

钢制栏杆
542.00

500
2200 1500

3400

541.00
1:1
539.40

400 500
538.60

1600
800
1600

200 300 1633 1950 600

M10砂浆抹面
M7.5、MU50砌石厚500
3:7灰土垫层厚400

说明:

1.图中高程、桩号单位以m计,尺寸单位以mm计。

2.本改建工程泵站纵向定位轴线保持不变,出水形式改为虹吸式出流,出水池与原渠道衔接。

3.出水部分8号镇墩前为钢管,8号镇墩至10号镇墩之间管道均为钢筋混凝土管道,钢管段每两个镇墩之间设有套管伸缩节一个,位置为下一个镇墩中心线前安装。

4.压力钢管采用宝鸡钢管厂生产的螺旋埋弧焊钢管,钢级单位为X42,钢管外径分别为$D_{外}$720和$D_{外}$820,壁厚为12.7mm。

5.8号镇墩至10号镇墩之间管道填土应分层夯实,压实系数为0.95。

设计单位	陕西水环境工程勘测设计研究院
图 名	港口抽黄灌区望远沟泵站出水部分设计图(二)

平面图

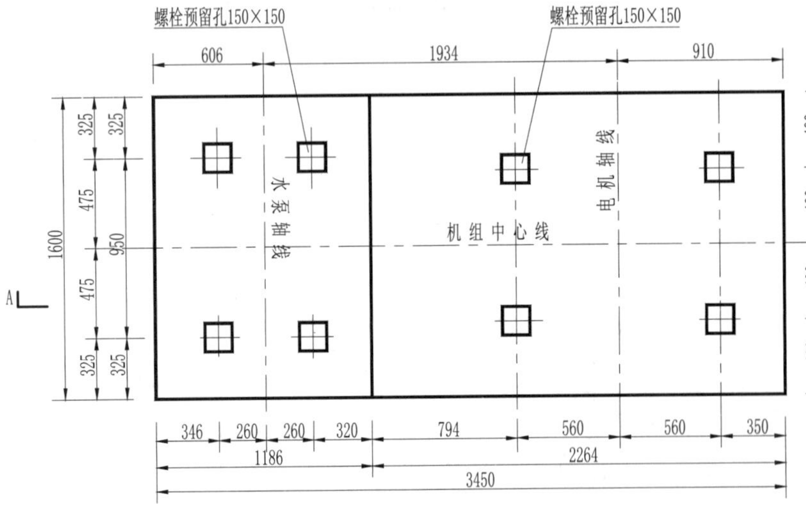

平面配筋图

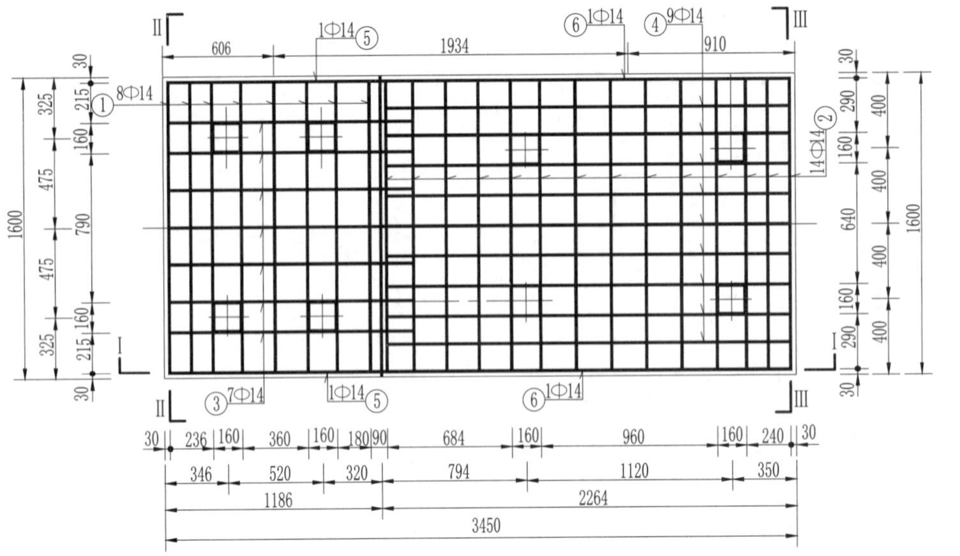

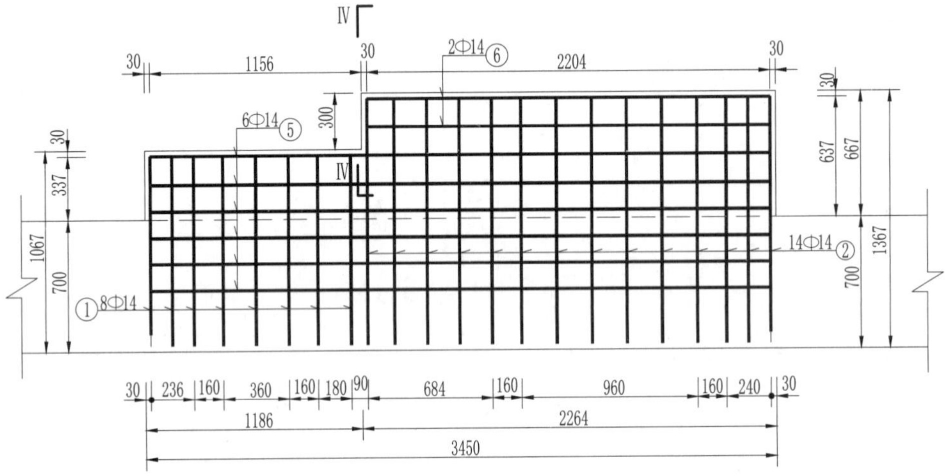

钢 筋 表

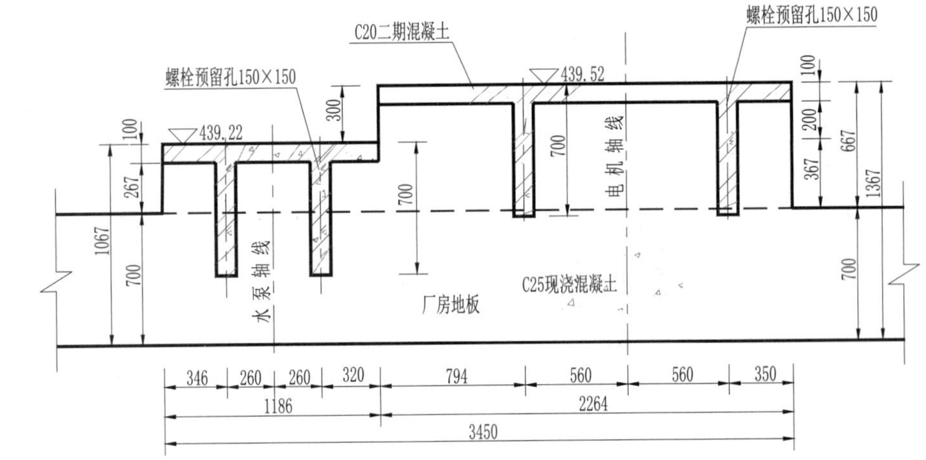

编号	直径(mm)	单根长(mm)	根数	总长(m)	备注
①	Φ14	3554	8	28.43	
②	Φ14	4154	14	58.16	
③	Φ14	2342	7	16.39	
④	Φ14	4001	9	36.01	
⑤	Φ14	3390	12	40.68	
⑥	Φ14	2234	4	8.94	
⑦	Φ14	1540	14	21.56	

A—A

I—I

材 料 表

规格	总长度(m)	单位重量(kg/m)	总量(kg)
Φ14	210.17	1.21	254.31

总计钢筋量为254.31kg，每立方米混凝土含筋量为28kg。
混凝土量为3.79m³；其中C25一期混凝土量为3.13m³，C25二期混凝土为0.66m³。

II—II

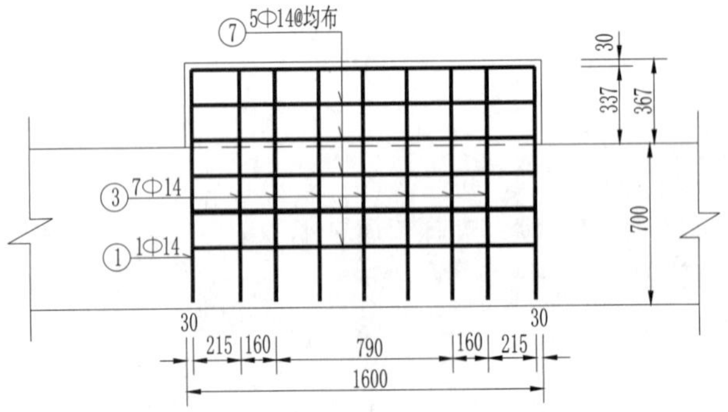

III—III

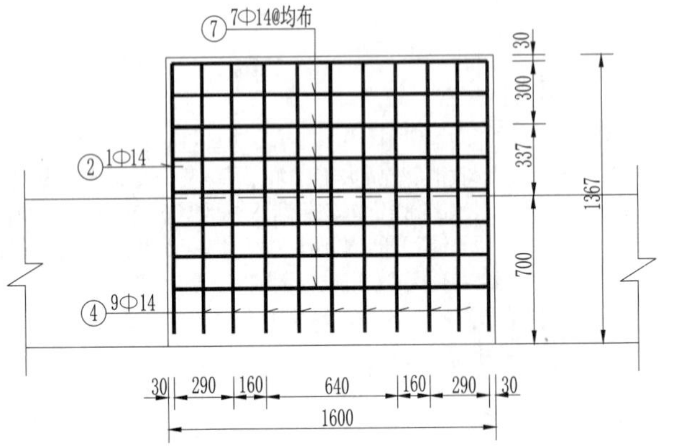

IV—IV

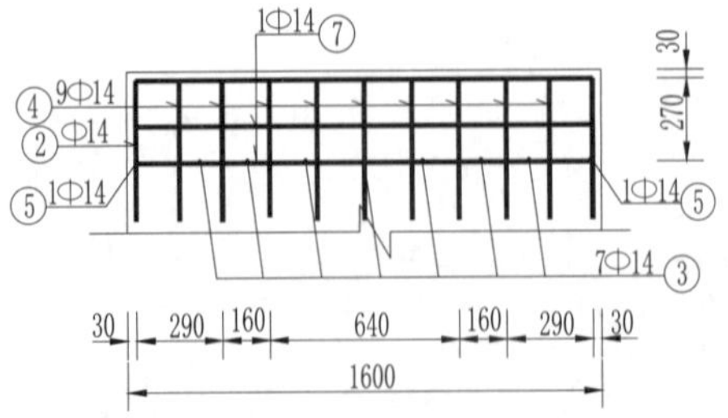

说明：

1. 图中高程、桩号单位以m计，尺寸单位以mm计。
2. 一、二期混凝土均采用C25混凝土。Ⅱ级钢筋的钢筋保护层为30mm。
3. 机墩顶面及预留螺栓孔二期浇筑应待螺栓准确定位后浇注，浇筑前应对一期混凝土表面进行凿毛冲洗处理。机墩预留螺栓位置及相关尺寸应以设备到货后实际尺寸为准。
4. 基墩钢筋不得穿过螺孔，若有矛盾钢筋可适当偏移，在满足钢筋间距时其布置尽量均布。
5. 浇筑厂房地板时，注意机墩插筋和预埋筋，基墩浇筑应与厂房地板浇筑配合使用。

设计单位	陕西水环境工程勘测设计研究院
图 名	港口抽黄灌区望远沟泵站水泵电机基础设计图

90°弯管镇墩平面图

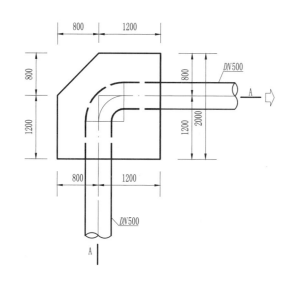

1号镇墩平面图

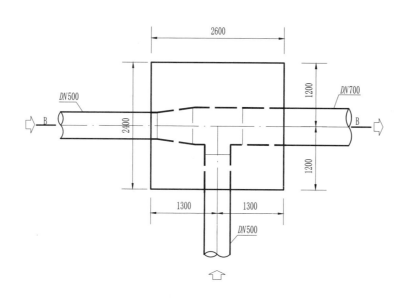

2号镇墩平面图

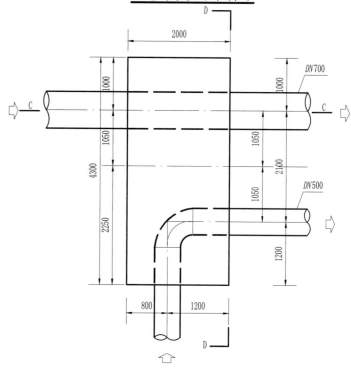

A—A剖面图

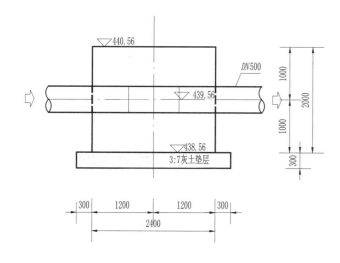

B—B剖面图

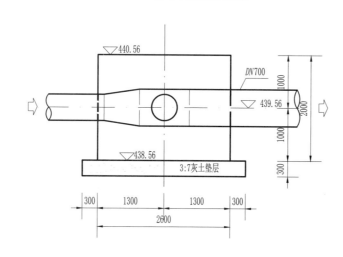

C—C剖面图

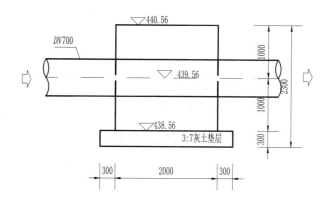

D—D剖面图

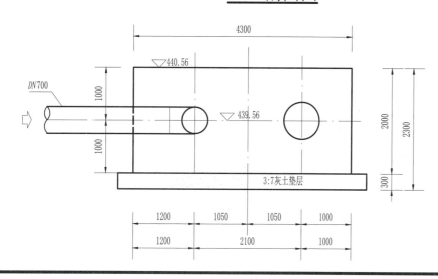

说明:

1. 图中高程、桩号单位以m计、尺寸单位以mm计。

2. 镇墩表面均配有温度筋,采用Φ12钢筋,纵横钢筋间距为150mm,钢筋净保护层厚度均为50mm;
   同时在镇墩管道穿孔表层处设两根Φ12环向加强筋。

3. 镇墩采用C15混凝土,强度等级为C15W4F50。

4. 管道开挖与回填应严格按照《给水排水管道工程施工及验收规范》(GB 50268-2008)执行,并应沿管道两侧均匀回填。

5. 1'号镇墩体型尺寸与1号镇墩相同。

设计单位	陕西水环境工程勘测设计研究院
图 名	港口抽黄灌区望远沟泵站镇墩设计图(一)

3号镇墩平面图

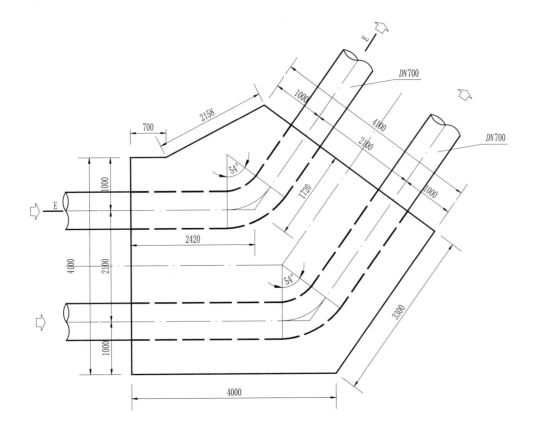

4号镇墩平面图

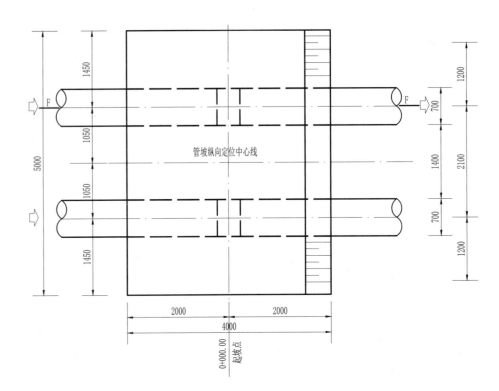

E—E剖面图

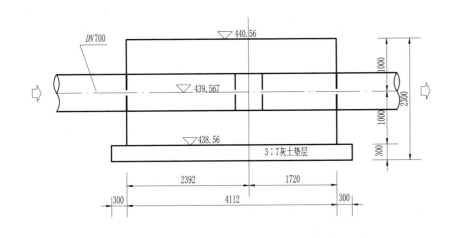

F—F剖面图

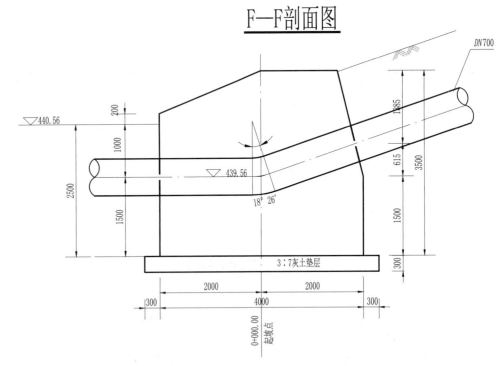

说明：

1. 图中高程、桩号单位以m计、尺寸单位以mm计。

2. 镇墩表面均配有温度筋，采用Φ12钢筋，纵横钢筋间距为150mm，钢筋净保护层厚度均为50mm；同时在镇墩管道穿孔表层处设两根Φ12环向加强筋。

3. 镇墩采用C15混凝土，强度等级为C15W4F50。

4. 管道开挖与回填应严格按照《给水排水管道工程施工及验收规范》（GB 50268－2008）执行，并应沿管道两侧对称均匀回填。

设 计 单 位	陕西水环境工程勘测设计研究院
图　　名	港口抽黄灌区望远沟泵站镇墩设计图（二）

5号、6号镇墩平面图

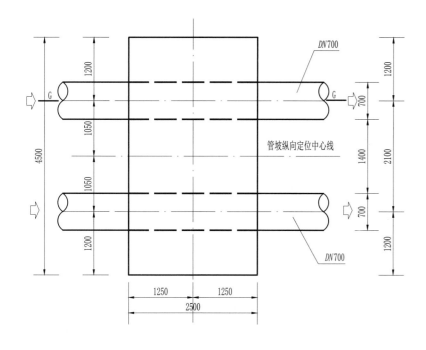

7号镇墩平面图

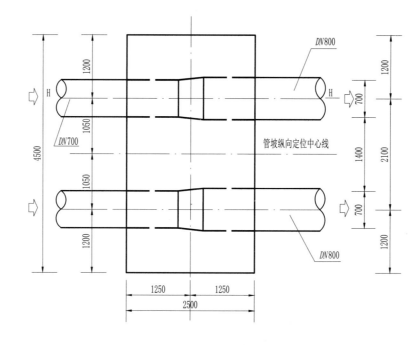

8号镇墩平面图

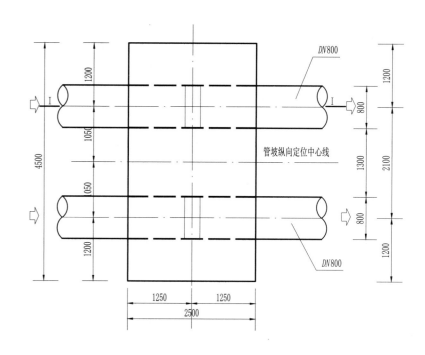

G—G剖面图

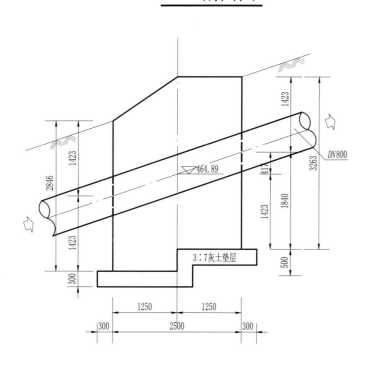

H—H剖面图

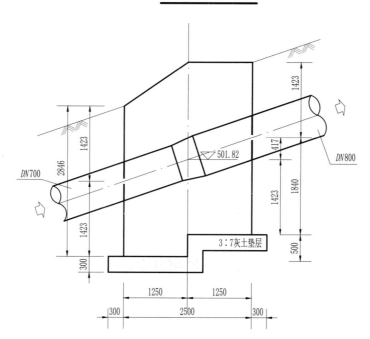

I—I剖面图

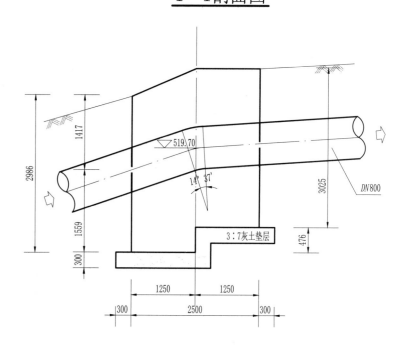

说明:
1. 图中高程、桩号单位以m计、尺寸单位以mm计。
2. 镇墩表面均配有温度筋,采用Φ12钢筋,纵横钢筋间距为150mm,钢筋净保护层厚度均为50mm;同时在镇墩管道穿孔表层处设两根Φ12环向加强筋。
3. 镇墩采用C15混凝土,强度等级为C15W4F50。
4. 管道开挖与回填应严格按照《给水排水管道工程施工及验收规范》(GB 50268—2008)执行,并应沿管道两侧对称均匀回填。
5. 5号、6号镇墩体型尺寸相同。

设计单位	陕西水环境工程勘测设计研究院
图 名	港口抽黄灌区望远沟泵站镇墩设计图(三)

45

总平面布置图

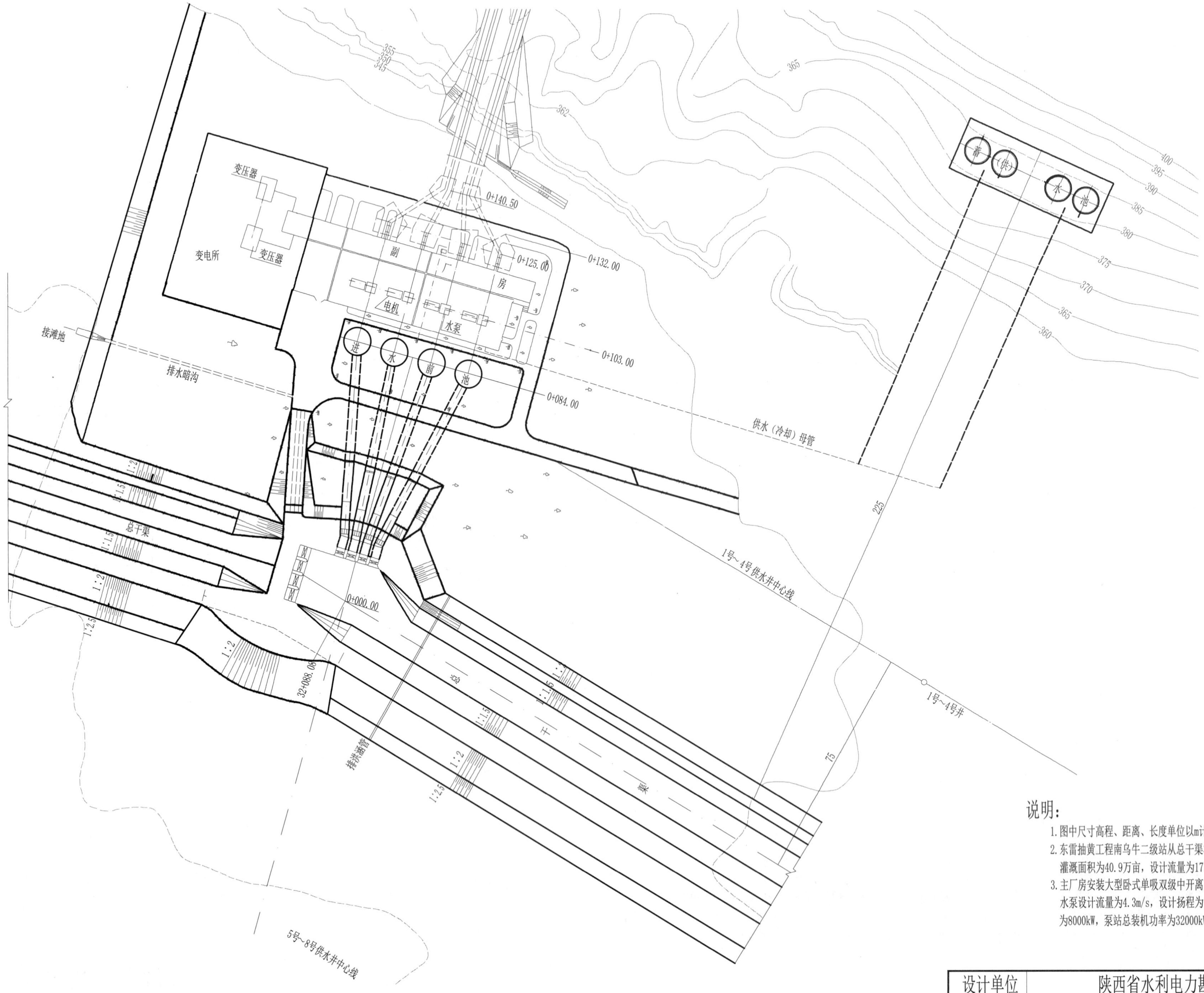

变压器

变电所

变压器

副房

乙电机

水泵

接滩地

排水暗沟

进

水

前

池

总干渠

排洪箱涵

干

渠

排洪箱涵

0+140.50

0+132.00

0+125.00

0+103.00

0+084.00

0+000.00

32+088.08

供水(冷却)母管

1号~4号供水井中心线

1号~4号井

5号~8号供水井中心线

供 供 电 电

说明:
1. 图中尺寸高程、距离、长度单位以m计。
2. 东雷抽黄工程南乌牛二级站从总干渠桩号31+100.00设闸引水,设施
灌溉面积为40.9万亩,设计流量为17.2m/s。
3. 主厂房安装大型卧式单吸双级中开离心泵——黄河4号水泵4台,
水泵设计流量为4.3m/s,设计扬程为102m,配套高压同步电动机功率
为8000kW,泵站总装机功率为32000kW。

设计单位	陕西省水利电力勘测设计研究院
图 名	渭南市东雷抽黄工程南乌牛二级站总平面布置图

剖面设计图

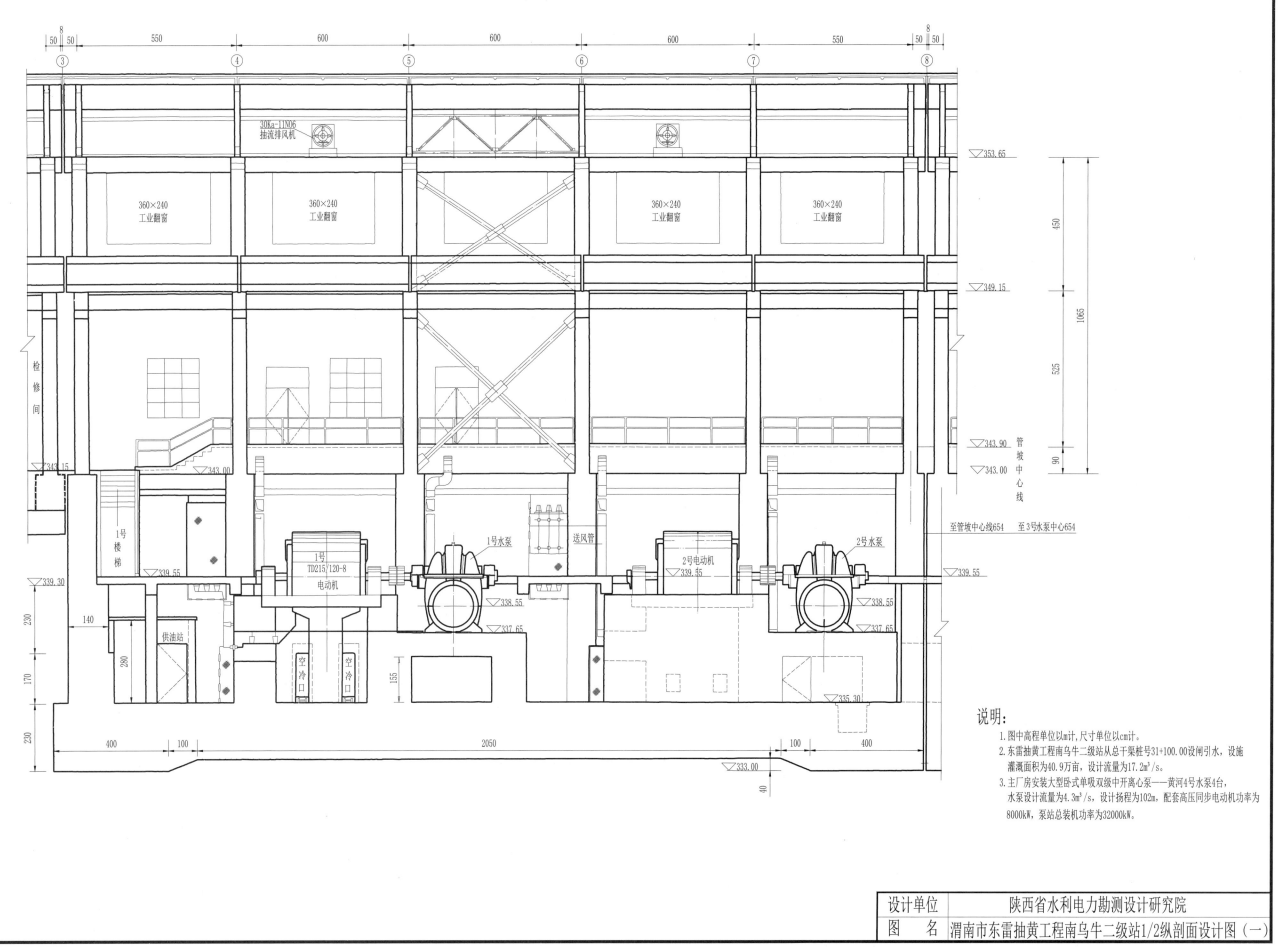

说明:
1. 图中高程单位以m计,尺寸单位以cm计。
2. 东雷抽黄工程南乌牛二级站从总干渠桩号31+100.00设闸引水,设施灌溉面积为40.9万亩,设计流量为17.2m³/s。
3. 主厂房安装大型卧式单吸双级中开离心泵——黄河4号水泵4台,水泵设计流量为4.3m³/s,设计扬程为102m,配套高压同步电动机功率为8000kW,泵站总装机功率为32000kW。

设计单位	陕西省水利电力勘测设计研究院
图 名	渭南市东雷抽黄工程南乌牛二级站1/2纵剖面设计图(一)

剖面设计图

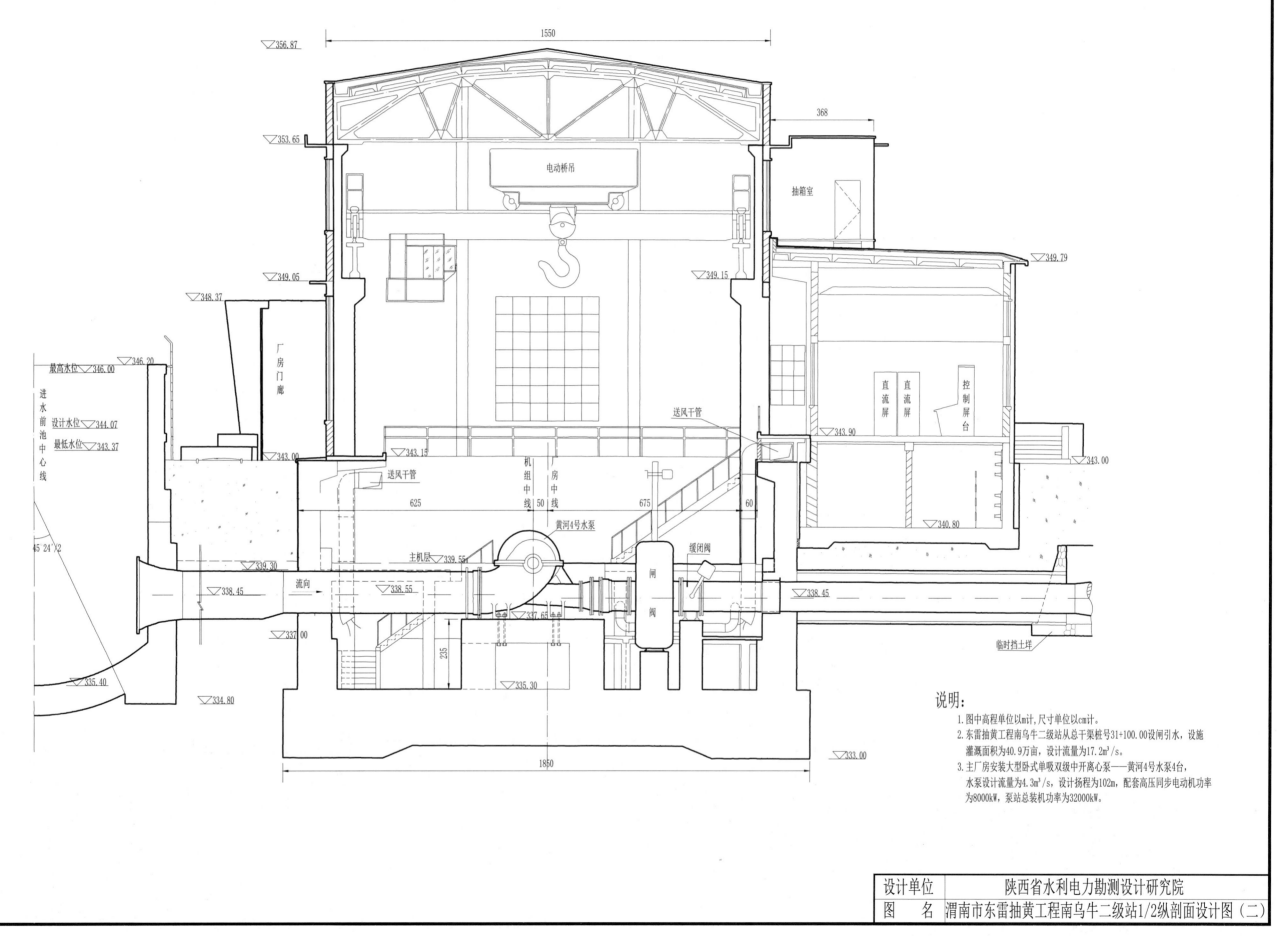

▽356.87

1550

368

▽353.65

电动桥吊

抽箱室

▽349.05

▽349.15

▽349.79

▽348.37

厂房门廊

送风干管

直流屏

直流屏

控制屏台

最高水位 ▽346.00

▽346.20

进水前池中心线

设计水位 ▽344.07

▽343.90

最低水位 ▽343.37

▽343.00

▽343.15

▽343.00

送风干管

机组中心线

房中心线

▽340.80

625

50

675

60

黄河4号水泵

45 24'×2

主机层 ▽339.55

▽339.30

流向

▽338.55

缓闭阀

▽338.45

闸阀

▽338.45

▽338.45

▽337.65

▽335.40

▽337.00

235

临时挡土坪

▽335.30

▽334.80

▽333.00

1850

说明:

1. 图中高程单位以m计, 尺寸单位以cm计。

2. 东雷抽黄工程南乌牛二级站从总干渠桩号31+100.00设闸引水, 设施灌溉面积为40.9万亩, 设计流量为17.2m³/s。

3. 主厂房安装大型卧式单吸双级中开离心泵——黄河4号水泵4台, 水泵设计流量为4.3m³/s, 设计扬程为102m, 配套高压同步电动机功率为8000kW, 泵站总装机功率为32000kW。

设计单位	陕西省水利电力勘测设计研究院
图 名	渭南市东雷抽黄工程南乌牛二级站1/2纵剖面设计图（二）

泵站平面设计图

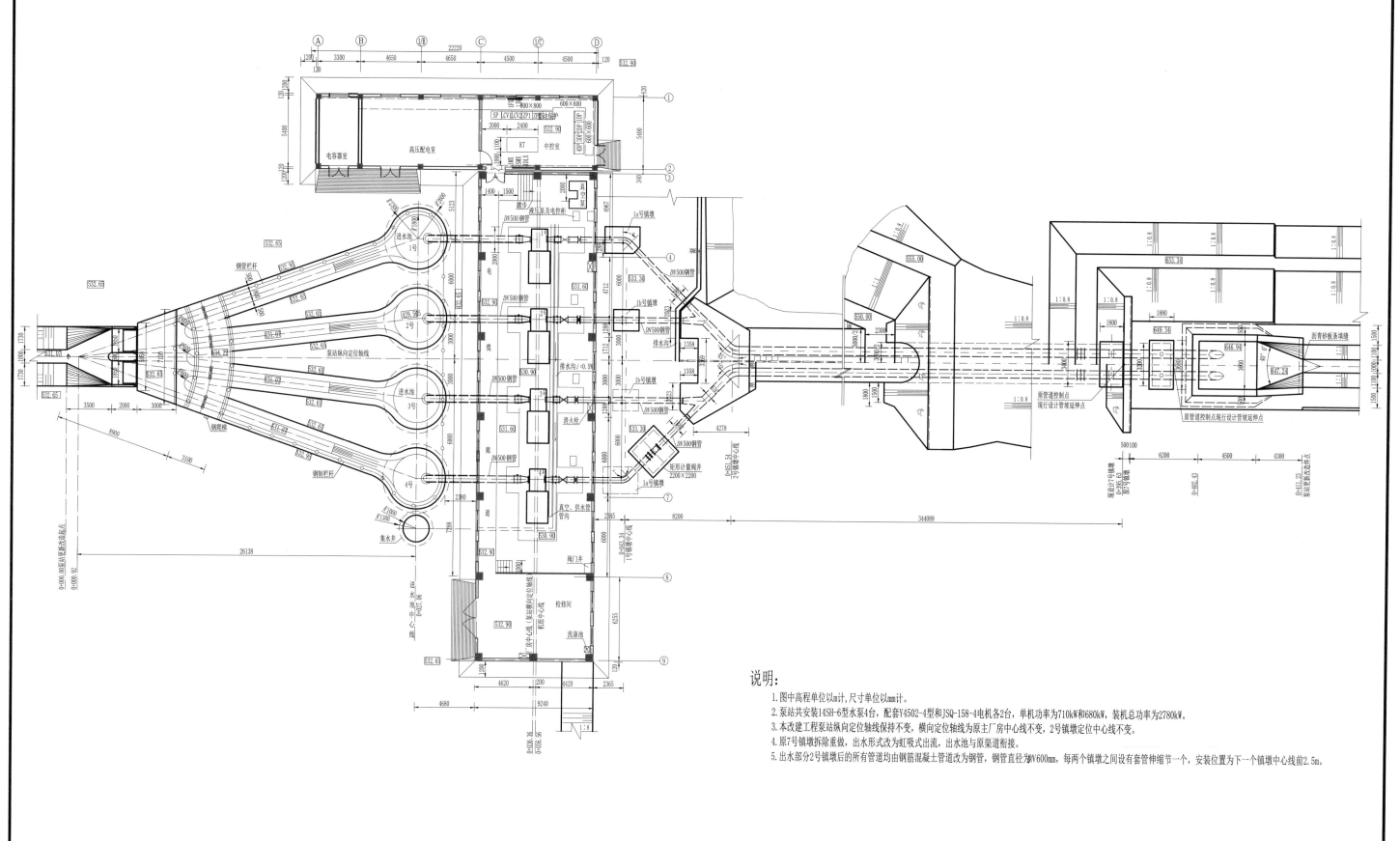

说明:
1. 图中高程单位以m计,尺寸单位以mm计。
2. 泵站共安装14SH-6型水泵4台,配套Y4502-4型和JSQ-158-4电机各2台,单机功率为710kW和680kW,装机总功率为2780kW。
3. 本改建工程泵站纵向定位轴线保持不变,横向定位轴线为原主厂房中心线不变,2号镇墩定位中心线不变。
4. 原7号镇墩拆除重做,出水形式改为虹吸式出流,出水池与原渠道衔接。
5. 出水部分2号镇墩后的所有管道均由钢筋混凝土管道改为钢管,钢管直径为DN600mm,每两个镇墩之间设有套管伸缩节一个,安装位置为下一个镇墩中心线前2.5m。

设计单位	陕西水环境工程勘测设计研究院
图 名	港口抽黄灌区西傲泵站平剖面设计图(一)

泵站剖面设计图

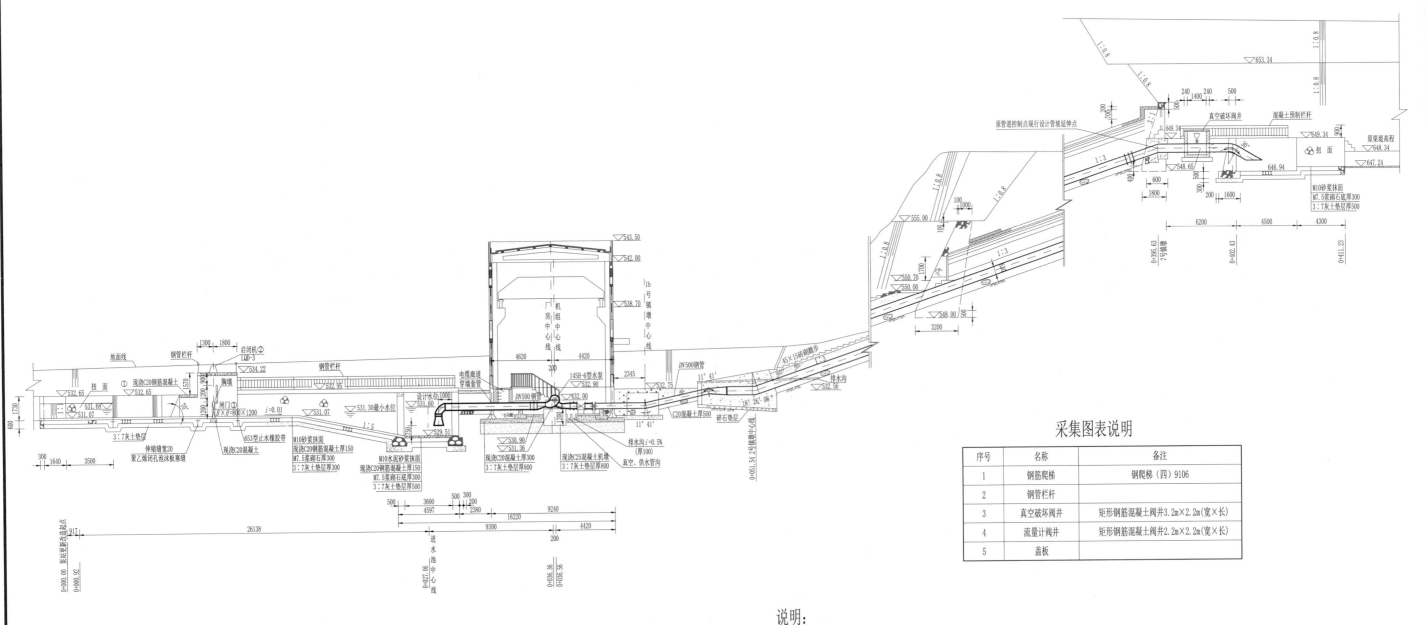

采集图表说明

序号	名称	备注
1	钢筋爬梯	钢爬梯（四）9106
2	钢管栏杆	
3	真空破坏阀井	矩形钢筋混凝土阀井3.2m×2.2m（宽×长）
4	流量计阀井	矩形钢筋混凝土阀井2.2m×2.2m（宽×长）
5	盖板	

说明：

1. 图中高程、桩号单位以m计，尺寸单位以mm计。
2. 西傲泵站为吴村堰灌溉系统二级站，为港口抽黄四级站，由花五站高池供水，设计灌溉面积为3.01万亩，本级灌溉面积为2.77万亩，站内安装4台14sh-6离心水泵（已改造），其中两台配套6kV高压异步电机，型号为Y4506-4，功率为710kW，两台电机本次更新型号为Y450-4，功率为710kW，泵站装机功率为2840kW，属Ⅲ等中型泵站。
3. 西傲泵站4台水泵和水泵配套的两台电动机于2006—2007年更新改造，安全鉴定为二类设备不予更新。剩余两台电动机列入更新改造。
4. 西傲泵站进出水池、主副厂房、压力输水管道泵站辅属设施以及生产管理设施安全鉴定为四类，全部拆除。
5. 泵站更新改造纵向定位轴线和泵站横向定位轴线（厂房中心线）与泵站现状轴线一致。

设计单位	陕西水环境工程勘测设计研究院
图　名	港口抽黄灌区西傲泵站平剖面设计图（二）

一级泵站总平面布置图

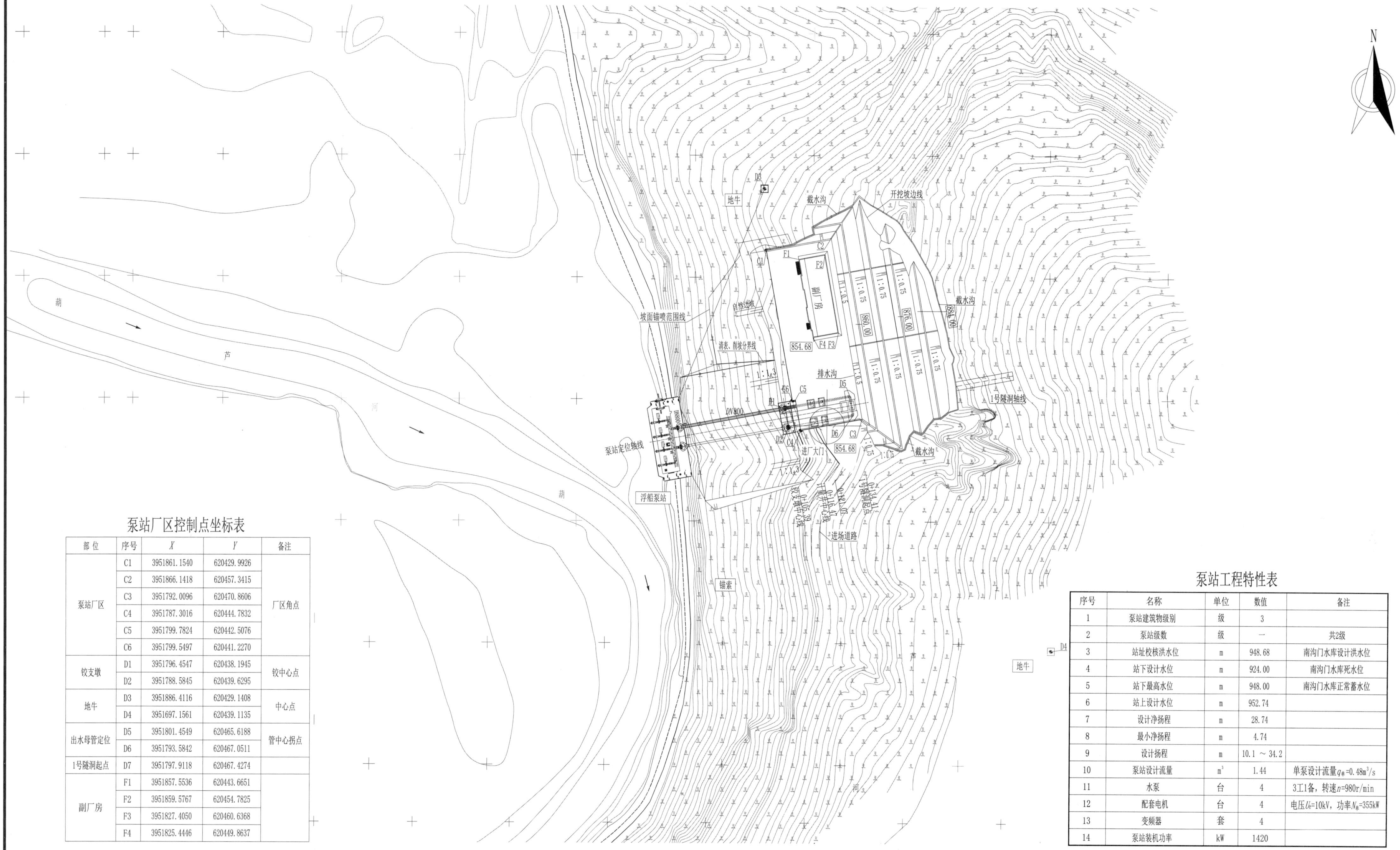

泵站厂区控制点坐标表

部 位	序号	X	Y	备注
泵站厂区	C1	3951861.1540	620429.9926	厂区角点
	C2	3951866.1418	620457.3415	
	C3	3951792.0096	620470.8606	
	C4	3951787.3016	620444.7832	
	C5	3951799.7824	620442.5076	
	C6	3951799.5497	620441.2270	
铰支墩	D1	3951796.4547	620438.1945	铰中心点
	D2	3951788.5845	620439.6295	
地牛	D3	3951886.4116	620429.1408	中心点
	D4	3951697.1561	620439.1135	
出水母管定位	D5	3951801.4549	620465.6188	管中心拐点
	D6	3951793.5842	620467.0511	
1号隧洞起点	D7	3951797.9118	620467.4274	
副厂房	F1	3951857.5536	620443.6651	
	F2	3951859.5767	620454.7825	
	F3	3951827.4050	620460.6368	
	F4	3951825.4446	620449.8637	

泵站工程特性表

序号	名称	单位	数值	备注
1	泵站建筑物级别	级	3	
2	泵站级数	级	一	共2级
3	站址校核洪水位	m	948.68	南沟门水库设计洪水位
4	站下设计水位	m	924.00	南沟门水库死水位
5	站下最高水位	m	948.00	南沟门水库正常蓄水位
6	站上设计水位	m	952.74	
7	设计净扬程	m	28.74	
8	最小净扬程	m	4.74	
9	设计扬程	m	10.1～34.2	
10	泵站设计流量	m³	1.44	单泵设计流量 q_0=0.48m³/s
11	水泵	台	4	3工1备，转速n=980r/min
12	配套电机	台	4	电压U_e=10kV，功率N_m=355kW
13	变频器	套	4	
14	泵站装机功率	kW	1420	

说明:
1.图中尺寸单位以m计。
2.图中采用1980西安坐标系，1985国家高程基准。
3.一级泵站厂区主要建筑物包括浮船式泵站、岸边副厂房、岸边浮船铰支墩、出水管道、竖井、1号隧洞及厂区防洪墙等。

设计单位	陕西省水利电力勘测设计研究院
图 名	南沟门水库供水工程一级泵站总平面图

一级泵站纵剖面图

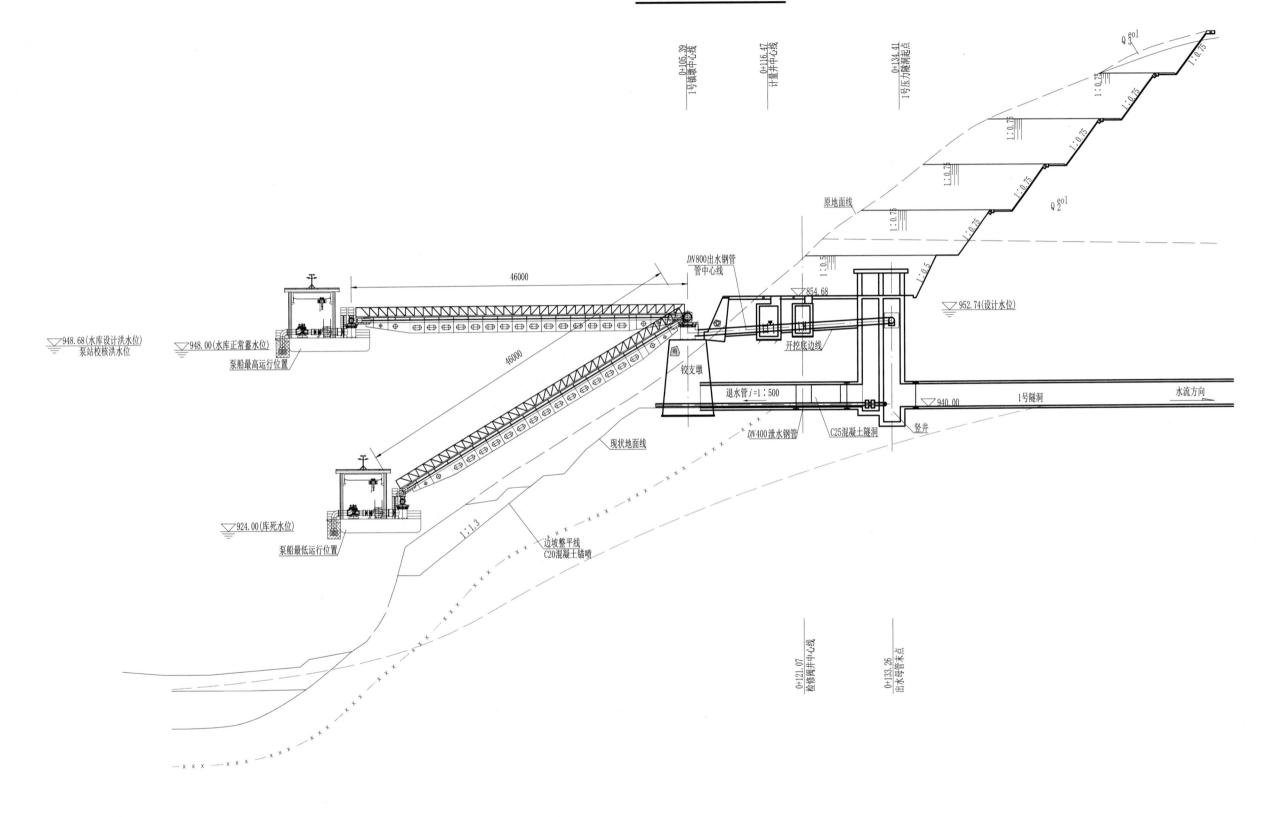

说明:
1. 图中桩号、高程单位以m计, 尺寸单位以mm计。
2. 管顶恢复至854.68m高程, 面层为400mm厚浆砌石, 之下管沟以土分层夯填, 压实度不小于0.95。

设计单位	陕西省水利电力勘测设计研究院
图 名	南沟门水库供水工程一级泵站纵剖面图

一级泵站厂区主要水机设备平面图

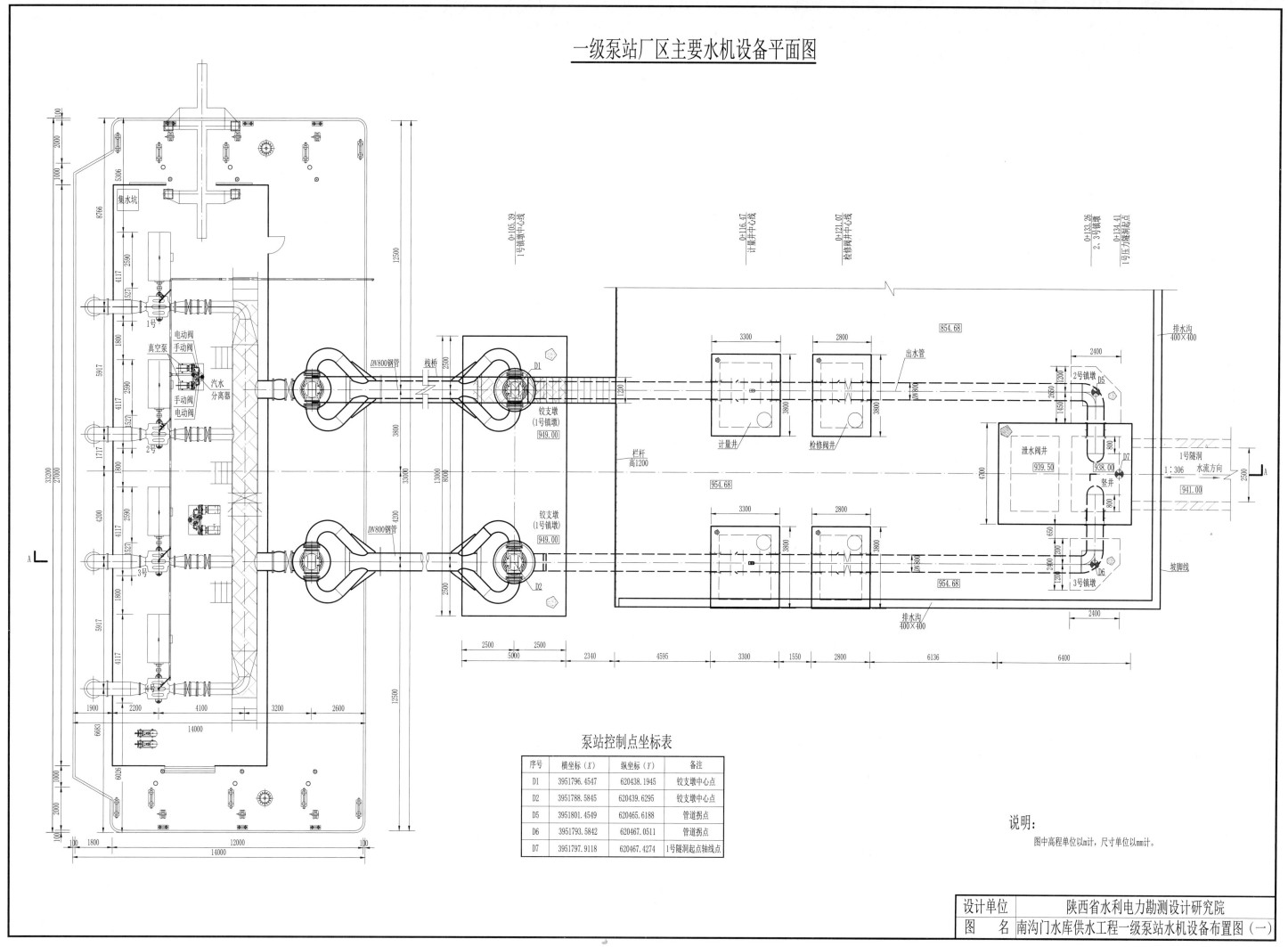

泵站控制点坐标表

序号	横坐标（X）	纵坐标（Y）	备注
D1	3951796.4547	620438.1945	铰支墩中心点
D2	3951788.5845	620439.6295	铰支墩中心点
D5	3951801.4549	620465.6188	管道拐点
D6	3951793.5842	620467.0511	管道拐点
D7	3951797.9118	620467.4274	1号隧洞起点轴线点

说明：

图中高程单位以m计，尺寸单位以mm计。

设计单位	陕西省水利电力勘测设计研究院
图　名	南沟门水库供水工程一级泵站水机设备布置图（一）

A—A剖面图

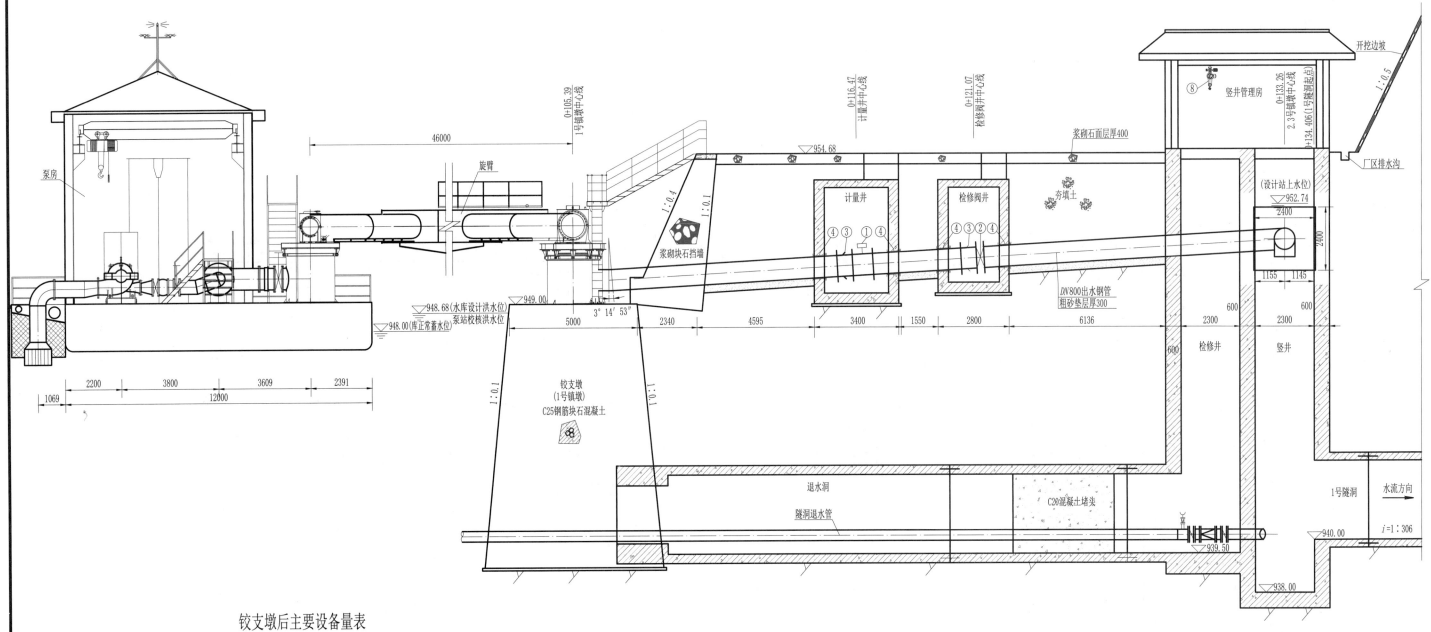

铰支墩后主要设备量表

序号	名称	规格型号	单位	数量	备注
①	电磁流量计	DN800，P=1.0MPa	台	2	出水母管，测流范围：0~1.2m³/s
②	电动蝶阀	DN800，P=1.0MPa	台	2	出水母管检修阀
③	双法兰传力伸缩节头	DN800，P=1.0MPa	台	4	出水母管
④	柔性防水套管	DN800，P=1.0MPa，L=400/600	套	8/2	出水母管，阀井/竖井
⑤	液位信号计	测深：0~30m	个	1	水库
⑥	液位信号计	测深：0~3m/0~20m	个	2/1	浮船集水坑/入隧洞竖井
⑦	潜水电泵	300WQ700-16-45	台	1	抽排隧洞内存水
⑧	电动葫芦	2t，起吊高度18m	只	1	安装于入隧洞处竖井

说明：

1. 图中高程单位以m计，尺寸单位以mm计。

2. 图中设备量表主要包含铰支墩后出水管路部分设备；铰支墩之前所有设备由中标浮船厂家统一采购、安装。

3. 一级泵站所涉及的建筑、结构、采暖通风、供水系统、消防系统等设备由相关专业提供。

设计单位	陕西省水利电力勘测设计研究院
图 名	南沟门水库供水工程一级泵站水机设备布置图（二）

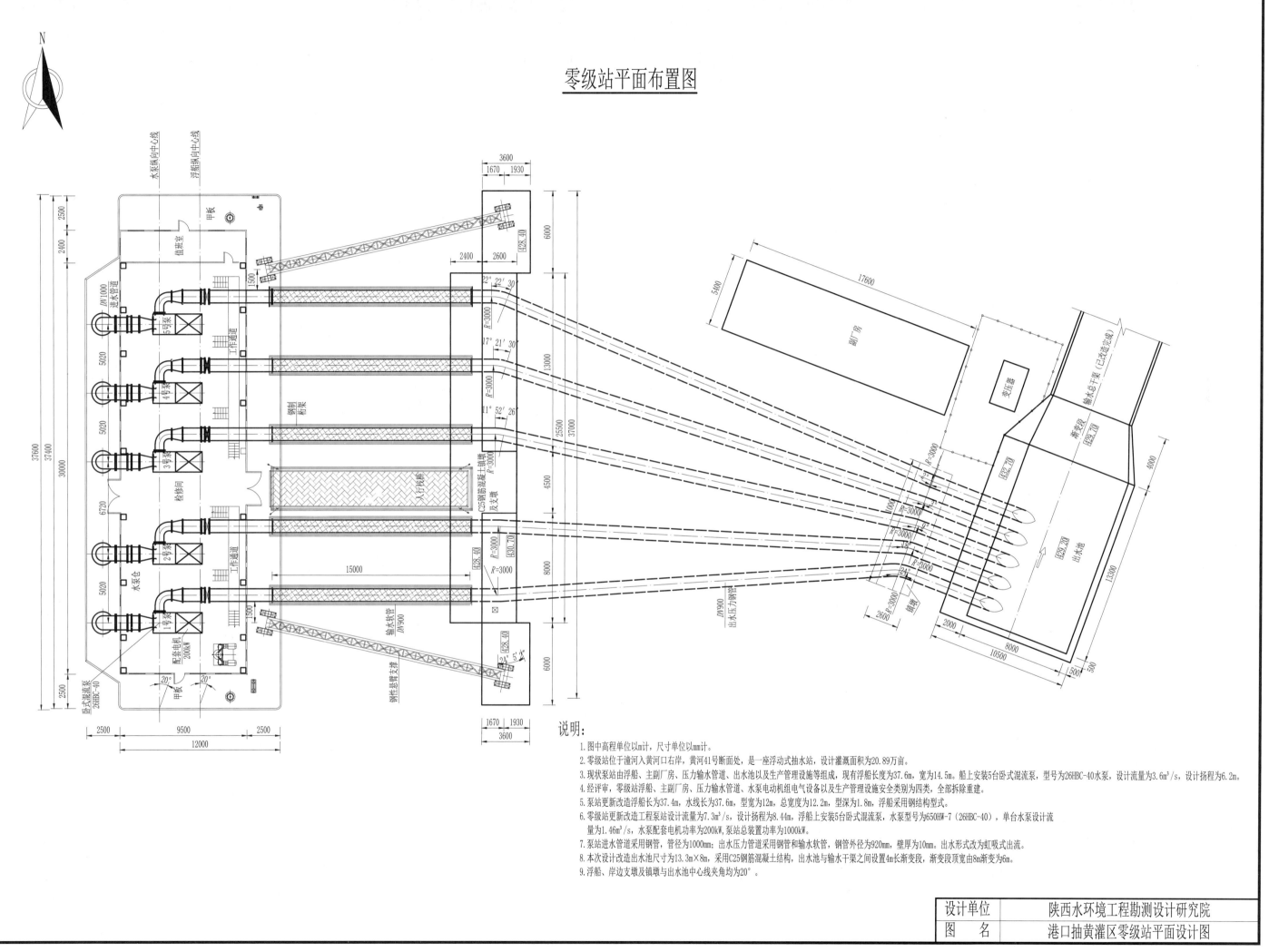

零级站平面布置图

说明:
1. 图中高程单位以m计,尺寸单位以mm计。
2. 零级站位于洽河入黄河口右岸,黄河41号断面处,是一座浮动式抽水站,设计灌溉面积为20.89万亩。
3. 现状泵站由浮船、主副厂房、压力输水管道、出水池以及生产管理设施等组成,现有浮船长度为37.6m,宽为14.5m。船上安装5台卧式混流泵,型号为26HBC-40水泵,设计流量为3.6m³/s,设计扬程为6.2m。
4. 经评审,零级站浮船、主副厂房、压力输水管道、水泵电动机组电气设备以及生产管理设施安全类别为四类,全部拆除重建。
5. 泵站更新改造浮船长为37.4m,水线长为37.6m,型宽为12m,总宽度为12.2m,型深为1.8m,浮船采用钢结构型式。
6. 零级站更新改造工程泵站设计流量为7.3m³/s,设计扬程为8.44m,浮船上安装5台卧式混流泵,水泵型号为650HW-7(26HBC-40),单台水泵设计流量为1.46m³/s,水泵配套电机功率为200kW,泵站总装置功率为1000kW。
7. 泵站进水管道采用钢管,管径为1000mm;出水压力管道采用钢管和输水软管,钢管外径为920mm,壁厚为10mm。出水形式改为虹吸式出流。
8. 本次设计改造出水池尺寸为13.3m×8m,采用C25钢筋混凝土结构,出水池与输水干渠之间设置4m长渐变段,渐变段顶宽由8m渐变为6m。
9. 浮船、岸边支墩及镇墩与出水池中心线夹角均为20°。

设计单位	陕西水环境工程勘测设计研究院
图　名	港口抽黄灌区零级站平面设计图

港口抽黄灌区零级站剖面设计图

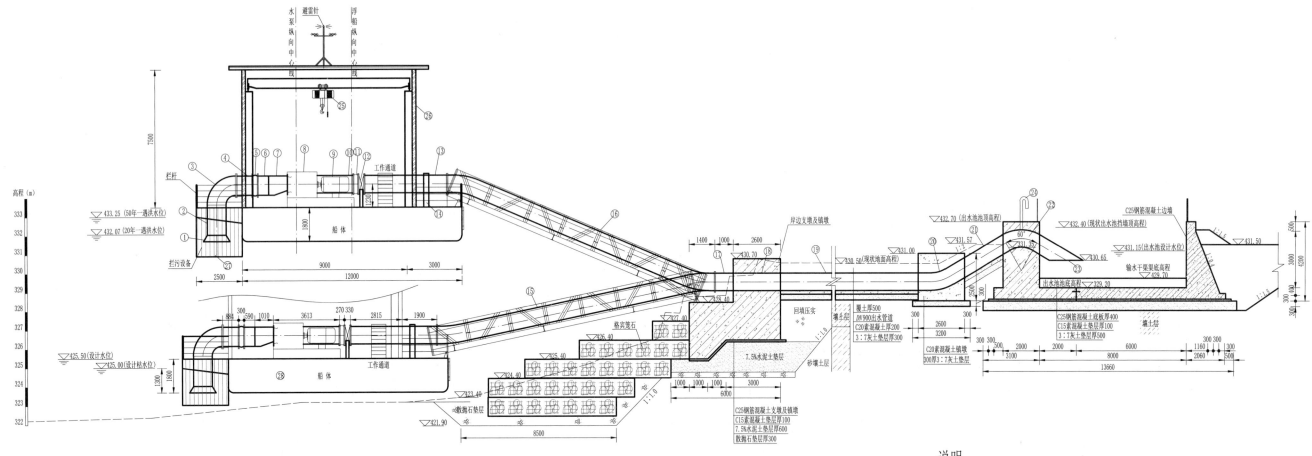

主要材料及设备表

编号	名称	规格	单位	数量	备注	编号	名称	规格	单位	数量	备注
①	进水喇叭口	$DN1400～DN1000$, $\delta=10.3$, $L=340mm$	个	5	一端焊接			$DN900$, $R=3000$, $a=22°22'30''$, $\delta=12.7$	个	1	
②	直钢管	$DN1000$, $L=1600mm$, $\delta=10.3$	个	5	两端焊接			$DN900$, $R=3000$, $a=17°21'30''$, $\delta=12.7$	个	1	
③	90°弯头	$DN1000$, $R=1100$, $a=90°$, $\delta=10.3$	个	5	两端法兰	⑱	弯头	$DN900$, $R=3000$, $a=11°52'26''$, $\delta=12.7$	个	1	两端焊接
④	直钢管	$DN1000$, $L=848mm$, $\delta=10.3$	个	5	两端法兰			$DN900$, $R=3000$, $a=2°46'28''$, $\delta=12.7$	个	1	
⑤	套管式伸缩节	$DN1000$, $P_g=0.6MPa$	套	5	两端法兰			$DN900$, $R=3000$, $a=3°37'50''$, $\delta=12.7$	个	1	
⑥	直钢管	$DN1000$, $L=590mm$, $\delta=10.3$	个	5	一端焊接，一端法兰	⑲	直钢管	$DN900$, $L=29520～34610mm$, $\delta=12.7$	节	5	两端焊接
⑦	偏心渐缩管	$DN1000～DN650$, $L=590mm$, $\delta=10.3$	个	5	一端焊接，一端法兰	⑳	弯头	$DN900$, $R=2000$, $a=30°$, $\delta=12.7$	个	5	两端焊接
⑧	水泵	卧式混流泵	台	5	650HW-7(26HBC-40)	㉑	直钢管	$DN900$, $L=3565$, $\delta=12.7$	节	5	两端焊接
⑨	配套电机	单机功率200kW，转速595r/min	台	5	定制电机	㉒	弯头	$DN900$, $R=1700$, $a=60°$, $\delta=12.7$	个	5	两端焊接
⑩	直钢管	$DN900$, $L=1400mm$, $\delta=12.7$	节	5	两端焊接	㉓	直钢管	$DN900$, $L=1860$, $\delta=12.7$	节	5	两端焊接
⑪	套管式伸缩节	$DN900$, $P_g=0.6MPa$	套	5	两端法兰	㉔	真空破坏管	$\phi200mm$, $L=2500$	个	5	
⑫	电动蝶阀	$DN900$, $P_g=0.6MPa$	套	5	两端法兰	㉕	电动单梁桥式起重机	$L_k=7.5m$, $N=9.9kW$	台	1	5t
⑬	直钢管	$DN900$, $L=4715mm$, $\delta=12.7$	节	5	两端焊接	㉖	厂房	$L=32.4m$, $B=9.5m$, $H=7.5m$			钢结构
⑭	管道支撑		套	25	焊接	㉗	船体	长37.6m，宽12.2m，高1.8m	只	1	采用CCSA型船用结构钢
⑮	输水软管	$DN900$, $L=15000mm$	节	5	两端法兰	㉘	拦污设备		套	5	
⑯	桁架	$L=15000$	套	6	两端铰接						
⑰	直钢管	$DN=900$, $L=1506～2078mm$, $\delta=12.7$	节	5	两端法兰						

说明：

1. 图中高程单位以m计，尺寸单位以mm计。
2. 泵站安全鉴定为四类，全部拆除重建。
3. 零级站更新改造是在维持泵站设计灌溉面积基本不变的基础上实施，泵站设计流量为7.3m³/s，设计扬程为8.44m。
4. 零级站位于潼关县潼河汇入黄河口处右岸，采用浮动式抽水站形式，浮船长为37.4m，水线长为37.6m，型宽为12m，总宽度为12.2m，型深为1.8m。
5. 浮船上安装5台卧式混流泵，型号为650HW-7 (26HBC-40)，水泵设计流量为1.46m³/s，设计扬程为8.44m，水泵配套电机功率为200kW，泵装置功率为1000kW。
6. 泵站进水管道采用钢管，管道直径为1000mm，壁厚为10.3mm；出水压力管采用螺旋埋弧焊钢管，外径为920mm，壁厚为10mm，出水管道在船舱至岸边之间的长度为15m，浮船与岸边之间管道采用输水软管适应黄河水位落差。
7. 本次设计出水形式改为虹吸式出流，出水池与原有渠道衔接，改造出水池尺寸为13.3m×8m，采用C25钢筋混凝土结构，出水池与输水总干渠之间设置4m长渐变段。

设计单位	陕西水环境工程勘测设计研究院
图 名	港口抽黄灌区零级站剖面设计图

零级站浮船上部厂房平面设计图

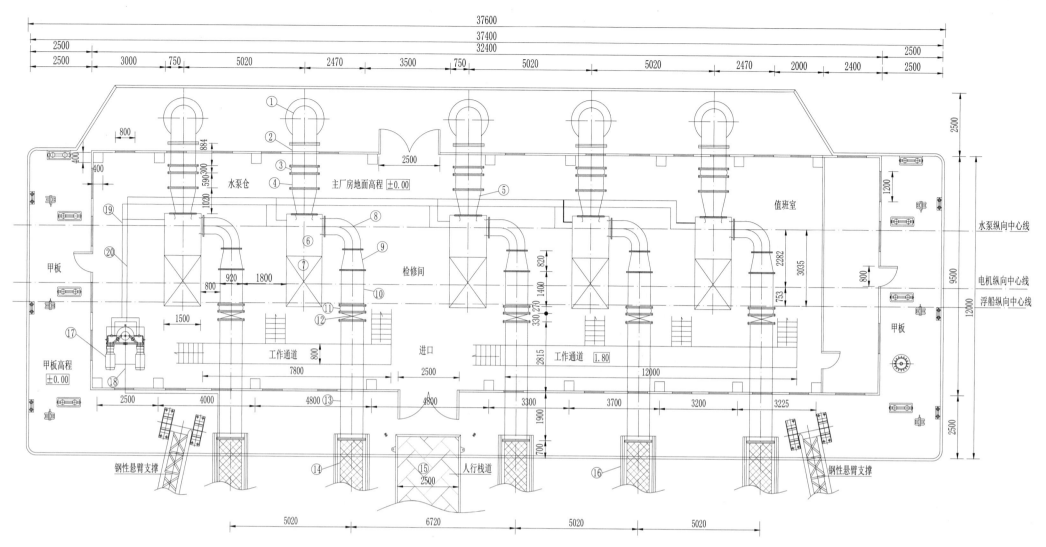

主要材料及设备表

编号	名称	规格	单位	数量	备注
①	90°弯头	$DN1000$, $R=1100$, $a=90°$, $\delta=10.3$	个	5	一端焊接，一端法兰
②	直钢管	$DN1000$, $L=884mm$, $\delta=10.3$	个	5	两端法兰
③	套管式伸缩节	$DN1000$, $P_g=0.6MPa$	套	5	两端法兰
④	直钢管	$DN1000$, $L=590mm$, $\delta=10.3$	节	5	两端法兰
⑤	偏心渐缩管	$DN1000\sim DN650$, $L=1020$, $\delta=10.3$	个	5	两端法兰
⑥	水泵	卧式混流泵	台	5	650HW-7(26HBC-40)
⑦	配套电机	单机功率200kW，转速595r/min	台	5	
⑧	90°弯头	$DN650$, $R=700$, $a=90°$, $\delta=9$	个	5	两端法兰
⑨	正心渐扩管	$DN650\sim DN900$, $L=820mm$, $\delta=12.7$	个	5	两端法兰
⑩	直钢管	$DN900$, $L=1400mm$, $\delta=12.7$	节	5	两端法兰
⑪	套管式伸缩节	$DN900$, $P_g=0.6MPa$	套	5	两端法兰
⑫	电动蝶阀	$DN900$, $P_g=0.6MPa$	套	5	两端法兰
⑬	直钢管	$DN900$, $L=4715mm$, $\delta=12.7$	节	5	两端法兰
⑭	输水软管	$DN900$, $L=15000mm$	节	5	两端法兰
⑮	人行栈桥	$L=15m$, $B=2.5m$	节	1	两端法兰
⑯	桁架		套	6	钢结构
⑰	真空泵		台	2	SK-3
⑱	供水管道	$L=48m$, $D_g=150$	套	1	接岸上自来水管道
⑲	真空管路	$L=52m$, $D_g=65$; $L=8.5m$, $D_g=25$	套	1	
⑳	供水管路	$L=47m$, $D=80$; $L=7.5m$, $D=25$	套	1	

说明：
1. 图中尺寸单位以mm计。
2. 零级站主厂房采用浮动式抽水站形式，浮船长为37.4m，水线长为37.6m，型宽为12m，总宽度为12.2m，型深为1.8m。
3. 泵位于浮船上，为钢结构，宽度为9.5m，总长度为32.4m，其中值班室长2.4m，检修间长度为3.5m，其余为水泵仓。
4. 浮船上安装5台卧式混流泵型号为650HW-7（26HBC-40），水泵设计流量为1.46m³/s，设计扬程为8.44m，水泵配套电机功率为200kW，总装置功率为1000kW。
   5台水泵机组呈一列式布置，浮船厂房内设5t电动单梁桥式起重机。
5. 水泵为非淹没进水，设计选用SK-3真空泵两台，一用一备，该泵排气量为2.5m³/min，配套电动机功率为5.5kW，真空泵布设在主厂房左侧。
6. 管道在浮船及岸边借助输水软管适应不同水位的变化，管道两端借助钢桁架支撑在浮船和岸边C20素混凝土镇墩上。
7. 零级站水泵及电机机组基础直接安装在浮船甲板上，基础底部采用螺栓为8-Φ34。

设计单位	陕西水环境工程勘测设计研究院
图 名	港口抽黄灌区零级站浮船上部厂房平面设计图

平面布置图

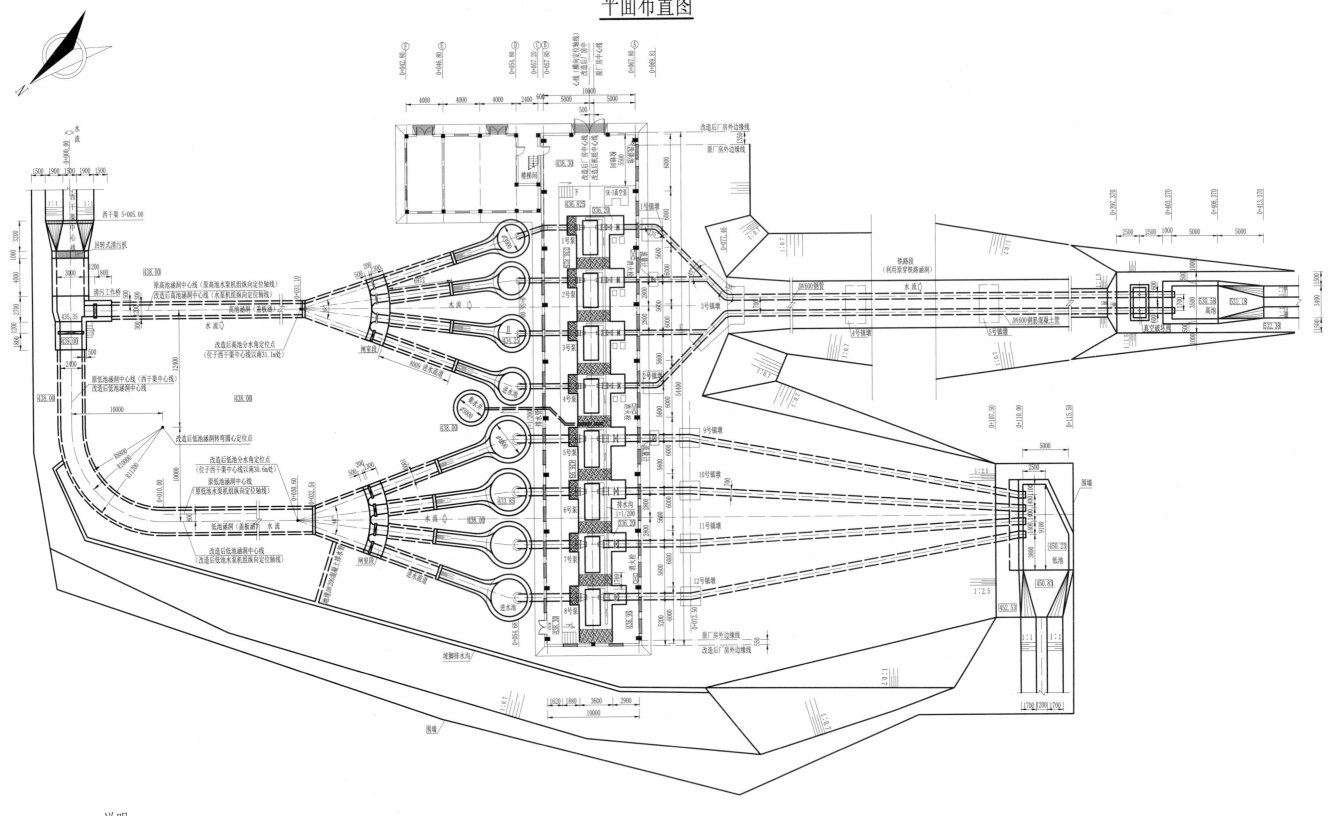

说明:

1. 图中高程、桩号单位以m计，尺寸单位以mm计。

2. 花五站抽水系统由进水闸、引水涵洞、进水池、主副厂房、压力输水管道、出水池等六部分组成。出水池分高、低池，高池向西散站供水，低池向西泉店和华阴系统供水，低池设计流量3.46m³/s，设计扬程18.3m；高池设计流量1.56m³/s，设计扬程104.0m。

3. 泵站由西干渠5+005处进水，后设两个分水闸分别向高池和低池供水，高池分水闸孔尺寸为1.2m×1.6m（宽×高），后接进水涵洞，涵洞宽1.2m，高1.8m，涵洞出口分成4条流道向高池供水，流道设进水闸，闸孔尺寸为0.8m×1.2m（宽×高）。低池分水闸孔尺寸为2.4m×1.6m（宽×高），后接进水涵洞，涵洞2.4m，高1.8m，涵洞出口分成3条流道向低池供水，流道设进水闸，闸孔尺寸为1.0m×1.2m（宽×高）。

4. 本次泵站更新改造高池安装高效节能卧式离心泵4台，型号HS400-350-600A，单泵设计流量0.39m³/s，设计扬程104.0m，水泵配套10kV高压异步电动机，型号Y450-4，功率630kW；低池安装高效节能卧式离心泵4台，型号HS600-500-550B，单泵设计流量0.865m³/s，设计扬程18.3m，水泵配套10kV高压异步电动机，型号Y450-6，功率220kW，泵站总装置功率3400kW。

5. 高池4台水泵分两组并联出水，并联前为四根DN500mm的钢管，并联后变为2根DN600mm的钢管，水平段及高压段管道为钢管，低压段为管径DN600mm的承插式钢筋混凝土预应力管；低池4台水泵单机单管出水，压力管道水平段为钢管，爬坡段为承插式钢筋混凝土预应力管，管径DN700mm。管道在管道平面和立面转角处设C15混凝土镇墩、C15混凝土连续管床。高池出水池均采用虹吸式真空破坏阀断流，低池出水池采用DN700第五代节能拍门断流。

设计单位	陕西水环境勘测设计研究院
图 名	港口抽黄灌区花五站平面布置图

泵站厂房Ⅱ—Ⅱ剖面图

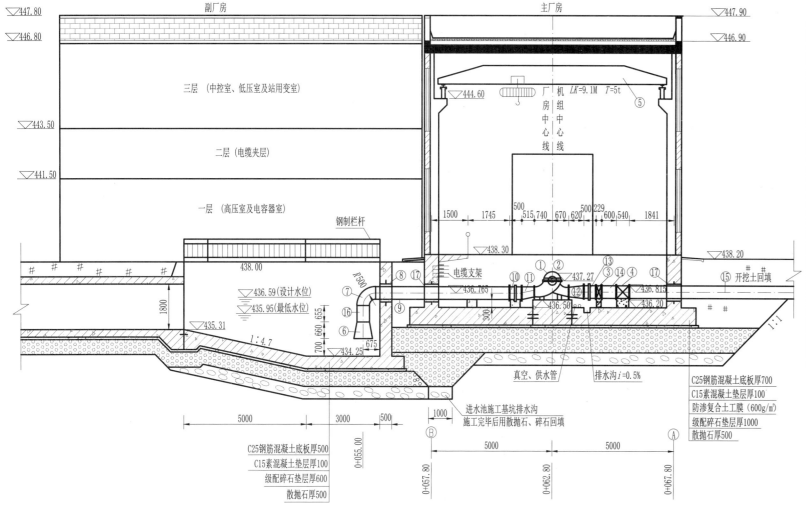

高池厂房部分主要材料表及设备表

编号	名称	规格	单位	数量	单重(kg)	总重(kg)	备注
①	水泵	HS400-350-600A	台	4			H=104.0m, q=0.39m³/s, n=1480r/nim
②	电机	Y450-4	台	4			n=1484r/nim, N=630kW, 10kV
③	蓄能罐式缓闭蝶阀	DN500, Pg=1.6MPa	台	4			N=710kW, 10kV
④	明杆式电动闸阀	DN500, Z941H-16C	台	4			N=4kW
⑤	电动单梁桥式起重机	5t	台	1			Lk=9.1m, N=9.9kW
⑥	喇叭口	DN500～DN750, L=660, δ=9	个	4	65.32	261.28	一端焊接
⑦	弯头	DN500, R=500, a=90°, δ=9	个	4	92.00	368.00	
⑧	刚性防水套管	A型, DN500	套	4	44.54	178.16	
⑨	直钢管	DN500, L=5545, δ=9	节	4	739.60	2958.38	一端法兰
⑩	卡箍式伸缩节	DN500, Pg=1MPa	个	4			设计间隙30mm
⑪	偏心大小头	DN400～DN500, L=515, δ=9	个	4	32.04	128.16	两端法兰
⑫	正心大小头	DN350～DN500, L=620, δ=10	个	4	49.38	197.52	两端法兰
⑬	套管式伸缩节	DN500, Pg=1.6MPa	个	4			
⑭	直钢管	DN500, L=600, δ=10	节	4	280.31	1121.24	两端法兰
⑮	直钢管	DN500, L=9620, δ=10	节	4	1388.82	5555.28	一端法兰,一端焊接
⑯	直钢管	DN500, L=655, δ=9	节	4	79.98	319.94	
⑰	穿墙套管	DN500	套	8	44.54	356.32	

说明:

1. 图中高程、桩号单位以m计, 尺寸单位以mm计。

2. 花五站高池共安装水泵4台, 型号为HS400-350-600A, 单泵流量为0.39m³/s, 设计扬程为104.0m。配套10kV电机型号为Y450-4, 单机功率为630kW。

3. 进水池为C25钢筋混凝土结构, 墙厚500mm, 底板厚500mm, 下设100mm厚素砼垫层、600mm厚级配碎石垫层及500mm厚散抛石。施工过程应加强基坑排水, 在厂房四周设置基础集水坑, 坑底高程同散抛石底高程, 坑内放置排水泵进行排水, 降低地下水位, 待基础施工完毕后将集水坑用抛石填平, 上铺级配碎石至厂房基础底。级配碎石要求级配良好, 承载力不低于300kPa。

4. 泵站主副厂房为框架结构, 因地下水位较高, 地基采用500mm抛石处理后设1000mm厚级配碎石垫层, 碎石顶设钢筋混凝土整体基础, 底板厚700mm。为加强厂房地下泵房防渗, 要求地下基础混凝土采用C25防水混凝土, 防渗等级为W6。底板与混凝土垫层间设一防渗复合土工膜(600g/m²), 地下连续墙外采用建筑防水卷材处理。水泵机组机墩四周与主厂房基础底板间设置伸缩缝, 缝内设橡胶带止水和铜止水。

设计单位	陕西水环境勘测设计研究院
图 名	港口抽黄灌区花五站厂房高池部分剖面图

进水部分平面布置图

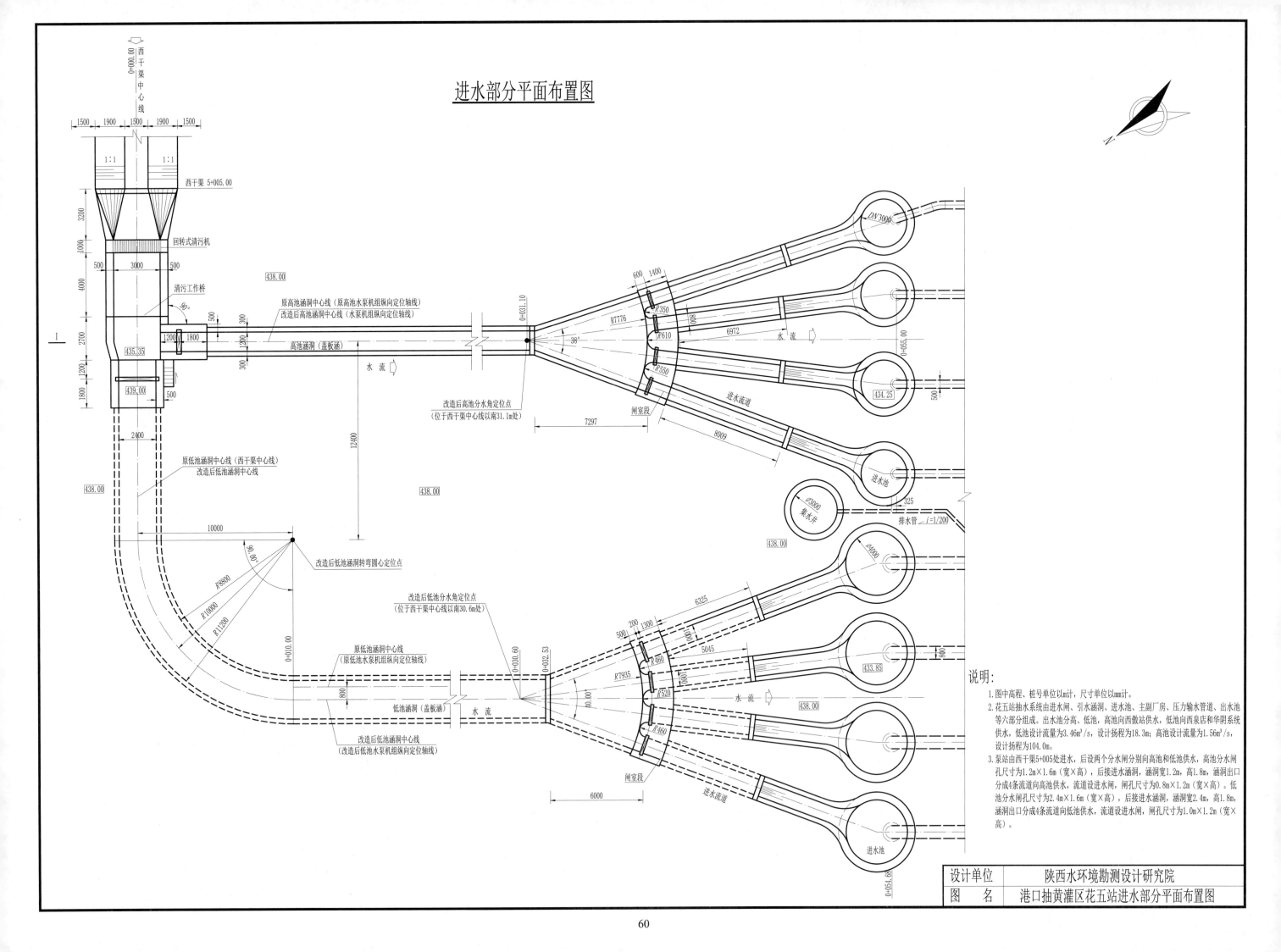

说明:

1. 图中高程、桩号单位以m计, 尺寸单位以mm计。

2. 花五站抽水系统由进水闸、引水涵洞、进水池、主副厂房、压力输水管道、出水池等六部分组成。出水池分高、低池, 高池向西傲站供水, 低池向西泉县和华阴系统供水, 低池设计流量为3.46m³/s, 设计扬程为18.3m; 高池设计流量为1.56m³/s, 设计扬程为104.0m。

3. 泵站由西干渠5+005处进水, 后设两个分水闸分别向高池和低池供水, 高池分水闸孔尺寸为1.2m×1.6m (宽×高), 后接进水涵洞, 涵洞宽1.2m, 高1.8m, 涵洞出口分成4条流道向高池供水, 流道设进水闸, 闸孔尺寸为0.8m×1.2m (宽×高)。低池分水闸孔尺寸为2.4m×1.6m (宽×高), 后接进水涵洞, 涵洞宽2.4m, 高1.8m, 涵洞出口分成4条流道向低池供水, 流道设进水闸, 闸孔尺寸为1.0m×1.2m (宽×高)。

设计单位	陕西水环境勘测设计研究院
图 名	港口抽黄灌区花五站进水部分平面布置图

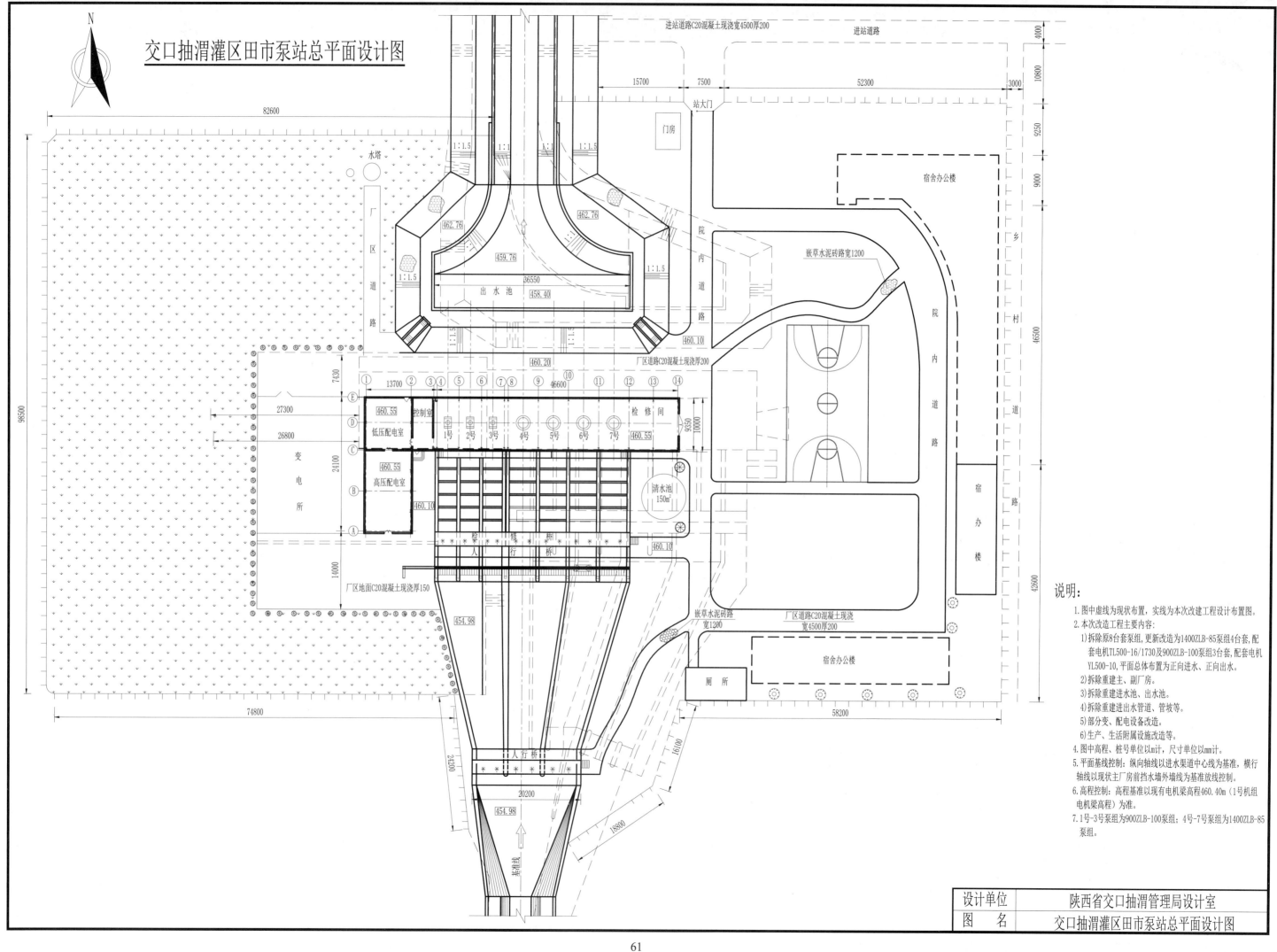

交口抽渭灌区田市泵站总平面设计图

进站道路C20混凝土现浇宽4500厚200   进站道路

站大门

门房

水塔

462.76   462.76

459.76

出 水 池   458.40

36550

460.10

460.20   厂区道路C20混凝土现浇厚200

13700   46600

控制室

460.55   低压配电室   1号 2号 3号 4号 5号 6号 7号   检修间   460.55

460.55   高压配电室

460.10

变 电 所   460.10

清水池
150m³

厂区地面C20混凝土现浇厚150

460.10

检
修
人
行
桥

嵌草水泥砖路宽1200   厂区道路C20混凝土现浇宽4500厚200

454.98

人 行 桥

20200

454.98

16100

18800

嵌草水泥砖路宽1200

宿舍办公楼

宿办楼

宿舍办公楼

厕所

说明:
1.图中虚线为现状布置,实线为本次改建工程设计布置图。
2.本次改造工程主要内容:
  1)拆除原8台套泵组,更新改造为1400ZLB-85泵组4台套,配
    套电机TL500-16/1730及900ZLB-100泵组3台套,配套电机
    YL500-10,平面总体布置为正向进水、正向出水。
  2)拆除重建主、副厂房。
  3)拆除重建进水池、出水池。
  4)拆除重建进出水管道、管坡等。
  5)部分变、配电设备改造。
  6)生产、生活附属设施改造等。
4.图中高程、桩号单位以m计,尺寸单位以mm计。
5.平面基线控制:纵向轴线以进水渠道中心线为基准,横行
  轴线以现状主厂房前挡水墙外墙线为基准放线控制。
6.高程控制:高程基准以现有电机梁高程460.40m(1号机组
  电机梁高程)为准。
7.1号-3号泵组为900ZLB-100泵组;4号-7号泵组为1400ZLB-85
  泵组。

设计单位	陕西省交口抽渭管理局设计室
图 名	交口抽渭灌区田市泵站总平面设计图

900ZLB-100泵组平面图

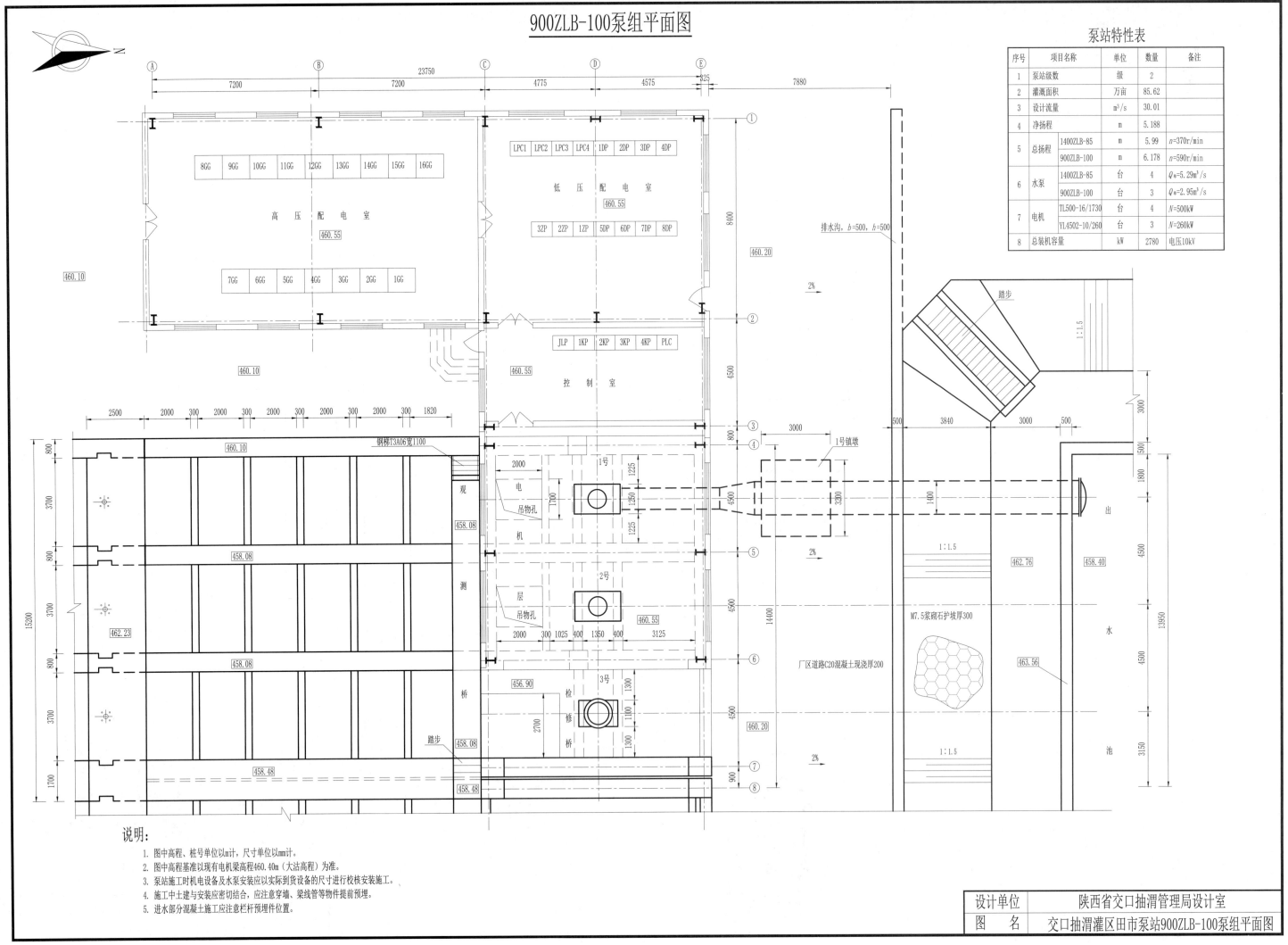

泵站特性表

序号	项目名称	单位	数量	备注
1	泵站级数	级	2	
2	灌溉面积	万亩	85.62	
3	设计流量	m³/s	30.01	
4	净扬程	m	5.188	
5	总扬程	1400ZLB-85	m	5.99	n=370r/min
		900ZLB-100	m	6.178	n=590r/min
6	水泵	1400ZLB-85	台	4	Q_单=5.29m³/s
		900ZLB-100	台	3	Q_单=2.95m³/s
7	电机	TL500-16/1730	台	4	N=500kW
		YL4502-10/260	台	3	N=260kW
8	总装机容量	kW	2780	电压10kV

高 压 配 电 室 460.55

低 压 配 电 室 460.55

控 制 室 460.55

说明:
1. 图中高程、桩号单位以m计,尺寸单位以mm计。
2. 图中高程基准以现有电机梁高程460.40m(大沽高程)为准。
3. 泵站施工时机电设备及水泵安装应以实际到货设备的尺寸进行校核安装施工。
4. 施工中土建与安装应密切结合,应注意穿墙、梁线管等物件提前预埋。
5. 进水部分混凝土施工应注意栏杆预埋件位置。

设计单位	陕西省交口抽渭管理局设计室
图 名	交口抽渭灌区田市泵站900ZLB-100泵组平面图

1400ZLB-85泵组平面图

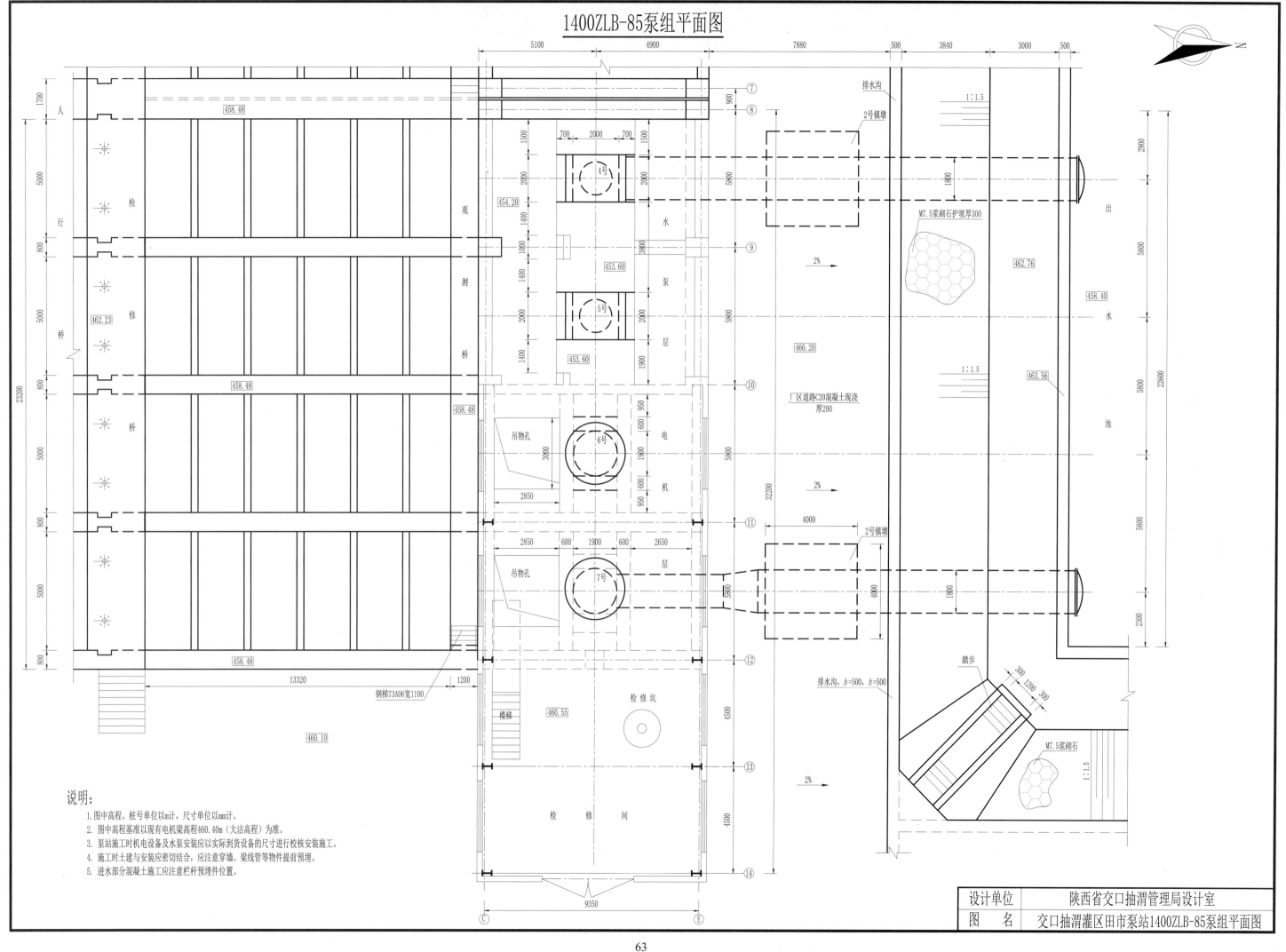

说明:
1. 图中高程、桩号单位以m计,尺寸单位以mm计。
2. 图中高程基准以现有电机梁高程460.40m(大沽高程)为准。
3. 泵站施工时机电设备及水泵安装应以实际到货设备的尺寸进行校核安装施工。
4. 施工时土建与安装应密切结合,应注意穿墙、梁线管等物件提前预埋。
5. 进水部分混凝土施工应注意栏杆预埋件位置。

设计单位	陕西省交口抽渭管理局设计室
图 名	交口抽渭灌区田市泵站1400ZLB-85泵组平面图

1400ZLB-85机组剖面图

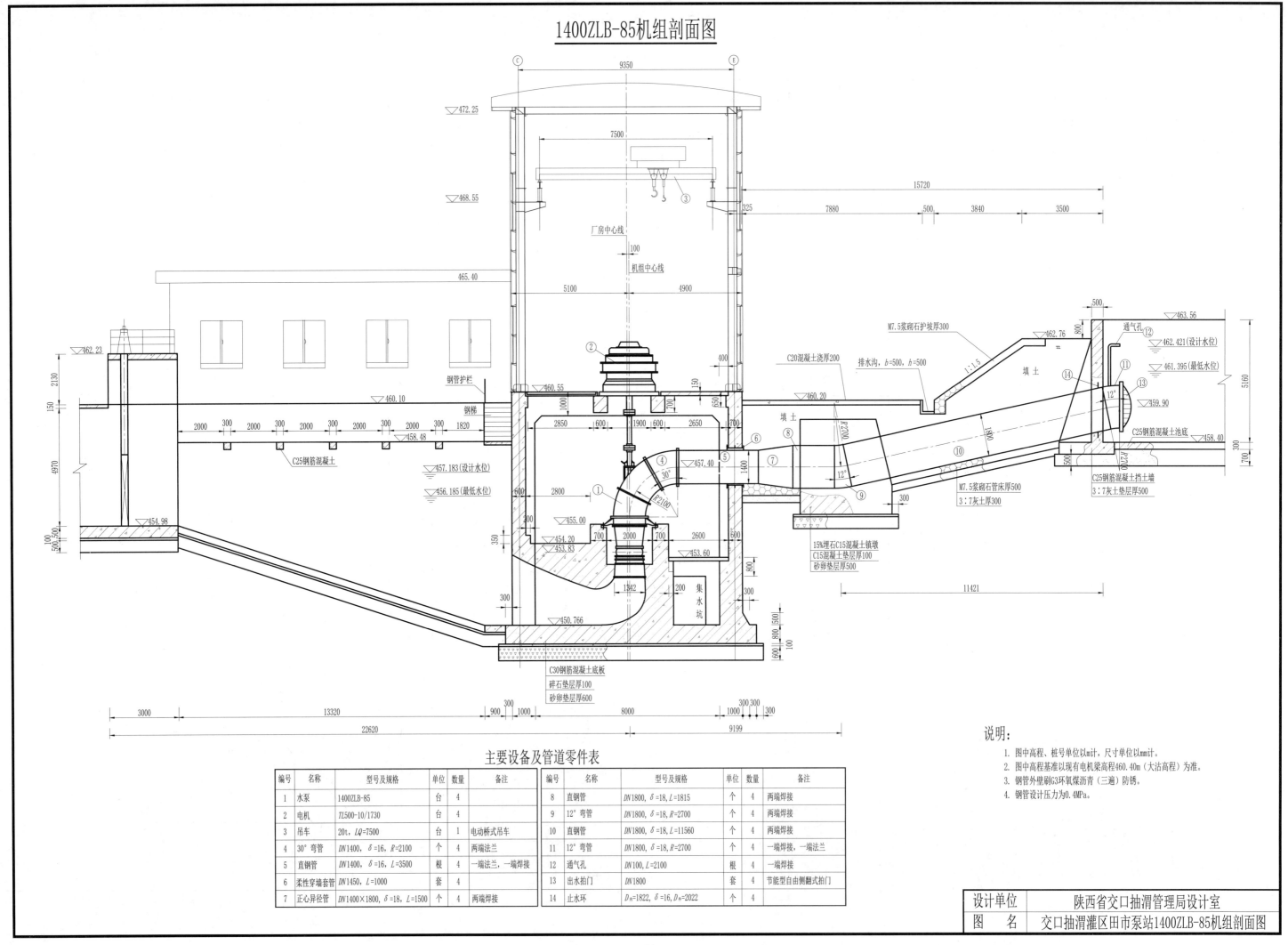

主要设备及管道零件表

编号	名称	型号及规格	单位	数量	备注	编号	名称	型号及规格	单位	数量	备注
1	水泵	1400ZLB-85	台	4		8	直钢管	$DN1800$, $\delta=18$, $L=1815$	个	4	两端焊接
2	电机	$TL500$-10/1730	台	4		9	12°弯管	$DN1800$, $\delta=18$, $R=2700$	个	4	两端焊接
3	吊车	20t, $LQ=7500$	台	1	电动桥式吊车	10	直钢管	$DN1800$, $\delta=18$, $L=11560$	个	4	两端焊接
4	30°弯管	$DN1400$, $\delta=16$, $R=2100$	个	4	两端法兰	11	12°弯管	$DN1800$, $\delta=18$, $R=2700$	个	4	一端焊接，一端法兰
5	直钢管	$DN1400$, $\delta=16$, $L=3500$	根	4	一端法兰，一端焊接	12	通气孔	$DN100$, $L=2100$	根	4	一端焊接
6	柔性穿墙套管	$DN1450$, $L=1000$	套	4		13	出水拍门	$DN1800$	套	4	节能型自由侧翻式拍门
7	正心异径管	$DN1400\times1800$, $\delta=18$, $L=1500$	个	4	两端焊接	14	止水环	$D_{内}=1822$, $\delta=16$, $D_{外}=2022$	个	4	

说明：

1. 图中高程、桩号单位以m计，尺寸单位以mm计。
2. 图中高程基准以现有电机梁高程460.40m（大沽高程）为准。
3. 钢管外壁刷G3环氧煤沥青（三遍）防锈。
4. 钢管设计压力为0.4MPa。

设计单位	陕西省交口抽渭管理局设计室
图名	交口抽渭灌区田市泵站1400ZLB-85机组剖面图

900ZLB-100机组剖面图

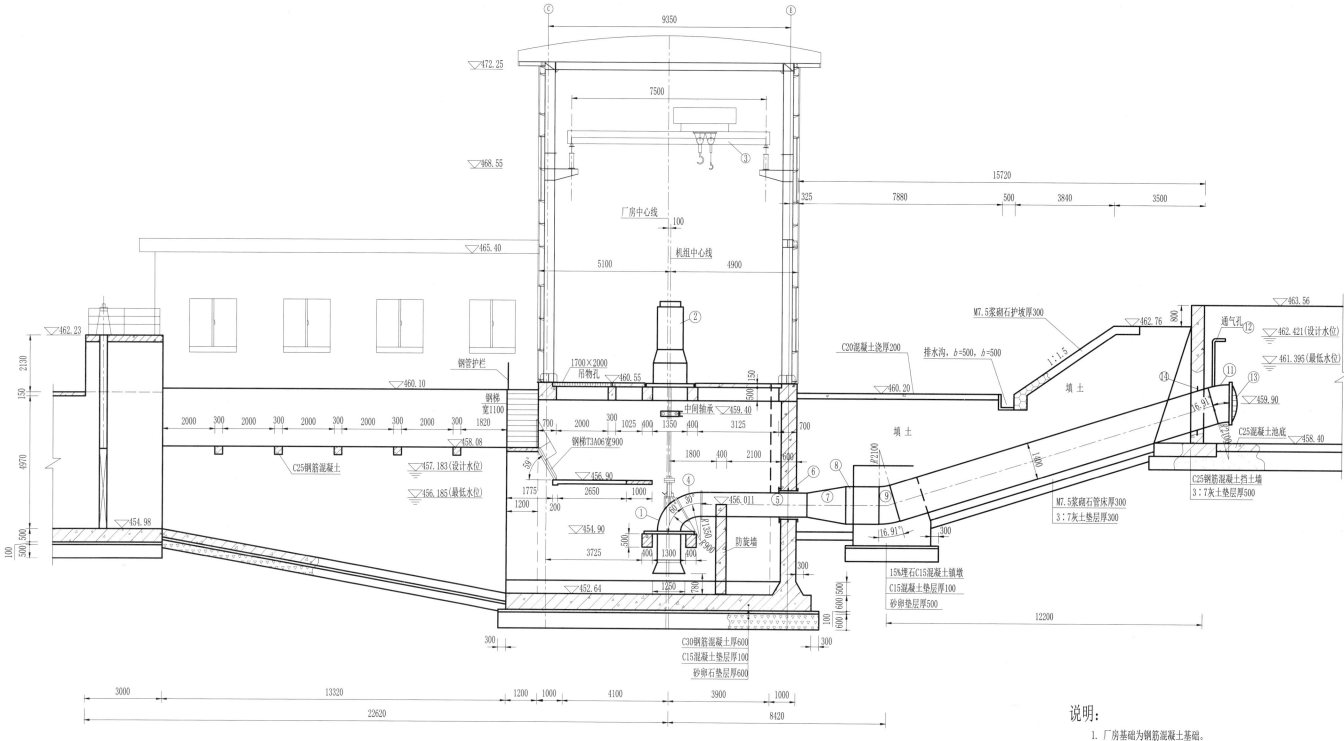

主要设备及管道零件表

编号	名称	型号及规格	单位	数量	备注	编号	名称	型号及规格	单位	数量	备注
1	水泵	900ZLB-100	台	3		8	直钢管	$DN1400, \delta=16, L=1296$	个	3	两端焊接
2	电机	YL4502-10	台	3		9	16°54'36"弯管	$DN1400, \delta=16, R=2100$	个	3	两端焊接
3	吊车	20t, LQ=7500	台	1	电动桥式吊车	10	直钢管	$DN1400, \delta=16, L=12820$	个	3	两端焊接
4	30°弯管	$DN900, \delta=10, R=1350$	个	3	两端法兰	11	16°54'36"弯管	$DN1400, \delta=16, R=2100$	个	3	一端焊接, 一端法兰
5	直钢管	$DN900, \delta=10, L=4100$	根	3	一端法兰, 一端焊接	12	通气孔	$DN100, L=2100$	根	3	一端焊接
6	柔性穿墙套管	$DN950, L=1000$	套	3		13	出水拍门	$DN1400$	套	3	节能型自由侧翻式拍门
7	正心异径管	$DN900 \times 1400, \delta=16, L=1500$	个	3	两端焊接	14	止水环	$D_内=1422, \delta=16, D_外=1622$	个	3	

说明：

1. 厂房基础为钢筋混凝土基础。
2. 中间轴承采用2-M24螺栓固定在3.7m长36号A型槽钢上, 槽钢两端用螺栓固定在50cm长20号等边角钢上, 待轴承调整好后焊接, 两端角钢各用500mm长5-M锚栓锚固在侧墙上。
3. 图中高程基准以现有电机梁高程460.40mm（大沽高程）为准。
4. 钢管外壁刷G3环氧煤沥青（三遍）防锈。
5. 防水套管见《给排水标准图集》（02S404）第7页。
6. 钢管设计压力0.4MPa。
7. 图中高程、桩号单位以m计, 尺寸单位以mm计。

设计单位	陕西省交口抽渭管理局设计室
图名	交口抽渭灌区田市泵站900ZLB-100机组剖面图

工艺说明：

1. 本图为山阳县县城第二水厂建设工程取水工程辐射井泵房工艺图。

2. 取水规模为8000m³/d。采用3台300JCK210-21/2(Q=210m³/h, H=21m, N=30kW)型长深井泵取水，两用一备。辐射井径D为6m；辐射管个数为12根，单根敷设管长度L为15m，辐射管管径为DN100mm。

3. 井壁进水孔分布范围港域为-12.00～-4.300m处，大小ϕ200mm，沿井圈环向一圈布置23个，竖向布置30排，共690孔，孔隙率约为15%，梅花形布置。

4. 在相对高程-11.100m处设辐射管12根，仰角钻进，上仰角为6°～15°，辐射管管径为ϕ100mm，单管长15m，总长度180m，下入ϕ89mm$D$40地质管；辐射管布置在施工时视具体情况进行方向与长度的调整。

5. 辐射管成孔直径ϕ12mm，沿钢管环向一圈布置23个，竖向布置326排，共7498孔，交错布置，孔隙率约为18%。

6. 辐射管穿墙套管应预先埋好并安装好一段带法兰的短管予以封堵。套管规格宜选大一号，其做法参见《矩形钢筋混凝土蓄水池》(05S804)第185页。

7. 本设计给水管道采用钢管及管件，连接方式为焊接。管道内防腐采用无毒环氧漆，底漆两道，面漆两道。外防腐：埋地管道采用环氧煤沥青，六油二布；外露管道先刷红丹漆两道，再刷灰色环氧漆两道。与水接触处的螺栓均用不锈钢螺栓。各种钢铁预埋件，与混凝土接触处作防锈处理。外漏部分安装件，除锈后用酚醛铁红底漆两道，外刷灰色环氧漆两道。

8. 所有穿池壁的套管均应在土建施工时预埋，不得在结构完成后在池壁上打洞安装。预留孔洞及预埋件的位置必须按照图纸预设，将工艺与土建图纸相结合，在浇筑混凝土时进行安装。

9. 为便于检修，检修孔内应设钢梯，做法参见《矩形钢筋混凝土蓄水池》(05S804)第179页。

10. 管道支架采用热浸锌槽钢，管道及支架固定于墙壁上，靠近地面的水平管道安装时注意交叉，沿室内地面敷设。管道阀门安装在易操作的位置。

11. 由于主要设备厂家未定，图中仅列出设计参数，订货时须根据设备情况，留有一定富余。设备到货后，应详细核对其安装尺寸后，再行安装。

12. 材料表仅为预算根据，不能作为下料依据，施工前应详细核对材料。

13. 除本说明外，施工时应遵照现行有关规范、规程。

14. 图中尺寸单位以mm计，高程单位以m计。图中±0.00m为地面高程，是相对于650.80m绝对标高的值。

辐射井泵房主要设备材料表

编号	名称	规格	单位	数量	备注
①	长轴泵	300JCK210-10.5/2	台	3	Q=210m³/h, H=21m, N=30kW
②	电动蝶阀	DN200	个	3	D71X-10
③	KXT可曲挠柔性结头	DN200	个	3	
④	缓开缓闭多功能止回阀	DN200	个	3	DY300X
⑤	钢管	ϕ426×8	m	10	
⑥	钢管	ϕ219×6	m	30	
⑦	钢管	D108×4	m	186	
⑧	闸阀	DN50	个	2	SZ45X-10Q
⑨	A型柔性防水套管	DN200	个	3	详见02S404
⑩	钢制三通	DN400×400	个	1	详见02S404
⑪	钢制三通	DN400×200	个	3	详见02S404
⑫	钢制三通	DN400×50	个	2	详见02S404
⑬	钢制法兰	DN200	个	12	
⑭	钢制弯头	DN200×90°	个	3	
⑮	排气阀	DN50	个	2	CARX复合式排气阀
⑯	A型防水套管	DN100	个	12	详见02S404第5页
⑰	钢制法兰盲堵	DN400	个	2	
⑱	液位变送器	CYD-31	套	1	
⑲	电动机	Y200-L4	台	3	
⑳	排气阀井	D=1200	套	2	
㉑	通气管道	DN100	m	4	钢制
㉒	钢制托架	L=1200mm	个	3	详见03S402第116页
㉓	管卡	C2型	个	3	详见03S402第79页

设计单位	西安水务(集团)规划设计研究有限公司
图　名	山阳县第二水厂供水工程辐射井工艺图（一）

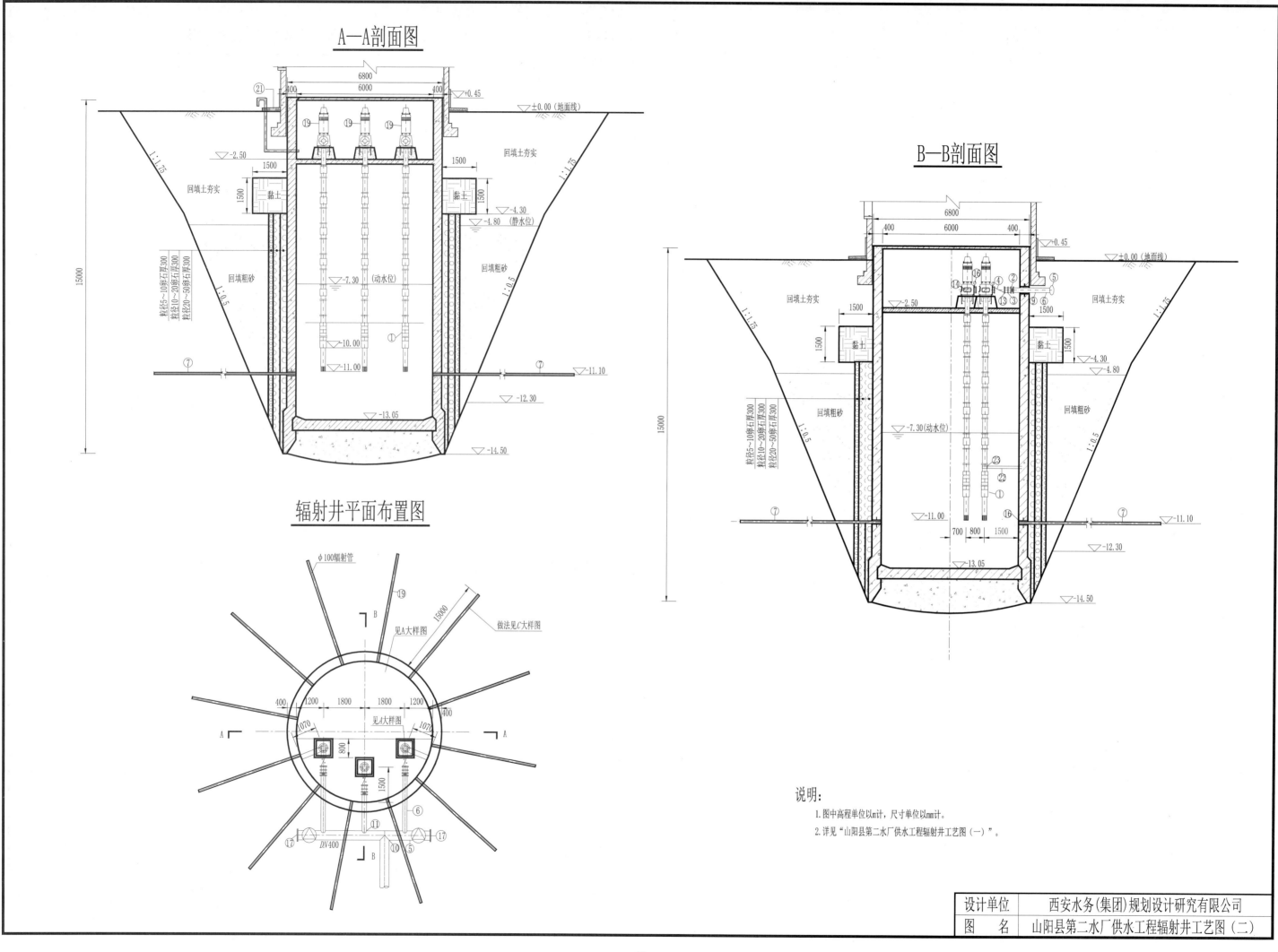

A—A剖面图

6800
6000
400

▽+0.45
▽±0.00（地面线）

⑲ ⑲ ⑲

回填土夯实

▽-2.50

1500 1500

回填土夯实 黏土 黏土

1500 1500

▽-4.30
▽-4.80（静水位）

回填粗砂

粒径5～10卵石厚300
粒径10～20卵石厚300
粒径20～50卵石厚300

回填粗砂

▽-7.30（动水位）

①

▽-10.00

⑦ ⑦
▽-11.10

▽-11.00

▽-12.30

▽-13.05

▽-14.50

辐射井平面布置图

φ100辐射管

⑲

见A大样图

15000

做法见C大样图

400 1200 1800 1800 1200 400

1070 见A大样图 1070

A A

800 1500

⑥

⑰ ⑰

DN400

⑪ ⑩

B B

B—B剖面图

6800
400 6000 400

⑭ ⑯ ④ ② ⑤

▽+0.45
▽±0.00（地面线）

回填土夯实

▽-2.50

1500 井室 ⑬ ③ ⑨ ⑥ 1500

回填土夯实 黏土 黏土

1500 1500

▽-4.30
▽-4.80

回填粗砂 回填粗砂

粒径5～10卵石厚300
粒径10～20卵石厚300
粒径20～50卵石厚300

▽-7.30（动水位）

⑧

⑦ ㉓ ⑦
▽-11.10

▽-11.00 ① ⑯

700 800 1500

▽-12.30

▽-13.05

▽-14.50

15000

说明：

1. 图中高程单位以m计，尺寸单位以mm计。

2. 详见"山阳县第二水厂供水工程辐射井工艺图（一）"。

设计单位	西安水务(集团)规划设计研究有限公司
图 名	山阳县第二水厂供水工程辐射井工艺图（二）

A大样图1

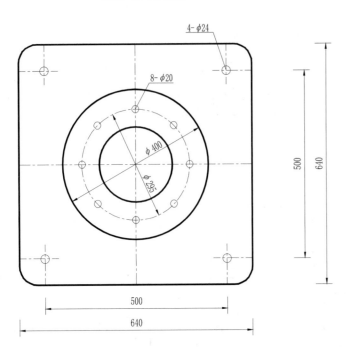

A大样图2

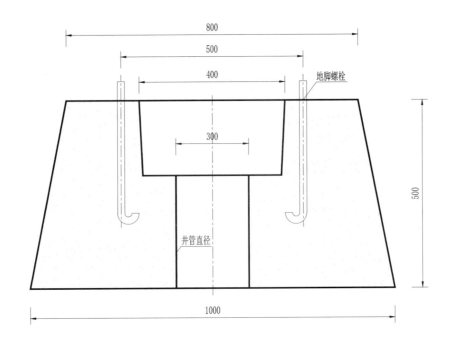

井壁进水孔平面布置图

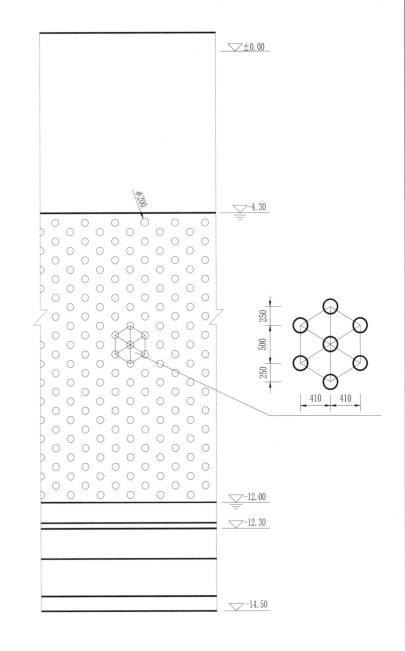

井壁进水孔环向布置图

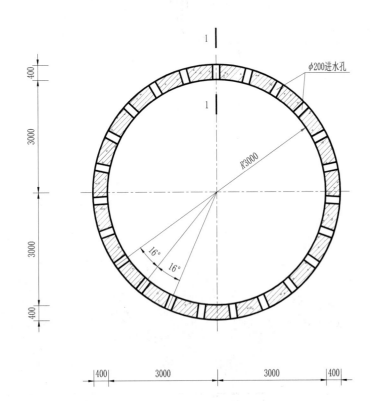

C大样图
辐射管进水孔展开平面布置图

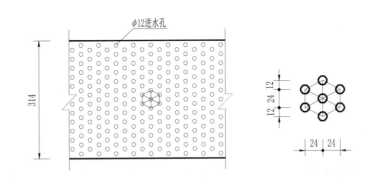

1—1剖面图

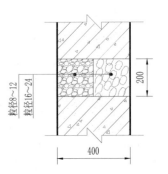

说明：

1. 图中高程单位以m计，尺寸单位以mm计。

2. 详见"山阳县第二水厂供水工程辐射井工艺图（一）"。

设计单位	西安水务(集团)规划设计研究有限公司
图　名	山阳县第二水厂供水工程辐射井工艺图（三）

石羊一级站竖井厂房平面图

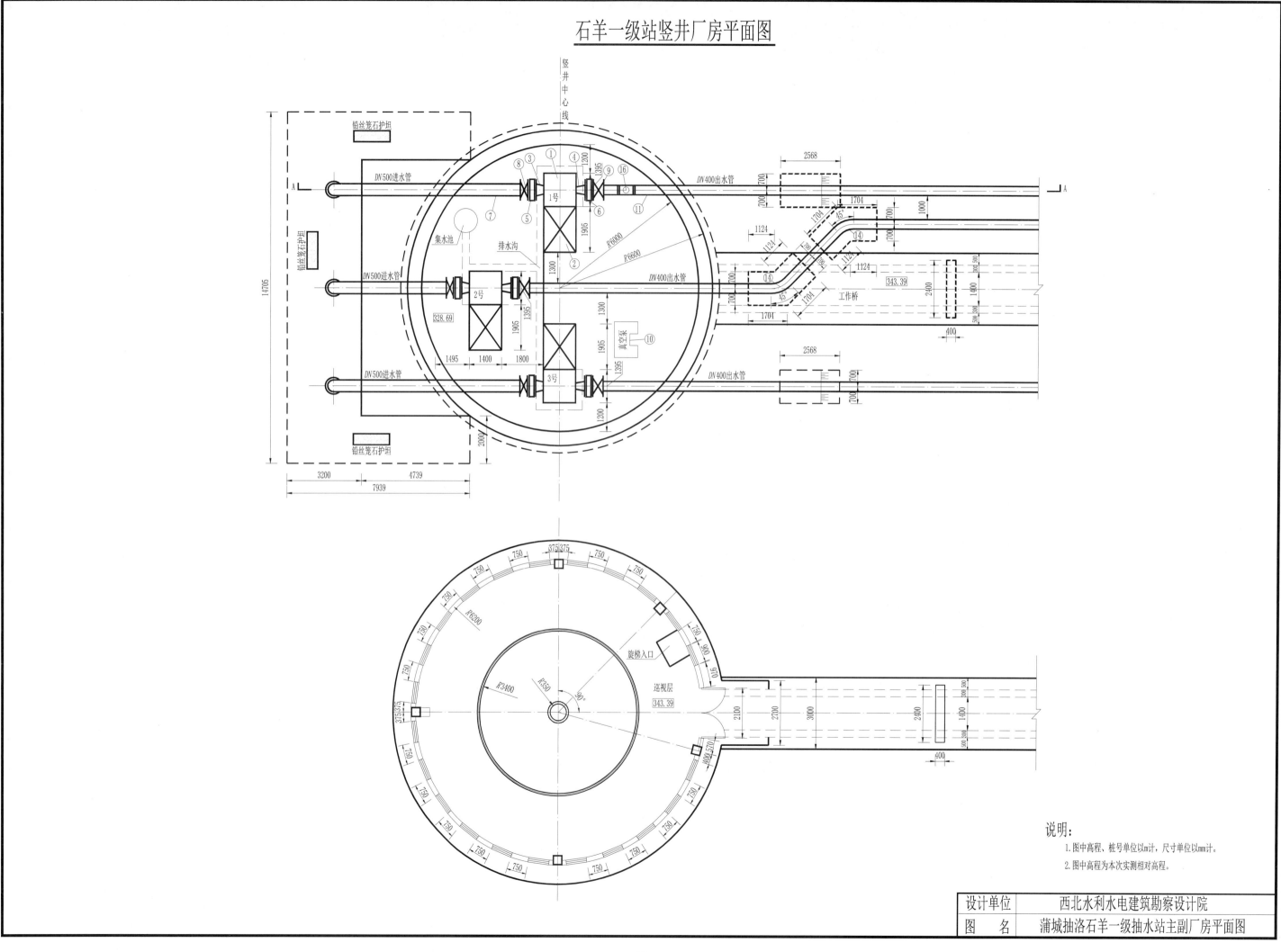

设计单位	西北水利水电建筑勘察设计院
图 名	蒲城抽洛石羊一级抽水站主副厂房平面图

说明：

1.图中高程、桩号单位以m计，尺寸单位以mm计。

2.图中高程为本次实测相对高程。

A—A剖面图

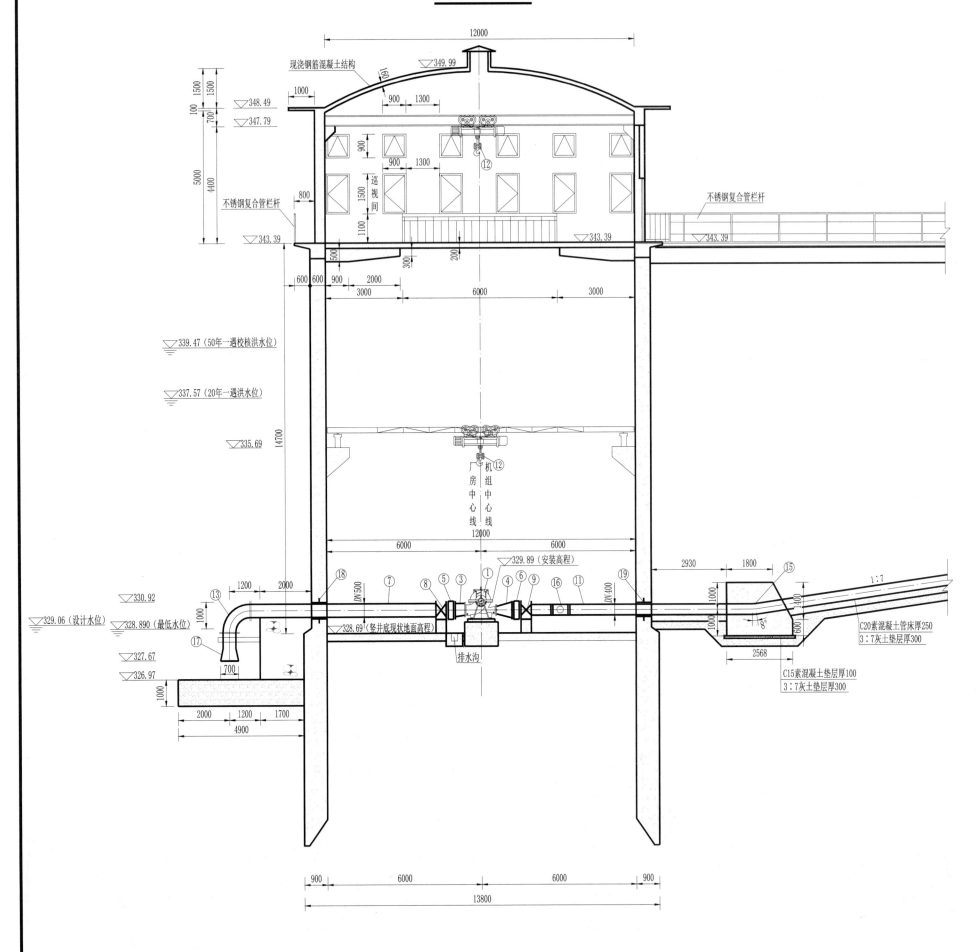

主要设备表

序号	名称	规格	单位	数量	单重/kg	总重/kg	备注
①	单级双吸离心泵	GS350-9C-/4-HN01	台	3	870	2610	
②	电机	YX400-4	台	3	2520	7560	
③	偏心异径管	DN500×350, δ=10	个	3			
④	正心异径管	DN250×400, δ=10	个	3			
⑤	卡箍式柔性伸缩节	DN400	个	3			
⑥	双法兰限位伸缩节	DN400	个	3			
⑦	进水钢管	DN500, δ=10	m	26			
⑧	电动蝶阀	D941X-10, DN400	个	3	1750		7.5kW
⑨	液控蝶阀	KD741X-10C, DN400	个	3			
⑩	真空泵	SZ-1	台	2	150		4.5kW
⑪	出水钢管	DN400, δ=10	m	1256			
⑫	单梁悬挂吊车	Q=5.0t	台	2			外购
⑬		DN500×90°	个	3			
⑭	钢制弯管	DN400×45°	个	5			
⑮		DN600×45°	个	4			
⑯	电磁流量计		个	1			
⑰	喇叭口	DN700×500	个	3			
⑱	刚性防水套管	DN500	套	3			
⑲	刚性防水套管	DN400	套	3			
⑳	注气微排阀	DN75	个	3			
㉑	真空破坏阀	DN100	个	3			
㉒	截止阀	DN100	个	3			
㉓	套管式伸缩节	DN600	个	3			

说明:
1. 图中高程、桩号单位以m计,尺寸单位以mm计。
2. 图中高程为本次实测相对高程。

设计单位	西北水利水电建筑勘察设计院
图 名	蒲城抽洛石羊一级抽水站主副厂房A—A剖面图

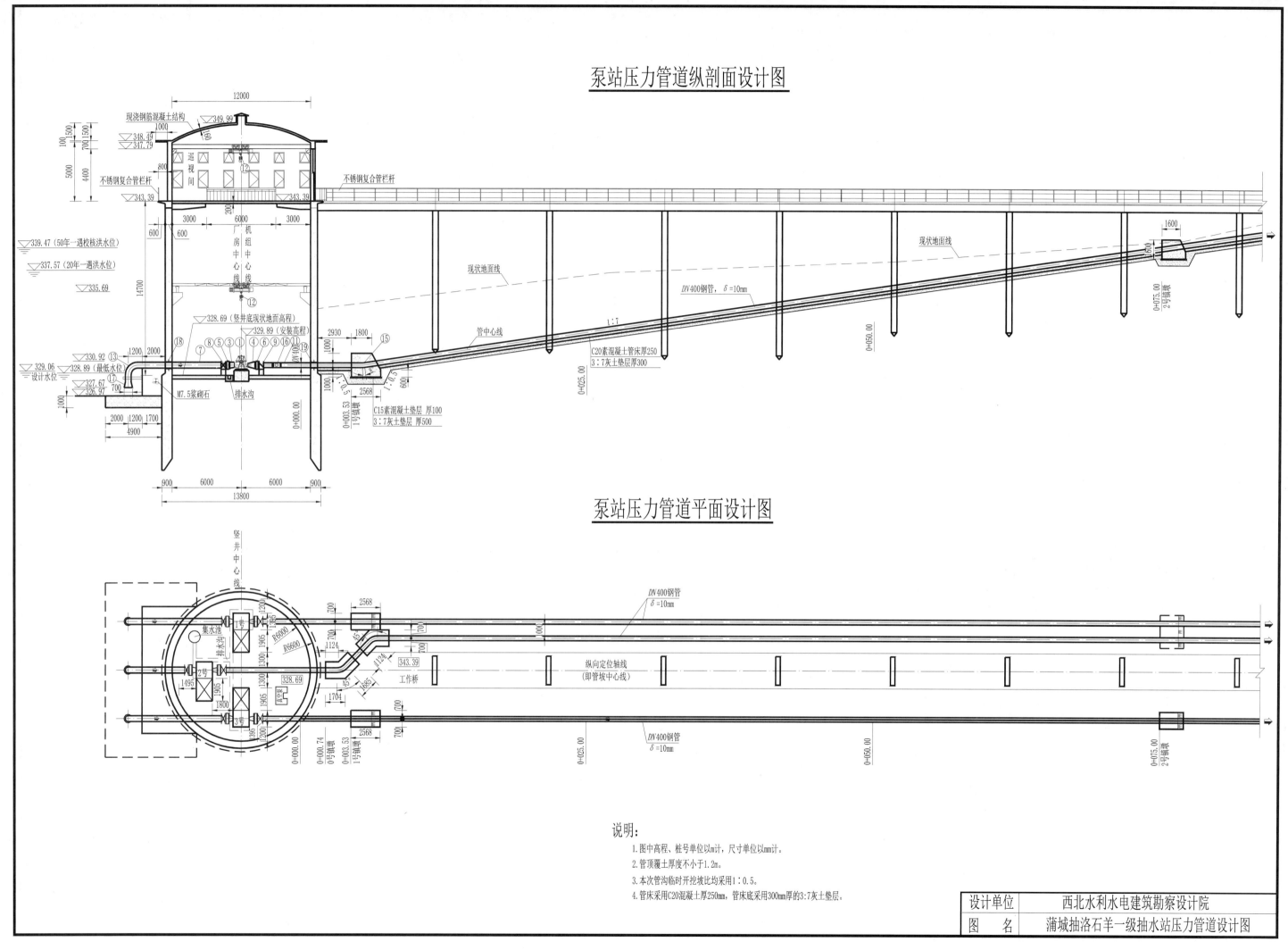

泵站压力管道纵剖面设计图

泵站压力管道平面设计图

说明:
1. 图中高程、桩号单位以m计,尺寸单位以mm计。
2. 管顶覆土厚度不小于1.2m。
3. 本次管沟临时开挖坡比均采用1:0.5。
4. 管床采用C20混凝土厚250mm,管床底采用300mm厚的3:7灰土垫层。

设计单位	西北水利水电建筑勘察设计院
图 名	蒲城抽洛石羊一级抽水站压力管道设计图

Ⅰ—Ⅰ

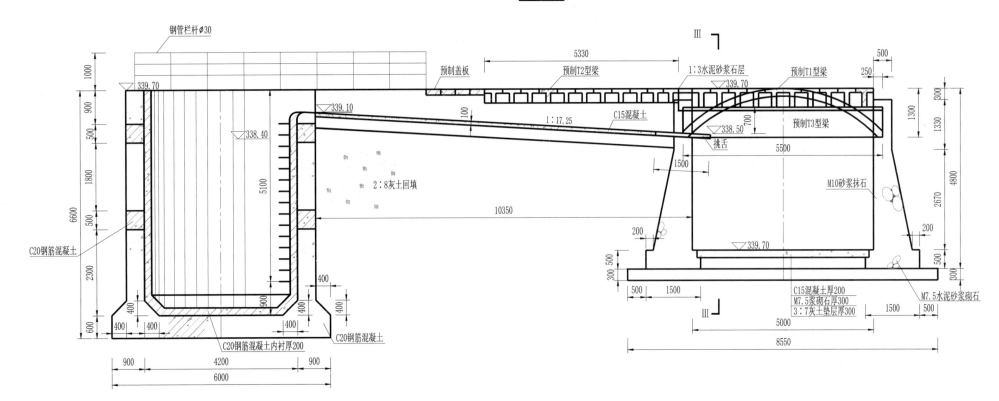

钢管栏杆φ30
339.70
1000
预制盖板
5330
预制T2型梁
1:3水泥砂浆石层
预制T1型梁
500
250
Ⅲ
900
500
338.40
339.10
339.70
100
300
1300
1330
1800
5100
2:8灰土回填
1:17.25
C15混凝土
700
338.50
预制T3型梁
700
6600
挑舌
5500
4800
2670
500
10350
1500
M10砂浆抹石
2300
400
200
200
400
400
339.70
C20钢筋混凝土
300
500
300
900
C20钢筋混凝土内衬厚200
C20钢筋混凝土
500 1500
C15混凝土厚200
1500 500
M7.5水泥砂浆砌石
600
400
400
M7.5浆砌石厚300
3:7灰土垫层厚300
900 4200 900
6000
5000
8550

Ⅲ—Ⅲ

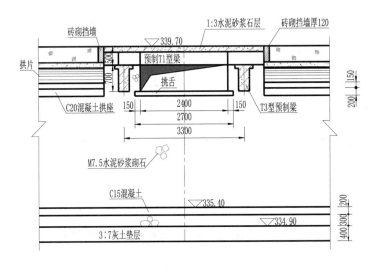

砖砌挡墙
339.70
1:3水泥砂浆石层
砖砌挡墙厚120
拱片
预制T1型梁
150
挑舌
200
C20混凝土拱座
150 2400 150
T3型预制梁
2700
M7.5水泥砂浆砌石
3300
C15混凝土
335.40
334.90
400 300 200
3:7灰土垫层

Ⅱ—Ⅱ

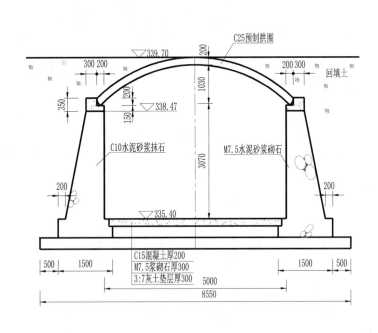

339.70
C25预制拱圈
200
300 200
200 300
回填土
350
338.47
150
1030
200
150
3070
C10水泥砂浆抹石
M7.5水泥砂浆砌石
200
200
335.40
500 1500
C15混凝土厚200
1500 500
M7.5浆砌石厚300
3:7灰土垫层厚300
5000
8550

Ⅳ—Ⅳ

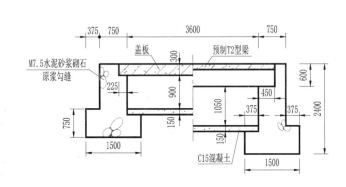

375 750
3600
750
盖板
M7.5水泥砂浆砌石
原浆勾缝
225
300
预制T2型梁
600
900
150
450
750
1050
375 375
150
2400
1500
C15混凝土
1500

说明:
1.本图高程、桩号单位以m计,尺寸单位以mm计。
2.水舌下部底板应采用150号混凝土浇筑提高抗冲击能力。

设计单位	陕西省水利水电勘察设计研究院
图　名	港口抽黄灌区试验站进水池退水设计图

厂房334.75m高程主要设备平面布置图

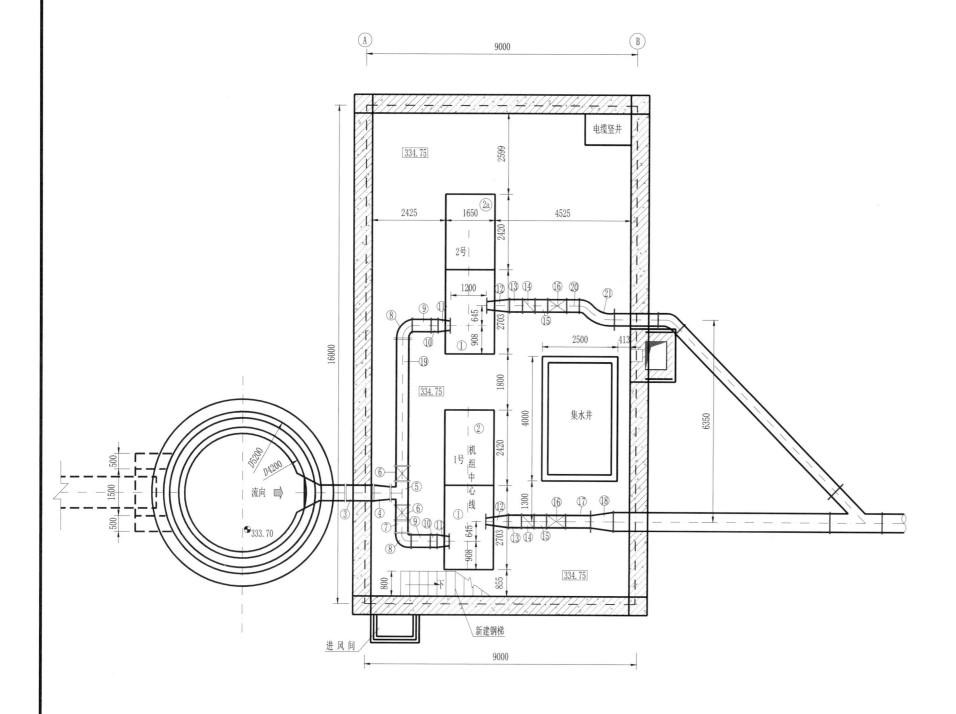

主要设备表

编号	设备名称	型号材料	单位	数量	备注
①	水泵	NDS500-90×3	台	2	Q=0.20m³/S H扬=225.63m
②	电动机	YX4505-4/6kV, 1台 710kW	台	1	购安
②a	电动机	YX4505-4/6kV, 1台 710kW	台	1	返厂技术改造
③	直钢管	DN600	节	1	
④	正心大小头	DN600~DN400, L=52cm	节	1	
⑤	等径三通	DN400×DN400×DN400	节	1	
⑥	闸阀	Z948T-10, DN400, 1.0MPa	节	2	
⑦	直钢管	DN400, L=20cm	节	2	
⑧	90°弯管	DN400	节	2	
⑨	直钢管	DN400, L=31.5cm	节	2	
⑩	伸缩节	DN400, L=20cm	节	2	
⑪	偏心大小头	DN250~DN400, L=40cm	节	2	
⑫	偏心大小头	DN200~DN400, L=75cm	节	2	
⑬	套管式伸缩节	DN400, L=40cm	节	2	
⑭	缓闭止回阀	DN400, 4.0MPa	台	2	
⑮	直钢管	DN400, L=40cm	节	2	
⑯	闸阀	Z948T-40, DN400, 4.0MPa	台	2	
⑰	直钢管	DN400, L=41.7cm	节	1	
⑱	正心大小头	DN400~DN600	节	1	
⑲	直钢管	DN400, L=204.1cm	节	1	
⑳	直钢管	DN400, L=20cm	节	1	
㉑	S管	DN400, L=57.1cm	节	1	

说明:

1. 图中高程、桩号单位以m计, 尺寸单位以mm计。

2. 试验站本次建设内容为: 拆除MD720-60×4 (P) 型多级离心泵2台, NDS500-90×3多级单吸中开离心泵2台, 设计流量为0.2m³/s, 设计扬程为225.63m, 转速为1480r/min。

设计单位	陕西省水利电力勘测设计研究院
图 名	渭南市港口抽黄试验站进水池、主厂房平面布置图

1号机组剖面图

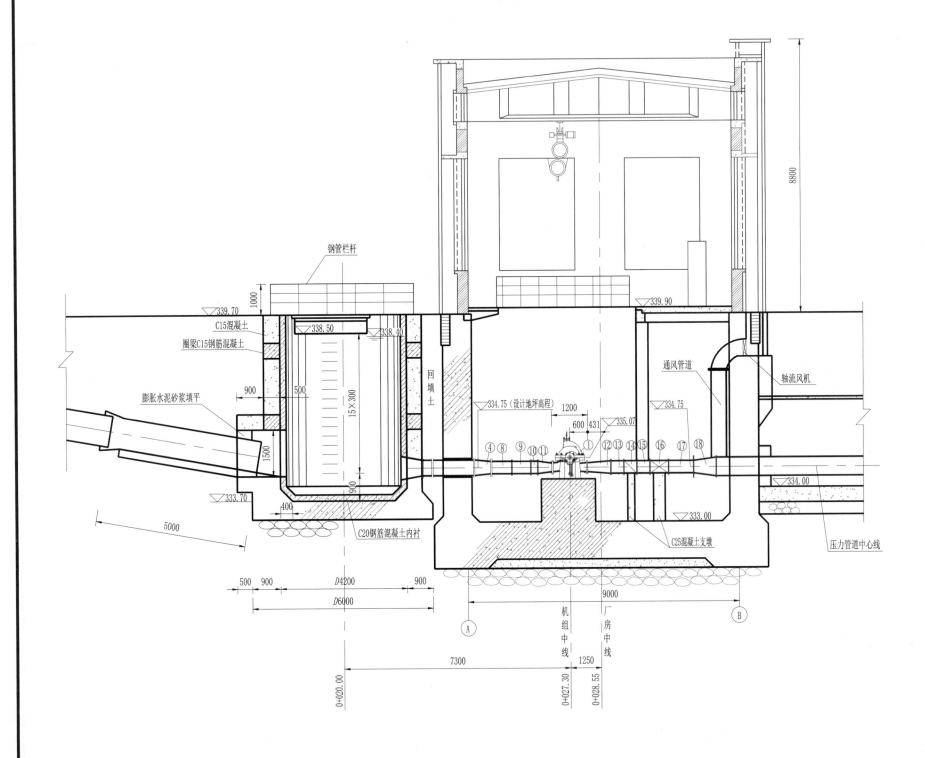

主要设备表

编号	设备名称	型号材料	单位	数量	备注
①	水泵	NDS500-90×3	台	2	Q=0.20m³/S H扬=225.63m
②	电动机	YX4505~4/6kV, 1台 710kW	台	1	购安
②a	电动机	YX4505~4/6kV, 1台 710kW	台	1	返厂技术改造
③	直钢管	DN600	节	1	
④	正心大小头	DN600~DN400, L=52cm	节	1	
⑤	等径三通	DN400×DN400×DN400	节	1	
⑥	闸阀	Z948T-10, DN400, 1.0MPa	节	2	
⑦	直钢管	DN400, L=20cm	节	1	
⑧	90°弯管	DN400	节	2	
⑨	直钢管	DN400, L=31.5cm	节	2	
⑩	伸缩节	DN400, L=20cm	节	2	
⑪	偏心大小头	DN250~DN400, L=40cm	节	2	
⑫	偏心大小头	DN200~DN400, L=75cm	节	2	
⑬	套管式伸缩节	DN400, L=40cm	节	2	
⑭	缓闭止回阀	DN400, 4.0MPa	台	2	
⑮	直钢管	DN400, L=40cm	节	2	
⑯	闸阀	Z948T-40, DN400, 4.0MPa	台	2	
⑰	直钢管	DN400, L=41.7cm	节	1	
⑱	正心大小头	DN400~DN600	节	1	
⑲	直钢管	DN400, L=204.1cm	节	1	
⑳	直钢管	DN400, L=20cm	节	1	
㉑	S管	DN400, L=57.1cm	节	1	

说明:

1.图中高程、桩号单位以m计,尺寸单位以mm计。

2.试验站本次建设内容为:拆除MD720-60×4(P)型多级离心泵2台,NDS500-90×3多级单吸中开离心泵2台,设计流量为0.2m³/s,设计扬程为225.63m,转速为1480r/min。

设计单位	陕西省水利电力勘测设计研究院
图　名	渭南市港口抽黄试验站1号机组剖面图

高低压盘柜平面布置图

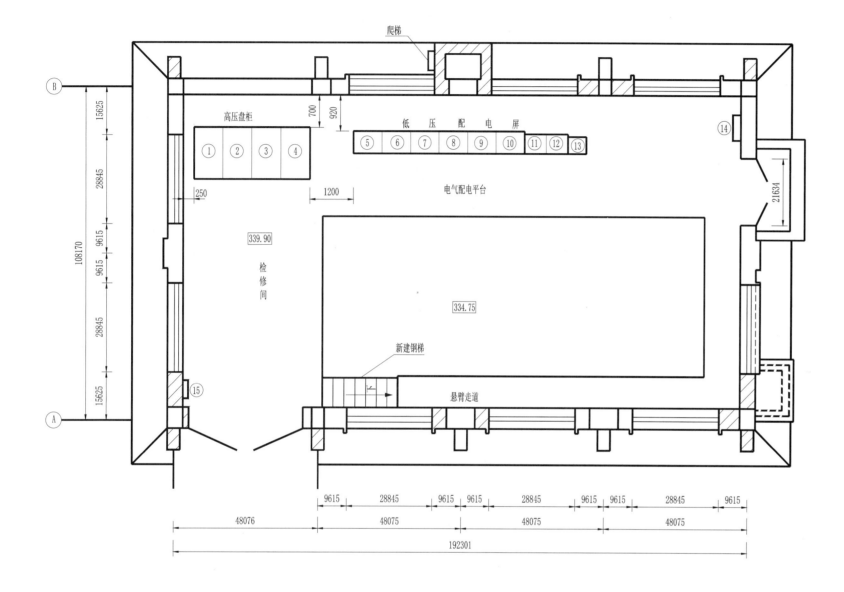

主要设备表

编号	设备名称	型号尺寸	单位	数量	备注
①	进线柜	KYN28A-12, 80×150×230	台	1	
②	PT柜	KYN28A-12, 80×150×230	台	1	
③	1号机组高压开关柜	KYN28A-12, 80×150×230	台	1	
④	2号机组高压开关柜		台	1	
⑤	微机保护屏	XPD(Z), 80×67×226	台	1	
⑥	LCU屏	XPD(Z), 80×67×226	台	1	
⑦	直流屏	80×67×220	台	1	
⑧	储电池屏	80×67×220	台	1	
⑨	馈线屏1	GGD, 80×67×220	台	1	
⑩	馈线屏2	GGD, 80×67×220	台	1	
⑪	XL-21动力箱1	XL-21, 70×46×177	台	1	
⑫	XL-21动力箱2	XL-21, 70×46×177	台	1	
⑬	稳压器	SJW-30kVA, 46×43×90	台	1	
⑭	照明配电箱		台	1	
⑮	照明配电箱		台	1	

说明:

图中高程、桩号单位以m计,尺寸单位以mm计。

设计单位	陕西省水利电力勘测设计研究院
图 名	渭南市港口抽黄试验站±0.00层平面布置图

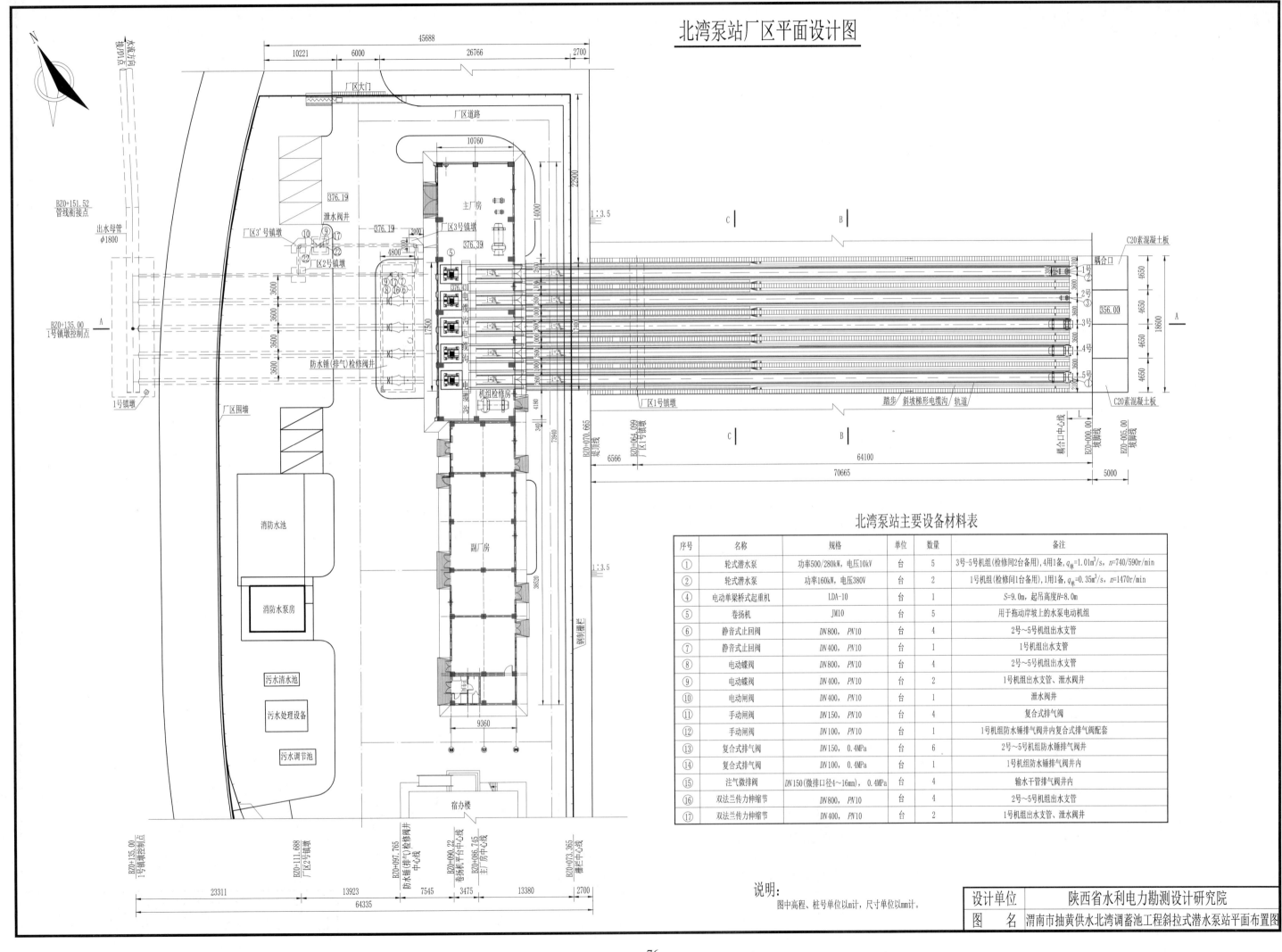

北湾泵站厂区平面设计图

北湾泵站主要设备材料表

序号	名称	规格	单位	数量	备注
①	轮式潜水泵	功率500/280kW,电压10kV	台	5	3号-5号机组(检修间2台备用),4用1备,$q_{单}$=1.01m³/s,n=740/590r/min
②	轮式潜水泵	功率160kW,电压380V	台	2	1号机组(检修间1台备用),1用1备,$q_{单}$=0.35m³/s,n=1470r/min
④	电动单梁桥式起重机	LDA-10	台	1	S=9.0m,起吊高度H=8.0m
⑤	卷扬机	JM10	台	5	用于拖动岸坡上的水泵电动机组
⑥	静音式止回阀	DN800, PN10	台	4	2号~5号机组出水支管
⑦	静音式止回阀	DN400, PN10	台	1	1号机组出水支管
⑧	电动蝶阀	DN800, PN10	台	4	2号~5号机组出水支管
⑨	电动蝶阀	DN400, PN10	台	2	1号机组出水支管、泄水阀井
⑩	电动闸阀	DN400, PN10	台	1	泄水阀井
⑪	手动闸阀	DN150, PN10	台	4	复合式排气阀
⑫	手动闸阀	DN100, PN10	台	1	1号机组防水锤排气阀井内复合式排气阀配套
⑬	复合式排气阀	DN150, 0.4MPa	台	6	2号~5号机组防水锤排气阀井
⑭	复合式排气阀	DN100, 0.4MPa	台	1	1号机组防水锤排气阀井内
⑮	注气微排阀	DN150(微排口径4~16mm), 0.4MPa	台	4	输水干管排气阀井内
⑯	双法兰传力伸缩节	DN800, PN10	台	4	2号~5号机组出水支管
⑰	双法兰传力伸缩节	DN400, PN10	台	2	1号机组出水支管、泄水阀井

说明:
图中高程、桩号单位以m计,尺寸单位以mm计。

设计单位	陕西省水利电力勘测设计研究院
图名	渭南市抽黄供水北湾调蓄池工程斜拉式潜水泵站平面布置图

北湾泵站A—A剖面图

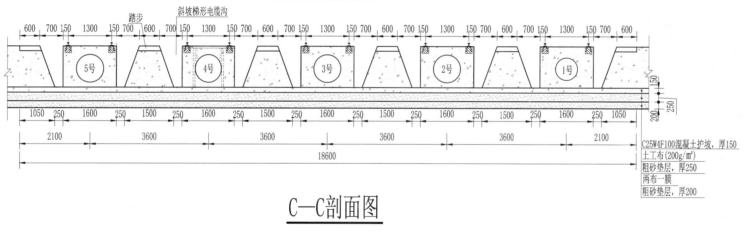

B—B剖面图

C—C剖面图

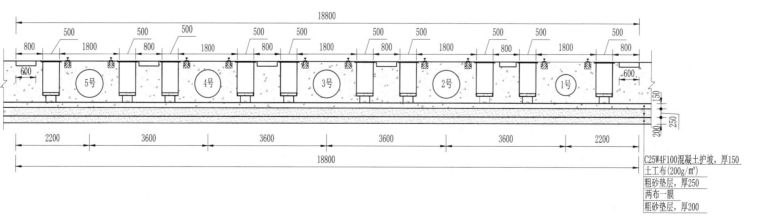

说明:
图中高程、桩号单位以m计,尺寸单位以mm计。

设计单位	陕西省水利电力勘测设计研究院
图　名	渭南市抽黄供水北湾调蓄池工程斜拉式潜水泵站A—A剖面图

泵站总体平面布置图

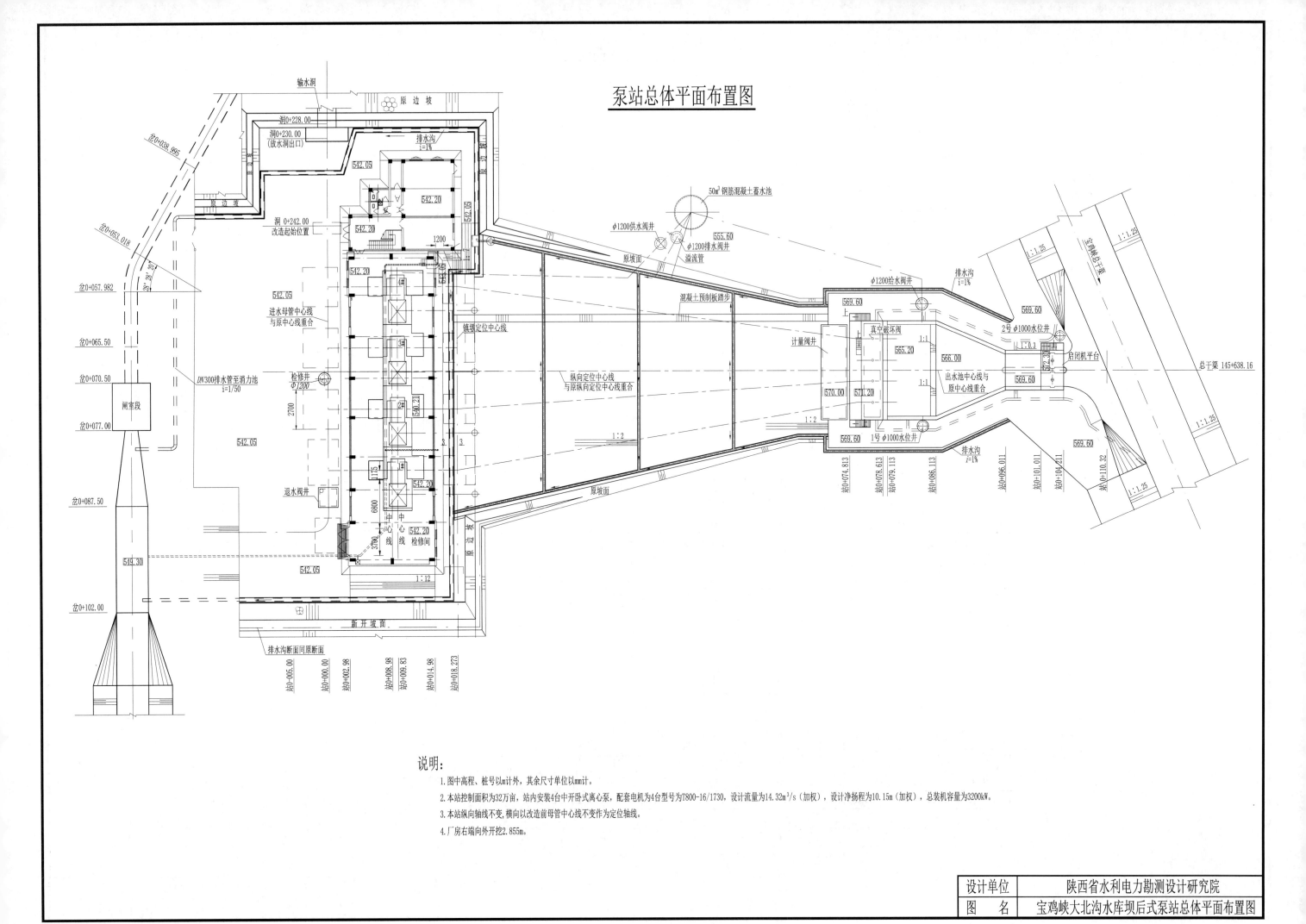

说明：

1. 图中高程、桩号以m计外，其余尺寸单位以mm计。

2. 本站控制面积为32万亩，站内安装4台中开卧式离心泵，配套电机为4台型号为T800-16/1730，设计流量为14.32m³/s（加权），设计净扬程为10.15m（加权），总装机容量为3200kW。

3. 本站纵向轴线不变，横向以改造前母管中心线不变作为定位轴线。

4. 厂房右端向外开挖2.855m。

设计单位	陕西省水利电力勘测设计研究院
图 名	宝鸡峡大北沟水库坝后式泵站总体平面布置图

Ⅰ—Ⅰ剖面图

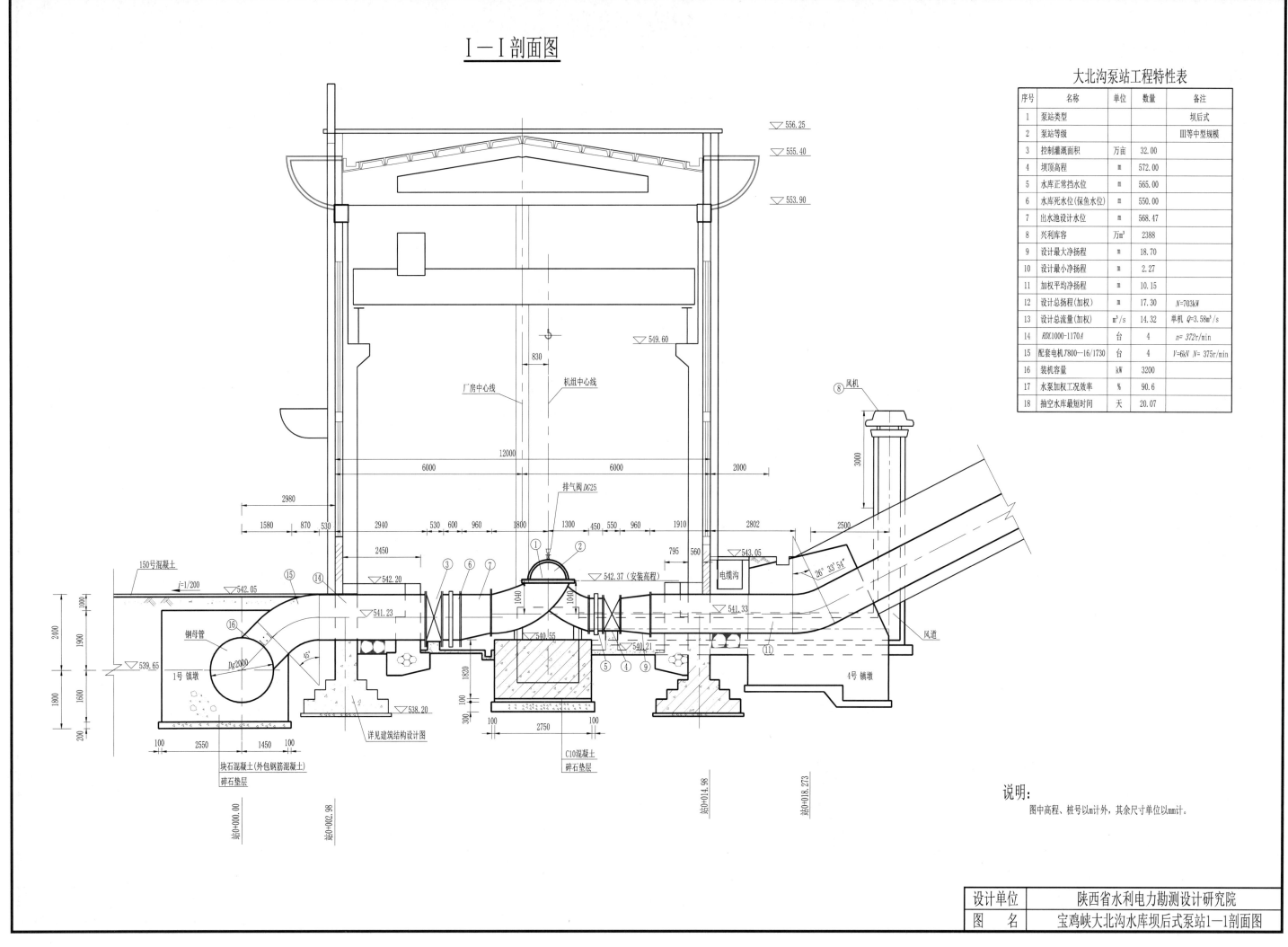

大北沟泵站工程特性表

序号	名称	单位	数量	备注
1	泵站类型			坝后式
2	泵站等级			Ⅲ等中型规模
3	控制灌溉面积	万亩	32.00	
4	坝顶高程	m	572.00	
5	水库正常挡水位	m	565.00	
6	水库死水位(保鱼水位)	m	550.00	
7	出水池设计水位	m	568.47	
8	兴利库容	万m³	2388	
9	设计最大净扬程	m	18.70	
10	设计最小净扬程	m	2.27	
11	加权平均净扬程	m	10.15	
12	设计总扬程(加权)	m	17.30	N=703kW
13	设计总流量(加权)	m³/s	14.32	单机 Q=3.58m³/s
14	RDL1000-1170A	台	4	n= 372r/min
15	配套电机7800-16/1730	台	4	V=6kV N= 375r/min
16	装机容量	kW	3200	
17	水泵加权工况效率	%	90.6	
18	抽空水库最短时间	天	20.07	

说明:
图中高程、桩号以m计外,其余尺寸单位以mm计。

设计单位	陕西省水利电力勘测设计研究院
图 名	宝鸡峡大北沟水库坝后式泵站1—1剖面图

泵站总平面布置图

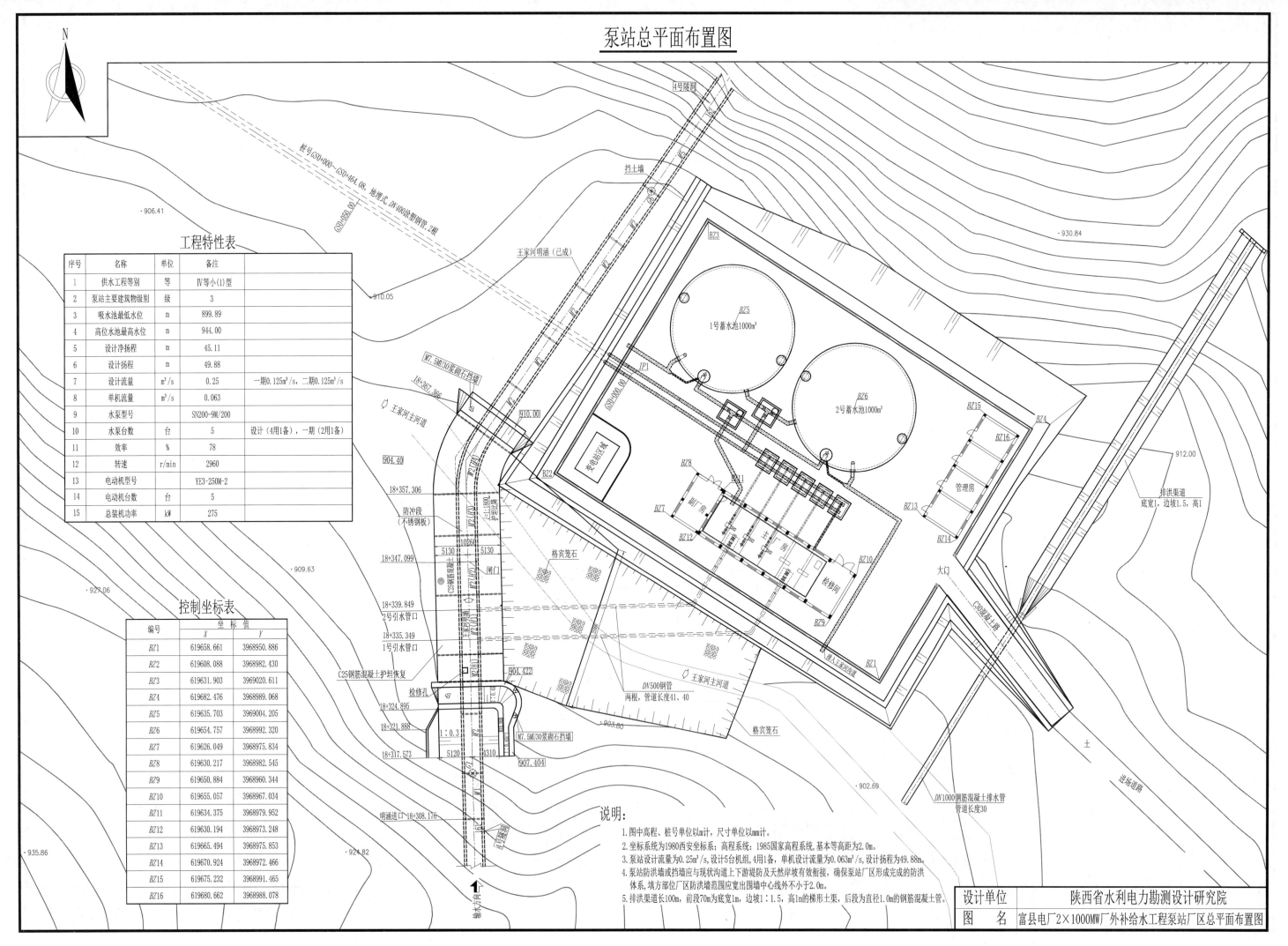

工程特性表

序号	名称	单位	备注
1	供水工程等别	等	IV等小(1)型
2	泵站主要建筑物级别	级	3
3	吸水池最低水位	m	899.89
4	高位水池最高水位	m	944.00
5	设计净扬程	m	45.11
6	设计扬程	m	49.88
7	设计流量	m³/s	0.25	一期0.125m³/s，二期0.125m³/s
8	单机流量	m³/s	0.063
9	水泵型号		SN200-9M/200
10	水泵台数	台	5	设计(4用1备)，一期(2用1备)
11	效率	%	78
12	转速	r/min	2960
13	电动机型号		YE3-250M-2
14	电动机台数	台	5
15	总装机功率	kW	275

控制坐标表

编号	坐标值 X	坐标值 Y
BZ1	619658.661	3968950.886
BZ2	619608.088	3968982.430
BZ3	619631.903	3969020.611
BZ4	619682.476	3968989.068
BZ5	619635.703	3969004.205
BZ6	619654.757	3968992.320
BZ7	619626.049	3968975.834
BZ8	619630.217	3968982.545
BZ9	619650.884	3968960.344
BZ10	619655.057	3968967.034
BZ11	619634.375	3968979.952
BZ12	619630.194	3968973.248
BZ13	619665.494	3968975.853
BZ14	619670.924	3968972.466
BZ15	619675.232	3968991.465
BZ16	619680.662	3968988.078

说明：

1. 图中高程、桩号单位以km计，尺寸单位以mm计。
2. 坐标系统为1980西安坐标系；高程系统：1985国家高程系统，基本等高距为2.0m。
3. 泵站设计流量为0.25m³/s，设计5台机组，4用1备，单机设计流量为0.063m³/s，设计扬程为49.88m。
4. 泵站防洪墙或挡墙应与现状沟道上下游堤防及天然岸坡有效衔接，确保泵站厂区形成完成的防洪体系，填方部位厂区防洪墙范围应宽出围墙中心线外不小于2.0m。
5. 排洪渠道长100m，前段70m为底宽1m，边坡1：1.5，高1m的梯形土渠，后段为直径1.0m的钢筋混凝土管。

设计单位	陕西省水利电力勘测设计研究院
图名	富县电厂2×1000MW厂外补给水工程泵站厂区总平面布置图

泵站引水管剖面图

泵站设备和管件一览表

编号	名称	规格型号	单位	数量	备注	编号	名称	规格型号	单位	数量	备注
①	喇叭口	DN300×600	个	5		⑧	水泵	SN200-M9/200	台	5	
②	钢制支架		个	5		⑨	大小头	DN200/DN250	个	5	
③	弯头90°	DN300/DN250	个	5/10		⑩	刚性防水套管	DN500	个	2	
④	卡箍式柔性接头	DN300	个	5		⑪	缓闭阀	DN250	个	5	
⑤	蝶阀	DN300/DN250/DN500	个	5/5/2		⑫	电动单梁桥式吊车	LX-2t	个	1	
⑥	直钢管	DN300/DN250	个	5/10		⑬	穿墙套管	DN250	个	10	
⑦	大小头	DN300/DN200	个	5							

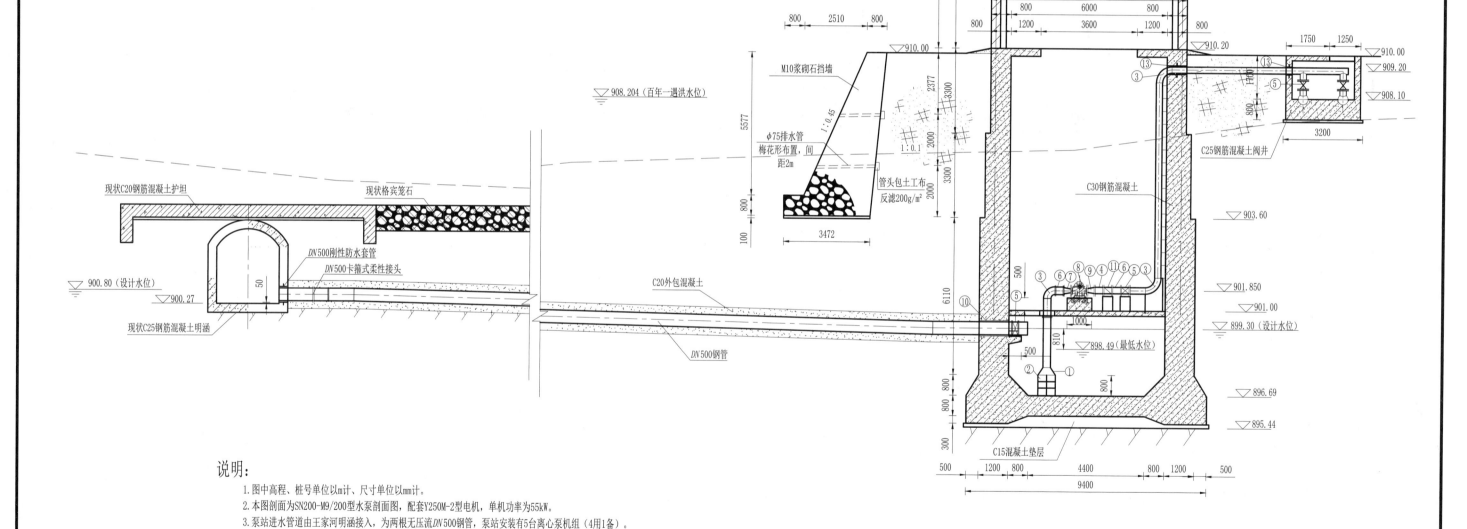

说明：

1. 图中高程、桩号单位以m计、尺寸单位以mm计。
2. 本图剖面为SN200-M9/200型水泵剖面图，配套Y250M-2型电机，单机功率为55kW。
3. 泵站进水管道由王家河明涵接入，为两根无压流DN500钢管，泵站安装有5台离心泵机组（4用1备）。
4. 泵安装平台高程为901.00m，泵座安装高程为901.50m，检修间地坪高程为910.20m。

设计单位	西北综合勘察设计研究院
图 名	富县电厂2×1000MW厂外补给水工程泵站纵剖面设计图

泵站检修平台层平面图

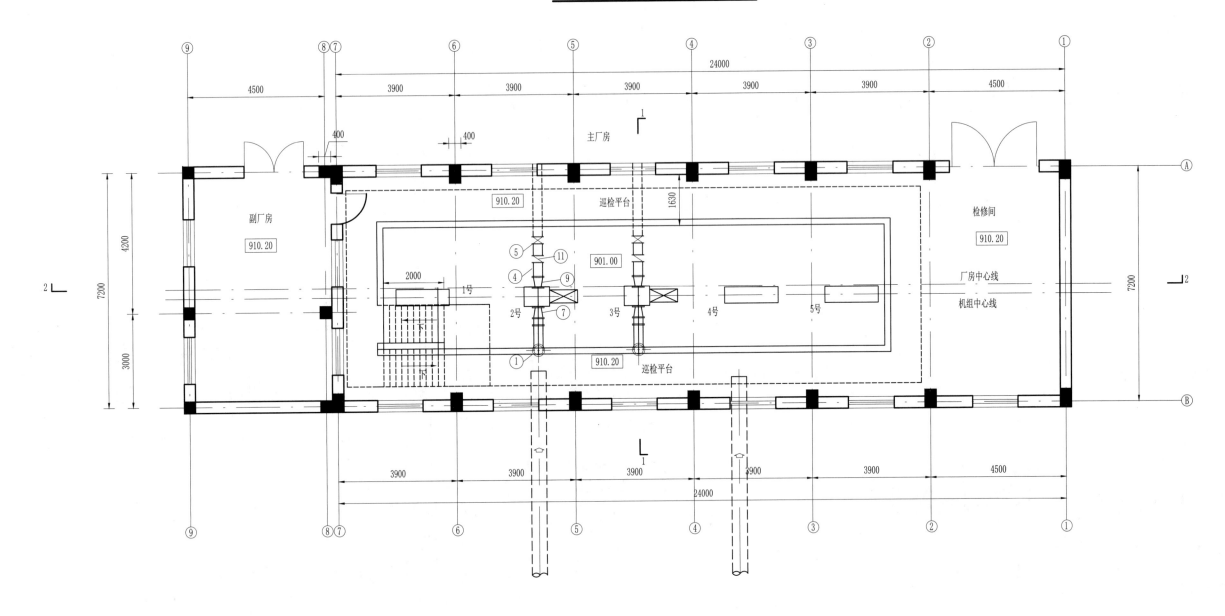

泵站设备和管件一览表

编号	名称	规格型号	单位	数量	备注	编号	名称	规格型号	单位	数量	备注
①	喇叭口	DN300×600	个	5		⑧	水泵	SN200-M9/200	台	5	
②	钢制支架		个	5		⑨	大小头	DN200/DN250	个	5	
③	弯头90°	DN300/DN250	个	5/10		⑩	刚性防水套管	DN500/DN250	个	2/5	
④	卡箍式柔性接头	DN300	个	5		⑪	缓闭阀	DN250	个	5	
⑤	蝶阀	DN300/DN250/DN500	个	5/5/2		⑫	电动单梁桥式吊车	LX-2t	个	5/1	
⑥	直钢管	DN300/DN250	个	5/10		⑬	穿墙套管	DN250	个	10	
⑦	大小头	DN300/DN200	个	5							

说明：

1. 图中高程、桩号单位以m计，尺寸以mm计。

2. 本图为SN200-M9/200型水泵剖面图，配套Y250M-2型电机，单机功率为55kW。

3. 泵站进水管道由王家河明涵接入，为两根无压流DN500钢管，泵站安装有5台离心泵机组（4用1备），工程共分为两期，一期安装3台离心泵机组（2用1备）。

4. 泵安装平台高程为901.00m，泵座安装高程为901.50m，检修间地坪高程为910.20m。

设计单位	西北综合勘察设计研究院
图　名	富县电厂2×1000MW厂外补给水工程泵站检修平台层平面图

泵站主副厂房剖面图

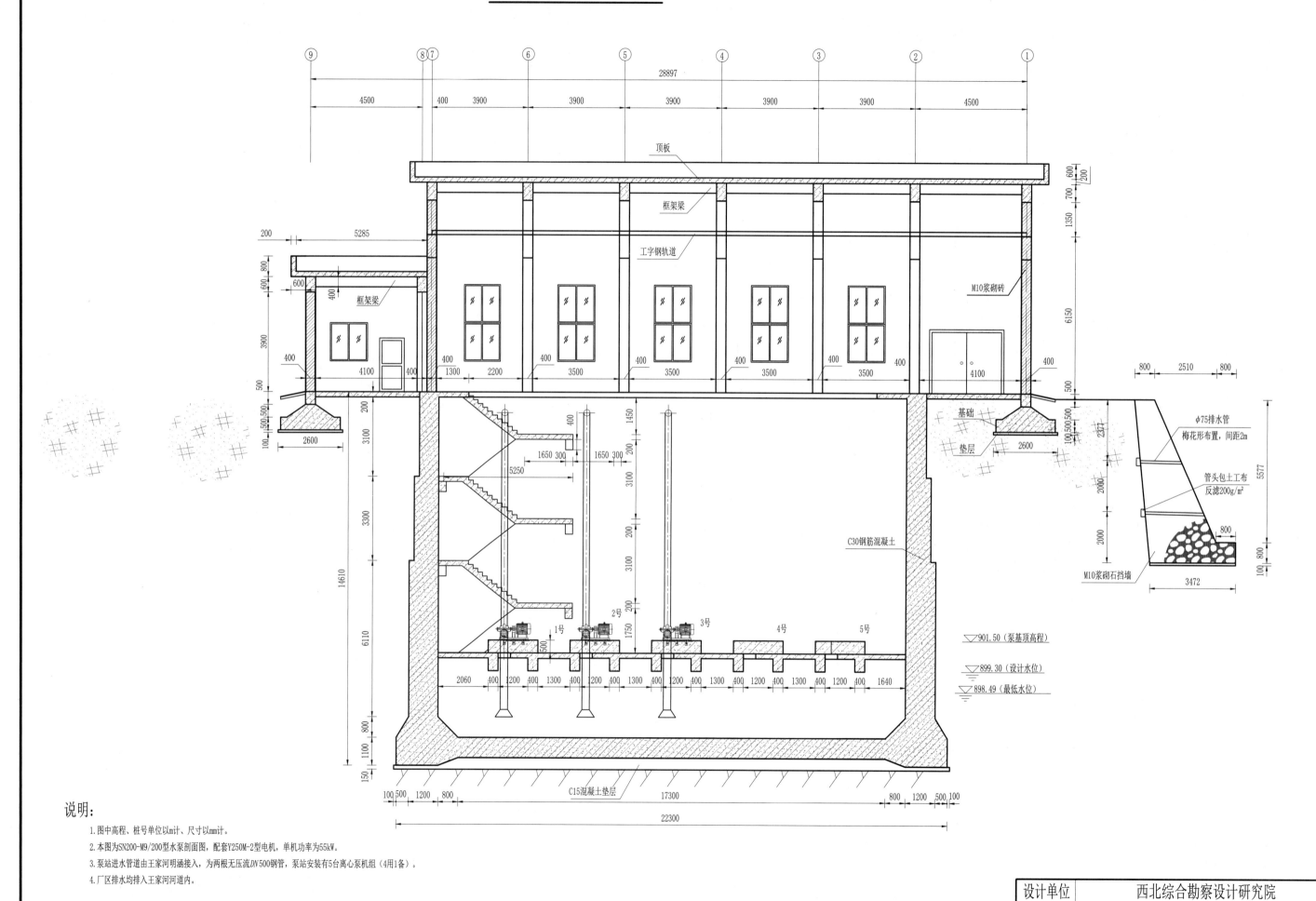

顶板
框架梁
工字钢轨道
M10浆砌砖
框架梁
基础
垫层

φ75排水管
梅花形布置，间距2m
管头包土工布
反滤200g/m²
C30钢筋混凝土
M10浆砌石挡墙

1号　2号　3号　4号　5号

▽ 901.50 (泵基顶高程)
▽ 899.30 (设计水位)
▽ 898.49 (最低水位)

C15混凝土垫层

说明：
1.图中高程、桩号单位以m计、尺寸以mm计。
2.本图为SN200-M9/200型水泵剖面图，配套Y250M-2型电机，单机功率为55kW。
3.泵站进水管道由王家河明涵接入，为两根无压流DN500钢管，泵站安装有5台离心泵机组（4用1备）。
4.厂区排水均排入王家河河道内。

设计单位	西北综合勘察设计研究院
图　名	富县电厂2×1000MW厂外补给水工程泵站主副厂房纵剖面图

泵站厂房纵剖面图
（比选方案：长轴潜水电泵）

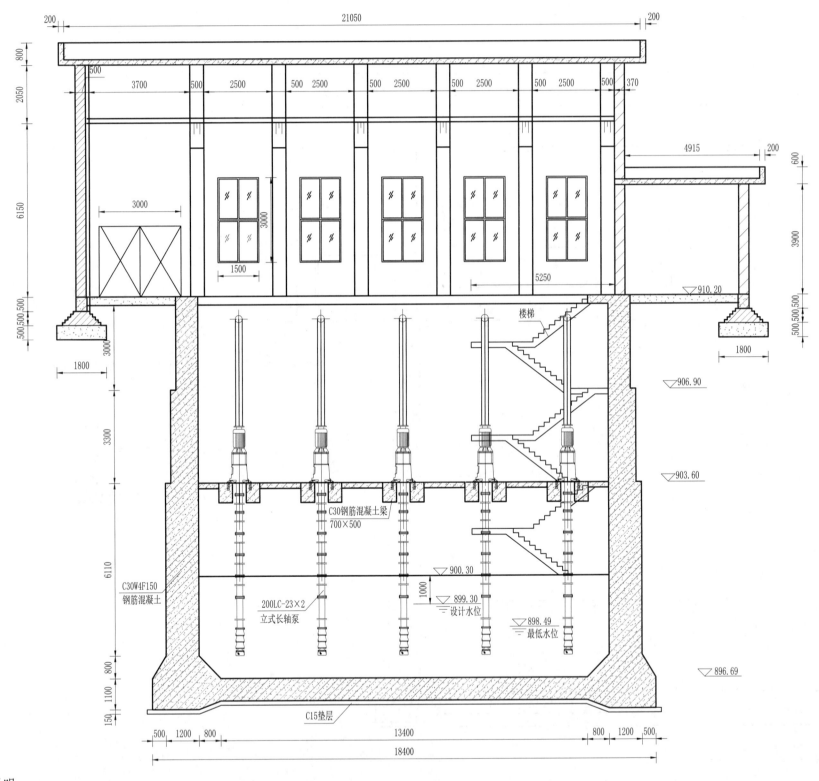

泵站厂房剖面图

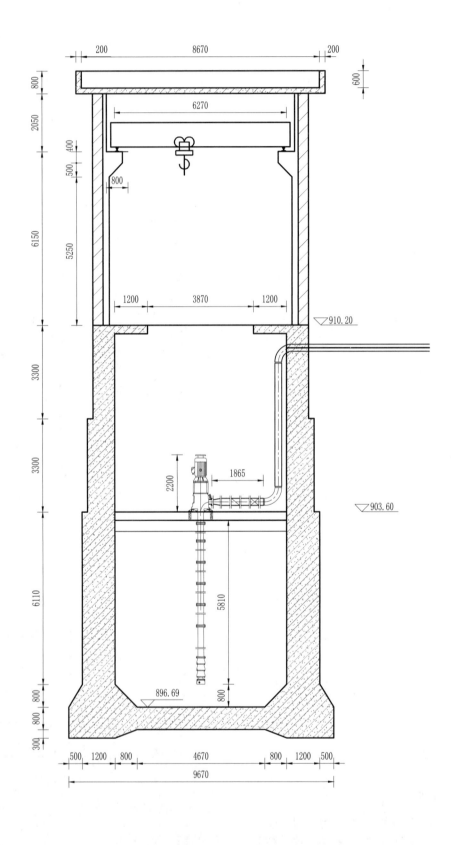

说明：
1. 图中高程、桩号单位以m计、尺寸以mm计。
2. 本图为SN200-M9/200型水泵剖面图，配套Y250M-2型电机，单机功率为55kW。
3. 泵站进水管道由王家河明涵接入，为两根无压流DN500钢管，泵站安装有5台离心泵机组（4用1备）。
4. 厂区排水均排入王家河河道内。

设计单位	西北综合勘察设计研究院
图　名	富县电厂2×1000MW厂外补给水工程泵站主厂房内安装立式长轴泵纵横剖面图

D100U形横断面图

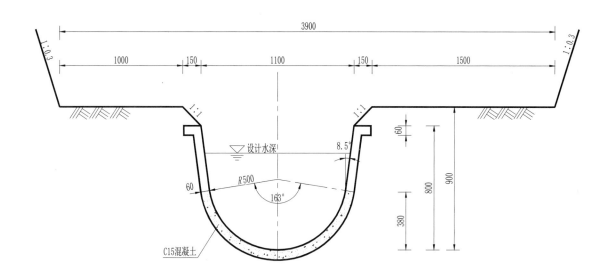

D120U形横断面图

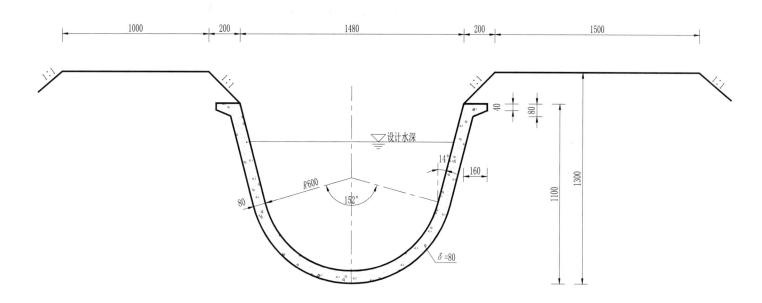

混凝土U形渠道不同直径、水深、比降的流量值（α=8.5°，n=0.015）

直径D (mm)	水深h (mm)	衬砌高度H (mm)	1/100	1/200	1/300	1/400	1/500	1/600	1/700	1/800	1/900	1/1000	1/1200	1/1500	1/2000	1/2500	1/3000
300	250	350	92	65	53	46	41	37	35	32	31	29	27	24	21	18	17
	300	400	122	86	70	61	55	50	46	43	41	39	35	31	27	24	22
400	200	300	87	61	50	43	39	35	33	31	28	27	25	22	19	17	16
	250	350	126	89	73	63	56	51	48	44	42	40	36	32	28	25	23
	300	400	168	119	97	84	75	69	64	60	56	53	49	43	38	34	31
	350	450	214	152	124	107	96	88	81	76	71	68	62	55	48	43	39
500	350	450	275	194	159	137	123	112	104	97	92	87	79	71	61	55	50
	400	500	339	240	196	170	152	138	128	120	113	107	98	88	76	68	62
600	350	450	333	236	192	167	149	136	126	118	111	105	96	86	75	67	61
	400	500	414	293	239	207	185	169	157	146	138	131	120	107	93	83	76
	450	550	500	353	289	250	224	204	189	177	167	158	144	129	112	100	91
	500	600	590	417	341	295	264	241	223	209	197	187	170	152	132	118	108
700	450	550	591	418	341	295	264	241	223	209	197	187	171	153	132	118	108
	500	600	700	495	404	350	313	286	264	247	233	221	202	181	156	140	128
800	450	550	679	480	392	340	304	277	257	240	226	215	196	175	152	136	124
	500	600	808	571	466	404	361	330	305	286	269	255	233	209	181	162	147
	550	650	942	666	544	471	421	385	356	333	314	298	272	243	211	188	172
	600	700	1082	765	624	541	484	442	409	382	361	342	312	279	242	216	197
900	550	700	1068	755	617	534	478	436	404	378	356	338	308	276	239	214	195
	600	750	1230	869	710	615	550	502	465	435	410	389	355	317	275	246	224
	650	750	1397	988	807	699	625	571	528	494	466	442	403	361	312	279	255
1000	600	750	1375	972	794	688	615	561	520	486	458	435	397	355	307	275	251
	650	800	1506	1107	904	783	700	639	592	554	522	495	452	404	350	313	286
	700	850	1764	1247	1019	882	789	720	667	624	588	558	509	455	394	353	322
1100	650	800	1732	1225	1000	866	775	707	655	612	577	548	500	447	387	346	316
	700	850	1954	1382	1128	977	874	798	739	691	651	618	564	505	437	391	357
	750	900	2184	1545	1261	1092	977	892	826	772	728	691	631	564	488	437	399
1200	700	850	2141	1514	1236	1071	958	874	809	757	714	677	618	553	479	428	391

混凝土U形渠道不同直径、水深、比降的流量值（α=14°，n=0.015）

直径D (mm)	水深h (mm)	衬砌高度H (mm)	1/200	1/300	1/400	1/500	1/600	1/700	1/800	1/900	1/1000	1/1200	1/1500	1/2000	1/2500	1/3000
300	300	400	96	78	67	61	55	51	48	45	43	39	35	30	27	25
400	400	500	206	168	146	130	119	110	103	97	92	84	75	65	58	53
600	500	600	448	366	317	284	259	240	224	211	201	183	164	142	127	116
800	650	800	926	756	655	585	534	495	463	436	414	378	338	293	262	239
1000	800	1000	1636	1335	1157	1034	944	874	818	771	731	668	597	517	463	422
1200	900	1100	2388	1950	1689	1510	1379	1276	1194	1126	1068	975	872	755	676	617

说明：

图中尺寸单位均以mm计。

设计单位	陕西省水利电力勘测设计研究院
图　名	灌区支斗渠道横断面设计图

弧底梯形渠道横断面设计图

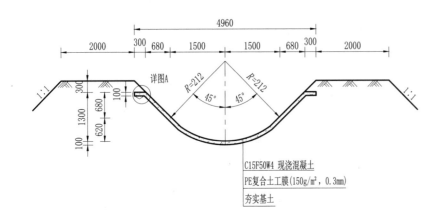

C15F50W4 现浇混凝土
PE复合土工膜(150g/m²，0.3mm)
夯实基土

大倾角U形渠道横断面设计图

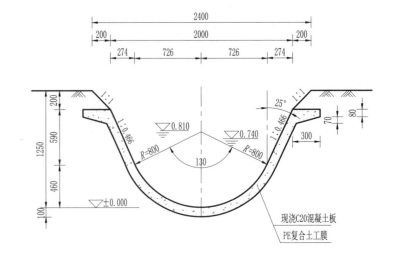

现浇C20混凝土板
PE复合土工膜

伸缩缝大样图

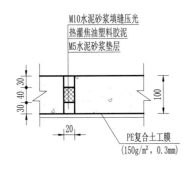

M10水泥砂浆填缝压光
热灌焦油塑料胶泥
M5水泥砂浆垫层
PE复合土工膜
(150g/m²，0.3mm)

样图A

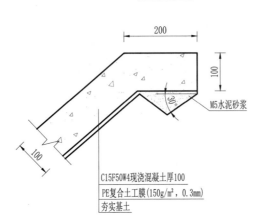

M5水泥砂浆

C15F50W4现浇混凝土厚100
PE复合土工膜(150g/m²，0.3mm)
夯实基土

水力要素表（n=0.016）

流量Q(m³/s)		比降i	水深H(m)	过水断面A(m²)	湿周X(m)	水力半径R(m)	$C=\frac{1}{n}R^{\frac{1}{6}}$ (√m/s)	流速V(m/s)
设计	1.00	1/1000	0.74	0.92	2.43	0.38	56.71	1.10
加大	1.20		0.81	1.04	2.58	0.40	57.31	1.15

说明：

1. 量水堰以上的渠道衬砌高度，需再加高300mm。
2. 渠道采用混凝土衬砌，强度等级为C15，防渗等级为W6，抗冻等级为F50，过水面为原浆收面并抹平压光。
3. 每4m渠长设置横向伸缩缝一道，用聚氯乙烯胶泥灌缝，M10水泥砂浆灌缝。
4. 复合土工膜为一布一膜，上层为150g/m²的土工布，下层为厚0.25mm的聚乙烯薄膜。
5. 渠底基础处理要求：①清除淤积物至原状土，进行原基翻松夯实；②如遇软基，清除软基至原状土，用素土回填至设计渠底一下500mm处，其上用3：7灰土换填。
6. 右渠堤宽1.5m，左渠堤宽1.0m，填方段外坡比为1：1.5。
7. 素土回填的压实系数及3：7灰土回填系数不小于0.95。
8. 图中高程单位以m计，尺寸单位以mm计。

混凝土U形渠道断面尺寸、各种比降下流量（n=0.016）

比降i	流量(m³/s)		水深(m)		流速V(m/s)	
	设计流量	加大流量	设计水深	加大水深	设计流速	加大流速
1/1100	1.5	2.0	0.78	0.90	1.08	1.17
1/900	1.5	2.0	0.75	0.86	1.17	1.26

设计单位	宝鸡市水利水电规划勘测设计院
图 名	冯家山水库灌区渠道横断面典型设计图

86

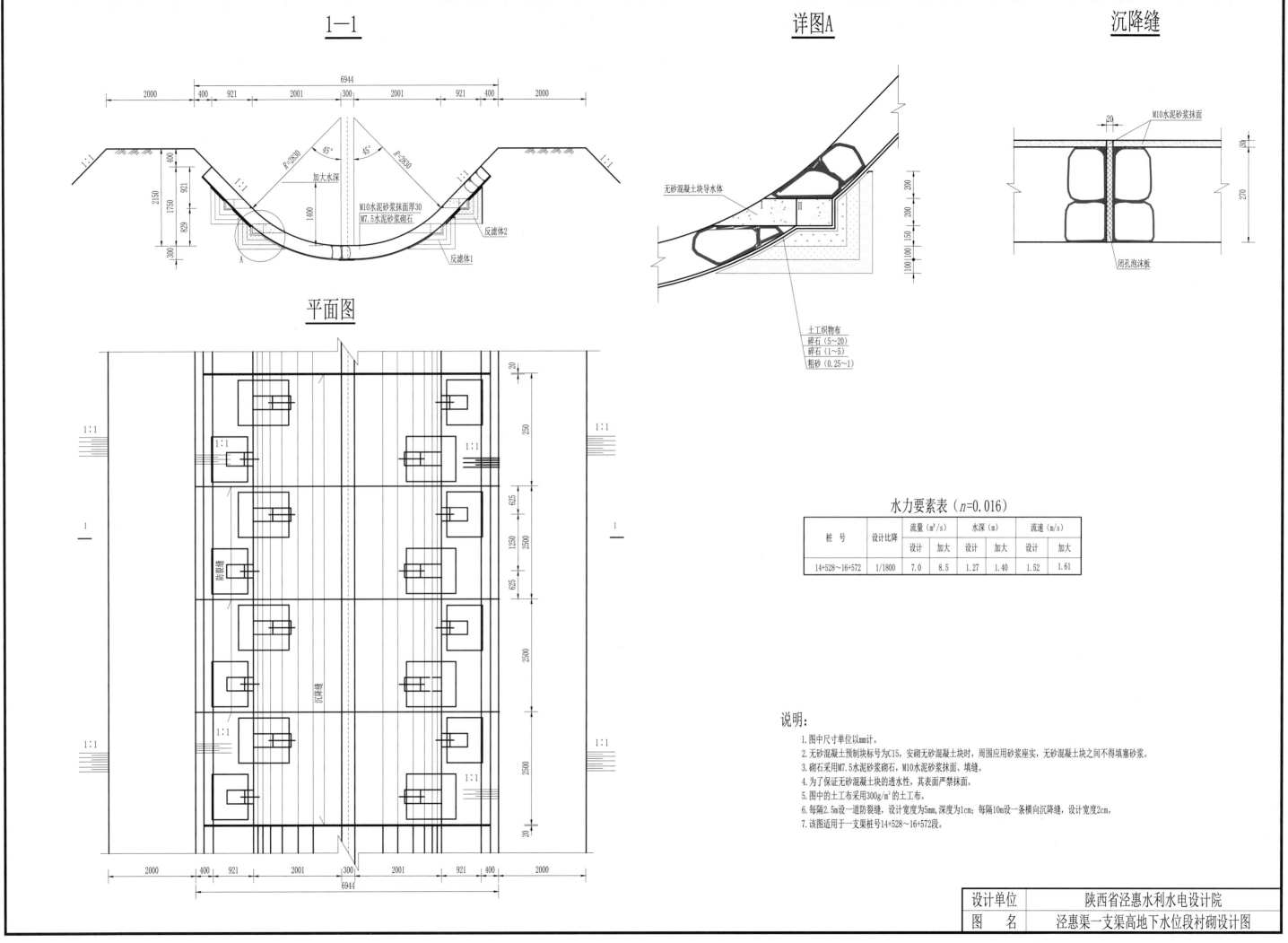

1—1

详图A

沉降缝

平面图

水力要素表（n=0.016）

桩 号	设计比降	流量（m³/s）		水深（m）		流速（m/s）	
		设计	加大	设计	加大	设计	加大
14+528～16+572	1/1800	7.0	8.5	1.27	1.40	1.52	1.61

说明：

1. 图中尺寸单位以mm计。
2. 无砂混凝土预制块标号为C15，安砌无砂混凝土块时，周围应用砂浆座实，无砂混凝土块之间不得填塞砂浆。
3. 砌石采用M7.5水泥砂浆砌石，M10水泥砂浆抹面、填缝。
4. 为了保证无砂混凝土块的透水性，其表面严禁抹面。
5. 图中的土布采用300g/㎡的土工布。
6. 每隔2.5m设一道防裂缝，设计宽度为5mm，深度为1cm；每隔10m设一条横向沉降缝，设计宽度为2cm。
7. 该图适用于一支渠桩号14+528～16+572段。

设计单位	陕西省泾惠水利水电设计院
图 名	泾惠渠一支渠高地下水位段衬砌设计图

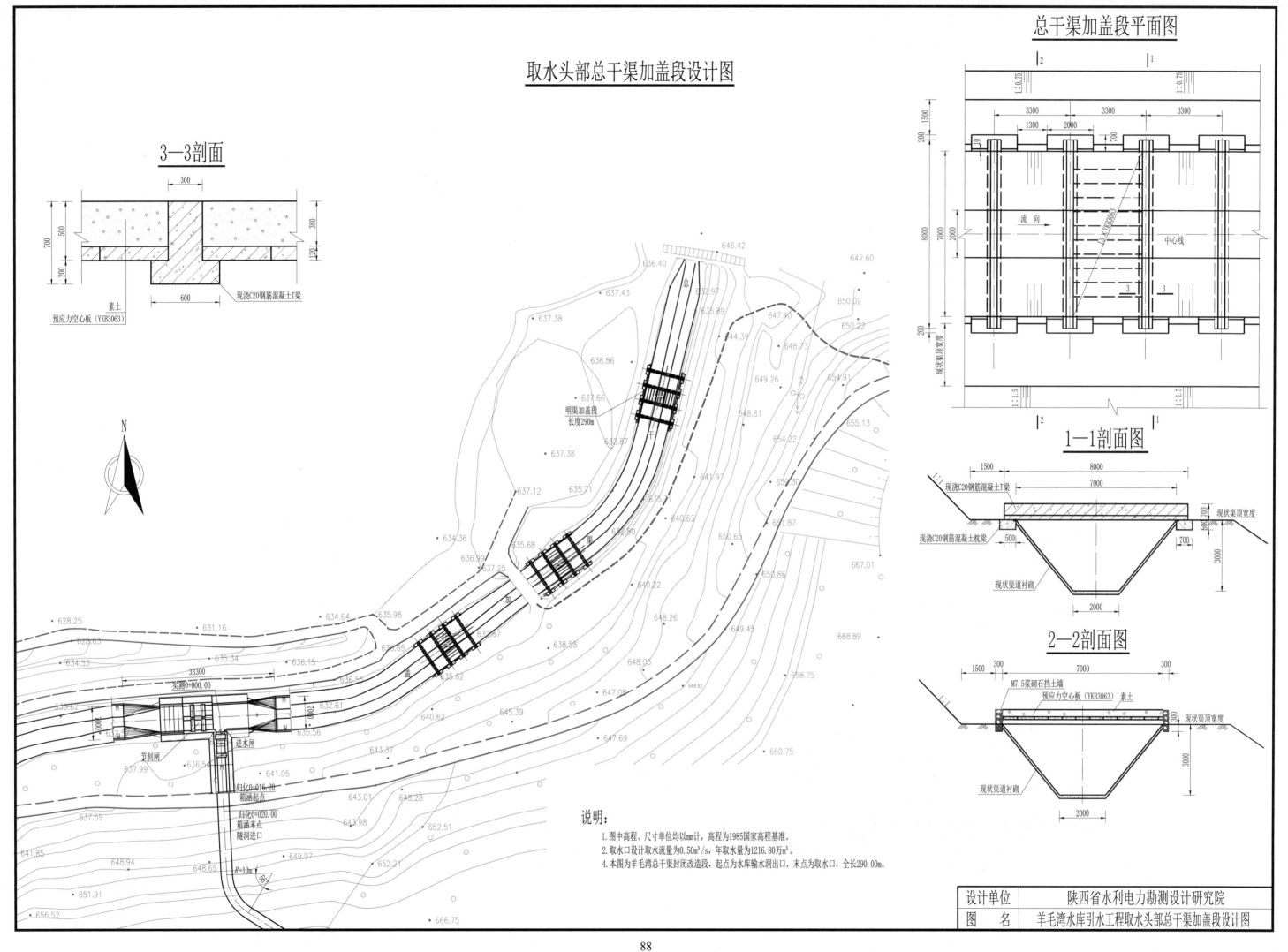

取水头部总干渠加盖段设计图

3—3剖面

预应力空心板（YKB3063）
素土
现浇C20钢筋混凝土T梁

总干渠加盖段平面图

流向
中心线
明渠加盖段长度290m

1—1剖面图

现浇C20钢筋混凝土T梁
现浇C20钢筋混凝土枕梁
现状渠道衬砌
现状渠顶宽度

2—2剖面图

M7.5浆砌石挡土墙
预应力空心板（YKB3063）
素土
现状渠道衬砌
现状渠顶宽度

节制闸
进水闸
实测0+000.00
归化0+016.20 箱涵起点
归化0+020.00 箱涵末点 隧涵进口

说明：
1.图中高程、尺寸单位均以mm计，高程为1985国家高程基准。
2.取水口设计取水流量为0.50m³/s，年取水量为1216.80万m³。
4.本图为羊毛湾总干渠封闭改造段，起点为水库输水洞出口，末点为取水口，全长290.00m。

设计单位	陕西省水利电力勘测设计研究院
图　名	羊毛湾水库引水工程取水头部总干渠加盖段设计图

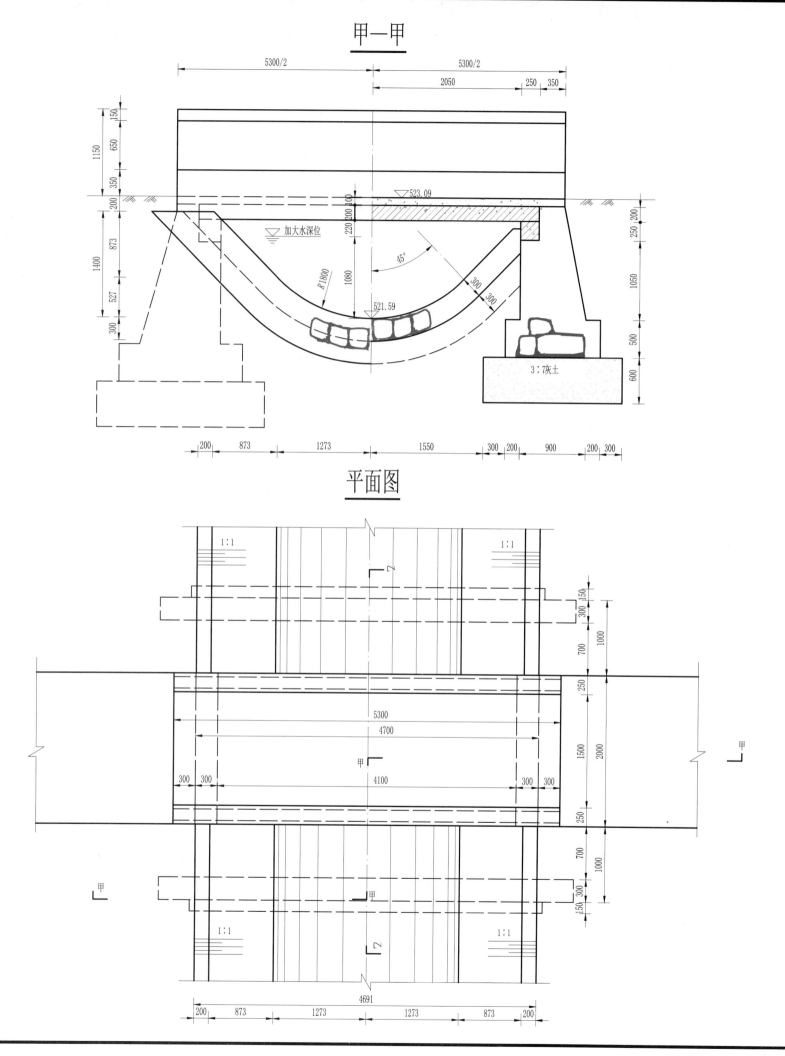

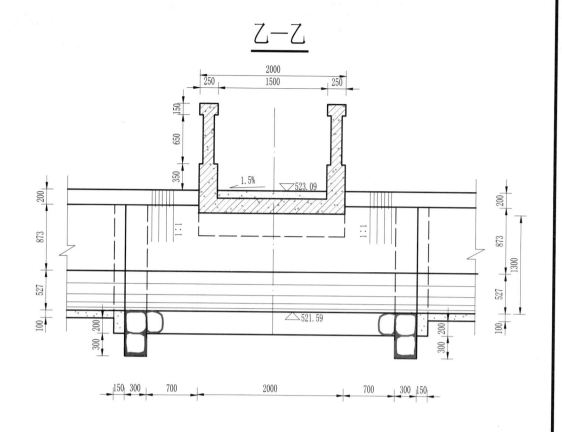

甲—甲

乙—乙

平面图

说明：
1. 人行便桥设计荷载为400kg/m²。
2. 桥面板、铺装层均采用C40现浇混凝土，台帽采用C30现浇混凝土，桥墩采用M7.5水泥砂浆砌筑、M10水泥砂浆抹面。
3. 基土与3：7灰土压实系数达到0.95以上。
4. 为使桥面板与墩台处于简支状态，在浇筑桥面板时，在桥面板与墩台之间铺设两层沥青油毡。
5. 桥面上下游各埋设两根0.5m长的De50UPVC排水管，侧面出水。
6. 图中高程单位以m计，钢筋直径单位以mm计，尺寸单位以mm计。

设计单位	陕西省泾惠水利水电设计院
图　名	泾惠渠三支渠衬砌改造工程便桥设计图

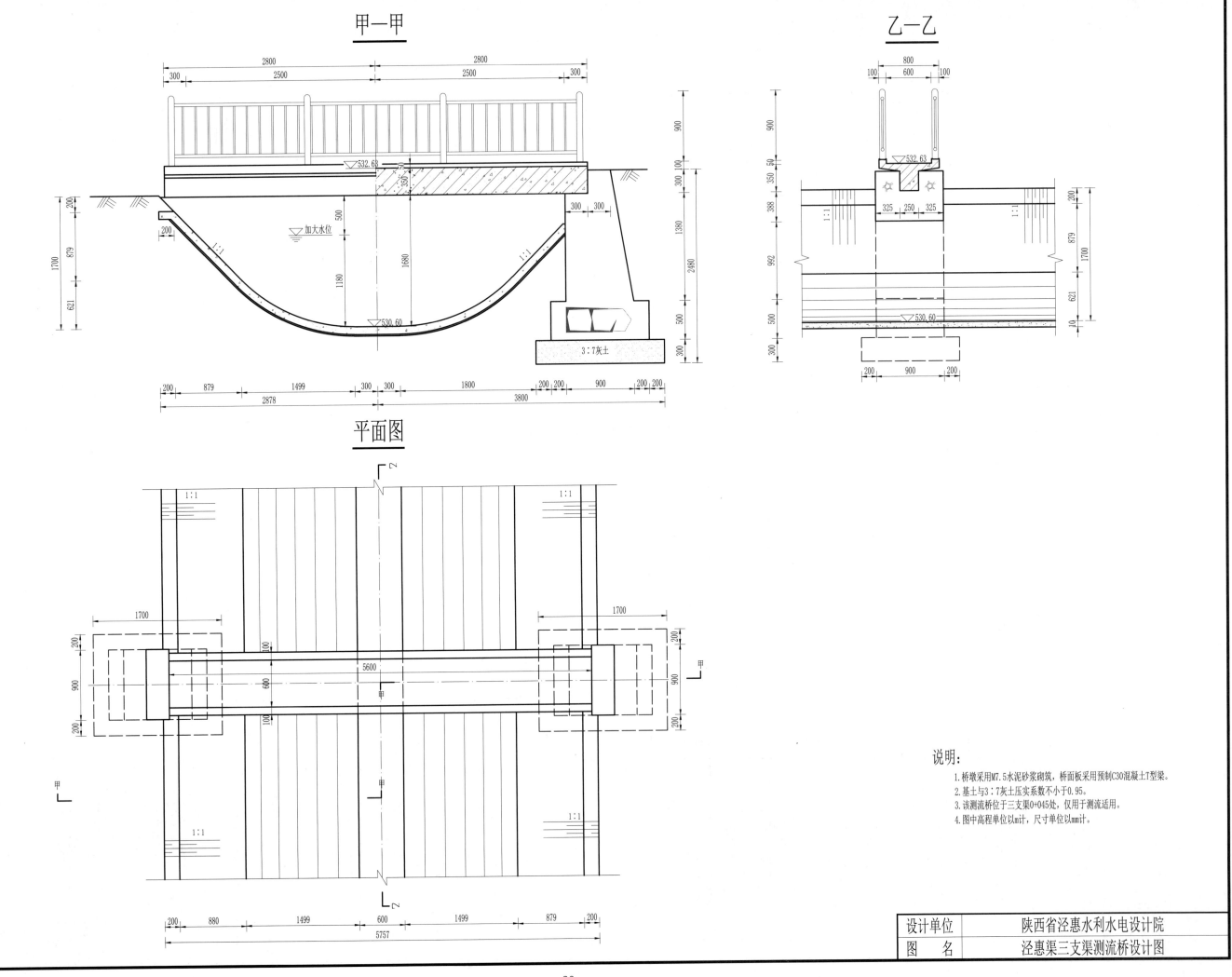

甲—甲

乙—乙

平面图

说明：

1. 桥墩采用M7.5水泥砂浆砌筑，桥面板采用预制C30混凝土T型梁。
2. 基土与3：7灰土压实系数不小于0.95。
3. 该测流桥位于三支渠0+045处，仅用于测流适用。
4. 图中高程单位以m计，尺寸单位以mm计。

设计单位	陕西省泾惠水利水电设计院
图　名	泾惠渠三支渠测流桥设计图

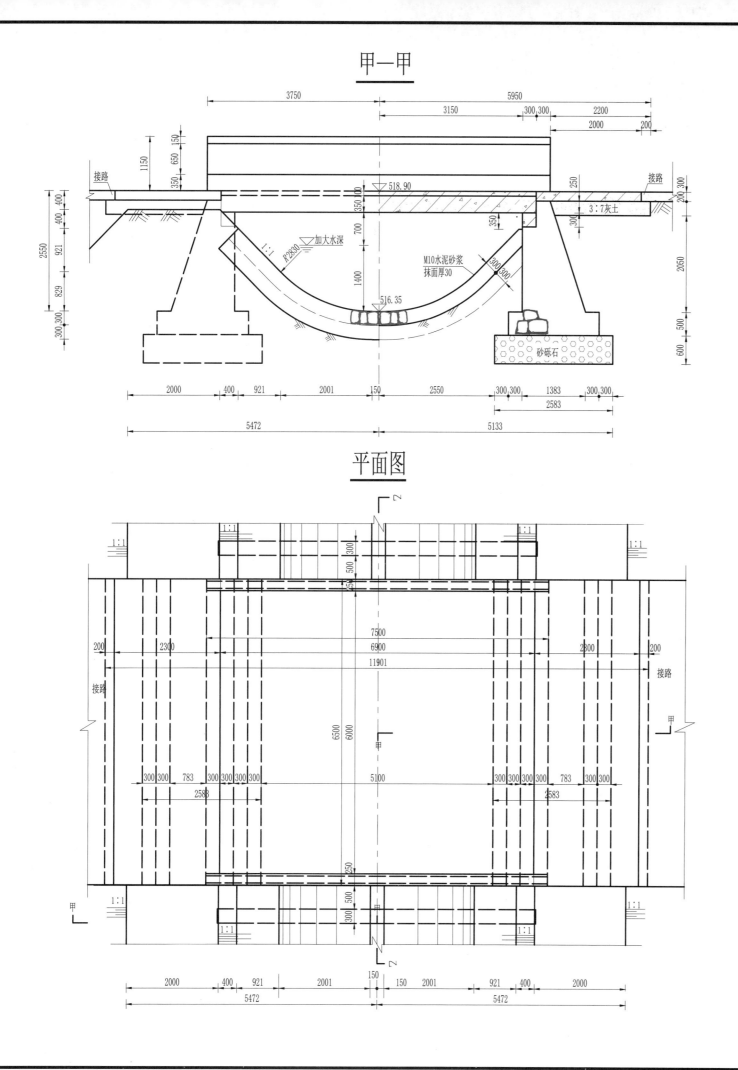

甲—甲

乙—乙

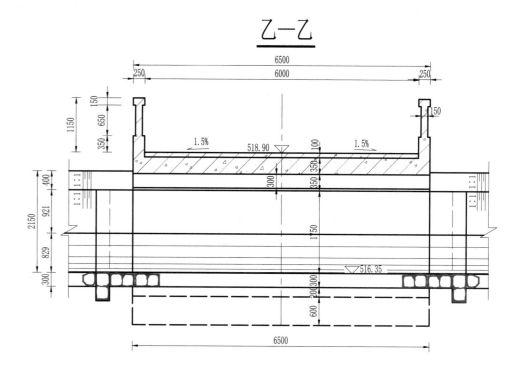

平面图

桥梁特性表

类别	桩号	桥底高程▽₁(m)	设计桥面高程▽₂(m)
农桥	8+343	393.15	395.40
	12+242	388.30	390.55
	12+708	388.11	390.36

说明：

1. 该农桥位于一支渠桩号15+813处，设计荷载为农桥Ⅰ级。

2. 桥面板、铺装层均采用现浇C40混凝土；台帽采用现浇C30混凝土，桥墩及桥底砌石采用M7.5水泥砂浆砌筑，砌石渠面采用30mm厚M10水泥砂浆抹面。

3. 基土应夯打密实，压实系数不小于0.95；3：7灰土压实系数不小于0.95，砂砾石垫层相对密实度不小于0.65。

4. 桥面板与台帽分次浇筑，以确保桥面板处于简支状态；桥支座处及台背处两层铺设沥青油毡。

5. 桥墩砌石与桥底砌石应分开砌筑，以确保桥底与桥墩处于分离状态。

6. 桥面横坡为1.5%在桥台上调整，桥面铺装层上表面加设钢筋网，钢筋直径10mm，网孔径150mm×150mm，钢筋网保护层厚度为30mm。

7. 桥端路面与桥面交汇处，设C40钢筋混凝土搭板，搭板下部加设钢筋网，钢筋直径12mm，孔距150mm×150mm，钢筋网保护层厚度为30mm。

8. 桥面上下游各埋设两根0.5m长的Δ50UPVC排水管，侧面出水。

9. 图中高程单位以m计，尺寸单位以mm计。

设计单位	陕西省泾惠水利水电设计院
图 名	泾惠渠一支渠农桥设计图

立面图

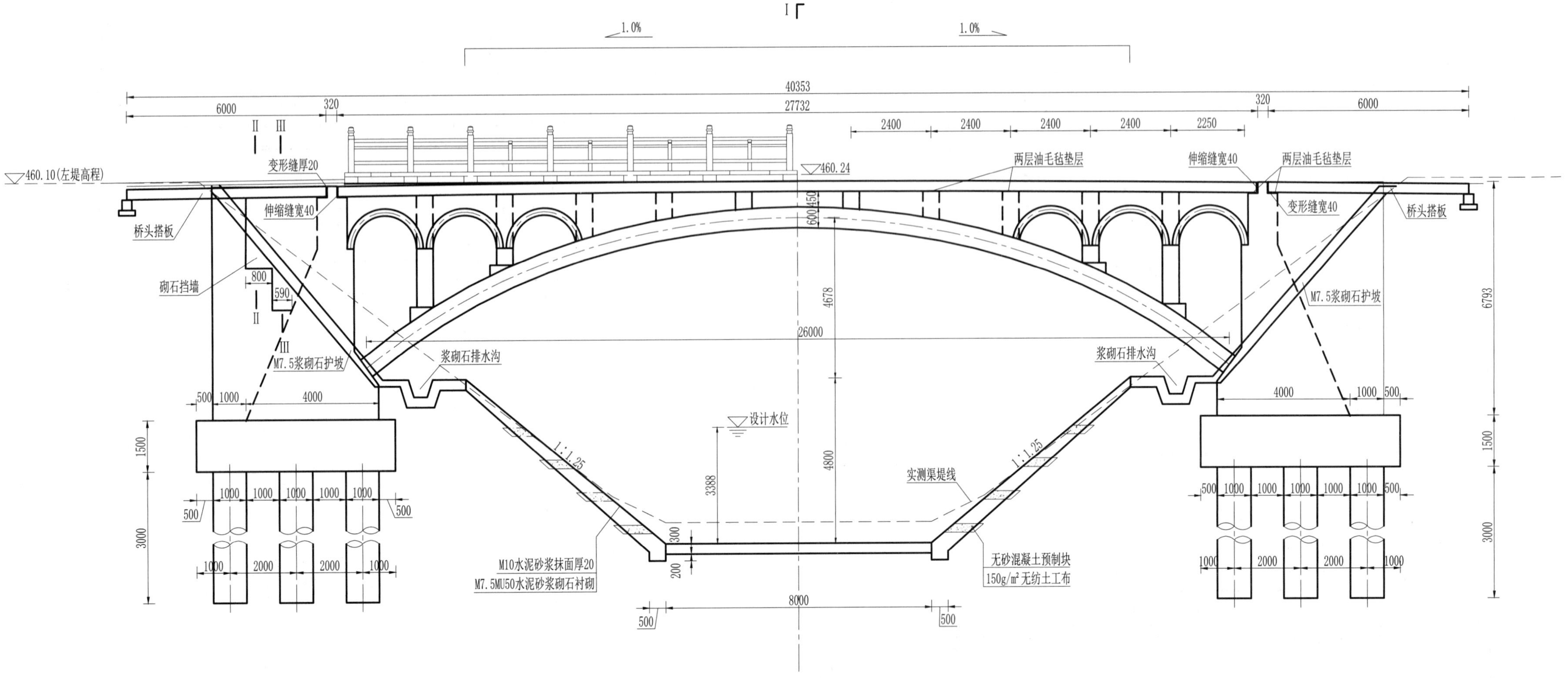

1.0% ╲   ╱ 1.0%

40353
27732
6000 | 320 | 2400 | 2400 | 2400 | 2400 | 2250 | 320 | 6000

▽460.10（左堤高程）

变形缝厚20
两层油毛毡垫层
伸缩缝宽40
两层油毛毡垫层
变形缝宽40

桥头搭板
伸缩缝宽40
▽460.24
500 450
4678
26000

砌石挡墙
800
590

M7.5浆砌石护坡

M7.5浆砌石护坡

6793

浆砌石排水沟
浆砌石排水沟

▽设计水位

500 1000 4000
1500
3000

实测渠堤线

1:1.25
1:1.25

4800
3388

500 1000 1000 1000 1000 500
1000 2000 2000 1000

M10水泥砂浆抹面厚20
M7.5MU50水泥砂浆砌石衬砌

300
200

无砂混凝土预制块
150g/m²无纺土工布

500 8000 500

4000 1000 500
1500
3000
1000 2000 2000 1000

平面图

桥头搭板
栏杆

变形缝宽20
行 车 道
对称中心线

7000
500 7000 500
伸缩缝宽40
桥面中心线
8000

栏杆

600

1820

1000
2000
1500
1500
1500
1000

500 500
1500
4000
4000
1500
500 500
9000

500 4000 1000 500
6000

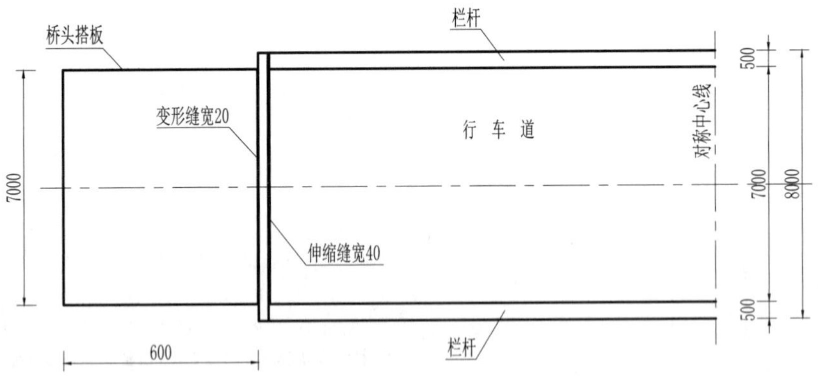

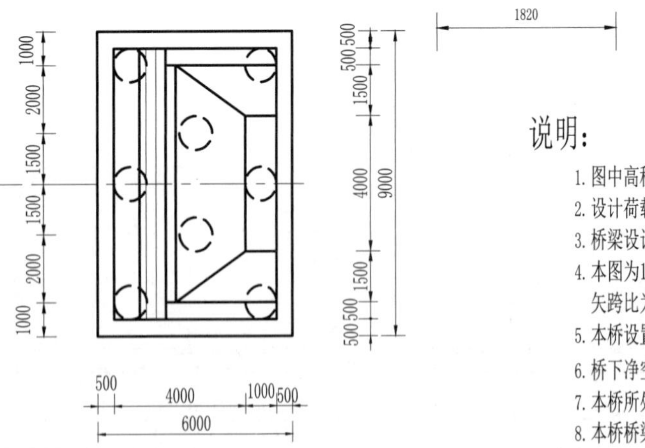

说明：

1. 图中高程和曲线要素单位以m计，尺寸单位以mm计。
2. 设计荷载为农桥-Ⅰ级。
3. 桥梁设计线位于行车道中心处。
4. 本图为11+780.70处拱形农桥设计，本桥上部采用上承式板拱桥，矢跨比为1/6，计算跨径为26m，下部采用U形台，钻孔灌注桩基础。
5. 本桥设置两道宽为40mm的Fm-40型伸缩缝；两道宽为20mm的变形缝。
6. 桥下净空：梁底高出设计水位不小于0.5m。
7. 本桥所处地区地震烈度为Ⅷ度，地震动峰值加速度为0.20g。
8. 本桥桥梁宽为8.0m，车行道宽为7.0m，两边各0.5m栏杆。
9. 桥面调平层混凝土中布置 Φ12@100mm钢筋网，每平方米钢筋用量18kg。
10. 桥梁结构外侧统一喷涂真石漆，颜色由甲方指定。

设计单位	中国电建集团西北勘测设计研究院有限公司
图 名	东雷抽黄灌区总干渠拱型农桥设计图（一）

I－I

8000
7000
500　500

细粒式沥青混凝土厚50
中粒式沥青混凝土厚50
C40混凝土调平层厚62.5～100
C40桥面板厚300
C40拱圈厚600

1.50%

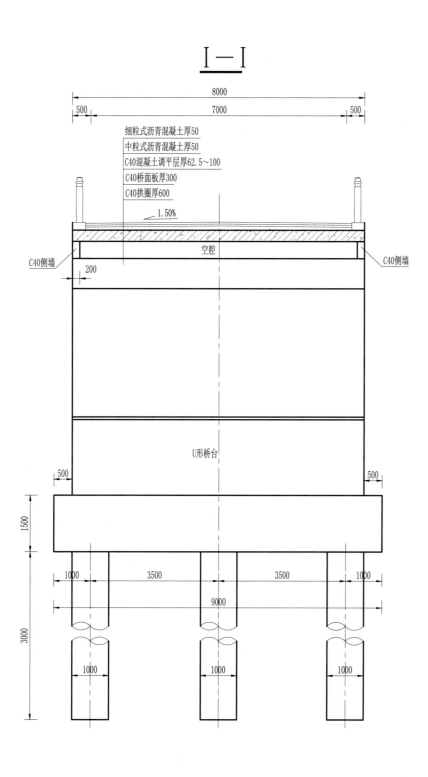

C40侧墙　　　空腔　　　C40侧墙

200

U形桥台

500　　　　　　　　　　500

1500

1000　3500　　3500　1000

9000

3000

1000　　1000　　1000

II－II

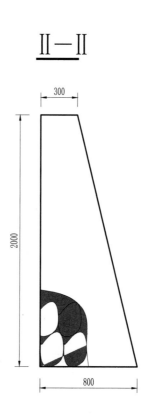

300

2000

800

III－III

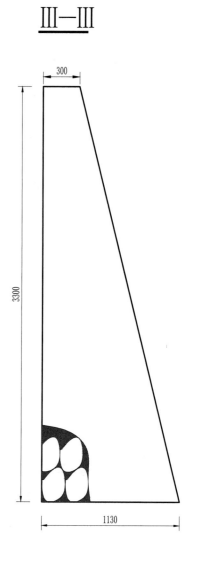

300

3300

1130

说明:

图中尺寸单位以mm计。

设计单位	中国电建集团西北勘测设计研究院有限公司
图　名	东雷抽黄灌区总干渠拱型农桥设计图（二）

立面图

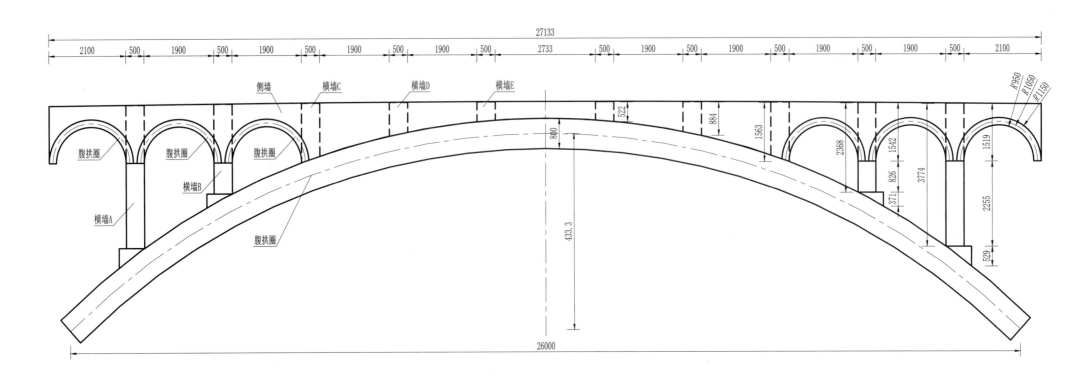

侧墙 横墙C 横墙D 横墙E
腹拱圈 腹拱圈 腹拱圈
横墙B
横墙A
腹拱圈

27133
2100 500 1900 500 1900 500 1900 500 1900 500 2733 500 1900 500 1900 500 1900 500 1900 500 2100
26000
433.3

平面图

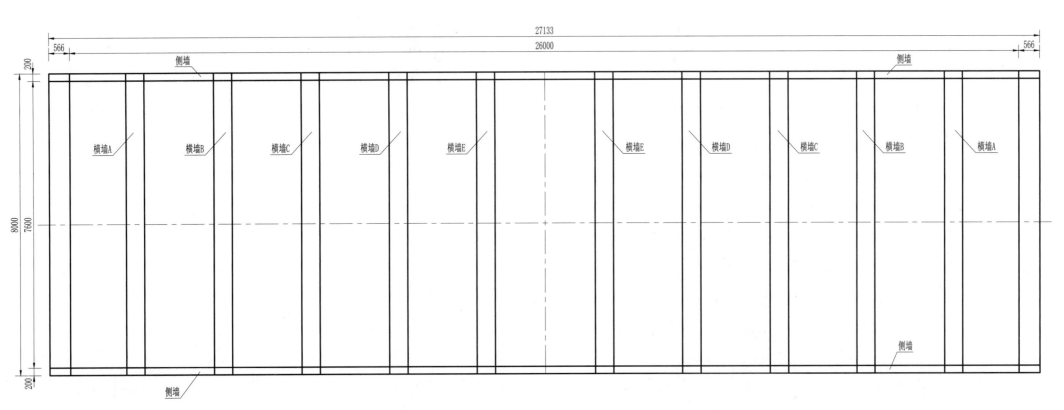

侧墙
横墙A 横墙B 横墙C 横墙D 横墙E 横墙E 横墙D 横墙C 横墙B 横墙A
侧墙
27133
26000
566 566
200
200
8000
7600

说明：

图中尺寸均以mm计。

设计单位	中国电建集团西北勘测设计研究院有限公司
图 名	东雷抽黄灌区总干渠拱型农桥设计图（三）

94

主拱圈放线控制图

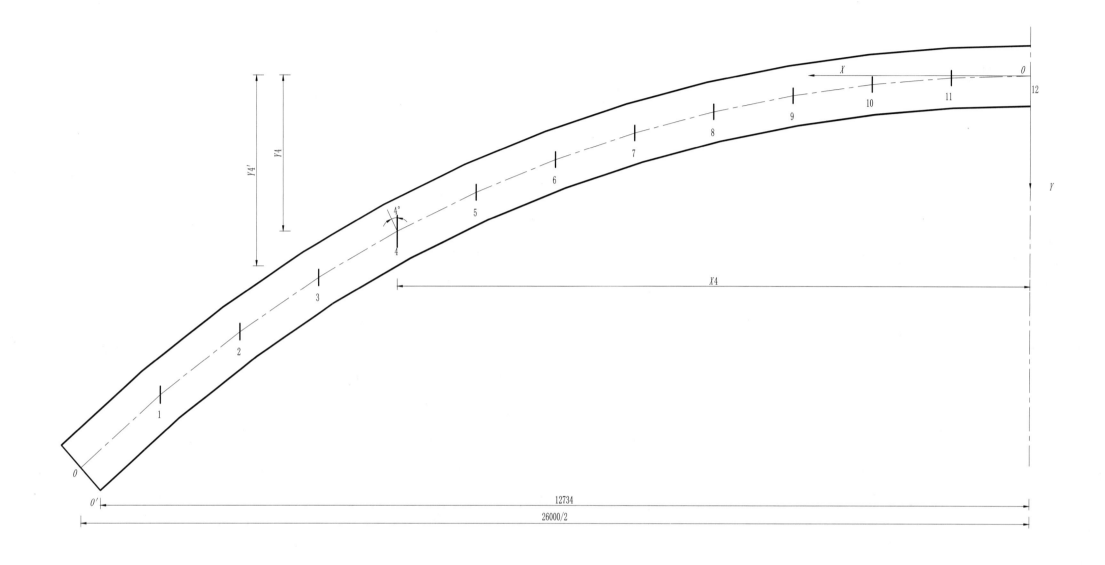

拱圈坐标表

跨径	矢跨比	截面编号		0	1	2	3	4	5	6	7	8	9	10	11	12
26	1/6	度数		38°38′	34°40′	30°47′	27°23′	23°26′	20°13′	16°46′	13°41′	10°45′	7°57′	5°14′	1°57′	0
		拱轴线	X	13000	11917	10833	9750	8667	7583	6500	5417	4333	3250	2167	1083	0
			Y	4333	3527	2829	2231	1720	1291	931	632	402	224	98	24	0

说明：

1. 表中跨径单位以m计，尺寸单位以mm计。
2. 表中坐标值以拱轴线上截面号12为原点。
3. 表中0号截面拱腹线坐标为起拱点 O′ 的坐标值。
4. 表中坐标值未考虑施工预拱度。
5. 图中拱轴系数为2.514。

设计单位	中国电建集团西北勘测设计研究院有限公司
图 名	东雷抽黄灌区总干渠拱型农桥设计图（四）

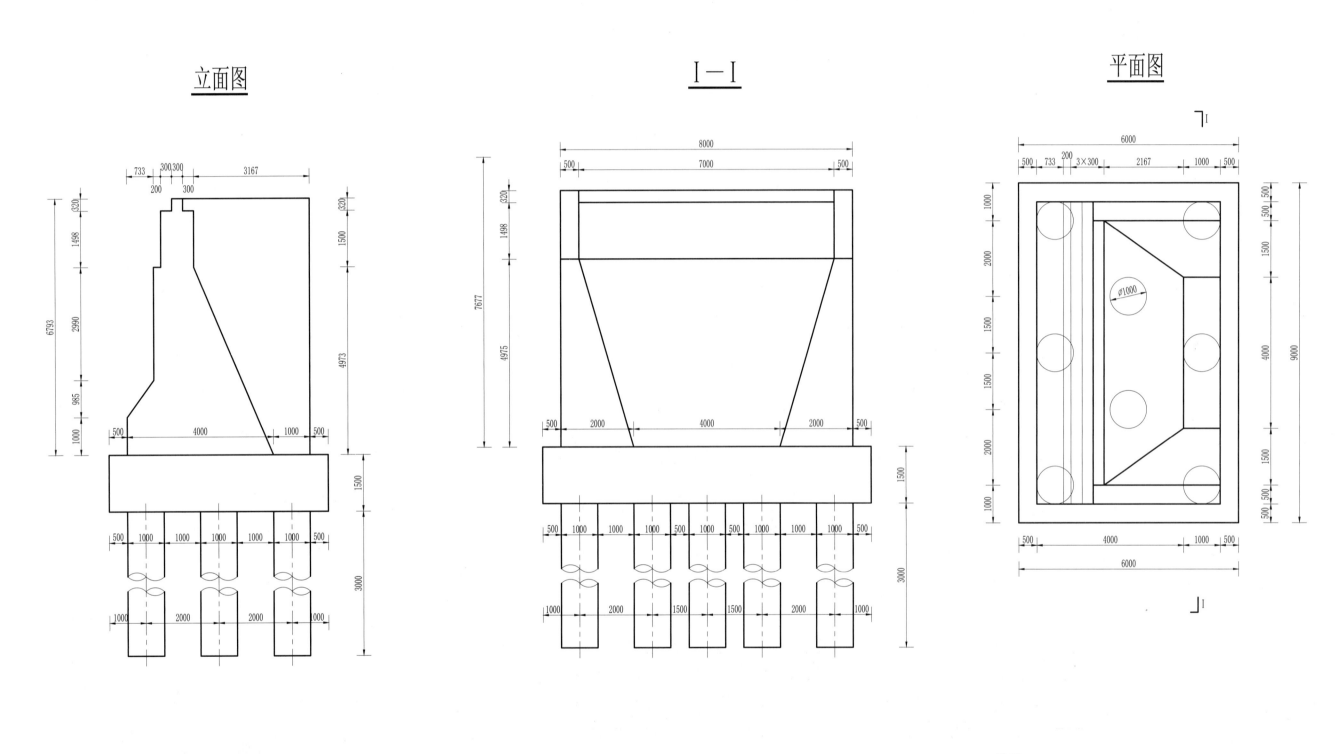

立面图

I—I

平面图

说明：
1.本图尺寸单位以mm计。
2.桥台后回填压实度要求同路基。

| 设计单位 | 中国电建集团西北勘测设计研究院有限公司 |
| 图　名 | 东雷抽黄灌区总干渠拱型农桥设计图（五） |

立面图

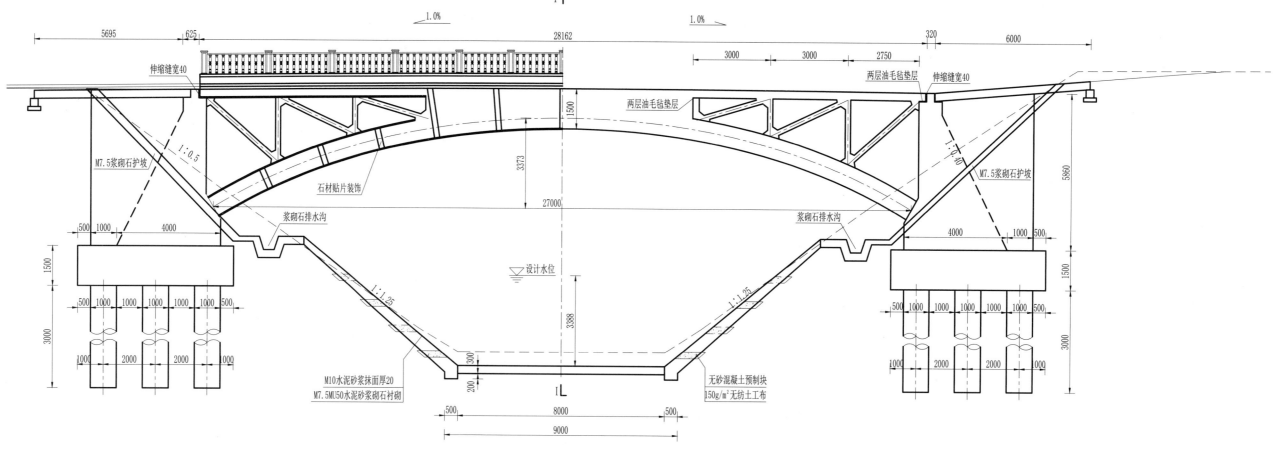

伸缩缝宽40
两层油毛毡垫层
两层油毛毡垫层
伸缩缝宽40
M7.5浆砌石护坡
石材贴片装饰
浆砌石排水沟
浆砌石排水沟
M7.5浆砌石护坡
设计水位
M10水泥砂浆抹面厚20
M7.5MU50水泥砂浆砌石衬砌
无砂混凝土预制块
150g/m²无纺土工布

5695 625 28162 320 6000
3000 3000 2750
1.0% 1.0%
1500 3373 27000 3388
500 1000 4000 4000 1000 500
1500 1500
500 1000 1000 1000 1000 500 500 1000 1000 1000 500
3000 3000
1000 2000 2000 1000 1000 2000 2000 1000
300 200
500 8000 500
9000
5860

平面图

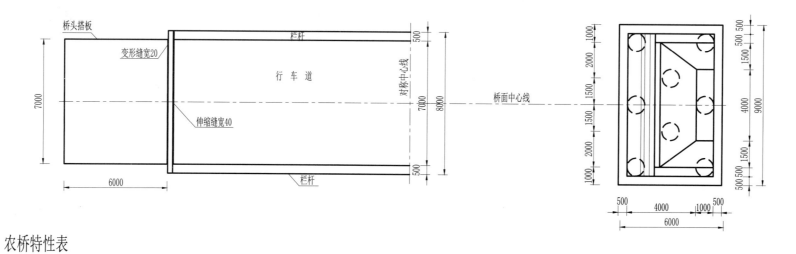

桥头搭板
变形缝宽20
栏杆
行车道
对称中心线
桥面中心线
伸缩缝宽40
栏杆
7000 7000 8000 500 500
6000
500 2000 1500 1500 2000 500
1000 1500 4000 1500 1000
500 4000 1000 500
6000
9000

农桥特性表

序号	桩号	名称	长度(m)	宽度(m)	▽H₁	▽H₂	▽H₃	▽H₄
1	10+150.7	拱型农桥	28	8.0	345.51	348.48	348.98	350.58
2	11+670.9	拱型农桥	28	8.0	346.11	349.08	349.58	351.18

说明:
1. 图中高程和曲线要素单位以m计,尺寸单位以mm计。
2. 设计荷载为公路-Ⅱ级。
3. 桥梁设计线位于行车道中心处。
4. 本图为10+150.70、11+670.90处拱型农桥设计,本桥上部采用上承式板拱桥,矢跨比为1/6,计算跨径为26m,下部采用U形台,钻孔灌注桩基础。
5. 本桥设置两道宽为40mm的Fm-40型伸缩缝;两道宽为20mm的变形缝,布置位置见桥型图。
6. 桥下净空为梁底高出设计水位不小于0.5m。
7. 本桥所处地区地震烈度为Ⅷ度,地震动峰值加速度为0.20g。
8. 本桥桥梁宽为8.0m,车行道宽为7.0m,两边各0.5m栏杆。
9. 桥面调平层混凝土中布置Φ12@100mm钢筋网,每平方米钢筋用量18kg。
10. 桥梁结构外侧统一喷涂真石漆,颜色由甲方指定。

设计单位	中国电建集团西北勘测设计研究院有限公司
图名	东雷抽黄灌区总干渠拱型农桥设计图(六)

Ⅰ－Ⅰ

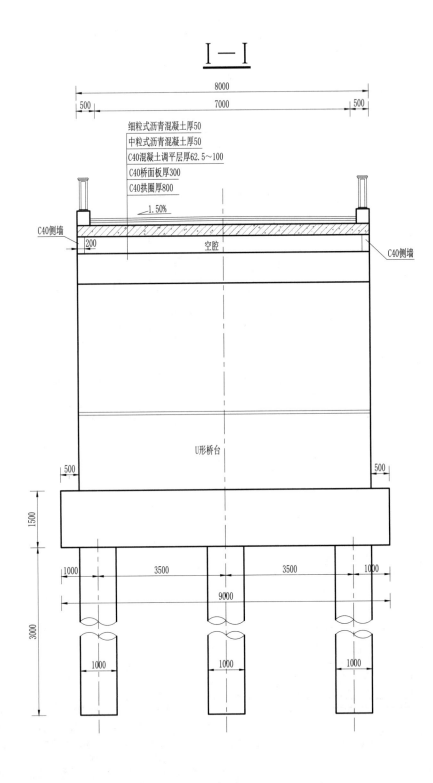

细粒式沥青混凝土厚50
中粒式沥青混凝土厚50
C40混凝土调平层厚62.5～100
C40桥面板厚300
C40拱圈厚800

C40侧墙

C40侧墙

空腔

U形桥台

Ⅲ－Ⅲ

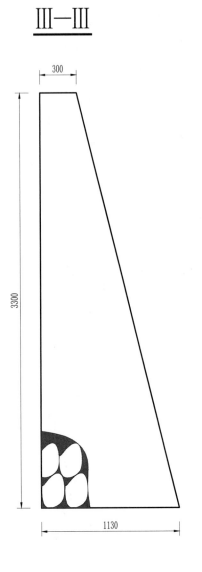

Ⅱ－Ⅱ

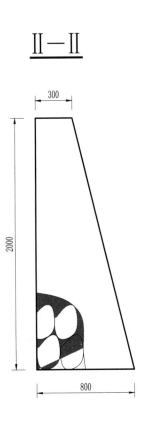

说明：

图中尺寸单位以mm计。

设计单位	中国电建集团西北勘测设计研究院有限公司
图　名	东雷抽黄灌区总干渠拱型农桥设计图（七）

立面图

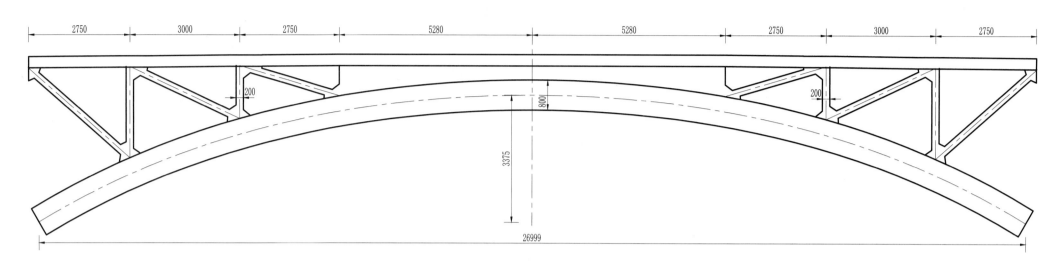

| 2750 | 3000 | 2750 | 5280 | 5280 | 2750 | 3000 | 2750 |

200

800

3375

26999

平面图

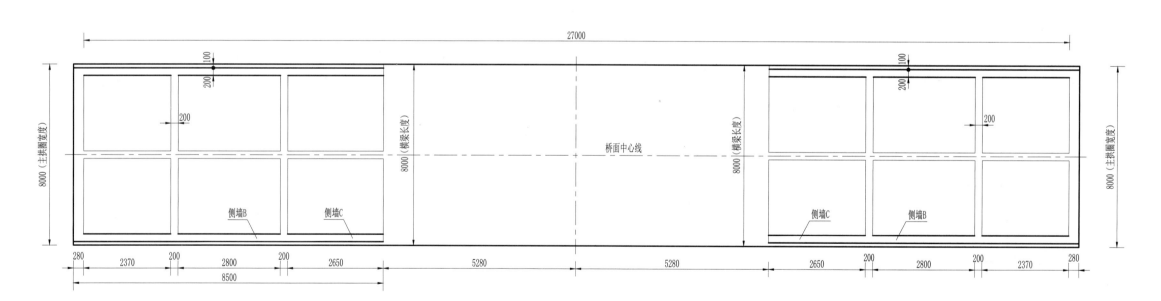

27000

100

200

200

200

100

8000（主拱圈宽度）

8000（横梁长度）

桥面中心线

8000（横梁长度）

侧墙B 侧墙C

侧墙C 侧墙B

8000（主拱圈宽度）

280 | 2370 | 200 | 2800 | 200 | 2650 | 5280 | 5280 | 2650 | 200 | 2800 | 200 | 2370 | 280

8500

说明：

图中尺寸单位以mm计。

设计单位	中国电建集团西北勘测设计研究院有限公司
图　名	东雷抽黄灌区总干渠拱型农桥设计图（八）

主拱圈放线控制图

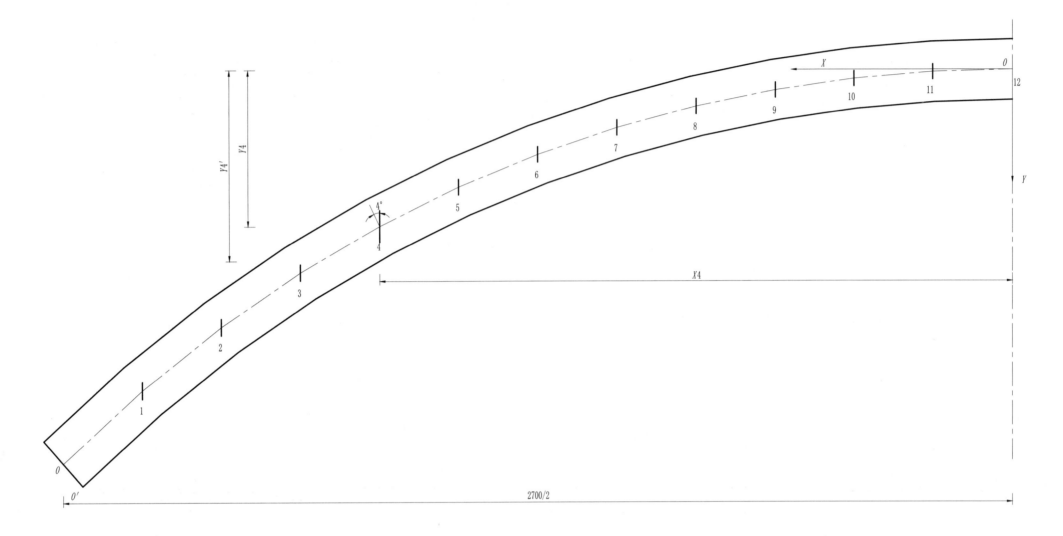

拱圈坐标表

跨径	矢跨比	截面编号		0	1	2	3	4	5	6	7	8	9	10	11	12
27	1/8	度数		30° 38′	27° 25′	24° 05′	20° 57′	18° 01′	15° 17′	12° 45′	10° 22′	8° 07′	5° 59′	3° 57′	1° 57′	0
		拱轴线	X	13500	12375	11250	10125	9000	7875	6750	5625	4500	3375	2250	1125	0
			Y	3375	2747	2205	1740	1342	1006	726	496	314	175	77	19	0

说明:
1. 表中跨径单位以m计,尺寸单位以mm计。
2. 表中坐标值以拱轴线上截面号12为原点。
3. 表中0号截面拱腹线坐标为起拱点0′的坐标值。
4. 表中坐标值未考虑施工预拱度。
5. 图中拱轴系数为2.514。

设计单位	中国电建集团西北勘测设计研究院有限公司
图 名	东雷抽黄灌区总干渠拱型农桥设计图(九)

立面图

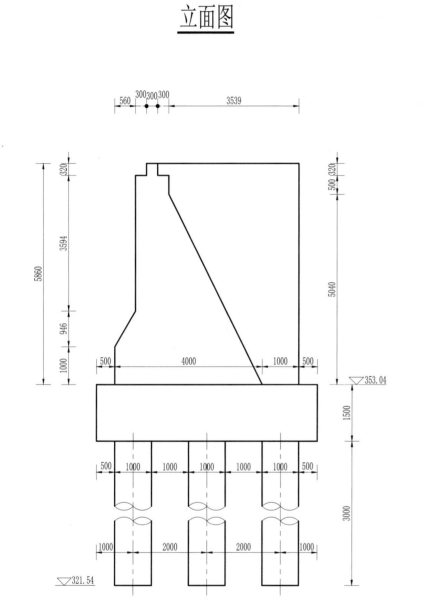

I—I

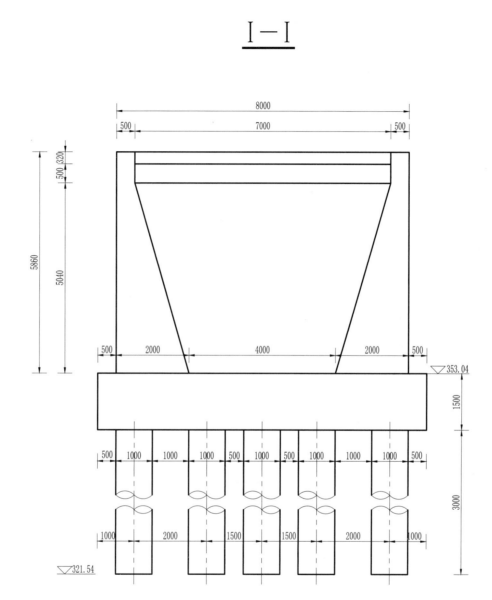

平面图

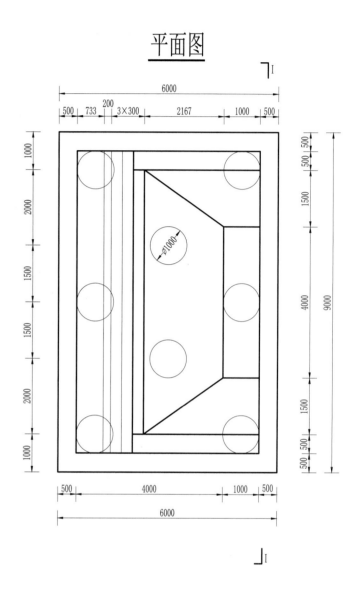

说明:
1. 图中尺寸单位以mm计。
2. 桥台后回填压实度要求同路基。

设计单位	中国电建集团西北勘测设计研究院有限公司
图 名	东雷抽黄灌区总干渠拱型农桥设计图（十）

立面图

1.0%   1.0%

40372

6000 | 320 | 27732 | 320 | 6000

2400 | 2400 | 2400 | 2400 | 2250

▽460.70（左堤高程）

Ⅰ Ⅱ Ⅲ

变形缝宽20

▽460.70

桥头搭板

伸缩缝宽40

砌石挡墙

800

590

M7.5浆砌石护坡

浆砌石排水沟

▽460.84

两层油毛毡垫层

伸缩缝宽40

▽460.50

变形缝宽20

▽461.10（右堤高程）

桥头搭板

6793

两层油毛毡垫层

M7.5浆砌石护坡

4333

▽459.29

26000

4800

M10水泥砂浆抹面厚20
M7.5MU50水泥砂浆砌石衬砌

1:1.25

▽451.79（设计水位）

3388

实测渠堤线

1:1.25

▽448.40

无砂混凝土预制块
150g/m²无纺土工布

500 | 8000 | 500

200 | 300

500 1000 4000

1500

500 1000 1000 1000 1000 500

3000

1000 2000 2000 1000

4000 1000 500

1500

500 1000 1000 1000 1000 500

3000

1000 2000 2000 1000

平面图

桥头搭板

变形缝宽20

栏杆

7000

行车道

对称中心线

7000

桥面中心线

8000

伸缩缝宽40

栏杆

600

500 4000 1000 500

6000

说明：

1. 图中高程和曲线要素单位以m计，尺寸单位以mm计。
2. 设计荷载为公路-Ⅱ级。
3. 桥梁设计线位于行车道中心处。
4. 本图为10+346.10、10+807.10、11+147.00、12+135.40处拱型农桥设计，本桥上部采用上承式板拱桥，矢跨比为1/6，计算跨径26m，下部采用U形台，钻孔灌注桩基础。
5. 本桥设置两道40mm宽的Fm-40型伸缩缝；两道宽20mm的变形缝，布置位置见桥型图。
6. 桥下净空为梁底高出设计水位不小于0.5m。
7. 本桥所处地区地震烈度为Ⅷ度，地震动峰值加速度为0.20g。
8. 本桥桥梁宽为8.0m，车行道宽为7.0m，两边各0.5m栏杆。
9. 桥面调平层混凝土中布置Φ12@100mm钢筋网，每平方米钢筋用量18kg。
10. 桥梁结构外侧统一喷涂真石漆，颜色由甲方指定。

农桥特性表

序号	桩号	名称	长度（m）	宽度（m）	▽H₁	▽H₂	▽H₃	▽H₄
1	10+346.1	拱型农桥	27	8.0	345.51	348.48	348.98	350.58
2	10+807.1	拱型农桥	27	8.0	346.11	349.08	349.58	351.18
3	11+147.0	拱型农桥	27	8.0	346.39	349.36	349.86	351.46
4	12+135.4	拱型农桥	27	8.0	346.56	349.53	350.03	351.63

设计单位	中国电建集团西北勘测设计研究院有限公司
图　名	东雷抽黄灌区总干渠拱型农桥设计图（十一）

Ⅰ－Ⅰ

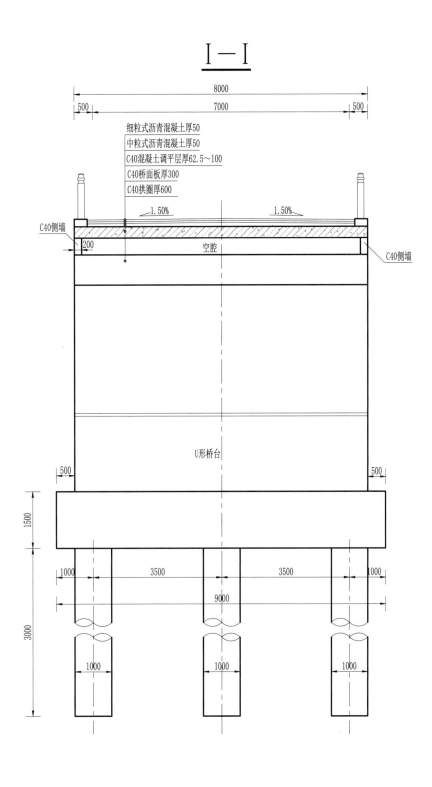

细粒式沥青混凝土厚50
中粒式沥青混凝土厚50
C40混凝土调平层厚62.5～100
C40桥面板厚300
C40拱圈厚600

C40侧墙
C40侧墙
空腔
U形桥台

Ⅲ—Ⅲ

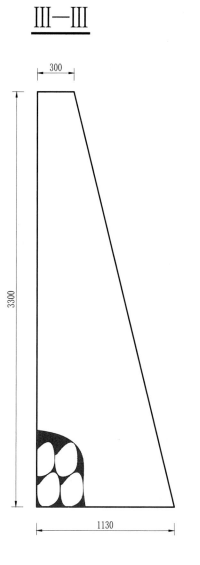

Ⅱ－Ⅱ

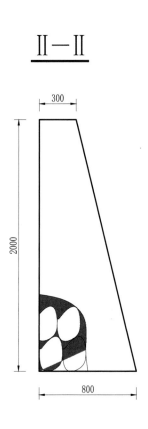

说明：

图中尺寸单位以mm计。

设计单位	中国电建集团西北勘测设计研究院有限公司
图　名	东雷抽黄灌区总干渠拱型农桥设计图（十二）

立面图

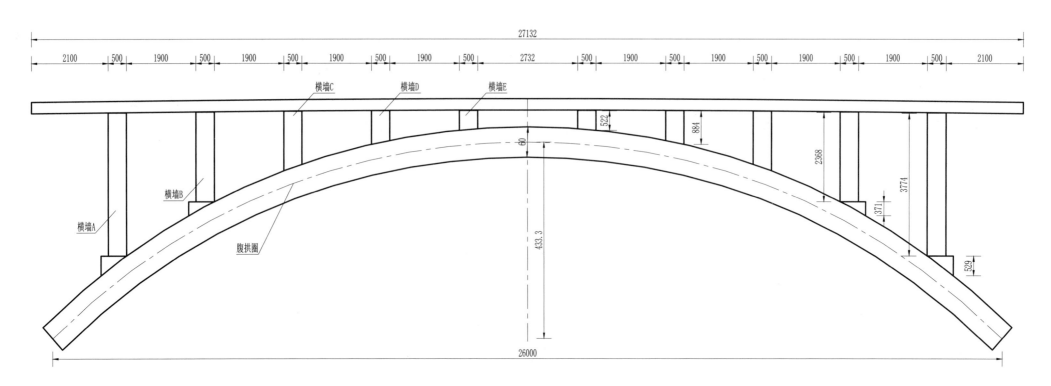

横墙C 横墙D 横墙E

横墙B

横墙A

腹拱圈

27132

2100 | 500 | 1900 | 500 | 1900 | 500 | 1900 | 500 | 1900 | 500 | 2732 | 500 | 1900 | 500 | 1900 | 500 | 1900 | 500 | 1900 | 500 | 2100

60

522

884

2368

371

3774

433.3

529

26000

平面图

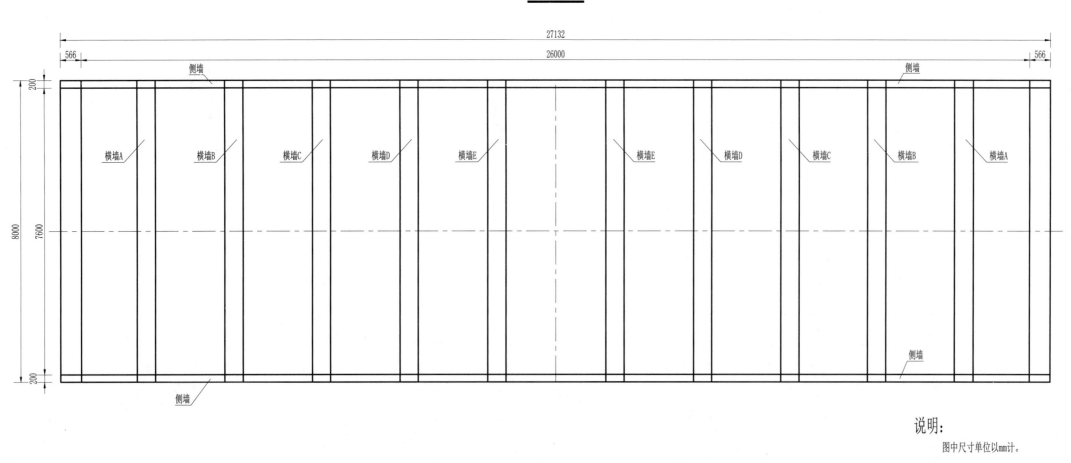

27132

566 | 26000 | 566

200

7600

8000

200

侧墙

横墙A 横墙B 横墙C 横墙D 横墙E 横墙E 横墙D 横墙C 横墙B 横墙A

侧墙

侧墙

说明:

图中尺寸单位以mm计。

设计单位	中国电建集团西北勘测设计研究院有限公司
图　名	东雷抽黄灌区总干渠拱型农桥设计图（十三）

主拱圈放线控制图

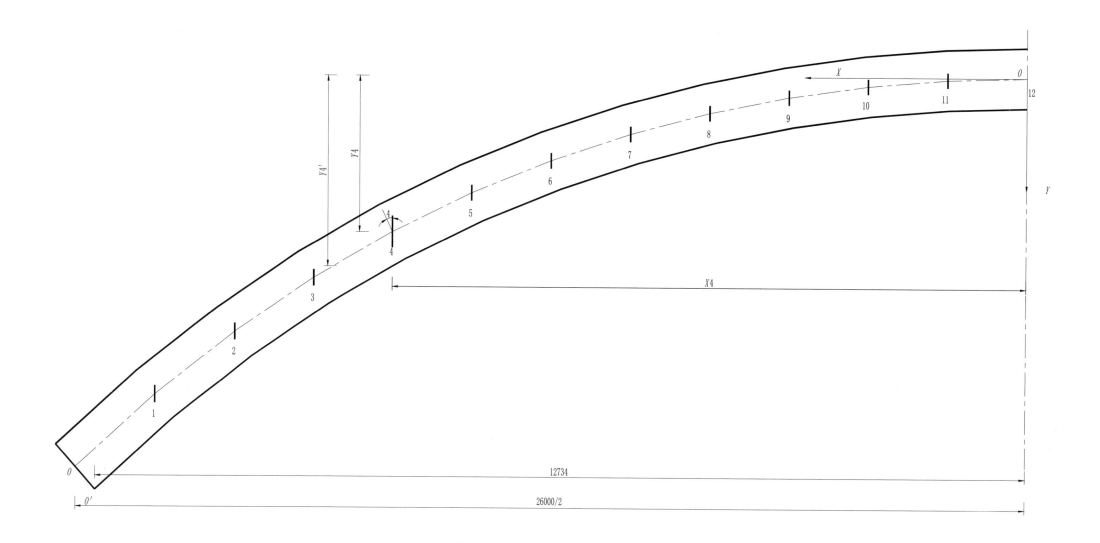

拱圈坐标表

跨径	矢跨比	截面编号	0	1	2	3	4	5	6	7	8	9	10	11	12
26	1/6	度数	38°38′	34°40′	30°47′	27°23′	23°26′	20°13′	16°46′	13°41′	10°45′	7°57′	5°14′	1°57′	0
		拱轴线 X	13000	11917	10833	9750	8667	7583	6500	5417	4333	3250	2167	1083	0
		拱轴线 Y	4333	3527	2829	2231	1720	1291	931	632	402	224	98	24	0

说明：

1. 表中跨径单位m计，尺寸单位以mm计。

2. 表中坐标值以拱轴线上截面号12为原点。

3. 表中0号截面拱腹线坐标为起拱点O′的坐标值。

4. 表中坐标值未考虑施工预拱度。

5. 图中拱轴系数为2.514。

设计单位	中国电建集团西北勘测设计研究院有限公司
图 名	东雷抽黄灌区总干渠拱型农桥设计图（十四）

立面图

I-I

平面图

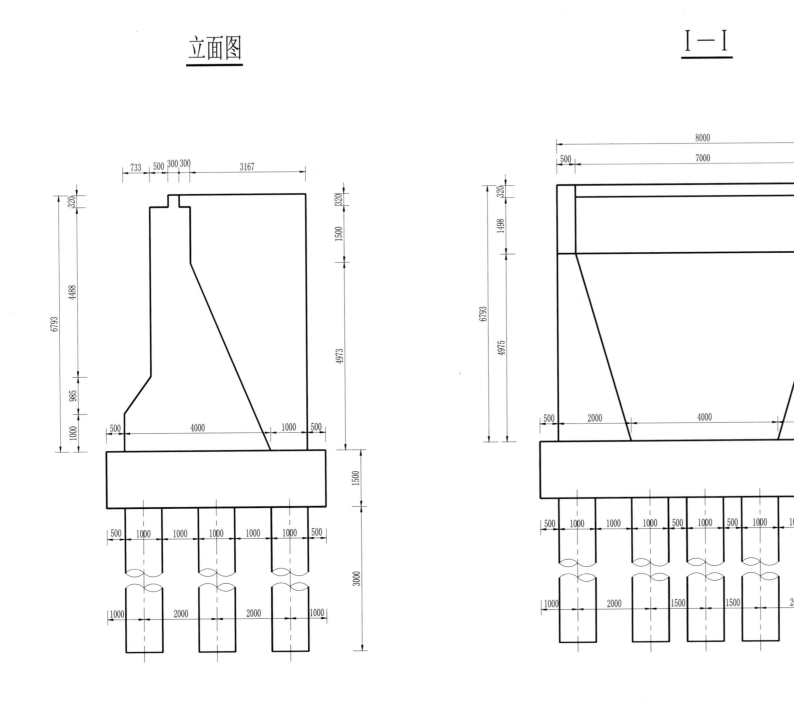

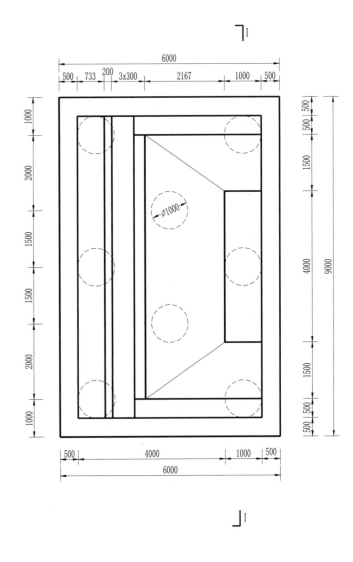

说明:
1. 图中尺寸单位以mm计。
2. 桥台后回填压实度要求同路基。

设计单位	中国电建集团西北勘测设计研究院有限公司
图 名	东雷抽黄灌区总干渠拱型农桥设计图（十五）

I－I

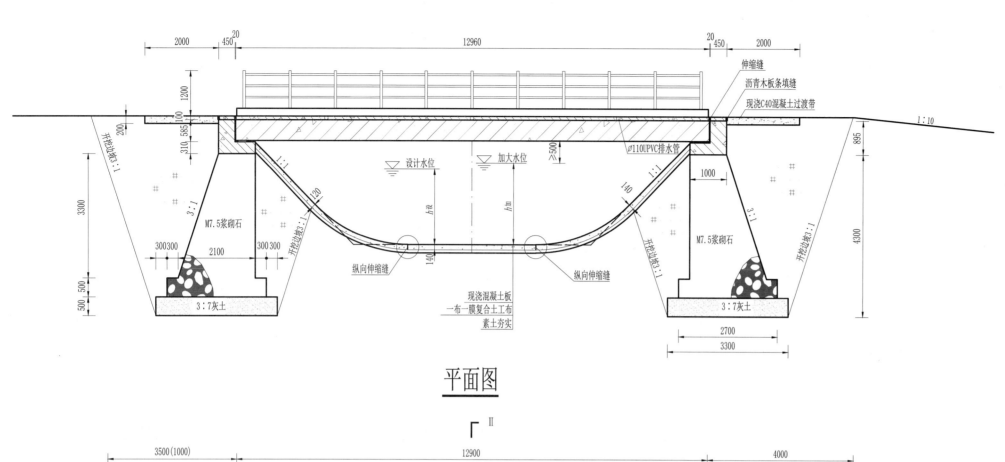

平面图

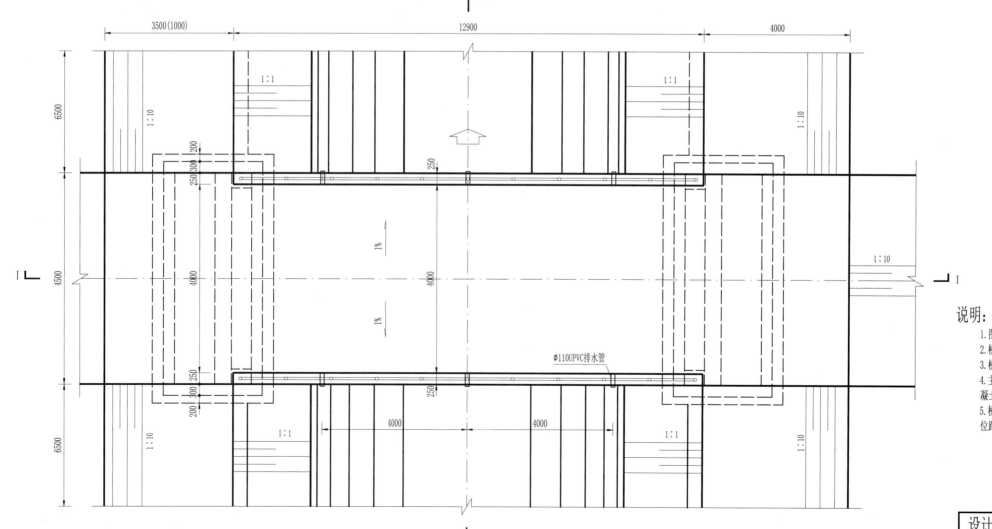

说明：
1. 图中桩号以m计，尺寸单位以mm计。
2. 桥梁设计荷载标准为农桥－Ⅰ级。
3. 桥台前后填土采用素土填筑，分层夯填，层厚不大于300mm，压实度不小于0.95。
4. 主要材料：混凝土空心板梁为预制C30钢筋混凝土，台帽、栏杆底座为现浇C25钢筋混凝土，桥面铺装层为现浇C40混凝土；墩台为M7.5浆砌石；栏杆为钢管栏杆。
5. 桥面高程以桥梁所在位置处渠底高程为基准，桥面不低于两岸堤顶且梁板底距加大水位距离不小于0.5m。

设计单位	陕西省宝鸡峡水利水电设计院
图　名	宝鸡峡灌区北干渠13m跨径生产桥设计图（一）

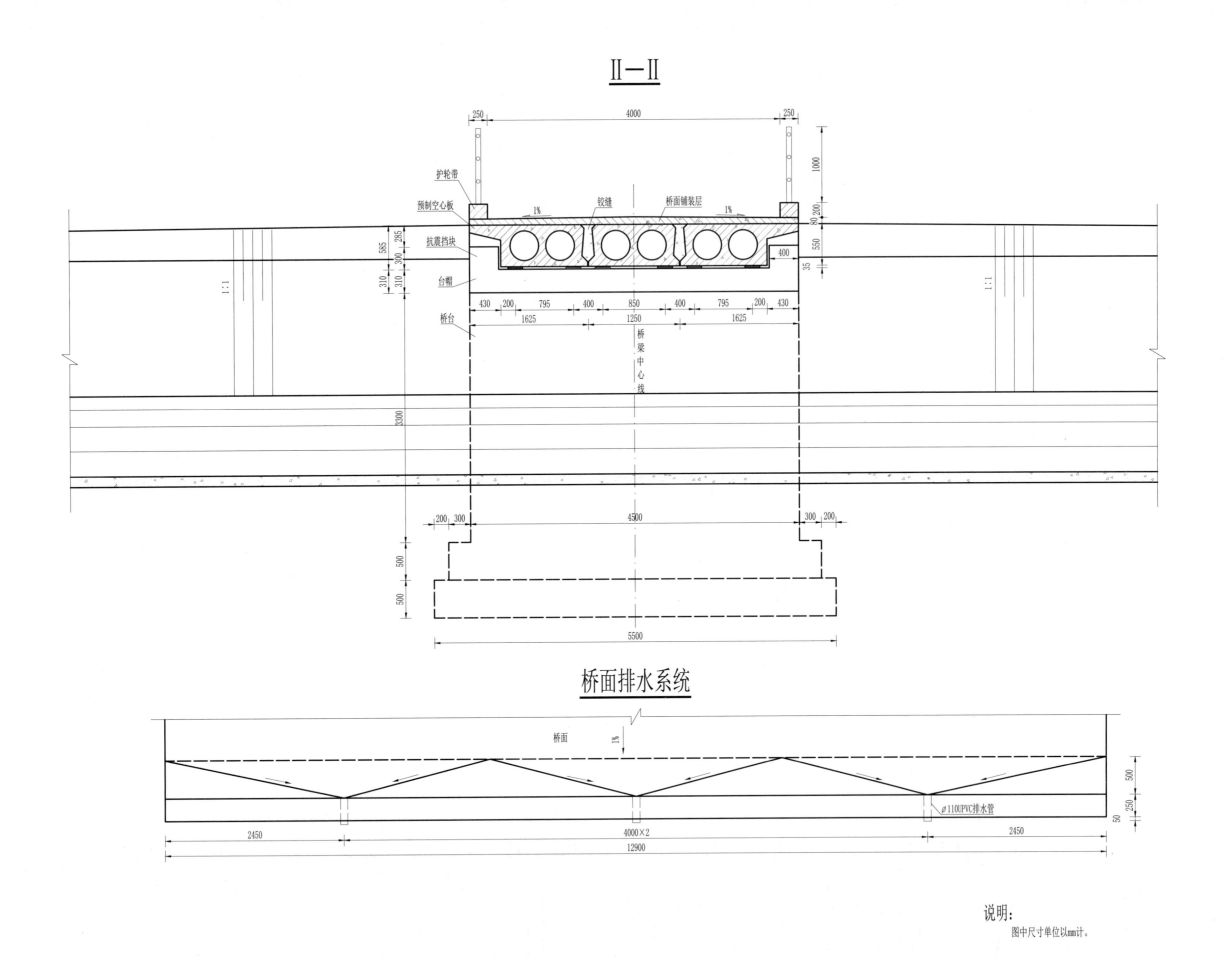

II—II

护轮带
预制空心板
铰缝
桥面铺装层
抗震挡块
台帽
桥台

桥梁中心线

桥面排水系统

桥面

1%

Ø110UPVC排水管

| 设计单位 | 陕西省宝鸡峡水利水电设计院 |
| 图　名 | 宝鸡峡灌区北干渠13m跨径生产桥设计图（二） |

说明：
图中尺寸单位以mm计。

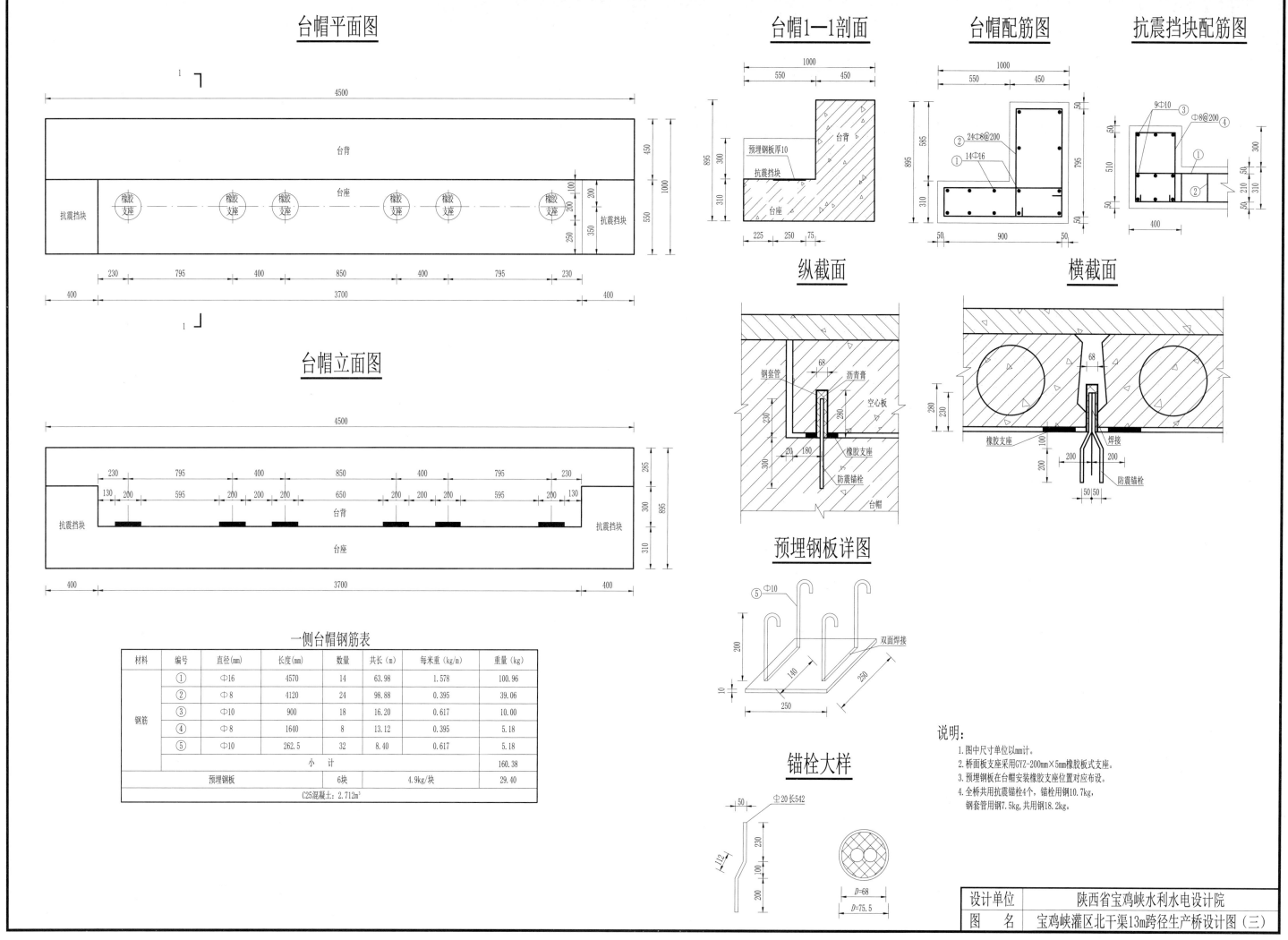

台帽平面图

台帽立面图

台帽1—1剖面

台帽配筋图

抗震挡块配筋图

纵截面

横截面

预埋钢板详图

锚栓大样

一侧台帽钢筋表

材料	编号	直径(mm)	长度(mm)	数量	共长（m）	每米重（kg/m）	重量（kg）
钢筋	①	Φ16	4570	14	63.98	1.578	100.96
	②	Φ8	4120	24	98.88	0.395	39.06
	③	Φ10	900	18	16.20	0.617	10.00
	④	Φ8	1640	8	13.12	0.395	5.18
	⑤	Φ10	262.5	32	8.40	0.617	5.18
小　计							160.38
预埋钢板				6块		4.9kg/块	29.40
C25混凝土：2.712m³							

说明：

1. 图中尺寸单位以mm计。
2. 桥面板支座采用GYZ-200mm×5mm橡胶板式支座。
3. 预埋钢板在台帽安装橡胶支座位置对应布设。
4. 全桥共用抗震锚栓4个，锚栓用钢10.7kg，
   钢套管用钢7.5kg，共用钢18.2kg。

设计单位	陕西省宝鸡峡水利水电设计院
图　名	宝鸡峡灌区北干渠13m跨径生产桥设计图（三）

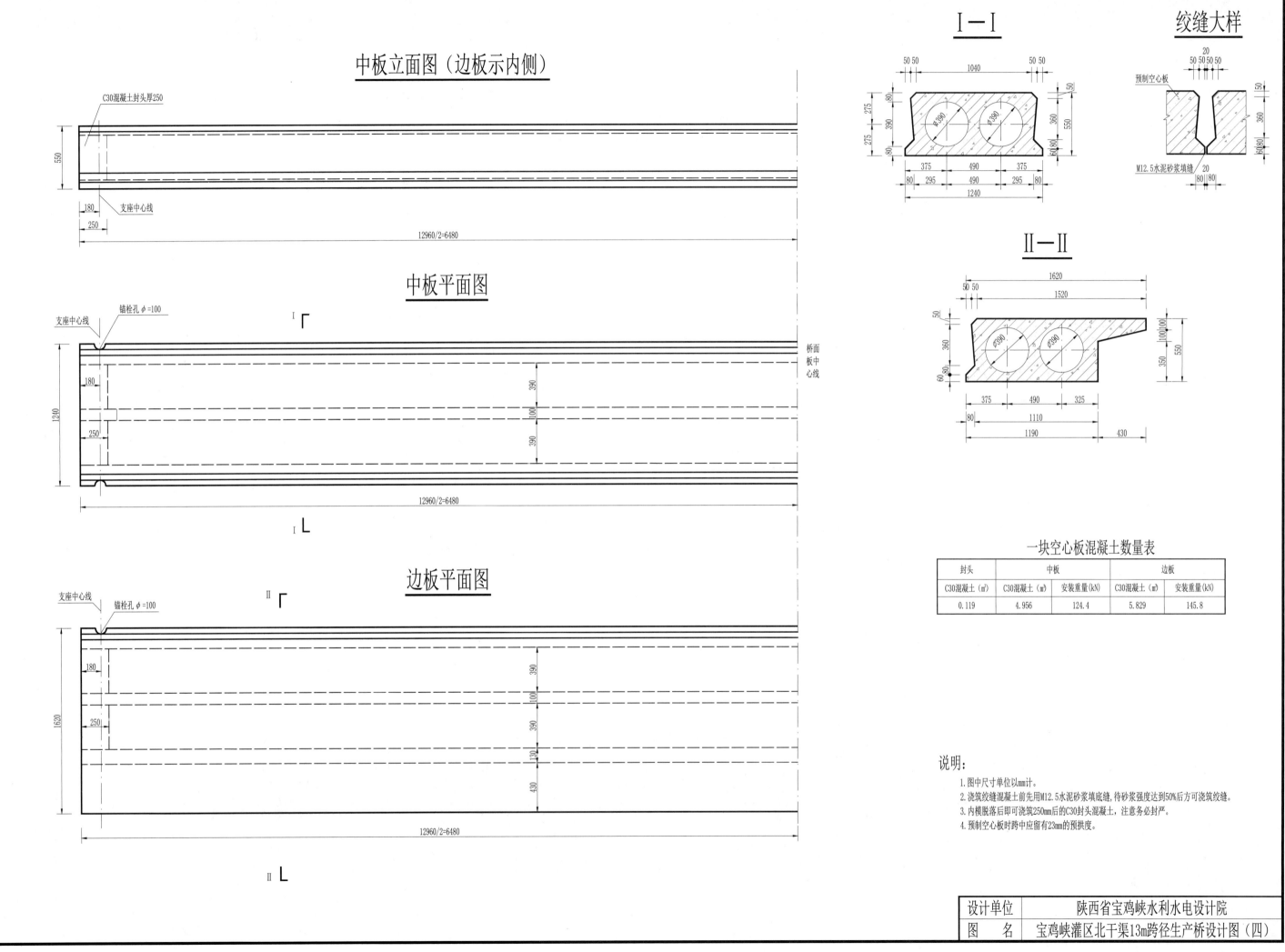

中板立面图（边板示内侧）

C30混凝土封头厚250

550

180
250

支座中心线

12960/2=6480

中板平面图

支座中心线

锚栓孔 φ=100

1240

180
250

390
100
390

桥面板中心线

I

12960/2=6480

边板平面图

支座中心线

锚栓孔 φ=100

1620

180
250

390
100
390
130
430

12960/2=6480

I—I

50 50　　1040　　50 50

275
275
275

80
390
550

80

50

80

360
550

375　490　375

80　295　490　295　80
1240

绞缝大样

20
50 50 50 50

预制空心板

50

360
60 80

M12.5水泥砂浆填缝

20
80 80

II—II

50 50　1620
1520

50

360
60 80

100 100

350
550

375　490　325

80
1110
1190　　430

一块空心板混凝土数量表

封头	中板		边板	
C30混凝土（m³）	C30混凝土（m³）	安装重量(kN)	C30混凝土（m³）	安装重量(kN)
0.119	4.956	124.4	5.829	145.8

说明：

1. 图中尺寸单位以mm计。
2. 浇筑绞缝混凝土前先用M12.5水泥砂浆填底缝，待砂浆强度达到50%后方可浇筑绞缝。
3. 内模脱落后即可浇筑250mm后的C30封头混凝土，注意务必封严。
4. 预制空心板时跨中应留有23mm的预拱度。

设计单位	陕西省宝鸡峡水利水电设计院
图 名	宝鸡峡灌区北干渠13m跨径生产桥设计图（四）

空心板立面配筋图

12960/2

100×22   (150×56)/2

400   N15

80   30   550   475   45

3N2   3N1   3N5   2N4   2N6   2N6

90   130   60   100   90   100   80   80   80

180   430   430   410   410   410   410   410   1400

Φ10 ⑧   Φ10 ⑫   Φ22 ①

12930或12960/2

Φ18 ⑦   12820/2

R=45   366   100

130   70   Φ25 ③   607   429   230   429

180   Φ20 ④   410   560   180   410

17   Φ18 ⑤   412   563   17   412

150   Φ16 ⑥   414   565   150   414

200   611   432   432

10870/2   Φ22 ②   12460

桥面板中心线

Φ8 ⑨   1060

450   570   512   512   570   450   530   530

Φ8 ⑩

189   Φ24 ⑮   520   520   R=60   100   100

180   45°   350   Φ8 ⑪

底层钢筋平面图

180   N15   N11   N12   N1   I

51   65   180   1240   63×16   180   65   51   15   80

支座中心线

100×22   (150×56)/2   12960/2

N10

I—I

7   8   7   8   7

1140   60   255×2   225×2   60

30   550   475   45   N9   N10   N11

51   65   63×16   65   51   1240

2   1   2   1   2   1   2

II—II

7   8   7   8   7

1140   60   255×2   225×2   60

N10   N9   N11

51   65   63×16   65   51   1240

2   1   2   1   2   1   2

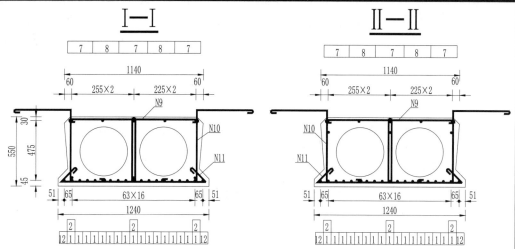

单块板钢筋表

编号	钢筋直径(mm)	每根长度(mm)	钢筋根数	钢筋总长(m)	钢筋重量(kg)
①	Φ22	1293	17	219.81	655.04
②	Φ22	12460	3	37.38	110.65
③	Φ25	1100	6	6.60	25.41
④	Φ20	920	10	9.20	22.73
⑤	Φ18	910	6	5.46	10.92
⑥	Φ16	870	8	6.96	11.00
⑦	Φ18	14040	3	42.12	84.24
⑧	Φ10	12930	2	25.86	15.96
⑨	Φ10	1160	101	117.16	46.28
⑩	Φ8	2160	202	218.16	172.35
⑪	Φ8	600	88	166.65	20.86
⑫	Φ10	12960	2	25.92	15.99
⑬	Φ24	1430	4	5.72	20.31
合 计					1211.80

说明:

1. 图中尺寸单位以mm计。
2. 待空心板就位后,N10钢筋与邻板相对应的钢筋绑扎。
3. 焊接钢筋均采用双面焊,焊接长度不小于5d。
4. N9与N10钢筋对应设置。
5. N1钢筋尽量以均匀、对称方式布置。
6. 中板斜筋应靠边以及与横截面中心对称的原则布置,N3钢筋参照I—I截面的N2钢筋布置。
7. N12钢筋弯曲绕过锚栓孔。

设计单位	陕西省宝鸡峡水利水电设计院
图 名	宝鸡峡灌区北干渠13m跨径生产桥设计图(五)

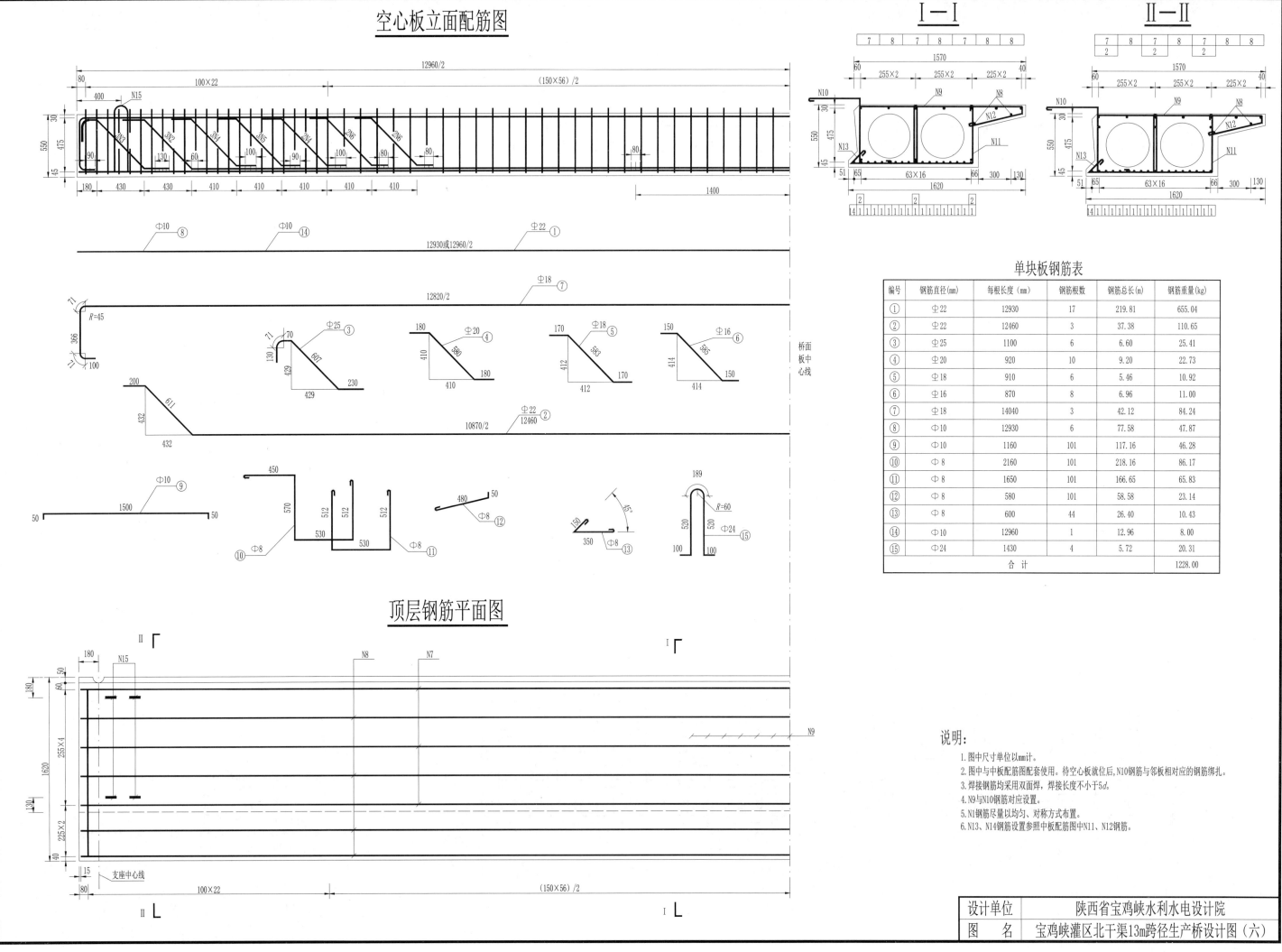

空心板立面配筋图

I—I

II—II

顶层钢筋平面图

单块板钢筋表

编号	钢筋直径(mm)	每根长度（mm）	钢筋根数	钢筋总长(m)	钢筋重量(kg)
①	Φ22	12930	17	219.81	655.04
②	Φ22	12460	3	37.38	110.65
③	Φ25	1100	6	6.60	25.41
④	Φ20	920	10	9.20	22.73
⑤	Φ18	910	6	5.46	10.92
⑥	Φ16	870	8	6.96	11.00
⑦	Φ18	14040	3	42.12	84.24
⑧	Φ10	12930	6	77.58	47.87
⑨	Φ10	1160	101	117.16	46.28
⑩	Φ8	2160	101	218.16	86.17
⑪	Φ8	1650	101	166.65	65.83
⑫	Φ8	580	101	58.58	23.14
⑬	Φ8	600	44	26.40	10.43
⑭	Φ10	12960	1	12.96	8.00
⑮	Φ24	1430	4	5.72	20.31
合　计					1228.00

说明：

1. 图中尺寸单位以mm计。
2. 图中与中板配筋图配套使用。待空心板就位后，N10钢筋与邻板相对应的钢筋绑扎。
3. 焊接钢筋均采用双面焊，焊接长度不小于5d。
4. N9与N10钢筋对应设置。
5. N1钢筋尽量以均匀、对称方式布置。
6. N13、N14钢筋设置参照中板配筋图中N11、N12钢筋。

设计单位	陕西省宝鸡峡水利水电设计院
图　名	宝鸡峡灌区北干渠13m跨径生产桥设计图（六）

立面图

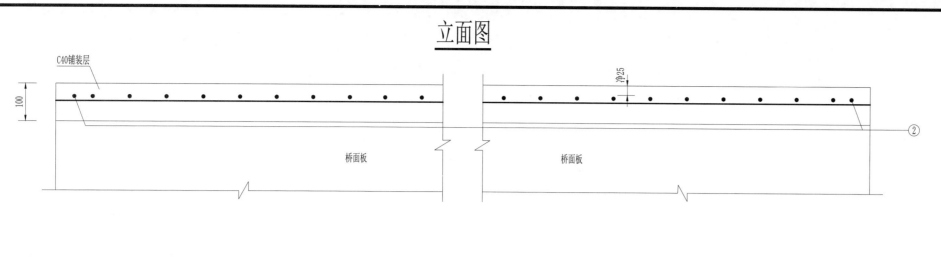

铰缝钢筋大样

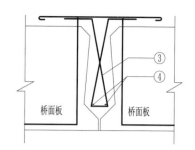

平面图

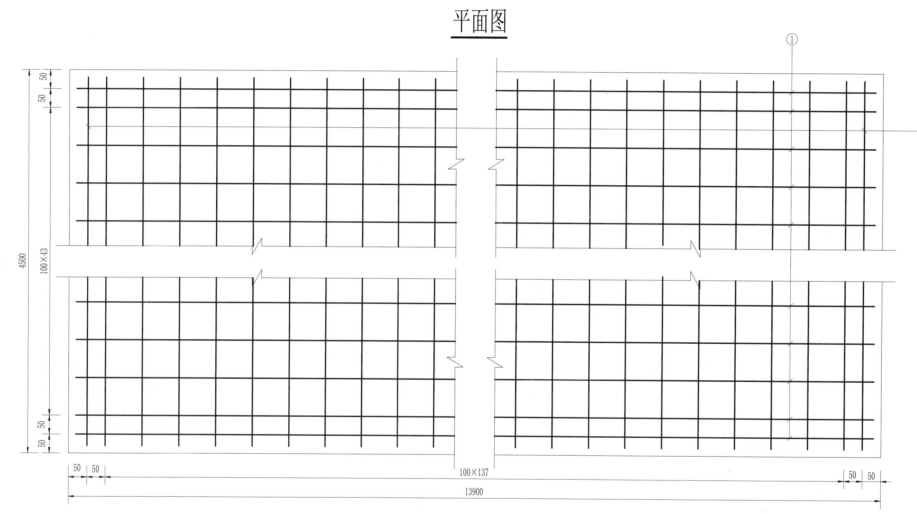

铺装层钢筋表

编号	直径（mm）	长度（mm）	数量	共长（mm）	每米重（kg/m）	共重（kg）
①	Φ10	13860	46	637560	0.617	393.40
②	Φ10	4460	140	624400	0.617	385.30
③	Φ10	1330	65	86450	0.617	53.30
④	Φ10	12920	4	51680	0.617	31.90
合　计						863.90
现浇C40混凝土6.26m³						

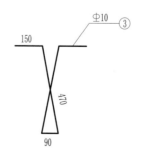

说明：

1. 图中尺寸单位以mm计。
2. 预埋铰缝钢筋见梁板钢筋构造。
3. 3号钢筋纵向间距为200mm。

设计单位	陕西省宝鸡峡水利水电设计院
图　名	宝鸡峡灌区北干渠13m跨径生产桥设计图（七）

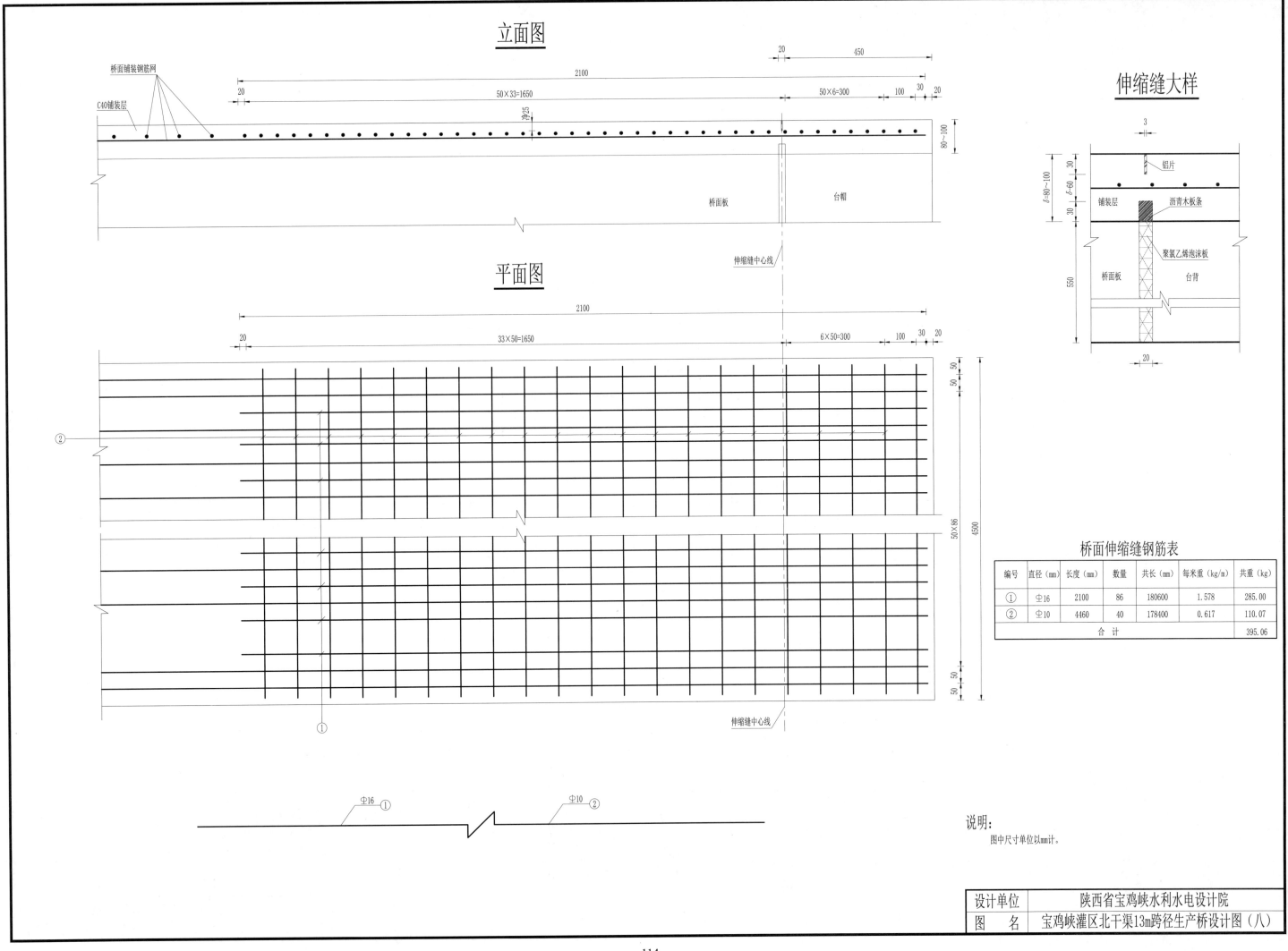

立面图

桥面铺装钢筋网

C40铺装层

20   2100
20   50×33=1650   50×6=300   100   30   20
20   450

⌀25
80~100

桥面板   台帽

伸缩缝中心线

平面图

2100
20   33×50=1650   6×50=300   100   30   20

50 50
②
50×86
4500
①
50 50

伸缩缝中心线

⌀16 ①   ⌀10 ②

伸缩缝大样

3
铝片
30
δ=80~100   δ=60
30
铺装层   沥青木板条
550
聚氯乙烯泡沫板
桥面板   台背
20

桥面伸缩缝钢筋表

编号	直径(mm)	长度(mm)	数量	共长(mm)	每米重(kg/m)	共重(kg)
①	Φ16	2100	86	180600	1.578	285.00
②	Φ10	4460	40	178400	0.617	110.07
合计						395.06

说明：

图中尺寸单位以mm计。

设计单位	陕西省宝鸡峡水利水电设计院
图　名	宝鸡峡灌区北干渠13m跨径生产桥设计图（八）

钢栏杆立面图

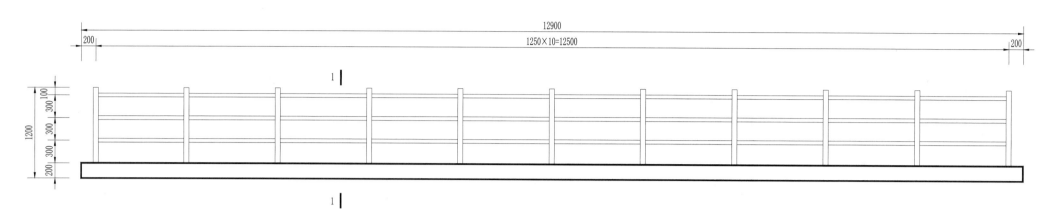

1—1

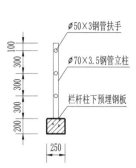

- ∅50×3钢管扶手
- ∅70×3.5钢管立柱
- 栏杆柱下预埋钢板

栏杆底座配筋图

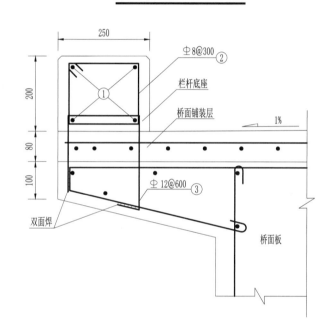

- Φ8@300 ②
- 栏杆底座
- 桥面铺装层
- 1%
- ①
- Φ12@600 ③
- 双面焊
- 桥面板

钢栏杆柱预埋钢板大样图

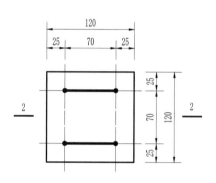

2—2

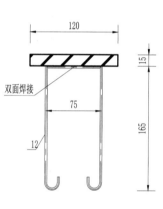

- 双面焊接
- 75
- 12

栏杆底座钢筋表

编号	直径（mm）	形式	长度（mm）	数量	共长（mm）	每米重（kg/m）	共重（kg）
①	Φ12	12900	12900	8	103200	0.888	91.64
②	Φ8	190 / 160	900	88	79200	0.395	31.28
③	Φ12	194 / 202 60 250 / 1 4.35	706	46	32476	0.888	28.84
合 计							151.76
C25混凝土1.29m³							

栏杆钢筋表

名称	型号（mm×mm×mm）	单件长（mm）	数量	共长（mm）	共重（kg）
立柱钢管	70×3.5(外径×壁厚)	1000	22	22000	126.28
扶手钢管	50×3(外径×壁厚)	1250	60	75000	261.30
小 计					387.58
锚筋	Φ12	555	44	24420	21.68
预埋钢板	120×120×15	1.7kg/块	22		37.40

说明：

1. 图中尺寸以单位以mm计。
2. 材料：钢栏杆扶手和立柱及预埋件都采用Q235B钢。
3. 焊接：当采用手工焊时，焊条为E43型，所有焊缝要求满焊并打平磨光，钢栏杆刷防锈漆两遍，面漆两遍。
4. 栏杆立柱预埋钢板锚筋预埋在护轮带混凝土纵向中心线上栏杆立柱顶端封口。
5. 栏杆底座3号钢筋间距为600mm，将其截断，下部预埋边板中并与边板钢筋焊接，其上部与下部焊接。

设计单位	陕西省宝鸡峡水利水电设计院
图 名	宝鸡峡灌区北干渠13m跨径生产桥设计图（九）

平面图

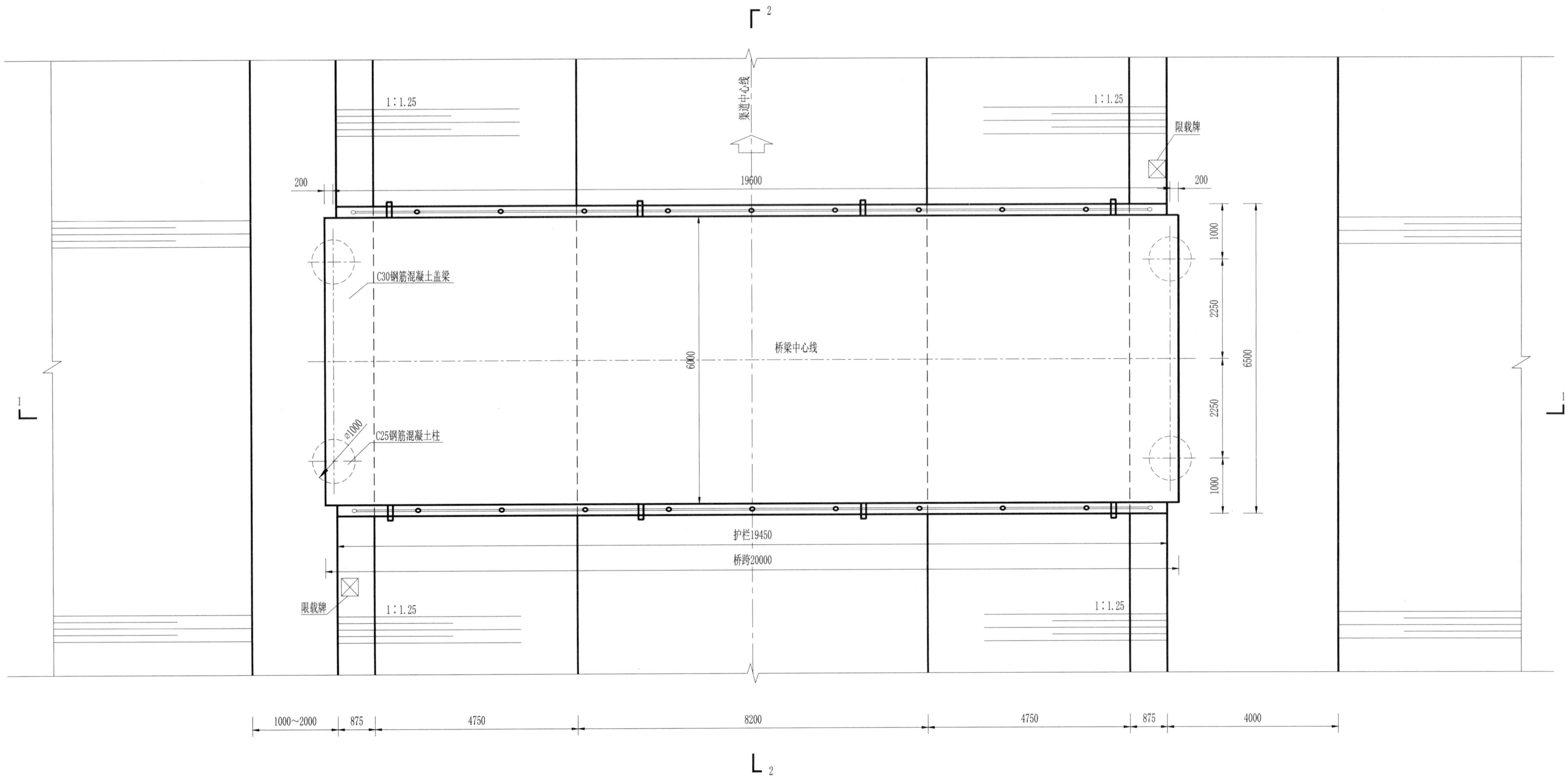

1:1.25

1:1.25

限载牌

渠道中心线

200

19600

200

1000

C30钢筋混凝土盖梁

6500

6000

2250

桥梁中心线

Φ1000

2250

C25钢筋混凝土柱

1000

限载牌

护栏19450

桥跨20000

1:1.25

1:1.25

1000~2000 875 4750 8200 4750 875 4000

说明:
1. 图中尺寸以mm计。
2. 桥梁设计荷载标准为农桥—Ⅰ级设计。
3. 盖梁后渠堤采用素土分层夯填,层厚不大于30cm,压实度不小于0.95。
4. 主要材料:混凝土空心板梁为预制C40预应力钢筋混凝土;桥面铺装层为现浇C40混凝土;盖梁、栏杆底座为现浇C30钢筋混凝土;灌注桩为C25钢筋混凝土;栏杆为钢管栏杆。
5. 桥址处地质资料参见《宝鸡峡灌区续建配套节水改造项目塬上总干渠(109+750-131+717段)改造工程工程地质勘察报告》。
6. 施工时应先拆除重建农桥,后衬砌改造渠道。
7. 桥面不低于两岸堤顶且梁板底距加大水位距离不小于0.5m,桥梁进出口各设1座限载牌。

设计单位	陕西省宝鸡峡水利水电设计院
图　名	宝鸡峡灌区北干渠20m跨径生产桥设计图(一)

116

1—1

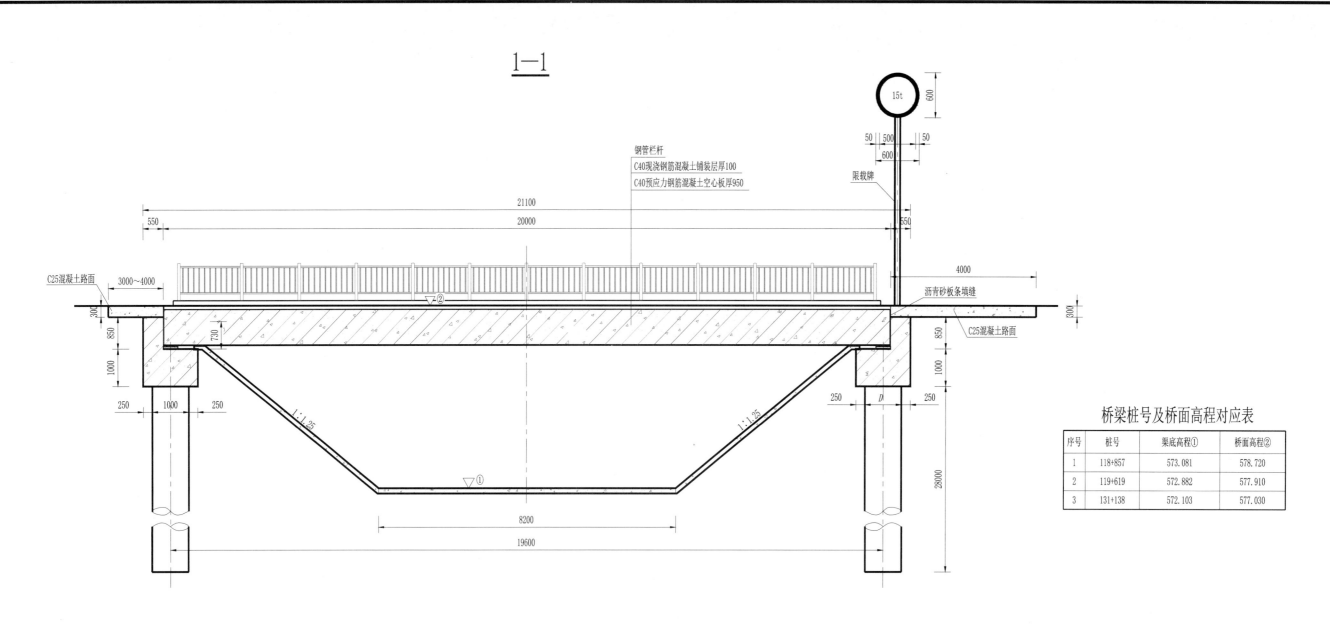

钢管栏杆
C40现浇钢筋混凝土铺装层厚100
C40预应力钢筋混凝土空心板厚950

限载牌

15t

C25混凝土路面

沥青砂板条填缝

C25混凝土路面

桥梁桩号及桥面高程对应表

序号	桩号	渠底高程①	桥面高程②
1	118+857	573.081	578.720
2	119+619	572.882	577.910
3	131+138	572.103	577.030

桥面排水系统

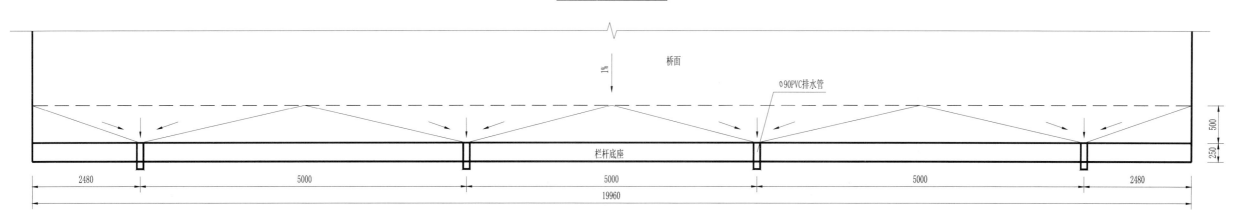

桥面

Φ90PVC排水管

栏杆底座

说明:
图中高程单位以m计,尺寸单位以mm计。

设计单位	陕西省宝鸡峡水利水电设计院
图名	宝鸡峡灌区北干渠20m跨径生产桥设计图(二)

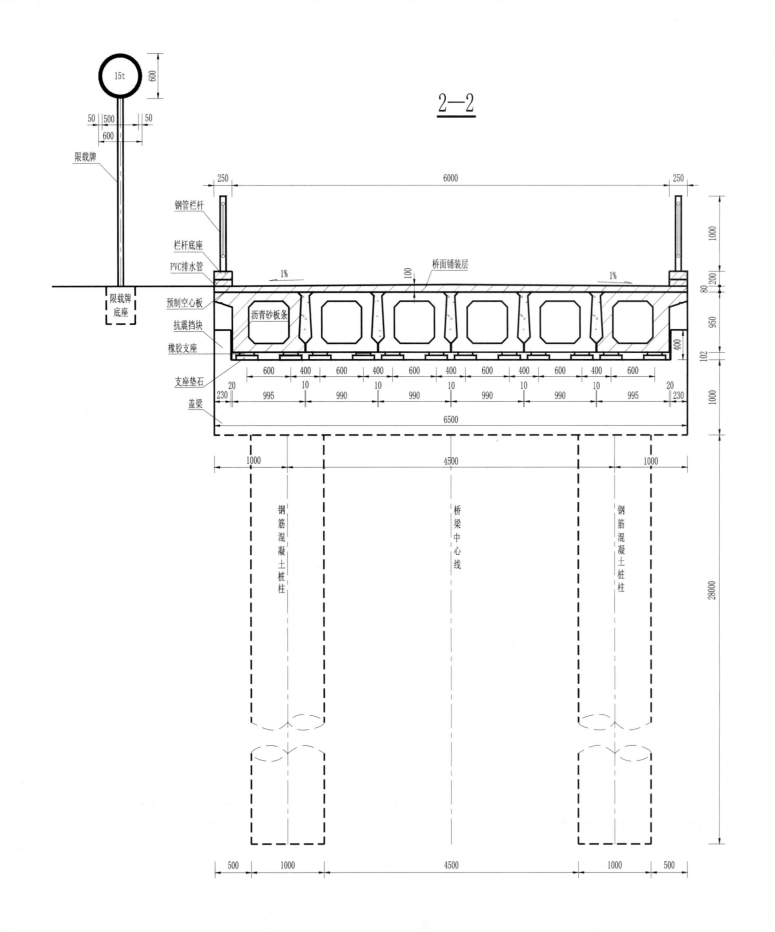

2—2

桥梁桩号及桥面高程对应表

序号	桩号	渠底高程①	桥面高程②
1	118+857	573.081	578.720
2	119+619	572.882	577.910
3	131+138	572.103	577.030

说明:
1. 图中高程单位以m计,尺寸单位以mm计。
2. 支座采用GYZ-200×42CR橡胶板式支座。

设计单位	陕西省宝鸡峡水利水电设计院
图 名	宝鸡峡灌区北干渠20m跨径生产桥设计图(三)

1/2立面图

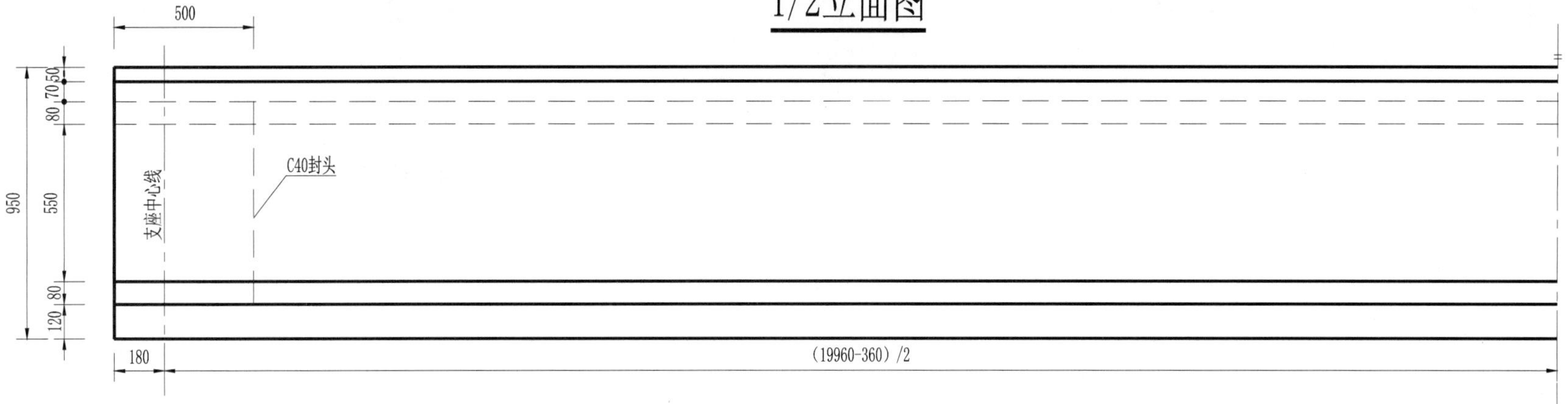

500

80 70 50

950 | 550

C40封头

支座中心线

120 80

180

(19960-360)/2

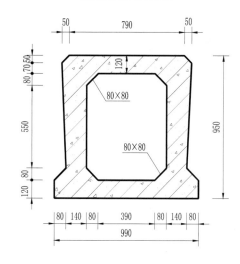

中板断面图

50 | 790 | 50

80 70 50

120

80×80

950

550

80×80

120 80

80 | 140 | 80 | 390 | 80 | 140 | 80

990

1/2中板平面图

C40封头

8×2.5槽口

50 50

80 120

990

390

500

800

80

50 50

120

8×2.5槽口

180

中心线

(19960-360)/2

支座中心线 吊点位置

边板断面图

50 | 1145

80 70 50

120

80 | 120

80×80

550

950 | 750

80×80

120 80

80 | 140 | 80 | 390 | 80 | 225 | 250

995

1/2边板平面图

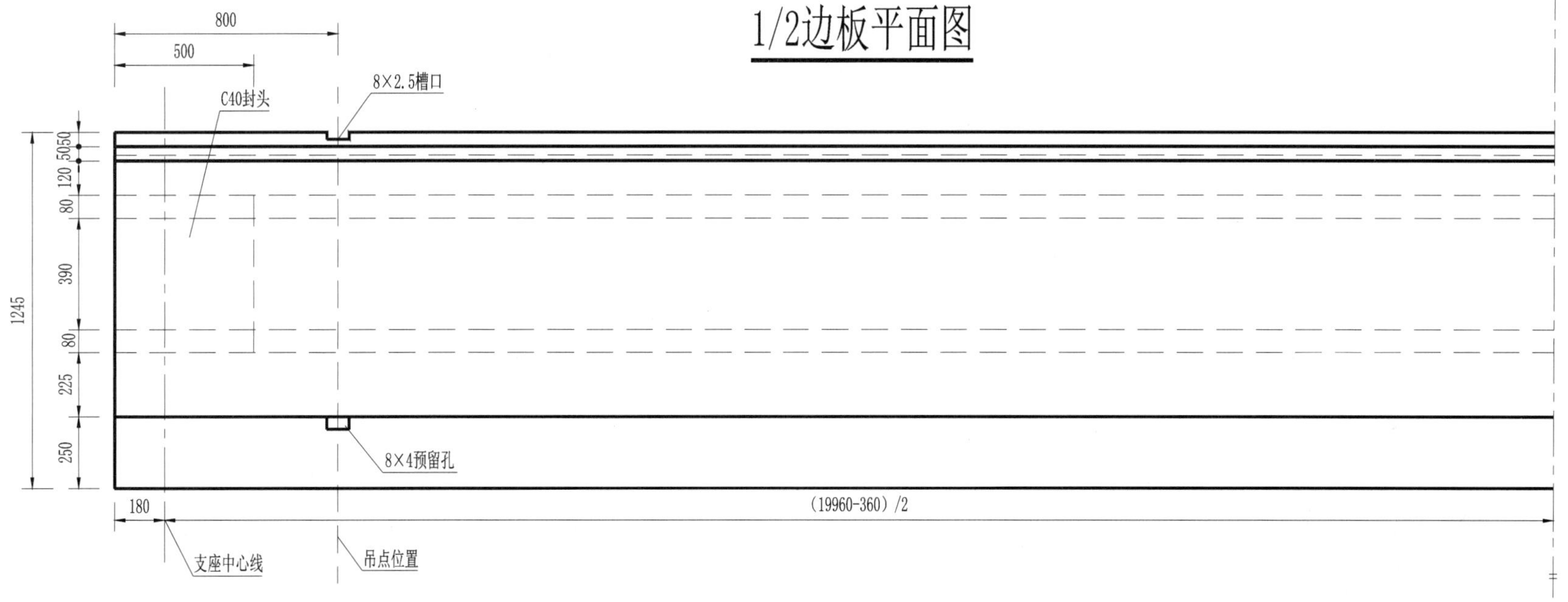

800

500

C40封头

8×2.5槽口

50 50

80 120

1245

390

80

225

250

8×4预留孔

180

(19960-360)/2

支座中心线 吊点位置

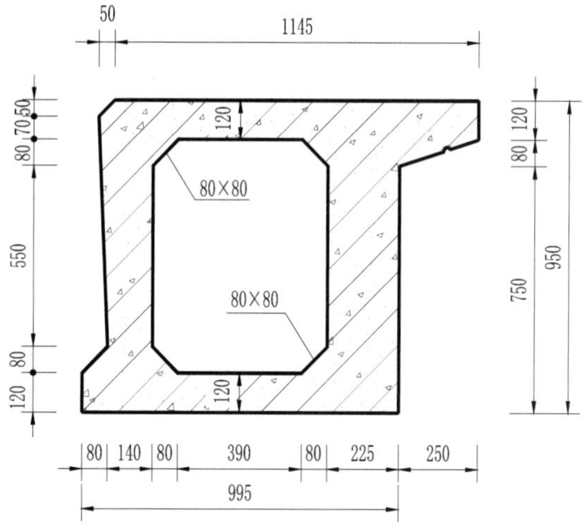

滴水槽大样图

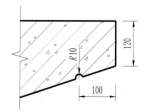

120

R10

100

说明：

1. 图中尺寸单位以mm计。

2. 边板翼缘下缘（距翼缘末端100mm）设置半径10mm凹形滴水槽，空心板梁两端封头底部左右侧预留D=5cm的圆形泄水孔。

3. 预制板采用设吊孔穿束兜板底加扁担梁的吊装方法，槽口、预留孔在立面、断面图中均未示出。

4. 浇筑铰缝混凝土前先用M15水泥砂浆填塞铰缝底部，待砂浆强度达50%后方可浇筑铰缝，铰缝混凝土须振捣密实。

5. 立面图示边板内侧。

设计单位	陕西省宝鸡峡水利水电设计院
图 名	宝鸡峡灌区北干渠20m跨径生产桥设计图（四）

平面图

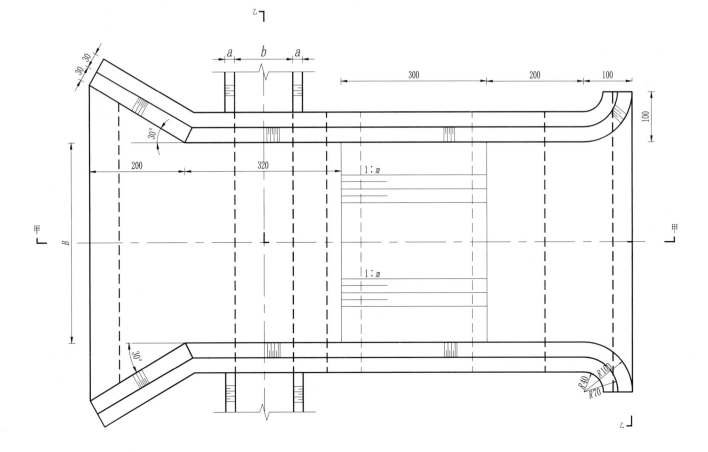

乙—乙剖面图

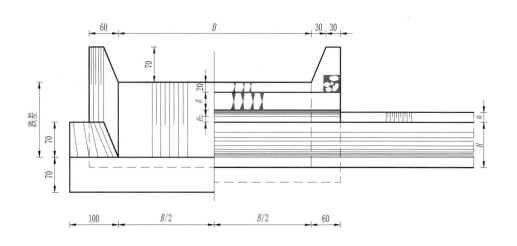

甲—甲剖面图

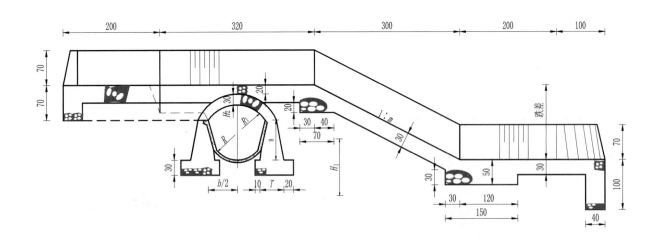

排洪桥参数表

渠道部分				桥身部分					四米桥面宽工程量		每米桥面宽工程量	
半径	渠宽	渠深	超高	桥台高	桥台宽	矢高	拱厚	半径	50号水泥砂浆砌石（m³）	80号水泥砂浆勾缝（m³）	50号水泥砂浆砌石（m³）	80号水泥砂浆勾缝（m³）
R	b	H	a	H_1	T	H_2	δ	R_1	（m³）	（m³）	（m³）	（m³）
55	120	90	20	120	70	30	30	75	68.5	73.8	7.9	11.2
100	130	100	20	130	70	33	30	75	69.8	73.8	8.3	11.2

说明：

1. 图中高程单位以m计，尺寸单位以cm计。
2. 此图中按渠道尺寸$R=55cm$，$B=120cm$，$H=90cm$，桥面宽400cm。排洪量为2m³/s。
工程量按桥面宽400cm，跌差1.5m计算。
3. 排洪单宽流量为0.52m³/s。
4. 跌差根据地形而定，出口要求筑在挖方上，出口以外另做长300cm、厚30cm干砌石护底。
5. 陡坡段比降不应大于0.5。

设计单位	渭南市水利水电勘测设计院
图　名	砌石拱式排洪桥设计图

A—A剖面

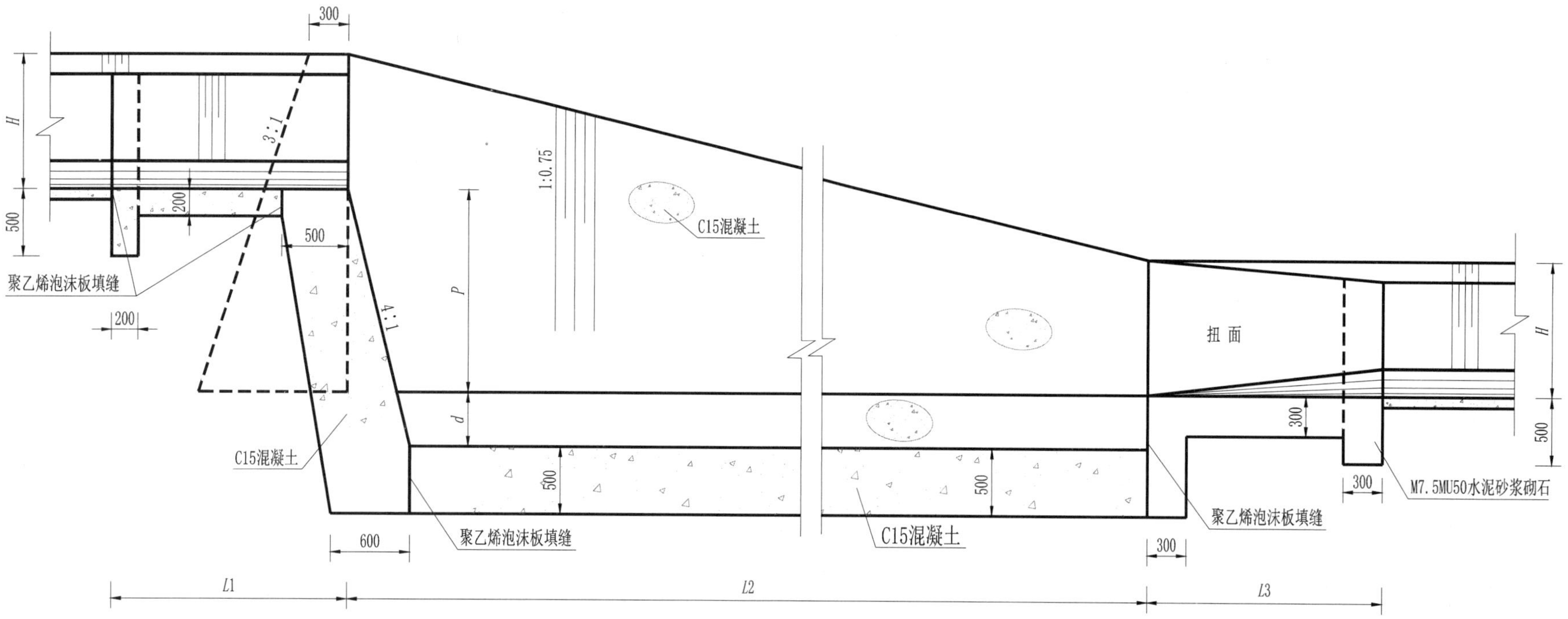

B—B剖面

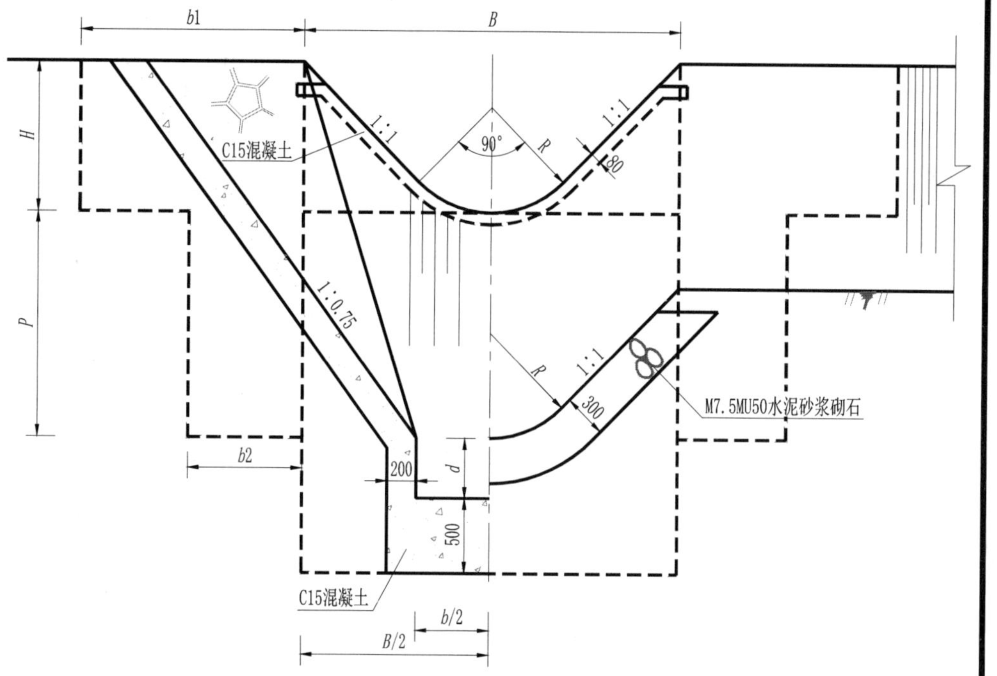

平面图

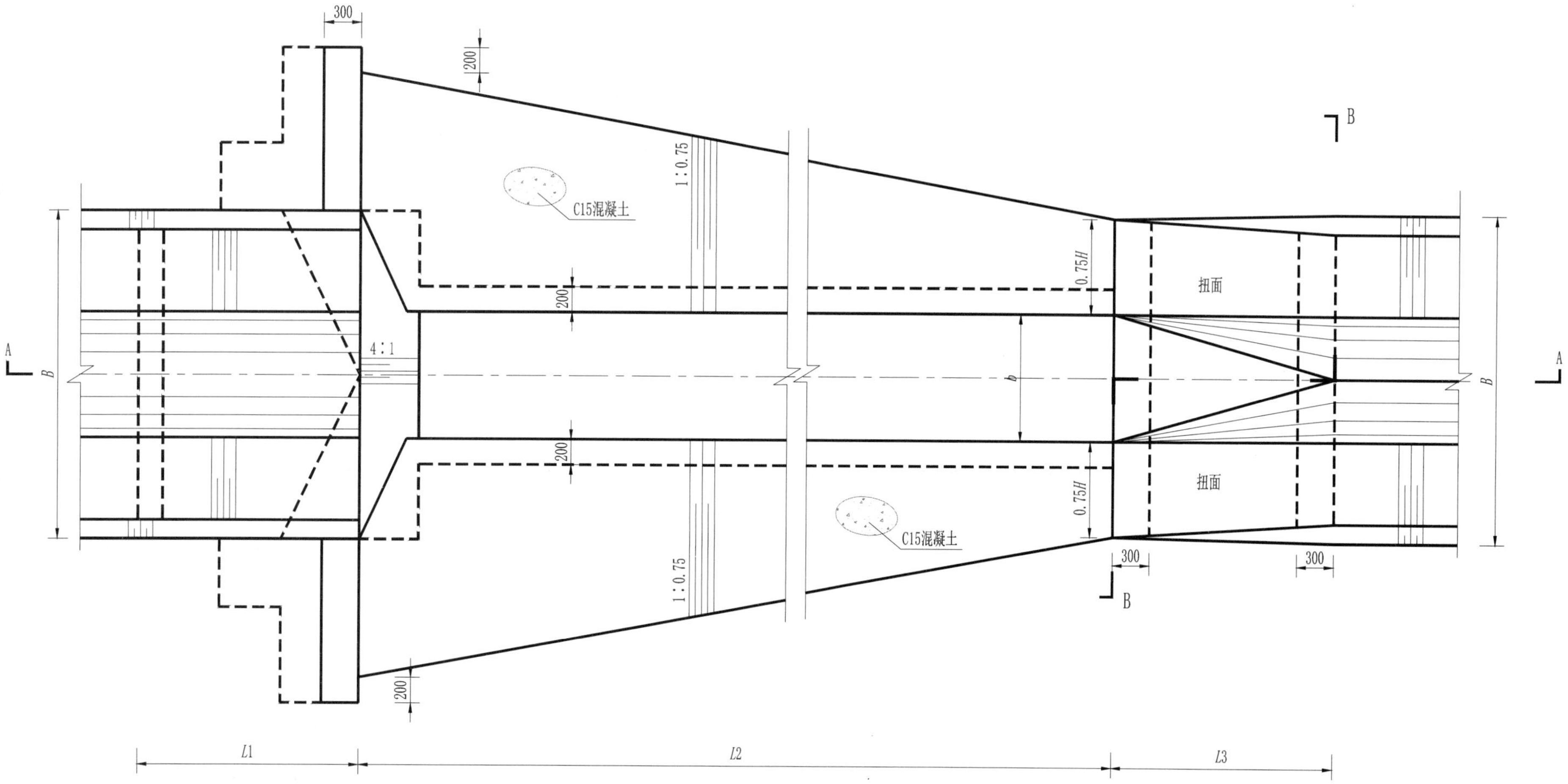

说明:
1. 图中高程、桩号单位以m计,尺寸单位以mm计。
2. 施工时如有砌石可回收利用,可将池底改为30cm厚M7.5MU50水泥砂浆砌石,
   上铺20cm厚C15混凝土。
3. 黏性土压实系数不小于0.93;非黏性土相对密度不小于0.65。
4. 各部位间设20mm伸缩缝,内填聚乙烯泡沫板。

设计单位	陕西省水利电力勘测设计研究院
图　　名	西安市黑河灌区直落式跌水设计图(一)

121

平面图

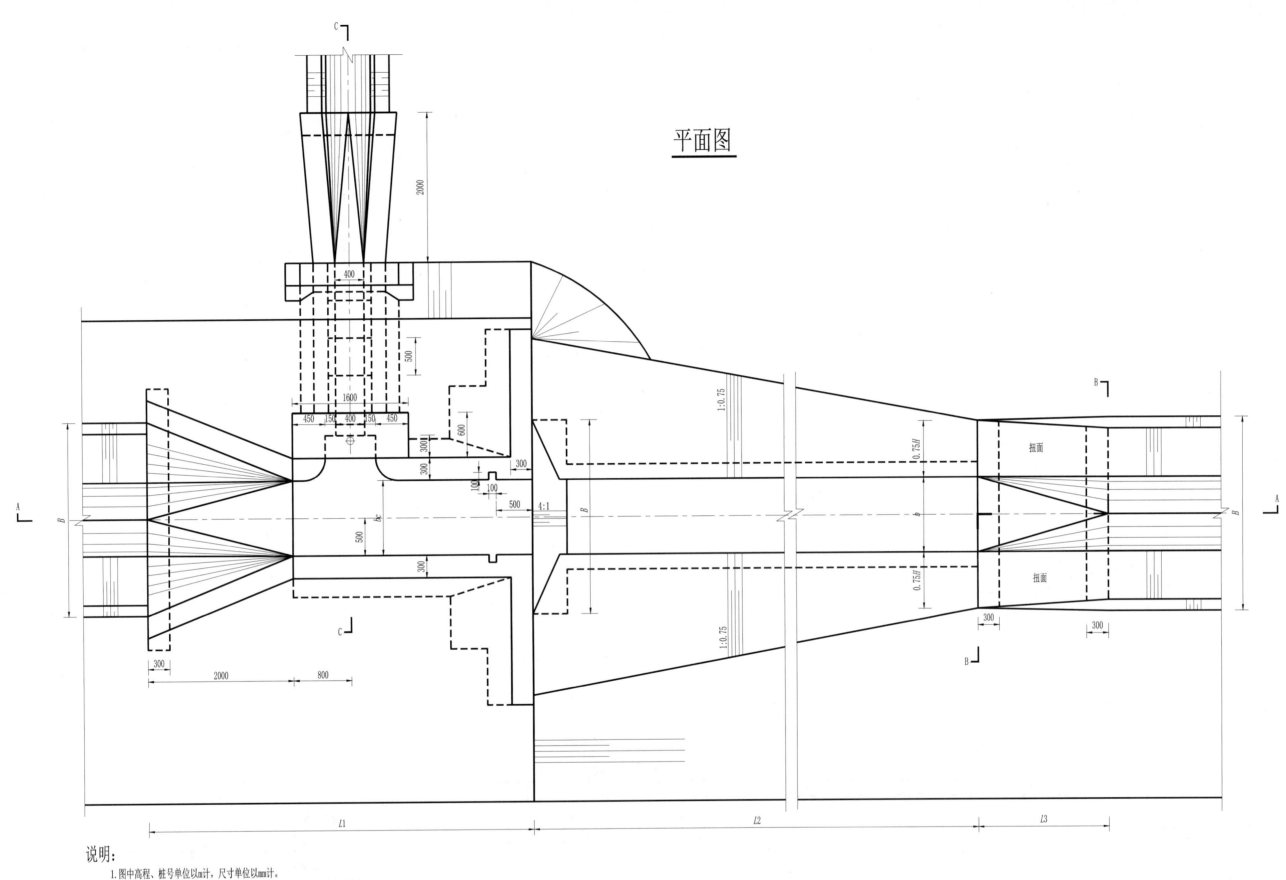

说明：

1. 图中高程、桩号单位以m计，尺寸单位以mm计。
2. 闸门采用400mm×400mm铸铁闸门，启闭机为0.5t手动单点吊螺杆启闭机。
3. 闸台板为预制C20钢筋混凝土板。
4. 施工时如有砌石可回收利用，可将池底改为30cm厚M7.5Mu50水泥砂浆砌石，上铺10cm厚C15混凝土。
5. 斗门顶高程原则上为高出渠堤0.4m，施工时，可根据实际情况适当调整。
6. 闸槽及底板预留二期混凝土尺寸、预埋钢筋以及启闭机地脚螺栓位置，施工时应根据闸门、启闭机到货情况进行相应调整。
7. 预埋启闭机固定锚栓时，应校对各有关尺寸，并注意启闭机中心与闸门启闭中心线对正。
8. 夯填土压实系数不小于0.93。
9. 斗门桩号仅供参考，施工中可依据实际情况作适当调整。
10. 各部位间设20mm伸缩缝，内填聚乙烯泡沫板。

设计单位	陕西省水利电力勘测设计研究院
图　名	西安市黑河灌区直落式跌水设计图（二）

A—A剖面图

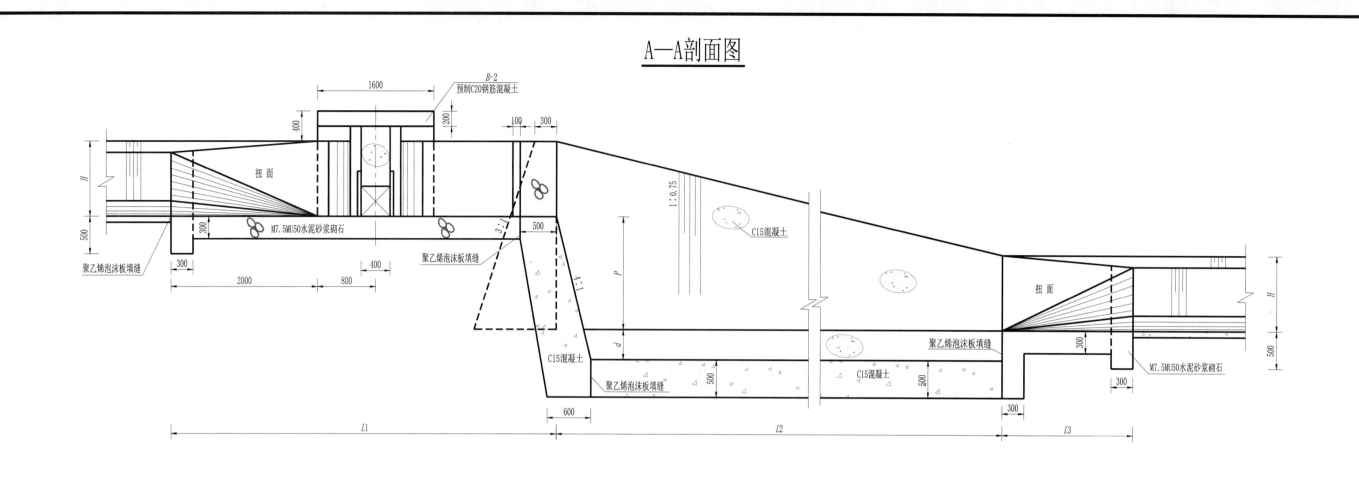

B—B剖面图

C—C剖面图

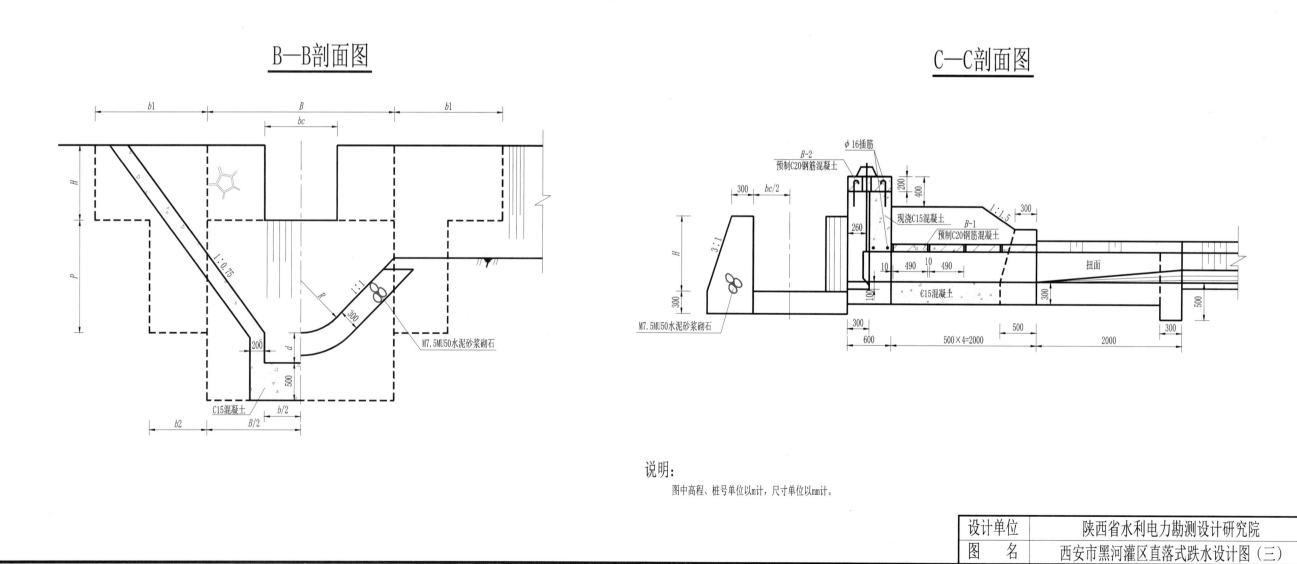

说明：

图中高程、桩号单位以m计，尺寸单位以mm计。

设计单位	陕西省水利电力勘测设计研究院
图 名	西安市黑河灌区直落式跌水设计图（三）

直落式跌水设计参数一览表

标段	支渠名称	编号	进口桩号位置	设计流量Q (m³/s)	渠开口宽B (m)	圆弧半径R (渠道底宽B1) (m)	渠深H (m)	落差P (m)	b1 (m)	b2 (m)	缺口宽度bc (m)	池宽b (m)	池深d (m)	进口段L1 (m)	消力池段L2 (m)	出口段L3 (m)	总长 (m)	备注
III	西一支	2号	2+553.50	1.13	2.044	0.70	1.4	0.60	1.48	1.13	0.5	1.0	0.40	5.3	5.25	3.0	13.55	B型
		3号	2+705.00	1.13	2.044	0.70	1.4	0.40	1.33	0.98	0.6	1.0	0.40	5.3	5.20	3.0	13.50	B型
	东一支	9号	1+923.50	0.57	4.800	1.80	1.5	1.30	1.10	0.68	1.0	1.8	0.30	5.3	5.40	3.0	13.70	B型
		11号	3+293.30	0.57	4.800	1.80	1.5	1.20	1.03	0.60	1.0	1.8	0.30	5.3	5.38	3.0	13.68	B型
		12号	3+683.00	0.57	4.800	1.80	1.5	1.44	1.21	0.78	1.0	1.8	0.30	8.3	5.44	3.0	16.74	B型
		13号	4+089.80	0.57	4.800	1.80	1.5	1.20	1.03	0.60	1.0	1.8	0.30	5.3	5.38	3.0	13.68	B型
VI	东二支	1号	2+752.80	0.98	3.028	1.00	1.1	1.20	1.31	1.19	1.2	1.2	0.40	5.3	6.00	2.5	13.80	A型
		2号	3+157.00	0.98	3.028	1.00	1.1	1.10	1.24	1.11		1.2	0.40	2.5	5.50	2.5	10.50	A型
		3号	3+602.60	0.98	3.028	1.00	1.1	1.20	1.31	1.19		1.2	0.40	2.5	5.50	2.5	10.50	A型
		4号	3+954.00	0.98	3.028	1.00	1.1	2.00	1.91	1.79	1.2	1.2	0.50	5.3	7.00	2.5	14.80	A型
		5号	4+758.40	0.98	3.028	1.00	1.1	1.90	1.84	1.71		1.2	0.50	2.5	7.00	2.5	12.00	A型
		6号	5+161.90	0.98	3.028	1.00	1.1	1.40	1.46	1.34		1.2	0.45	2.5	6.50	2.5	11.50	A型
		7号	5+561.10	0.98	3.028	1.00	1.1	1.00	1.16	1.04	1.2	1.2	0.35	5.3	5.50	2.5	13.30	A型
		8号	6+176.50	0.98	3.028	1.00	1.1	1.00	1.16	1.04		1.2	0.35	2.5	5.50	2.5	10.50	A型
		9号	7+580.00	0.98	1.920	0.65	1.3	1.60	2.32	2.04		1.2	0.45	2.5	6.50	2.5	11.50	A型
		10号	9+634.20	0.98	1.920	0.65	1.3	1.30	2.09	1.82		1.2	0.40	2.5	6.00	2.5	11.00	A型
	东三支	3号	2+719.20	0.52	2.580	0.70	1.1	1.00	1.29	1.16	1.0	1.0	0.25	5.3	5.00	2.5	12.80	B型
		4号	3+474.90	0.52	2.580	0.70	1.1	0.60	0.99	0.86	1.0	1.0	0.25	2.5	4.80	2.5	12.60	B型
	东四支	1号	0+109.30	0.42	1.330	0.45	1.0	1.20	1.99	1.94		1.0	0.35	5.3	5.30	2.5	13.00	A型
		2号	0+255.70	0.42	1.330	0.45	1.0	1.50	2.21	2.16		1.0	0.40	2.5	5.50	2.5	10.50	A型
		3号	0+357.00	0.42	1.330	0.45	1.0	1.50	2.21	2.16		1.0	0.40	2.5	5.50	2.5	10.50	A型
		4号	0+507.50	0.42	1.330	0.45	1.0	1.30	2.06	2.01		1.0	0.35	2.5	5.50	2.5	10.20	A型
		5号	0+578.20	0.42	1.330	0.45	1.0	1.80	2.44	2.39		1.0	0.45	2.5	6.00	2.5	11.00	A型
		6号	0+740.90	0.42	2.580	0.70	1.0	1.20	1.36	1.31		1.0	0.35	2.5	5.20	2.5	10.20	A型
		7号	0+972.90	0.42	2.580	0.70	1.0	1.80	1.81	1.76	1.0	1.0	0.45	5.3	6.00	2.5	13.80	B型
		8号	1+138.70	0.42	2.580	0.70	1.0	2.50	2.34	2.29	1.0	1.0	0.50	5.3	7.20	2.5	15.00	B型
		9号	1+315.50	0.42	2.580	0.70	1.0	1.80	1.81	1.76		1.0	0.45	2.5	6.00	2.5	11.00	A型
		10号	1+544.90	0.42	1.330	0.45	1.0	1.00	1.84	1.79		1.0	0.25	2.5	4.80	2.5	9.80	A型
		11号	2+166.00	0.42	2.580	0.70	1.0	0.50	0.84	0.79	1.0	1.0	0.10	2.5	3.90	2.5	8.90	A型
		12号	2+418.10	0.42	2.580	0.70	1.0	1.20	1.36	1.31		1.0	0.35	2.5	5.20	2.5	10.20	A型
		13号	2+518.80	0.42	2.580	0.70	1.0	1.00	1.21	1.16		1.0	0.25	2.5	4.80	2.5	9.80	A型
		14号	2+734.10	0.42	2.580	0.70	1.0	1.90	1.89	1.84	1.0	1.0	0.45	5.3	6.00	2.5	13.80	B型
		15号	3+538.50	0.42	2.580	0.70	1.0	1.30	1.44	1.39		1.0	0.35	2.5	5.20	2.5	13.00	A型
		16号	3+619.20	0.42	2.580	0.70	1.0	1.20	1.36	1.31		1.0	0.35	2.5	5.20	2.5	10.20	A型

西一支直落式跌水工程量

序号	项目名称	单位	2号	3号
1	挖土方	m³	20	20
2	回填土方	m³	6	6
3	现浇C15混凝土	m³	37	35
4	M7.5MU50水泥砂浆砌石	m³	29	28
5	聚乙烯泡沫板	m²	5.3	5.3
6	拆除砌石	m³	30	30
7	预制C20混凝土	m³	0.432	0.432
8	弯扎钢筋	kg	34.47	34.47
9	400mm×400mm铸铁闸门	扇	1	1
10	0.5t手动启闭机	台	1	1
11	备注		联合布置	联合布置

东一支直落式跌水工程量

序号	项目名称	单位	9号	11号	12号	13号
1	挖土方	m³	20	20	20	20
2	回填土方	m³	6	6	6	6
3	现浇C15混凝土	m³	48	43	49	50
4	M7.5MU50水泥砂浆砌石	m³	38	37	23	32
5	聚乙烯泡沫板	m²	5.3	5.3	5.3	5.3
6	拆除砌石	m³	40	40	40	40
7	预制C20混凝土	m³	0.432	0.432	0.432	0.432
8	弯扎钢筋	kg	34.47	34.47	34.47	34.47
9	400mm×400mm铸铁闸门	扇	1	1	1	1
10	0.5t手动启闭机	台	1	1	1	1
11	备注		联合布置	联合布置	联合布置	联合布置

东二支直落式跌水工程量

序号	项目名称	单位	1号	2号	3号	4号	5号	6号	7号	8号	9号	10号
1	挖土方	m³	20	20	20	20	20	20	20	20	20	20
2	回填土方	m³	6	6	6	6	6	6	6	6	6	6
3	现浇C15混凝土	m³	63	51	53	69	59	54	47	50	55	53
4	M7.5MU50水泥砂浆砌石	m³	40	25	25	45	29	34	39	24	32	30
5	聚乙烯泡沫板	m²	5.3	3	3	5.3	3	3	5.3	3	3	3
6	拆除砌石	m³	50	50	50	50	50	50	50	50	50	50
7	预制C20混凝土	m³	0.432			0.432			0.432			
8	弯扎钢筋	kg	34.47			34.47			34.47			
9	400mm×400mm铸铁闸门	扇	1			1			1			
10	0.5t手动启闭机	台	1			1			1			
11	备注		联合布置			联合布置			联合布置			

东四支直落式跌水工程量

序号	项目名称	单位	1号	2号	3号	4号	5号	6号	7号	8号	9号	10号	11号	12号	13号	14号	15号	16号
1	挖土方	m³	20	20	20	20	20	20	20	20	20	20	20	20	20	20	20	20
2	回填土方	m³	6	6	6	6	6	6	6	6	6	6	6	6	6	6	6	6
3	现浇C15混凝土	m³	61	74	75	69	87	63	88	128	86	52	22	60	54	93	68	62
4	M7.5MU50水泥砂浆砌石	m³	35	43	44	39	50	35	48	76	44	29	13	30	30	54	40	34
5	聚乙烯泡沫板	m²	5.3	3	3	3	3	3	5.3	5.3	3	3	5.3	3	3	5.3	5.3	3
6	拆除砌石	m³	70	70	70	70	70	70	70	70	70	70	70	70	70	70	70	70
7	预制C20混凝土	m³	0.432						0.432	0.432			0.432			0.432	0.432	
8	弯扎钢筋	kg	34.47						34.47	34.47			34.47			34.47	34.47	
9	400mm×400mm铸铁闸门	扇	1						1	1			1			1	1	
10	0.5t手动启闭机	台	1						1	1			1			1	1	
11	备注		联合布置						联合布置	联合布置			联合布置			联合布置	联合布置	

东三支直落式跌水工程量

序号	项目名称	单位	3号	4号
1	挖土方	m³	20	20
2	回填土方	m³	6	6
3	现浇C15混凝土	m³	43	40
4	M7.5MU50水泥砂浆砌石	m³	37	34
5	聚乙烯泡沫板	m²	5.3	5.3
6	拆除砌石	m³	50	50
7	预制C20混凝土	m³	0.432	0.432
8	弯扎钢筋	kg	34.47	34.47
9	400mm×400mm铸铁闸门	扇	1	1
10	0.5t手动启闭机	台	1	1
11	备注		联合布置	联合布置

说明：

斗门与跌水联合布置的斗门工程量计入相应跌水工程量中。

设计单位	陕西省水利电力勘测设计研究院
图 名	西安市黑河灌区直落式跌水设计图（四）

平面图

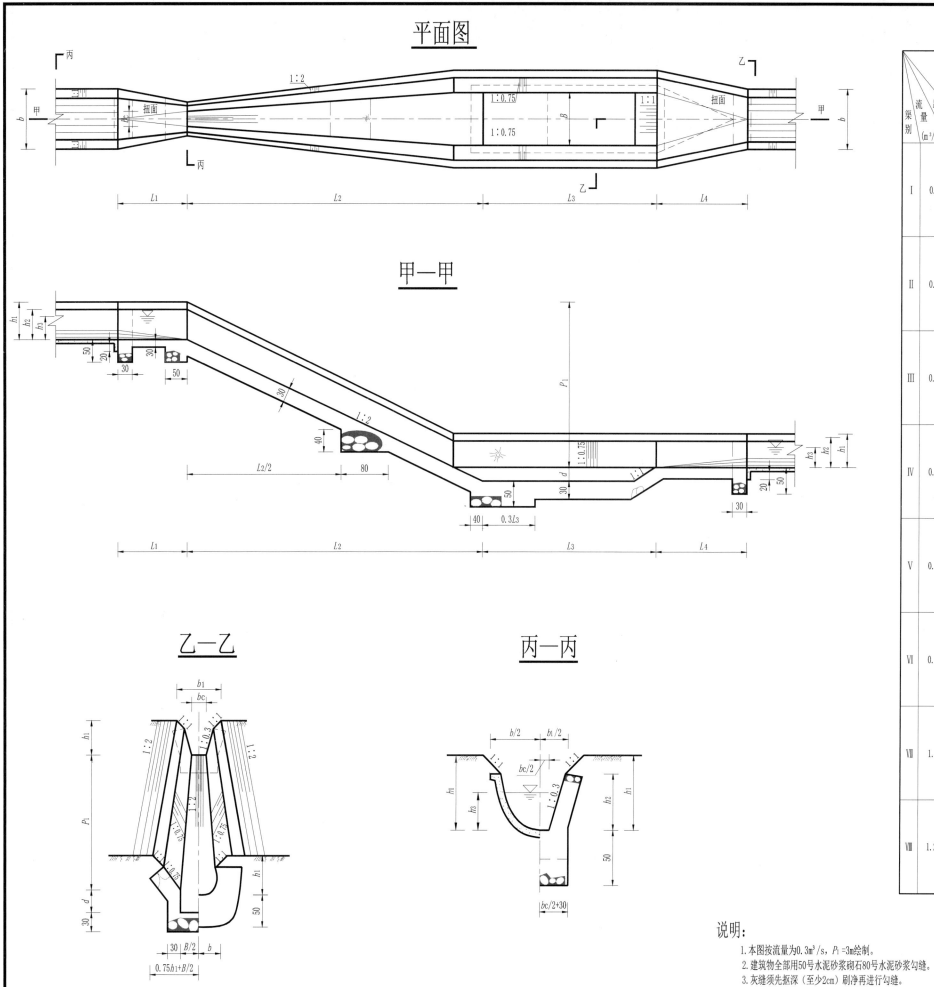

甲—甲

乙—乙

丙—丙

各部尺寸及工程量表

渠别	流量P(m³/s)	跌差P₁	渠深h₁(cm)	砌护深h₂(cm)	水深h₃(cm)	渠口宽b(cm)	缺口底宽bc	缺口上宽b₁	陡坡斜长L₂(cm)	消力池底宽B(cm)	消力池深d(cm)	消力池长L₃(cm)	进口扭坡长L₁(cm)	出口扭坡长L₄(cm)	50号水泥砂浆砌石(m³)	80号水泥砂浆勾缝(m³)
I	0.1	300	50	40	30	66.4	30	60	680	50	40	350	90	110	8.6	17.40
		350	50	40	30	66.4	30	60	780	50	40	400	90	110	9.5	23.10
		400	50	40	30	66.4	30	60	890	50	45	400	90	110	10.4	24.60
		450	50	40	30	66.4	30	60	990	50	45	410	90	110	10.9	26.40
		500	50	40	30	66.4	30	60	1100	50	50	420	90	110	11.8	37.00
II	0.2	300	65	50	40	96.6	30	69	700	70	50	350	120	140	12.2	26.00
		350	65	50	40	96.6	30	69	810	70	55	460	120	140	14.0	31.40
		400	65	50	40	96.6	30	69	910	70	55	470	120	140	14.9	33.30
		450	65	50	40	96.6	30	69	1020	70	60	480	120	140	15.8	35.90
		500	65	50	40	96.6	30	69	1200	70	60	520	120	140	17.6	40.10
III	0.3	300	75	55	45	125.4	40	85	700	90	50	350	150	200	14.0	31.40
		350	75	55	45	125.4	40	85	810	90	55	460	150	200	16.3	37.70
		400	75	55	45	125.4	40	85	920	90	60	470	150	200	17.5	40.50
		450	75	55	45	125.4	40	85	1020	90	60	480	150	200	18.4	42.80
		500	75	55	45	125.4	40	85	1130	90	65	520	150	200	20.1	46.30
IV	0.4	300	80	60	50	128.4	50	98	710	90	55	540	150	200	18.9	48.36
		350	80	60	50	128.4	50	98	820	90	60	560	150	200	20.1	52.21
		400	80	60	50	128.4	50	98	930	90	65	580	150	200	21.9	56.10
		450	80	60	50	128.4	50	98	1040	90	70	610	150	200	23.5	60.80
		500	80	60	50	128.4	50	98	1150	90	75	630	150	200	25.1	64.91
V	0.6	300	90	70	60	148.6	50	104	730	110	65	540	180	220	21.3	61.10
		350	90	70	60	148.6	50	104	840	110	70	560	180	220	23.2	66.70
		400	90	70	60	148.6	50	104	960	110	75	700	180	220	25.4	73.30
		450	90	70	60	148.6	50	104	1070	110	85	740	180	220	27.3	79.80
		500	90	70	60	148.6	50	104	1170	110	85	780	180	220	28.8	84.50
VI	0.8	300	105	85	70	168.8	50	113	730	130	65	620	220	250	25.2	63.80
		350	105	85	70	168.8	50	113	840	130	70	660	220	250	27.0	69.60
		400	105	85	70	168.8	50	113	960	130	80	700	220	250	28.9	75.80
		450	105	85	70	168.8	50	113	1070	130	85	740	220	250	31.1	81.70
		500	105	85	70	168.8	50	113	1170	130	85	780	220	250	32.9	85.40
VII	1.0	300	115	95	80	171.8	50	119	730	140	65	620	250	300	26.3	71.20
		350	115	95	80	171.8	50	119	840	140	70	660	250	300	28.5	77.40
		400	115	95	80	171.8	50	119	960	140	80	700	250	300	30.8	83.80
		450	115	95	80	171.8	50	119	1070	140	85	740	250	300	33.3	90.20
		500	115	95	80	171.8	50	119	1170	140	85	780	250	300	34.8	94.90
VIII	1.2	300	125	105	90	174.8	50	125	730	140	65	620	300	350	29.2	79.20
		350	125	105	90	174.8	50	125	840	140	70	660	300	350	31.6	85.80
		400	125	105	90	174.8	50	125	960	140	70	700	300	350	34.2	92.70
		450	125	105	90	174.8	50	125	1070	140	85	740	300	350	36.6	99.40
		500	125	105	90	174.8	50	125	1170	140	85	780	300	350	38.6	104.90

说明：
1. 本图按流量为0.3m³/s，P₁=3m绘制。
2. 建筑物全部用50号水泥砂浆砌石80号水泥砂浆勾缝。
3. 灰缝须抠深(至少2cm)刷净再进行勾缝。
4. 基础必须经过夯实处理。

设计单位	陕西省水利电力勘测设计研究院
图 名	砌石结构陡坡设计图

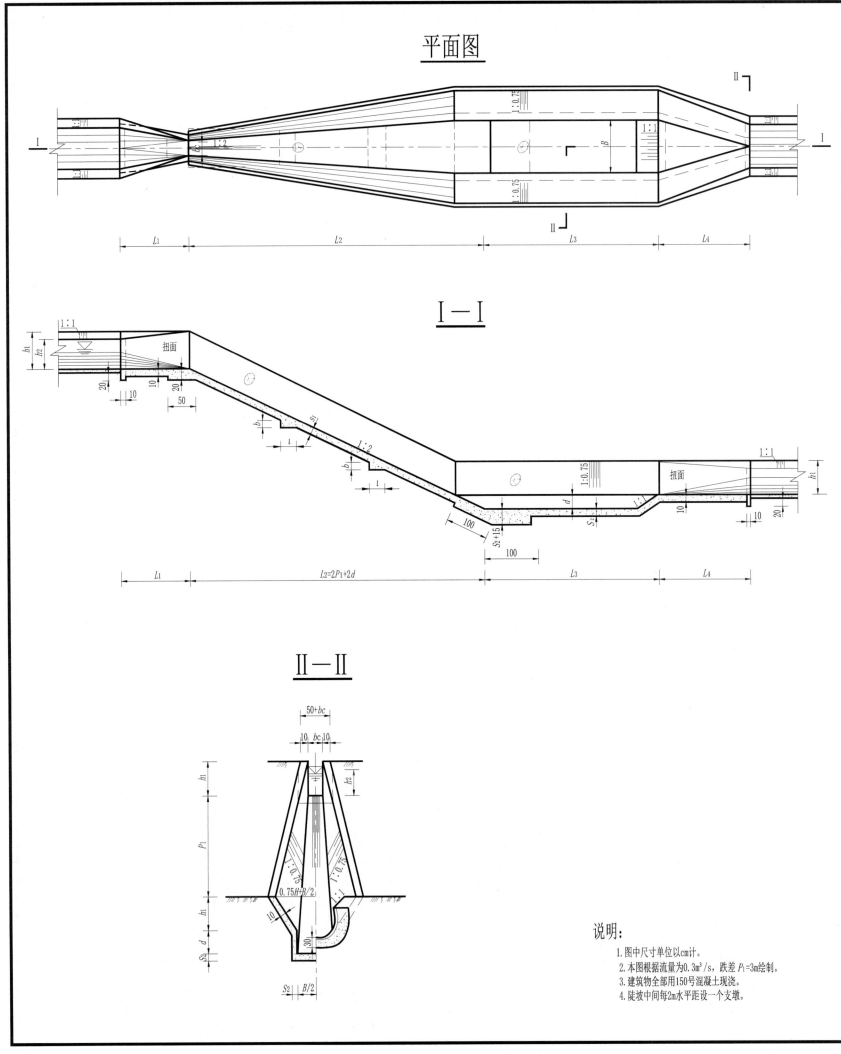

平面图

I — I

II — II

各部尺寸表

渠别	流量(m³/s)	跌差P₁	项目	渠深h₁	水深h₂	进坡口扭面长L₁	缺口底宽bc	陡坡斜长L₂	陡坡厚坡S₁	消力池 宽B	消力池 深d	消力池 长L₃	出坡口扭面长L₄	中支间墩 b×t	消底力池厚S₂
1	0.1		300	50	30	90	30	680	10	45	40	350	110	20×40	10
			350					780	10		40	400		20×40	10
			400					890	10		45	400		20×40	12
			450					990	12		45	410		25×50	15
			500					1100	12		50	420		25×50	18
2	0.2		300	65	40	120	40	700	10	70	50	350	140	20×40	10
			350					810	10		55	460		20×40	10
			400					910	10		55	470		20×40	12
			450					1020	12		60	480		25×50	15
			500					1200	12		60	520		25×50	18
3	0.3		300	75	45	150	40	700	10	85	50	350	200	20×20	12
			350					810	10		55	460		20×20	12
			400					920	10		60	470		20×20	15
			450					1020	12		60	480		25×50	18
			500					1130	12		65	520		25×50	20
4	0.4		300	80	50	150	50	710	12	90	55	540	200	20×20	12
			350					820	12		60	560		20×20	15
			400					930	12		65	580		20×20	15
			450					1040	15		70	610		25×50	18
			500					1150	15		75	630		25×50	20
5	0.6		300	90	60	180	60	730	12	110	65	620	220	20×40	15
			350					840	12		70	660		20×40	15
			400					960	12		80	700		20×40	18
			450					1070	15		85	740		25×50	18
			500					1170	15		85	780		25×50	20
6	0.8		300	105	70	220	70	730	12	130	65	620	250	20×40	18
			350					840	12		70	660		20×40	18
			400					960	15		80	700		20×40	20
			450					1070	18		85	740		25×50	22
			500					1170	18		85	780		25×50	22
7	1.0		300	115	80	250	80	730	18	135	65	620	300	20×40	20
			350					840	18		70	660		20×40	20
			400					960	18		80	700		20×40	22
			450					1070	20		85	740		25×50	22
			500					1170	20		85	780		25×50	25
8	1.2		300	125	90	300	90	730	18	135	65	620	350	20×40	20
			350					840	18		70	660		20×40	20
			400					960	18		80	700		20×40	22
			450					1070	20		85	740		25×50	22
			500					1170	20		85	780		25×50	25

说明:
1. 图中尺寸单位以cm计。
2. 本图根据流量为0.3m³/s，跌差P₁=3m绘制。
3. 建筑物全部用150号混凝土现浇。
4. 陡坡中间每隔2m水平距设一个支墩。

设计单位	陕西省水利电力勘测设计研究院
图 名	混凝土结构陡坡设计图

混凝土结构跌水设计图

平面图

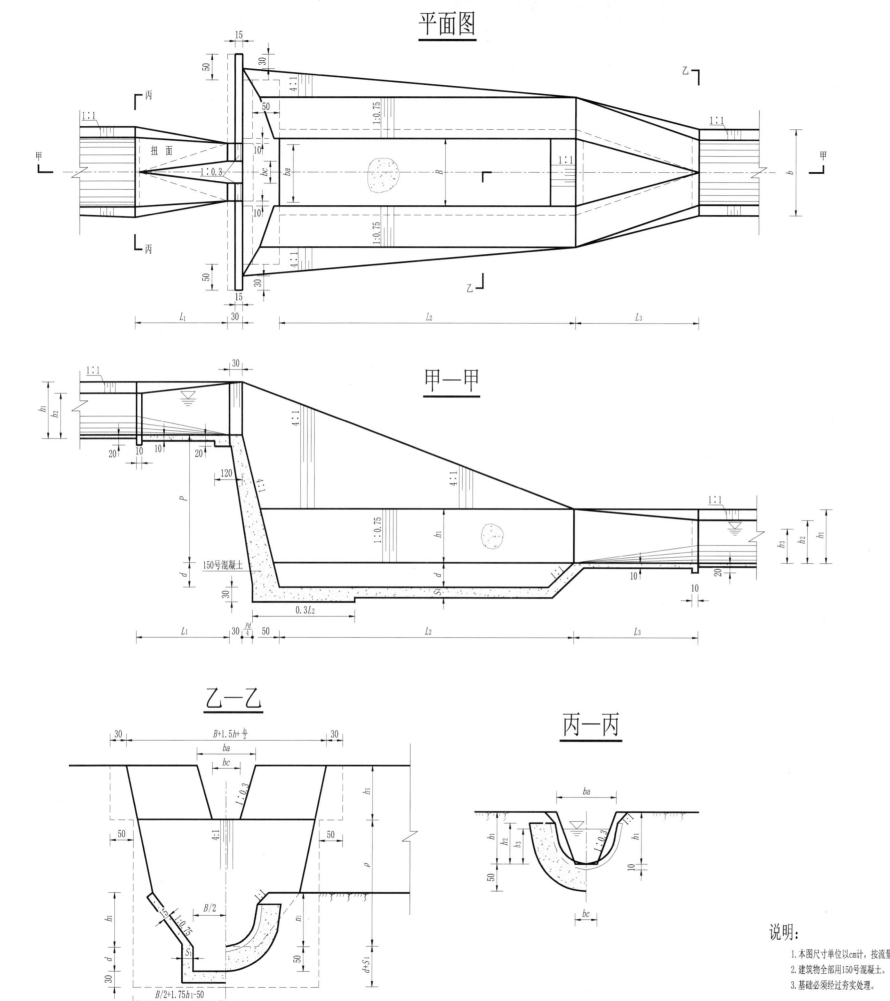

各部尺寸表

渠别	流量(m³/s)	跌差 项目 P(cm)	渠道尺寸 渠深 h₁	砌护深 h₂	水深 h₃	渠口宽 b	缺口 底宽 bc	上宽 ba	消力池 深 d	底宽 B	底厚 S₁	长 L₂	进口扭坡长 L₁	出口扭坡长 L₃
I	0.1	100	50	40	30	66.4	30	60	20	45	15	300	90	110
		150	50	40	30	66.4	30	60	25	45	15	350	90	110
		200	50	40	30	66.4	30	60	30	45	15	300	90	110
		250	50	40	30	66.4	30	60	35	45	20	400	90	110
		300	50	40	30	66.4	30	60	35	45	20	450	90	110
II	0.2	100	65	50	40	96.6	30	69	25	70	15	350	120	140
		150	65	50	40	96.6	30	69	30	70	15	400	120	140
		200	65	50	40	96.6	30	69	35	70	15	440	120	140
		250	65	50	40	96.6	30	69	40	70	20	480	120	140
		300	65	50	40	96.6	30	69	45	70	20	520	120	140
III	0.3	100	75	55	45	125.4	40	85	30	85	15	400	150	200
		150	75	55	45	125.4	40	85	35	85	15	440	150	200
		200	75	55	45	125.4	40	85	40	85	15	480	150	200
		250	75	55	45	125.4	40	85	45	85	15	520	150	200
		300	75	55	45	125.4	40	85	45	85	15	560	150	200
IV	0.4	100	80	60	50	128.4	50	98	35	90	15	490	150	200
		150	80	60	50	128.4	50	98	40	90	15	530	150	200
		200	80	60	50	128.4	50	98	45	90	18	580	150	200
		250	80	60	50	128.4	50	98	50	90	20	620	150	200
		300	80	60	50	128.4	50	98	55	90	20	650	150	200
V	0.6	100	90	70	60	148.6	50	104	35	110	15	530	180	220
		150	90	70	60	148.6	50	104	40	110	15	580	180	220
		200	90	70	60	148.6	50	104	45	110	18	620	180	220
		250	90	70	60	148.6	50	104	50	110	20	650	180	220
		300	90	70	60	148.6	50	104	55	110	20	680	180	220
VI	0.8	100	105	85	70	168.8	50	113	35	130	18	580	220	250
		150	105	85	70	168.8	50	113	40	130	18	620	220	250
		200	105	85	70	168.8	50	113	45	130	20	650	220	250
		250	105	85	70	168.8	50	113	50	130	20	680	220	250
		300	105	85	70	168.8	50	113	55	130	25	710	220	250
VII	1.0	100	115	95	80	171.8	50	119	35	135	18	580	250	300
		150	115	95	80	171.8	50	119	40	135	18	620	250	300
		200	115	95	80	171.8	50	119	45	135	20	650	250	300
		250	115	95	80	171.8	50	119	50	135	20	680	250	300
		300	115	95	80	171.8	50	119	55	135	25	710	250	300
VIII	1.2	100	125	105	90	174.8	50	125	35	135	18	580	300	350
		150	125	105	90	174.8	50	125	40	135	18	620	300	350
		200	125	105	90	174.8	50	125	45	135	20	650	300	350
		250	125	105	90	174.8	50	125	50	135	20	680	300	350
		300	125	105	90	174.8	50	125	55	135	25	710	300	350

甲—甲

乙—乙

丙—丙

150号混凝土

说明：
1. 本图尺寸单位以cm计，按流量0.8m³/s，跌差2.5m绘制。
2. 建筑物全部用150号混凝土。
3. 基础必须经过夯实处理。

设计单位	陕西省水利电力勘测设计研究院
图 名	混凝土结构跌水设计图

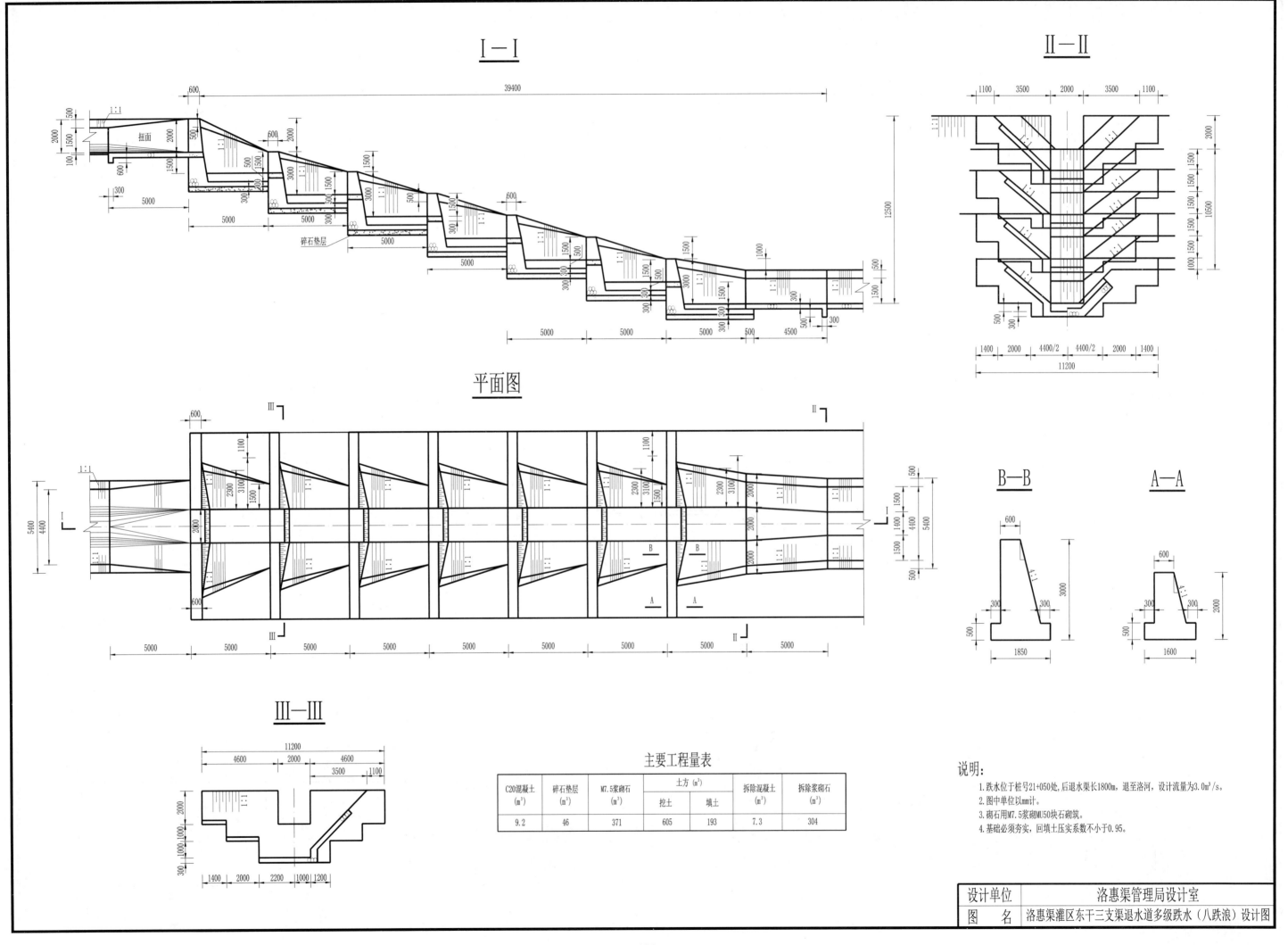

主要工程量表

C20混凝土 (m³)	碎石垫层 (m³)	M7.5浆砌石 (m³)	土方 (m³)		拆除混凝土 (m³)	拆除浆砌石 (m³)
			挖土	填土		
9.2	46	371	605	193	7.3	304

说明:
1. 跌水位于桩号21+050处,后退水渠长1800m,退至洛河,设计流量为3.0m³/s。
2. 图中单位以mm计。
3. 砌石用M7.5浆砌MU50块石砌筑。
4. 基础必须夯实,回填土压实系数不小于0.95。

设计单位	洛惠渠管理局设计室
图 名	洛惠渠灌区东干三支渠退水道多级跌水（八跌浪）设计图

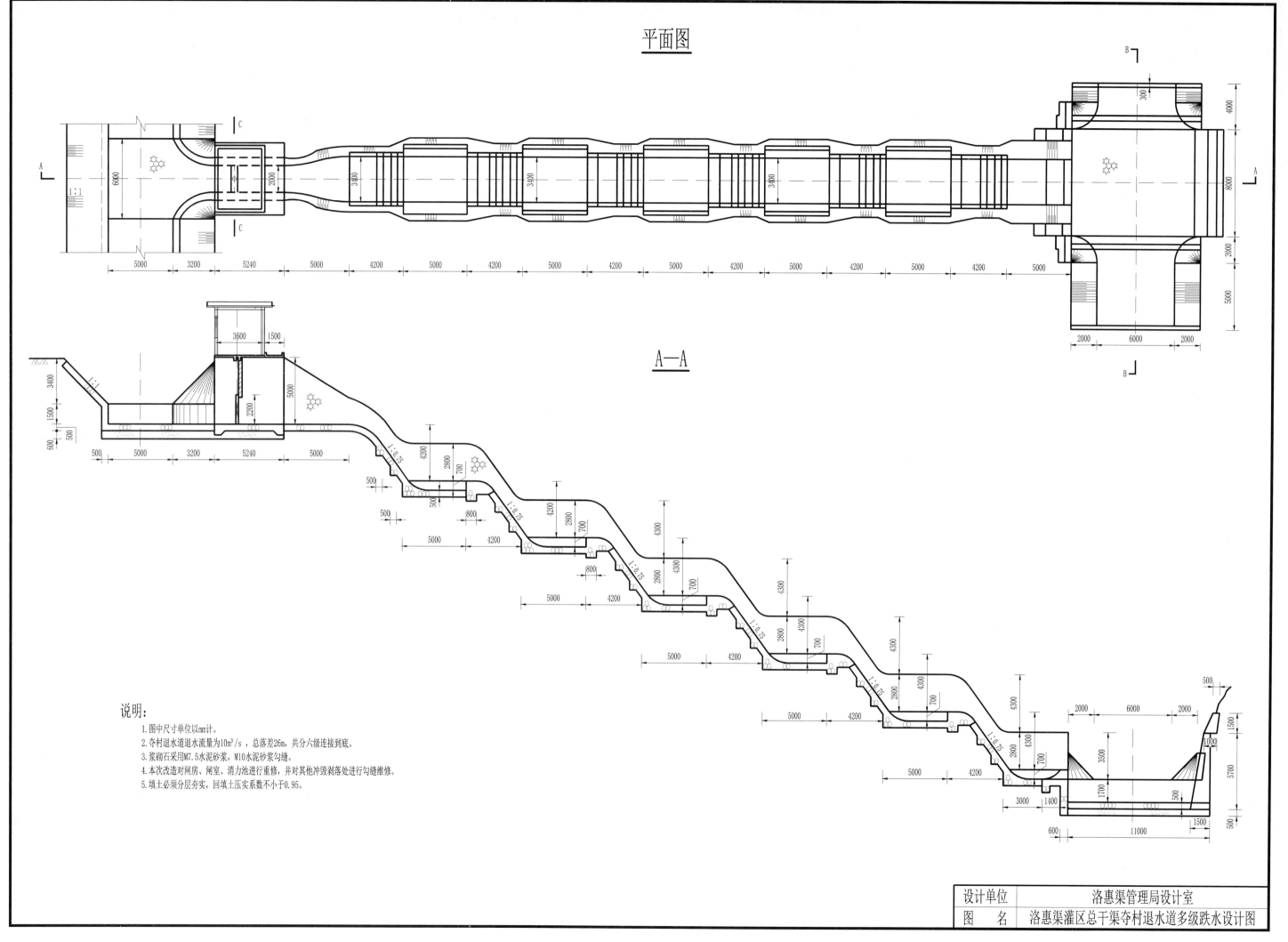

平面图

A—A

说明:
1. 图中尺寸单位以mm计。
2. 夺村退水道退水流量为10m³/s，总落差26m，共分六级连接到底。
3. 浆砌石采用M7.5水泥砂浆，M10水泥砂浆勾缝。
4. 本次改造对闸房、闸室、消力池进行重修，并对其他冲毁剥落处进行勾缝维修。
5. 填土必须分层夯实，回填土压实系数不小于0.95。

设计单位	洛惠渠管理局设计室
图　名	洛惠渠灌区总干渠夺村退水道多级跌水设计图

甲—甲

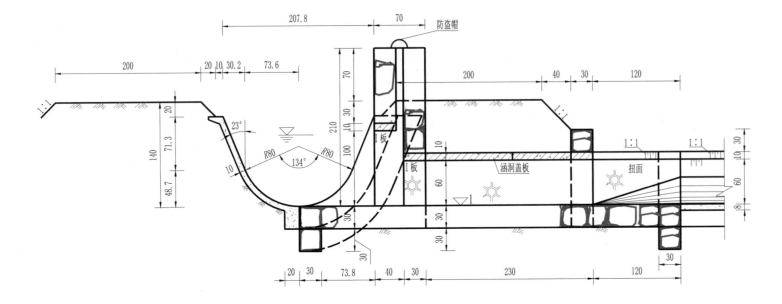

乙—乙

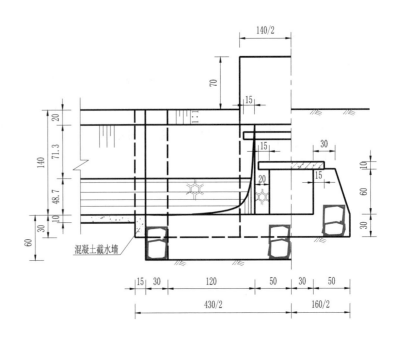

平面图

说明：

1. 图中高程单位以m计，尺寸单位以cm计。本斗门设计过流能力为0.15m³/s。
2. 砌石采用M7.5水泥砂浆砌筑，斗台采用M10水泥砂浆抹面，护坡采用M10水泥砂浆勾缝，I、II板及涵洞盖板采用C20预制钢筋混凝土。
3. 基土及回填土必须进行夯实处理，压实度必须达到0.95以上。
4. 斗门安装应与斗台砌筑同时进行，待砌石强度达到75%后斗门方可运行。
5. 渠道膜料应深入建筑物截水墙内30cm，以防止水流绕渗。
6. 斗门安装时必须在丝杆和套筒之间加注油润滑，每个套筒内注入量不少于1kg。

设计单位	陕西省泾惠水利水电设计院
图名	泾惠渠灌区三支渠斗门设计图

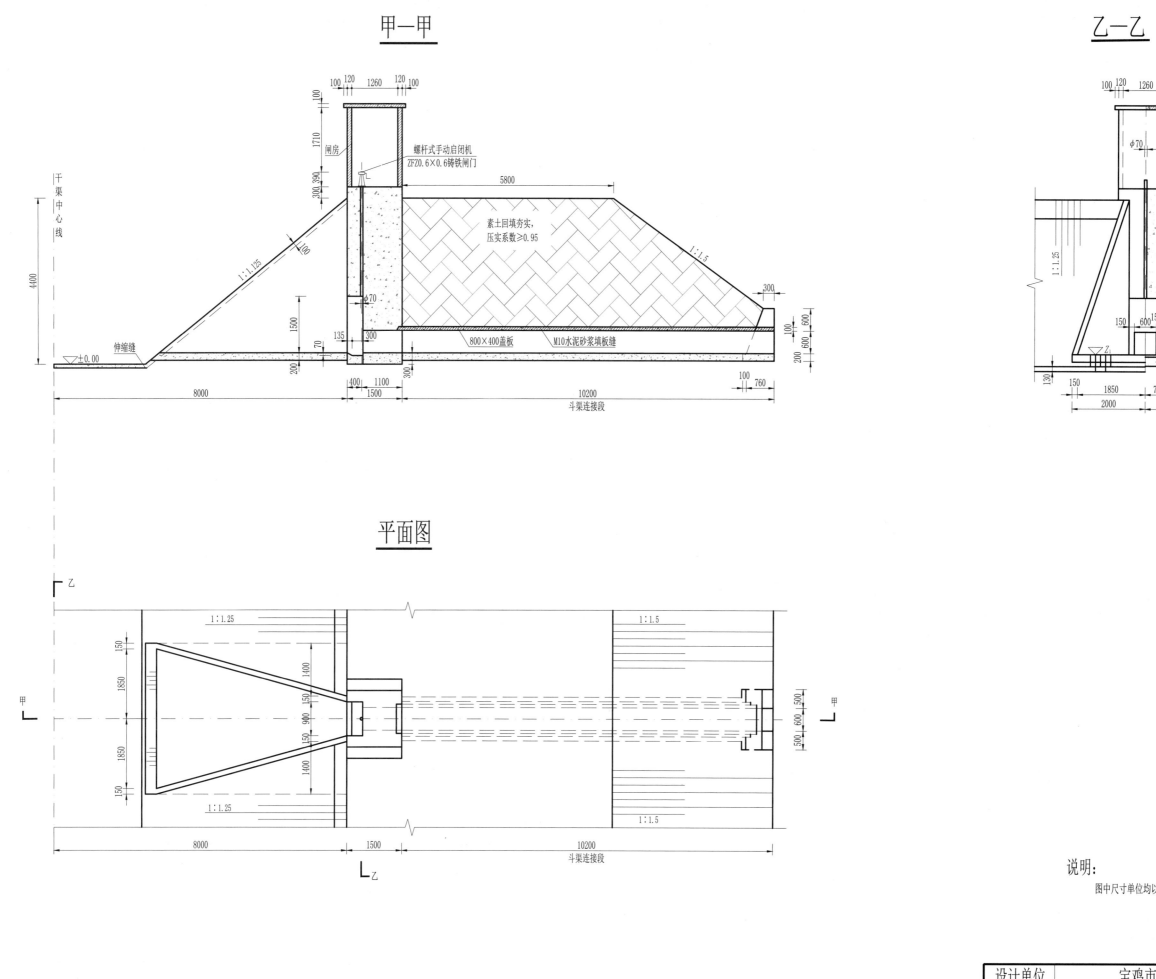

甲—甲

乙—乙

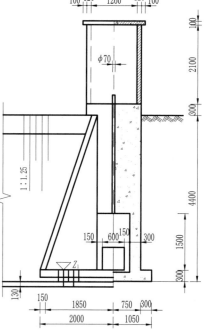

螺杆式手动启闭机
ZFZ0.6×0.6铸铁闸门

闸房

干渠中心线

素土回填夯实，压实系数≥0.95

伸缩缝

800×400盖板

M10水泥砂浆填板缝

斗渠连接段

平面图

斗渠连接段

说明：

图中尺寸单位均以mm计。

设计单位	宝鸡市水利水电规划勘测设计院
图　名	冯家山水库灌区总干渠0.6m×0.6m分水闸设计图

平面图

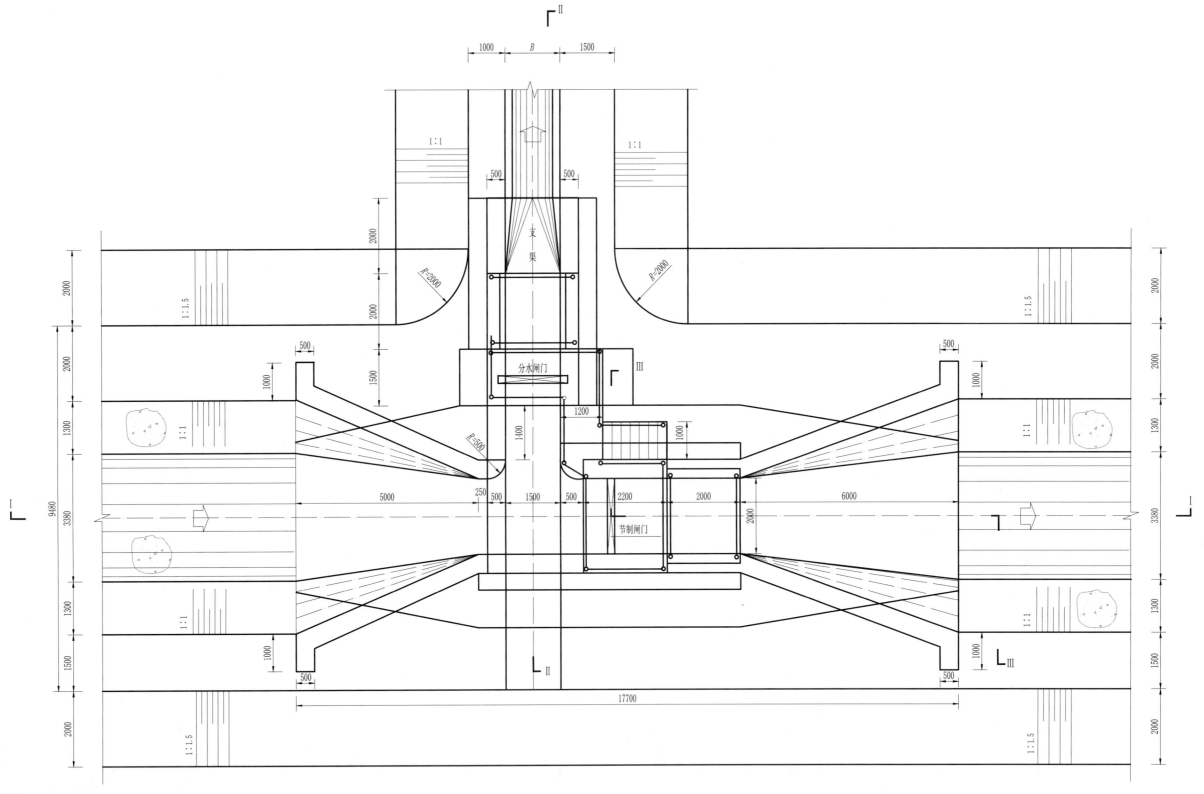

说明：
1. 图中尺寸单位以mm计。
2. 填土压实系数不小于0.95。
3. 该节制闸位于干渠桩号28+050处。

设计单位	渭南市水利水电勘测设计院
图　名	白水县林皋水库灌区干渠节制闸、分水闸设计图（一）

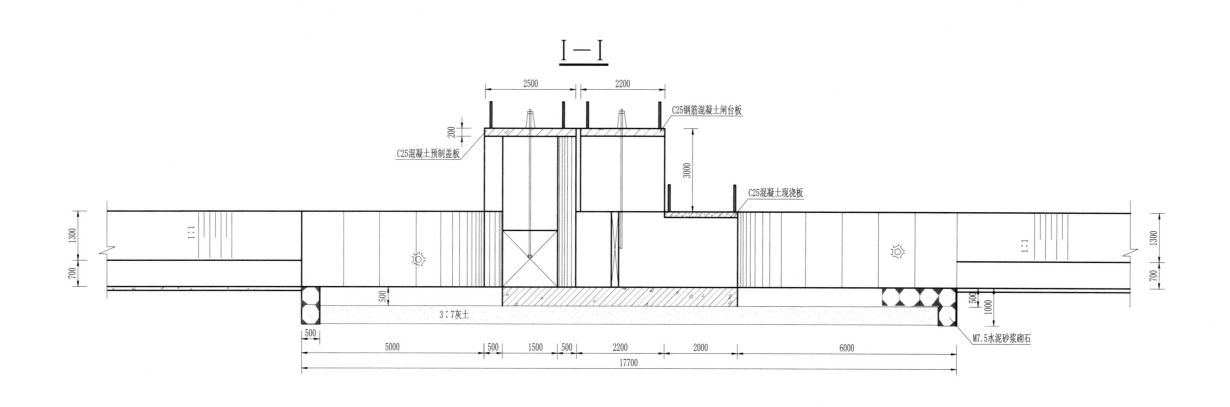

I－I

2500   2200

C25钢筋混凝土闸台板

C25混凝土预制盖板

C25混凝土现浇板

3:7灰土

M7.5水泥砂浆砌石

5000　500　1500　500　2200　2000　6000

17700

II－II

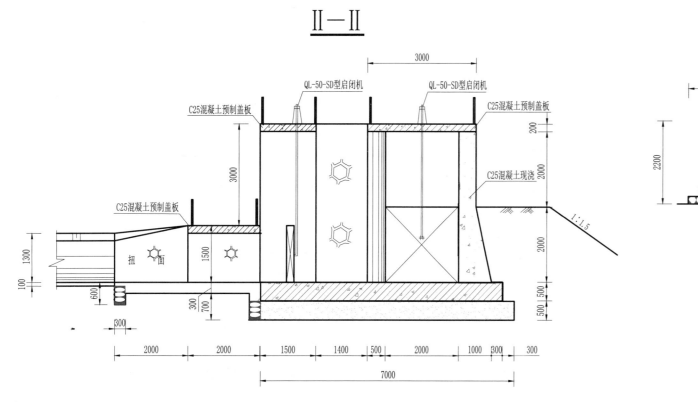

3000

QL-50-SD型启闭机　QL-50-SD型启闭机

C25混凝土预制盖板　C25混凝土预制盖板

C25混凝土现浇

C25混凝土预制盖板

扭面

2000　2000　1500　1400　500　2000　1000　300　300

7000

300

III－III

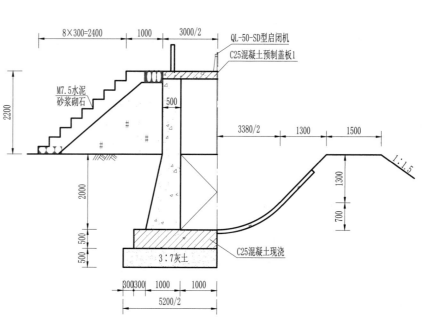

8×300=2400　1000　3000/2

QL-50-SD型启闭机

C25混凝土预制盖板1

M7.5水泥
砂浆砌石

3380/2　1300　1500

C25混凝土现浇

3:7灰土

300 300　1000　1000

5200/2

节制闸、分水闸工程量表

项目	单位	数量
挖土	m³	1340
人工回填土	m³	980
拆除混凝土	m³	120
C25钢筋混凝土预制闸台板	m³	5
铸铁闸门2m×2m	座	1
钢筋	t	1.2
C25混凝土现浇	m³	85
M7.5水泥砂浆砌石	m³	100
3:7灰土垫层	m³	70
QL-50-SD型启闭机	个	1（手电两用）
钢栏杆	t	0.75
预埋钢件型钢	t	0.5

说明:
1.图中尺寸单位以mm计。
2.干渠节制闸、分水闸共有1座。

设计单位	渭南市水利水电勘测设计院
图　名	白水县林皋水库灌区干渠节制闸、分水闸设计图（二）

133

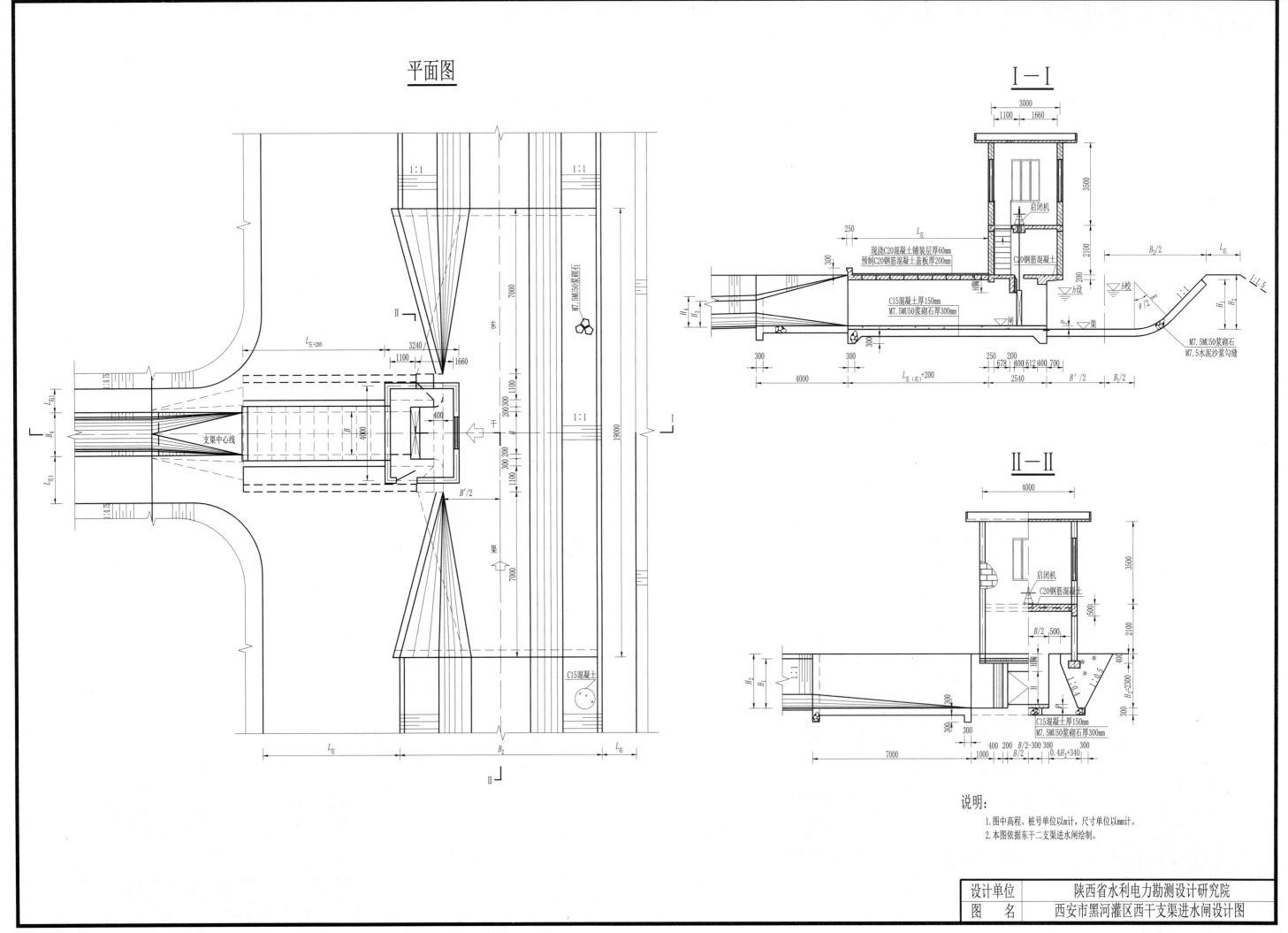

平面图

I—I

II—II

说明:
1. 图中高程、桩号单位以m计,尺寸单位以mm计。
2. 本图依据东干二支渠进水闸绘制。

设计单位	陕西省水利电力勘测设计研究院
图 名	西安市黑河灌区西干支渠进水闸设计图

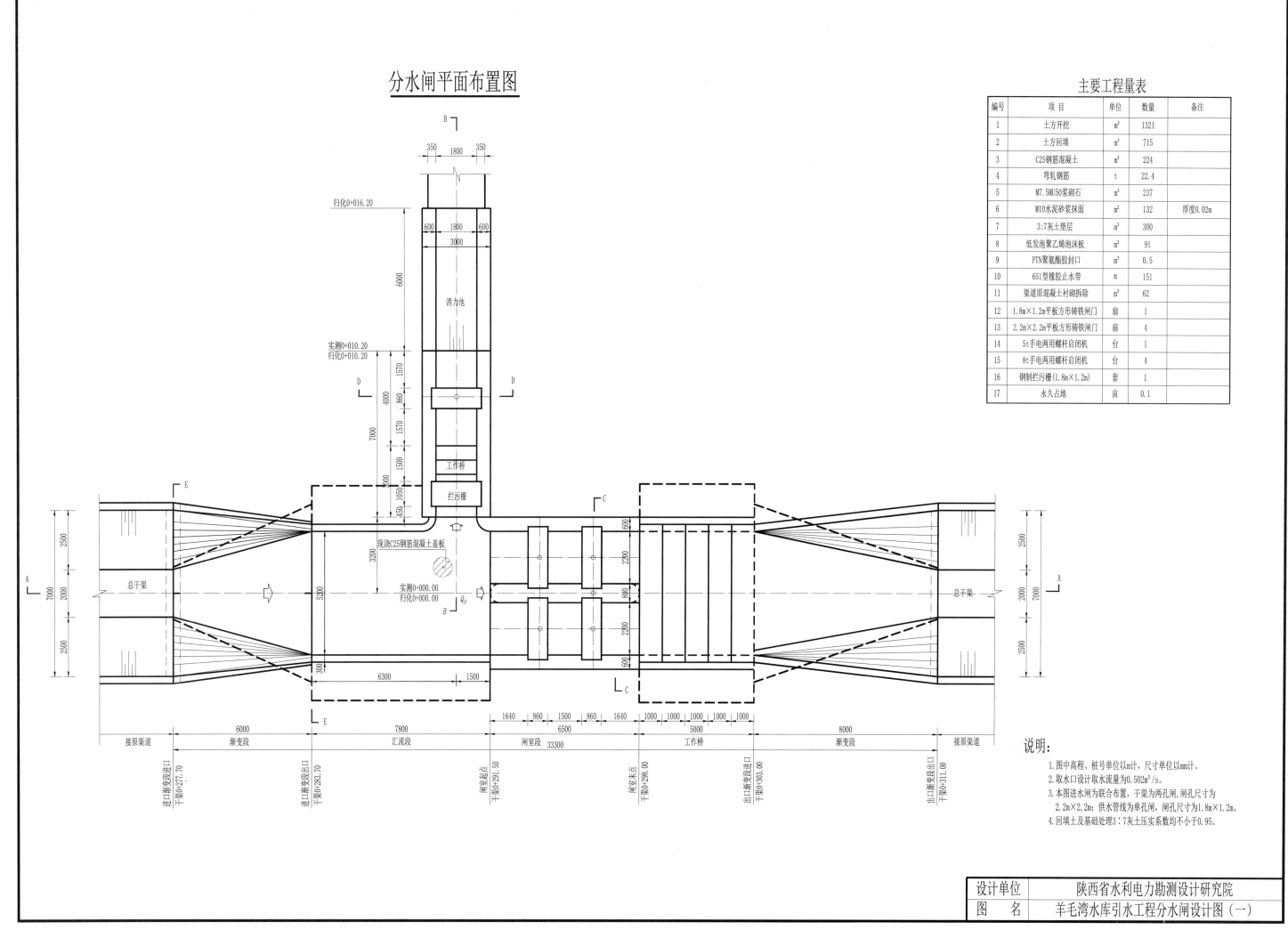

分水闸平面布置图

消力池

工作桥

拦污栅

现浇C25钢筋混凝土盖板

实测0+000.00
归化0+000.00

归化0+016.20

实测0+010.20
归化0+010.20

总干渠

总干渠

接原渠道

接原渠道

进口渐变段进口
干渠0+277.70

进口渐变段出口
干渠0+283.70

闸室起点
干渠0+291.50

闸室末点
干渠0+298.00

出口渐变段进口
干渠0+303.00

出口渐变段出口
干渠0+311.00

渐变段 6000

汇流段 7800

闸室段 33300

闸室段 6500

工作桥 5000

渐变段 8000

主要工程量表

编号	项目	单位	数量	备注
1	土方开挖	m³	1321	
2	土方回填	m³	715	
3	C25钢筋混凝土	m³	224	
4	弯轧钢筋	t	22.4	
5	M7.5MU50浆砌石	m³	237	
6	M10水泥砂浆抹面	m²	132	厚度0.02m
7	3:7灰土垫层	m³	300	
8	低发泡聚乙烯泡沫板	m²	91	
9	PTN聚氨酯胶封口	m³	0.5	
10	651型橡胶止水带	m	151	
11	渠道原混凝土衬砌拆除	m³	62	
12	1.8m×1.2m平板方形铸铁闸门	扇	1	
13	2.2m×2.2m平板方形铸铁闸门	扇	4	
14	5t手电两用螺杆启闭机	台	1	
15	8t手电两用螺杆启闭机	台	4	
16	钢制拦污栅(1.8m×1.2m)	套	1	
17	永久占地	亩	0.1	

说明:

1. 图中高程、桩号单位以m计,尺寸单位以mm计。
2. 取水口设计取水流量为0.502m³/s。
3. 本图进水闸为联合布置,干渠为两孔闸,闸孔尺寸为2.2m×2.2m;供水管线为单孔闸,闸孔尺寸为1.8m×1.2m。
4. 回填土及基础处理3:7灰土压实系数均不小于0.95。

设计单位	陕西省水利电力勘测设计研究院
图　名	羊毛湾水库引水工程分水闸设计图(一)

135

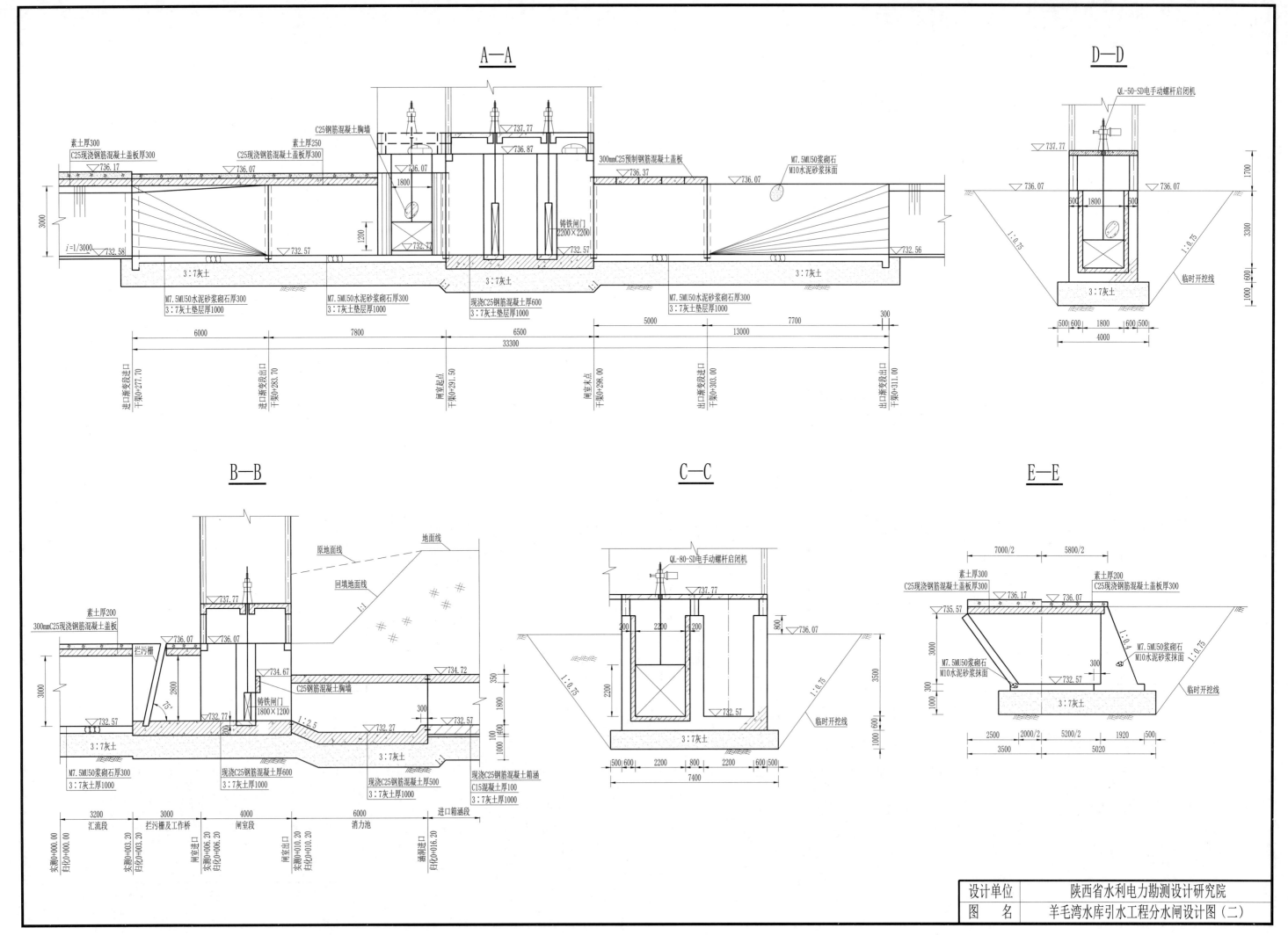

A—A

素土厚300
C25现浇钢筋混凝土盖板厚300
▽736.17
素土厚250
C25现浇钢筋混凝土盖板厚300
C25钢筋混凝土胸墙
▽736.07
▽737.77
▽736.87
300mmC25预制钢筋混凝土盖板
M7.5MU50浆砌石
M10水泥砂浆抹面
▽736.07
▽736.07
▽736.37
3000
1800
▽736.07
1200
铸铁闸门
2200×2200
i=1/3000
▽732.58
▽732.57
▽732.74
▽732.57
▽732.56
3：7灰土
3：7灰土
3：7灰土
M7.5MU50水泥砂浆砌石厚300
3：7灰土垫层厚1000
M7.5MU50水泥砂浆砌石厚300
3：7灰土垫层厚1000
现浇C25钢筋混凝土厚600
3：7灰土垫层厚1000
M7.5MU50水泥砂浆砌石厚300
3：7灰土垫层厚1000

6000 | 7800 | 6500 | 5000 | 13000 | 7700 | 300
33300

进口渐变段进口 干渠0+277.70
进口渐变段出口 干渠0+283.70
闸室起点 干渠0+291.50
闸室末点 干渠0+298.00
出口渐变段进口 干渠0+303.00
出口渐变段出口 干渠0+311.00

D—D

QL-50-SD电动手动螺杆启闭机
▽737.77
▽736.07
▽736.07
1700
600 1800 600
3300
1000 600
3：7灰土
临时开挖线
500 600 1800 600 500
4000
1：0.75

B—B

QL-80-SD电动手动螺杆启闭机
原地面线
地面线
回填地面线
▽737.77
素土厚200
300mmC25现浇钢筋混凝土盖板
拦污栅
▽736.07
▽736.07
C25钢筋混凝土胸墙
▽734.67
3000
2800
75°
铸铁闸门
1800×1200
▽734.72
C25钢筋混凝土胸墙
350
1800
▽732.57
▽732.74
▽732.27
1：2.5
300
▽732.57
100 400
1000
3：7灰土
M7.5MU50浆砌石厚300
3：7灰土厚1000
现浇C25钢筋混凝土厚600
3：7灰土厚1000
现浇C25钢筋混凝土厚500
3：7灰土厚1000
现浇C25钢筋混凝土箱涵
C15混凝土厚100
3：7灰土厚1000
进口箱涵段

3200 汇流段 | 3000 拦污栅及工作桥 | 4000 闸室段 | 6000 消力池
实测0+000.00 归化0+000.00
实测0+003.20 归化0+003.20
闸室进口 实测0+006.20 归化0+006.20
闸室出口 实测0+010.20 归化0+010.20
渠道起点 归化0+016.20

C—C

QL-80-SD电动手动螺杆启闭机
▽737.77
200 2200 200
▽736.07
800
2200
1：0.75
1：0.75
▽732.57
3500
1000 600
3：7灰土
临时开挖线
500 600 2200 800 2200 600 500
7400

E—E

7000/2 | 5800/2
素土厚300
C25现浇钢筋混凝土盖板厚300
素土厚200
C25现浇钢筋混凝土盖板厚300
▽735.57
▽736.17
▽736.07
3000
1：0.4
M7.5MU50浆砌石
M10水泥砂浆抹面
M7.5MU50浆砌石
M10水泥砂浆抹面
300
▽732.57
1000 600
3：7灰土
临时开挖线
1：0.75
2500 | 2000/2 | 5200/2 | 1920 | 500
3500 | 5020

设计单位	陕西省水利电力勘测设计研究院
图 名	羊毛湾水库引水工程分水闸设计图（二）

平面图

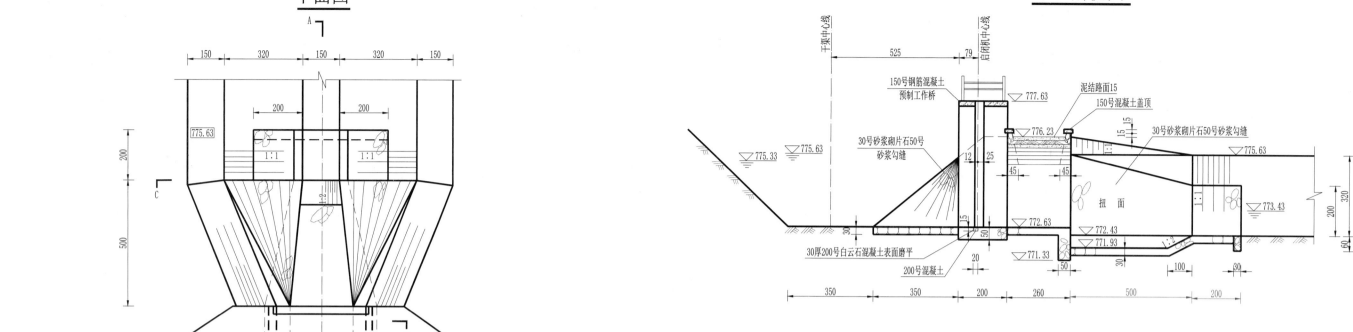

A—A剖视图

工程量表

名称	单位	数量	备注
30号水泥白灰砂浆砌石	m³	43	
30号水泥白灰砂浆砌砖	m³	3	
50号水泥砂浆砌片石	m³	54	
50号水泥砂浆勾缝	m³	200	
150号混凝土(现浇)	m³	0.5	
150号混凝土(预制)	m³	1.56	拱座10个
300号钢筋混凝土(现浇)	m³	0.1	拱手11m
200号混凝土(现浇)	m³	2.2	
200号钢筋混凝土(预制)	m³	0.53	5个拱片
模板	m²	26	全是平面模板
钢丝网水泥预制闸门	扇	1	
5t启闭机	台	1	
钢筋	kg	7.5	φ4
		44	φ6
		25	φ8
		26	φ10
		46	φ14
		60	φ16
挖土	m³	170	
回填土	m³	40	

B—B剖视图

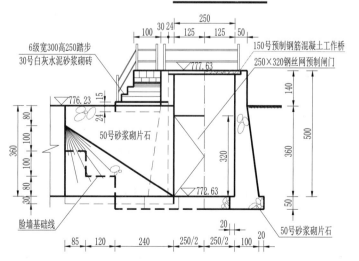

6级宽300高250踏步
30号白灰水泥砂浆砌砖
150号预制钢筋混凝土工作桥
250×320钢丝网预制闸门
50号砂浆砌片石
脸墙基础线

C—C剖视图

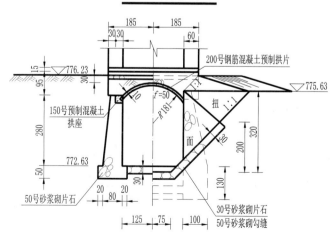

200号钢筋混凝土预制拱片
150号预制混凝土拱座
50号砂浆砌片石
30号砂浆砌片石
50号砂浆勾缝

说明:

1. 图中高程单位以m计,尺寸单位以cm计。
2. 此闸位于冯家山水库灌区北干第二段与第三段变断面处。北干二段设计流量为22m³/s、北干三段设计流量为19m³/s、 支渠引进流量为3.4m³/s。
3. 工程量表中预制混凝土与钢筋数量不包括闸门所需数量。
4. 闸门止水接触面要求平整光滑,以保证止水效果,滚轮行走部分要确保质量。
5. 本闸建于黄土地基,已运行10年,经过情况良好。

设计单位	陕西省水利电力勘测设计研究院
图 名	冯家山水库灌区北抽二进水闸设计图

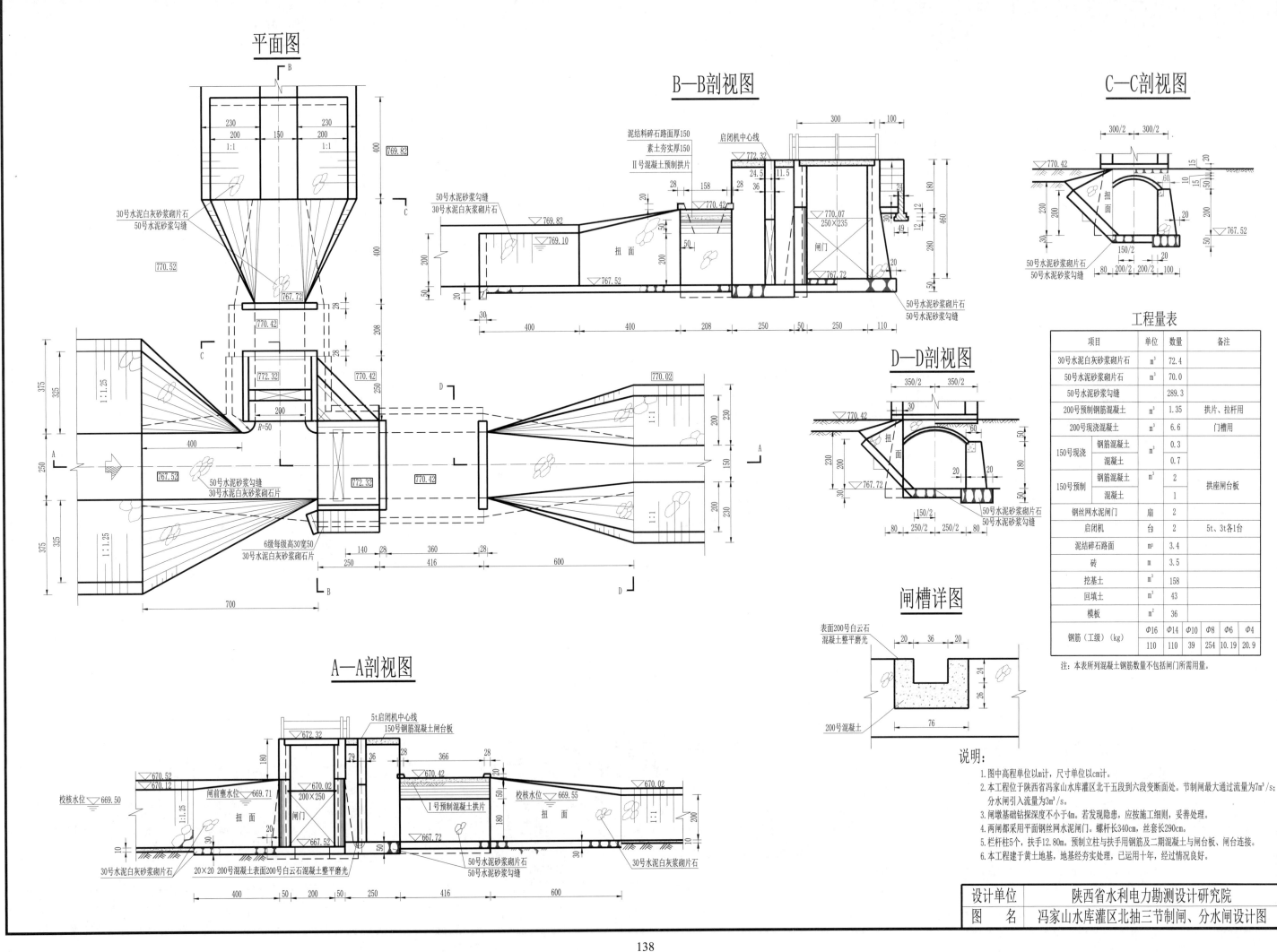

平面图

B—B剖视图

C—C剖视图

D—D剖视图

A—A剖视图

闸槽详图

工程量表

项目	单位	数量	备注
30号水泥白灰砂浆砌片石	m³	72.4	
50号水泥砂浆砌片石	m³	70.0	
50号水泥砂浆勾缝		289.3	
200号预制钢筋混凝土	m³	1.35	拱片、拉杆用
200号现浇混凝土	m³	6.6	门槽用
150号现浇	钢筋混凝土	m³	0.3	
	混凝土		0.7	
150号预制	钢筋混凝土	m³	2	拱座闸台板
	混凝土		1	
钢丝网水泥闸门	扇	2	
启闭机	台	2	5t、3t各1台
泥结碎石路面	m³	3.4	
砖	m	3.5	
挖基土	m³	158	
回填土	m³	43	
模板	m²	36	
钢筋（工级）（kg）	Φ16	Φ14	Φ10	Φ8	Φ6	Φ4
	110	110	39	254	10.19	20.9

注：本表所列混凝土钢筋数量不包括闸门所需用量。

说明：
1. 图中高程单位以m计，尺寸单位以cm计。
2. 本工程位于陕西省冯家山水库灌区北干五段到六段变断面处。节制闸最大通过流量为7m³/s；分水闸引入流量为3m³/s。
3. 闸墩基础钻探深度不小于4m。若发现隐患，应按施工细则，妥善处理。
4. 两闸都采用平面钢丝网水泥闸门。螺杆长340cm，丝套长290cm。
5. 栏杆柱5个，扶手12.80m。预制立柱与扶手用钢筋及二期混凝土与闸台板、闸台连接。
6. 本工程建于黄土地基，地基经夯实处理，已运用十年，经过情况良好。

设计单位	陕西省水利电力勘测设计研究院
图 名	冯家山水库灌区北抽三节制闸、分水闸设计图

1号支沟倒虹纵断面设计图

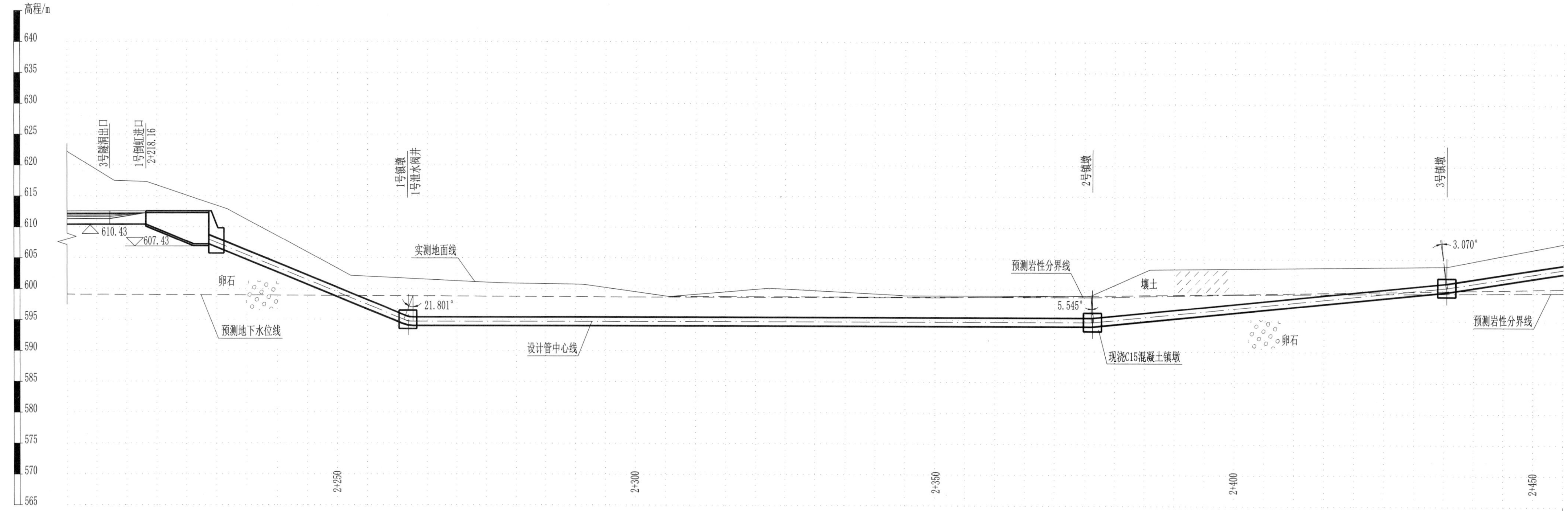

管床地质条件					砂卵石层							壤土
比降	$i=1:2.5$ $i=0$		$i=1:2.5$		$i=0$				$i=1:10.3$			$i=1:6.6$
水平距离(m)	$L=8m$	$L=2.5m$	$L=33.16m$		$L=114.482m$				$L=59.189m$			$L=19.51m$
实测桩号(m)	2+212.16	2+218.16	2+228.66	2+252.20	2+261.82	2+291.20	2+305.60	2+344.80	2+366.30	2+376.30	2+385.90	2+435.50 2+455.00
地面高程(m)	617.31	613.90		602.14	601.68	600.73	598.77	598.98			503.29	603.89 607.59
管中心高程(m)		607.98		598.57	595.71	595.71	595.71	595.712		594.71	595.64	600.49 603.41
渠底高程(m)	610.43											
管(涵)顶覆土厚度(m)	4.74			2.73	6.04	5.23	3.27	3.48		3.66	6.85	2.64 3.38
管材、管径、管压					DN1400预应力钢筋混凝土管,管压0.4MPa,L=236.84m							
平面位置示意	2+218.16			1号镇墩						2号镇墩		3号镇墩

设计单位	陕西省水利电力勘测设计研究院
图 名	西安市黑河灌区1号支沟倒虹纵横断面设计图(一)

1号支沟倒虹纵断面设计图

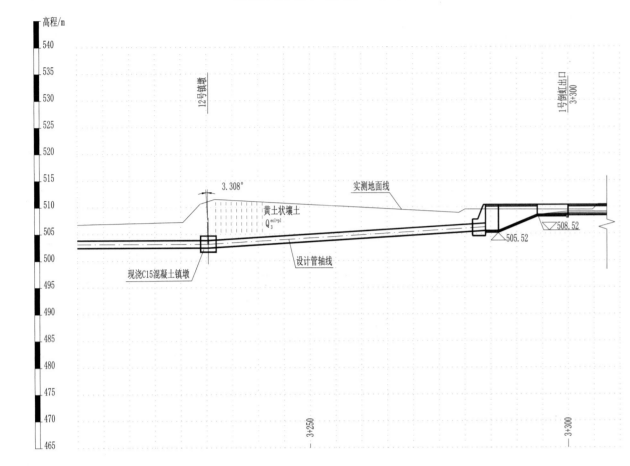

倒虹管标准横断面设计图A

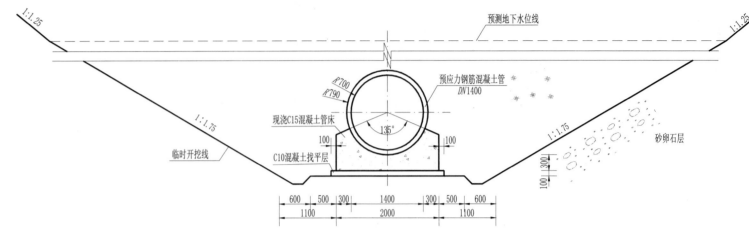

倒虹管标准横断面设计图B

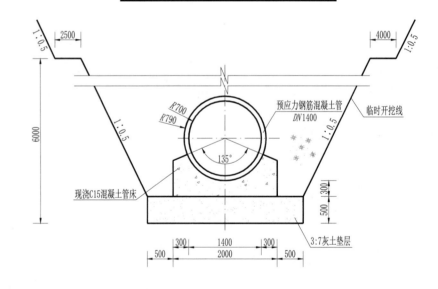

1号支沟倒虹控制坐标

点名	纵坐标X	横坐标Y
WG21	3770870.580	517414.456
WG22	3771002.840	517270.735
WG23	3771050.432	517253.562
WG24	3771122.737	517093.698
WG25	3771288.102	517014.912

管床地质条件	黄土状壤土							
比降	$i=0$		$i=1:17.3$		$i=0$	$i=1:2.5$	$i=0$	
水平距离(m)	$L=99.166m$		$L=53.664m$		$L=2.5m$	$L=7.5$	$L=6m$	
实测桩号(m)	3+205.00	3+230.34			3+284.00 / 3+286.5	3+294	3+300	
地面高程(m)	606.77	611.14			609.54 / 609.54	609.51	609.49	
管中心高程(m)	603.119	603.12			606.22			
渠底高程(m)					605.52	608.52		
管(涵)顶覆土厚度(m)	2.86	7.20			2.53			
管材、管径、管压	$DN1400$预应力钢筋混凝土管,管压0.4MPa,$L=95m$							
平面位置示意	12号镇墩					3+300		

说明:

1. 图中坐标为挂靠1954年北京坐标系的独立坐标系,独立坐标系投影面为470m,高程为1956年黄海高程系统。
2. 图中尺寸高程、桩号单位以m计,尺寸单位以mm计。
3. 倒虹起点桩号为2+218.16,末点桩号为3+300,全长1081.84m。其中,进口长度为10.5m,管道段为1055.34m,出口段为16m。
4. 倒虹过流能力:设计流量为1.5m³/s,校核流量为1.9m³/s。
5. 倒虹管管床位于地下水位以下时,应设排水管;位于砂卵石地基上时,用C10混凝土找平层,位于土基上时,采用3:7灰土换填,具体参见横断面A、B,施工过程中还应根据开挖后管基实际情况做适当调整。
6. 管沟回填料夯实要求:倒虹管管顶以上1m至管沟范围底采用人工夯填开挖料,并分层对称夯填,其余范围内采用机械夯填,要求夯填料相对密度不小于0.65,或压实系数不小于0.93。
7. 本图依据2004年7月实测定线资料绘制。

设计单位	陕西省水利电力勘测设计研究院
图 名	西安市黑河灌区1号支沟倒虹纵横断面设计图(二)

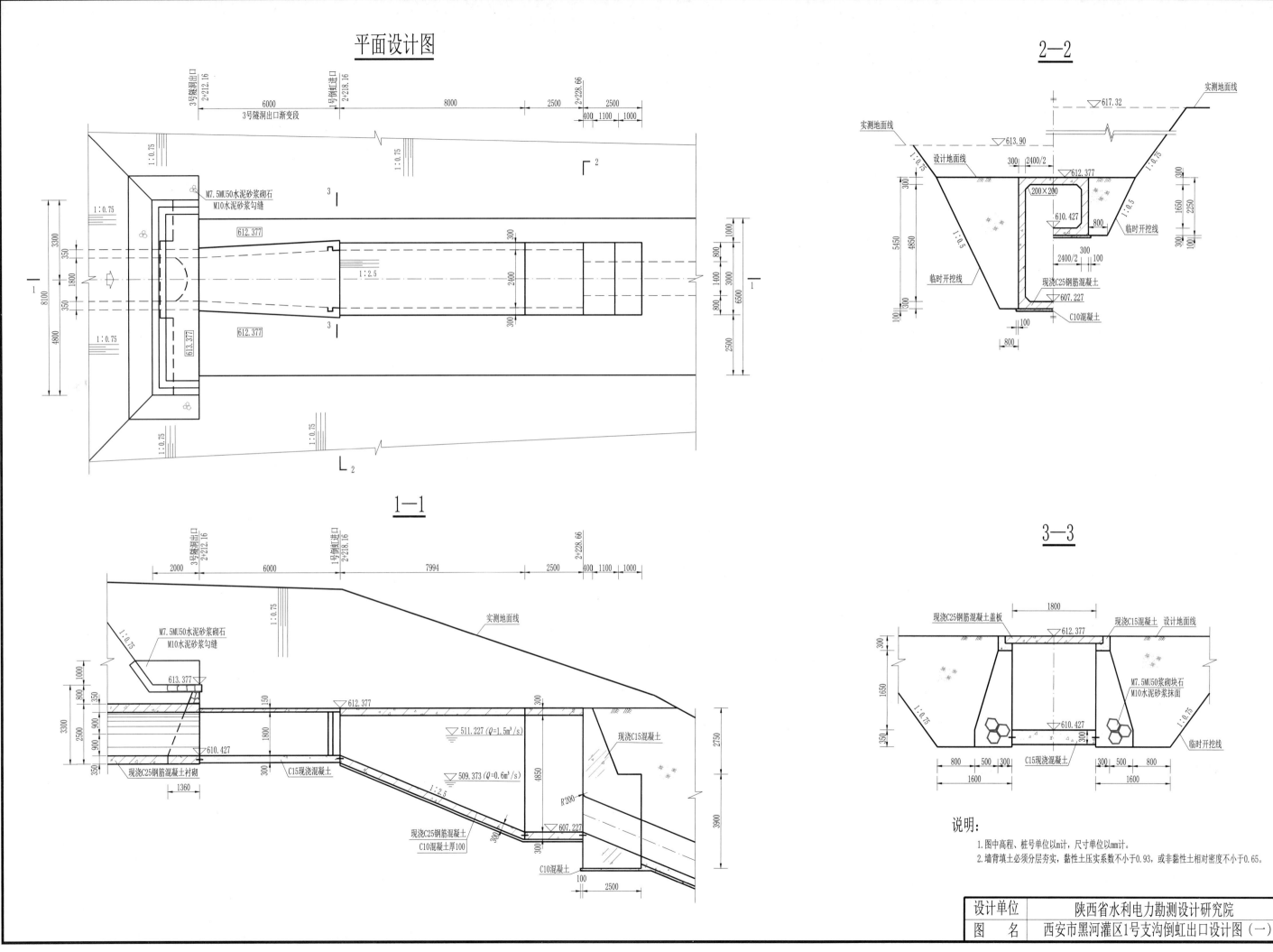

平面设计图

1—1

2—2

3—3

说明:
1. 图中高程、桩号单位以m计,尺寸单位以mm计。
2. 墙背填土必须分层夯实,黏性土压实系数不小于0.93,或非黏性土相对密度不小于0.65。

设计单位	陕西省水利电力勘测设计研究院
图　名	西安市黑河灌区1号支沟倒虹出口设计图(一)

平面设计图

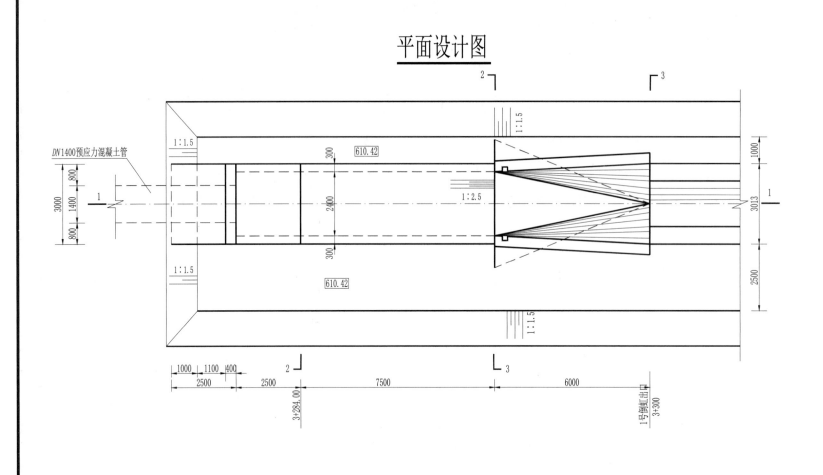

2—2

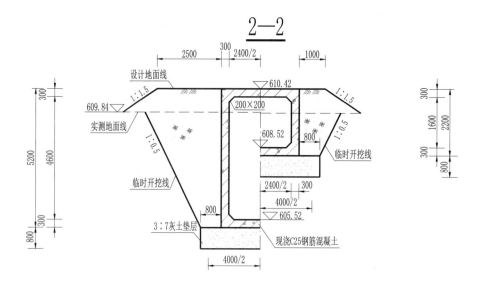

1—1

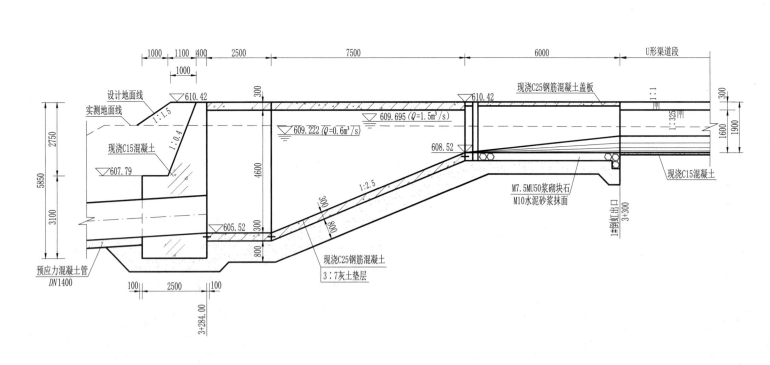

3—3

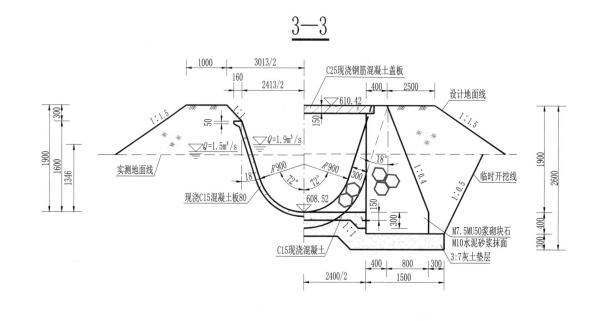

说明:
1. 图中桩号、高程单位以m计,尺寸单位以mm计。
2. 墙背填土必须分层夯实,黏性土压实系数不小于0.93,或非黏性土相对密度不小于0.65。

设计单位	陕西省水利电力勘测设计研究院
图　名	西安市黑河灌区1号支沟倒虹出口设计图(二)

桥倒总平面布置图

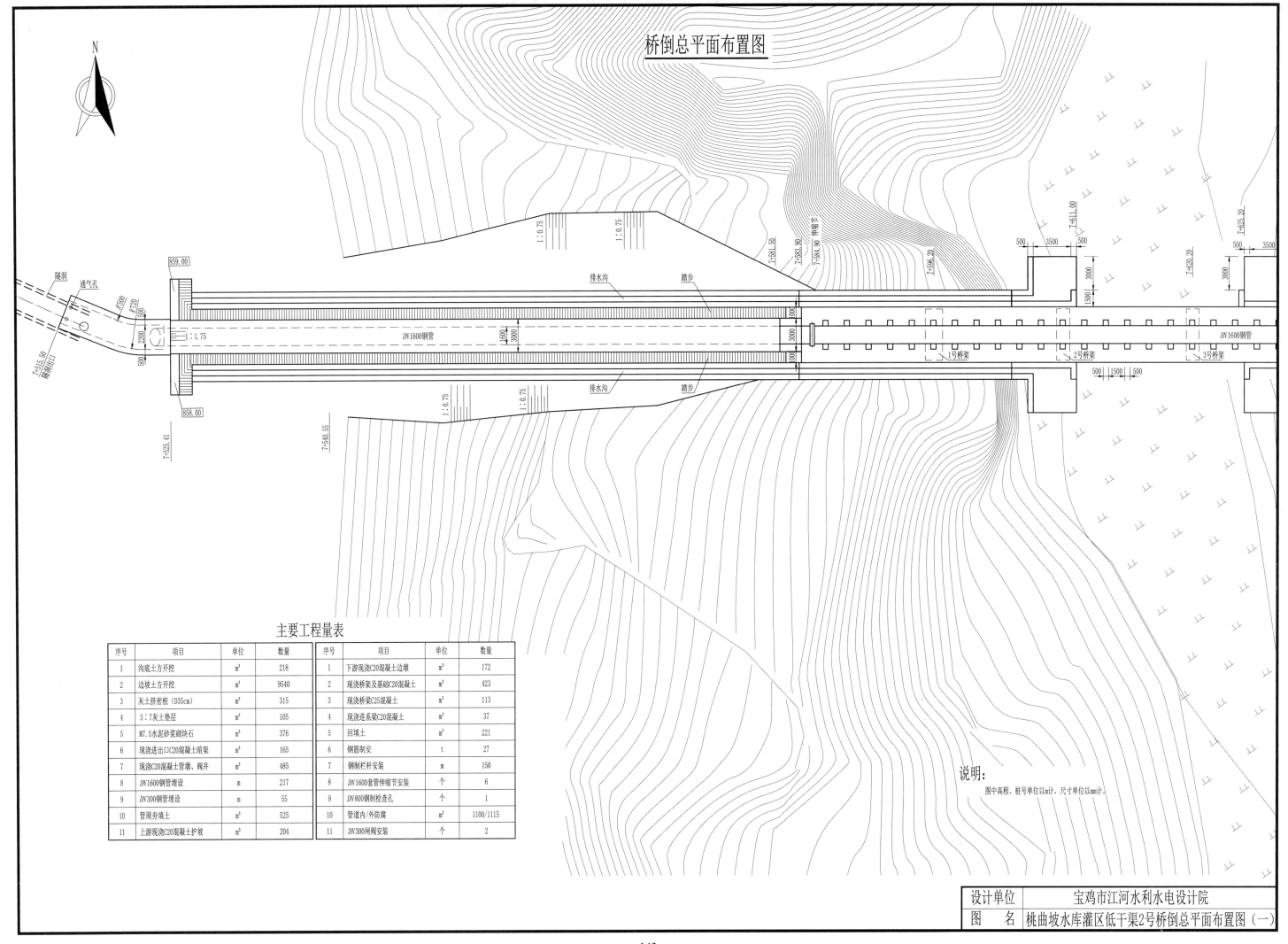

主要工程量表

序号	项目	单位	数量	序号	项目	单位	数量
1	沟底土方开挖	m³	218	1	下游现浇C20混凝土边墩	m³	172
2	边坡土方开挖	m³	9540	2	现浇桥架及基础C20混凝土	m³	423
3	灰土挤密桩（D35cm）	m³	315	3	现浇桥梁C25混凝土	m³	113
4	3：7灰土垫层	m³	105	4	现浇连系梁C20混凝土	m³	37
5	M7.5水泥砂浆砌块石	m³	376	5	回填土	m³	221
6	现浇进出口C20混凝土暗渠	m³	165	6	钢筋制安	t	27
7	现浇C20混凝土管墩、阀井	m³	485	7	钢制栏杆安装	m	150
8	DN1600钢管埋设	m	217	8	DN1600套管伸缩节安装	个	6
9	DN300钢管埋设	m	55	9	DN800钢制检查孔	个	1
10	管周夯填土	m³	525	10	管道内/外防腐	m²	1100/1115
11	上游现浇C20混凝土护坡	m³	204	11	DN300闸阀安装	个	2

说明：

图中高程、桩号单位以m计，尺寸单位以mm计。

设计单位	宝鸡市江河水利水电设计院
图　名	桃曲坡水库灌区低干渠2号桥倒总平面布置图（一）

桥倒纵断面图

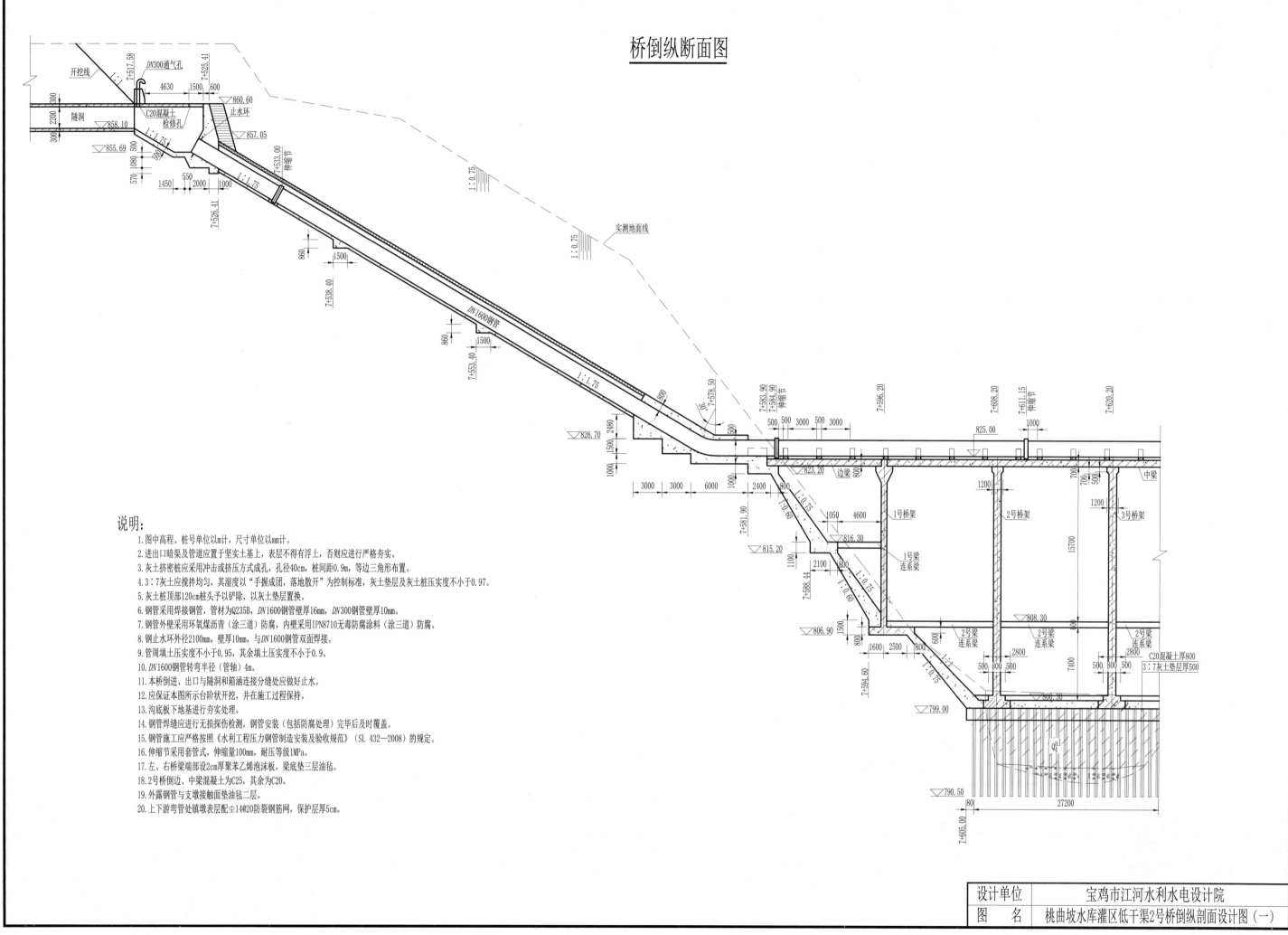

说明：
1. 图中高程、桩号单位以m计，尺寸单位以mm计。
2. 进出口暗渠及管道应置于坚实土基上，表层不得有浮土，否则应进行严格夯实。
3. 灰土挤密桩应采用冲击或挤压方式成孔，孔径40cm，桩间距0.9m，等边三角形布置。
4. 3:7灰土应搅拌均匀，其湿度以"手握成团，落地散开"为控制标准，灰土垫层及灰土桩压实度不小于0.97。
5. 灰土桩顶部120cm桩头予以铲除，以灰土垫层置换。
6. 钢管采用焊接钢管，管材为Q235B，DN1600钢管壁厚16mm，DN300钢管壁厚10mm。
7. 钢管外壁采用环氧煤沥青（涂三道）防腐，内壁采用IPN8710无毒防腐涂料（涂三道）防腐。
8. 钢止水环外径2100mm，壁厚10mm，与DN1600钢管双面焊接。
9. 管周填土压实度不小于0.95，其余填土压实度不小于0.9。
10. DN1600钢管转弯半径（管轴）4m。
11. 本桥倒进、出口与隧洞和箱涵连接分缝处应做好止水。
12. 应保证本图所示台阶状开挖，并在施工过程保持。
13. 沟底板下地基进行夯实处理。
14. 钢管焊缝应进行无损探伤检测，钢管安装（包括防腐处理）完毕后及时覆盖。
15. 钢管施工应严格按照《水利工程压力钢管制造安装及验收规范》（SL 432—2008）的规定。
16. 伸缩节采用套管式，伸缩量100mm，耐压等级1MPa。
17. 左、右桥梁端部设2cm厚聚苯乙烯泡沫板，梁底垫三层油毡。
18. 2号桥倒边、中梁混凝土为C25，其余为C20。
19. 外露钢管与支墩接触面垫油毡二层。
20. 上下游弯管处镇墩表层配Φ14#20防裂钢筋网，保护层厚5cm。

设计单位	宝鸡市江河水利水电设计院
图　名	桃曲坡水库灌区低干渠2号桥倒纵剖面设计图（一）

桥倒总平面布置图

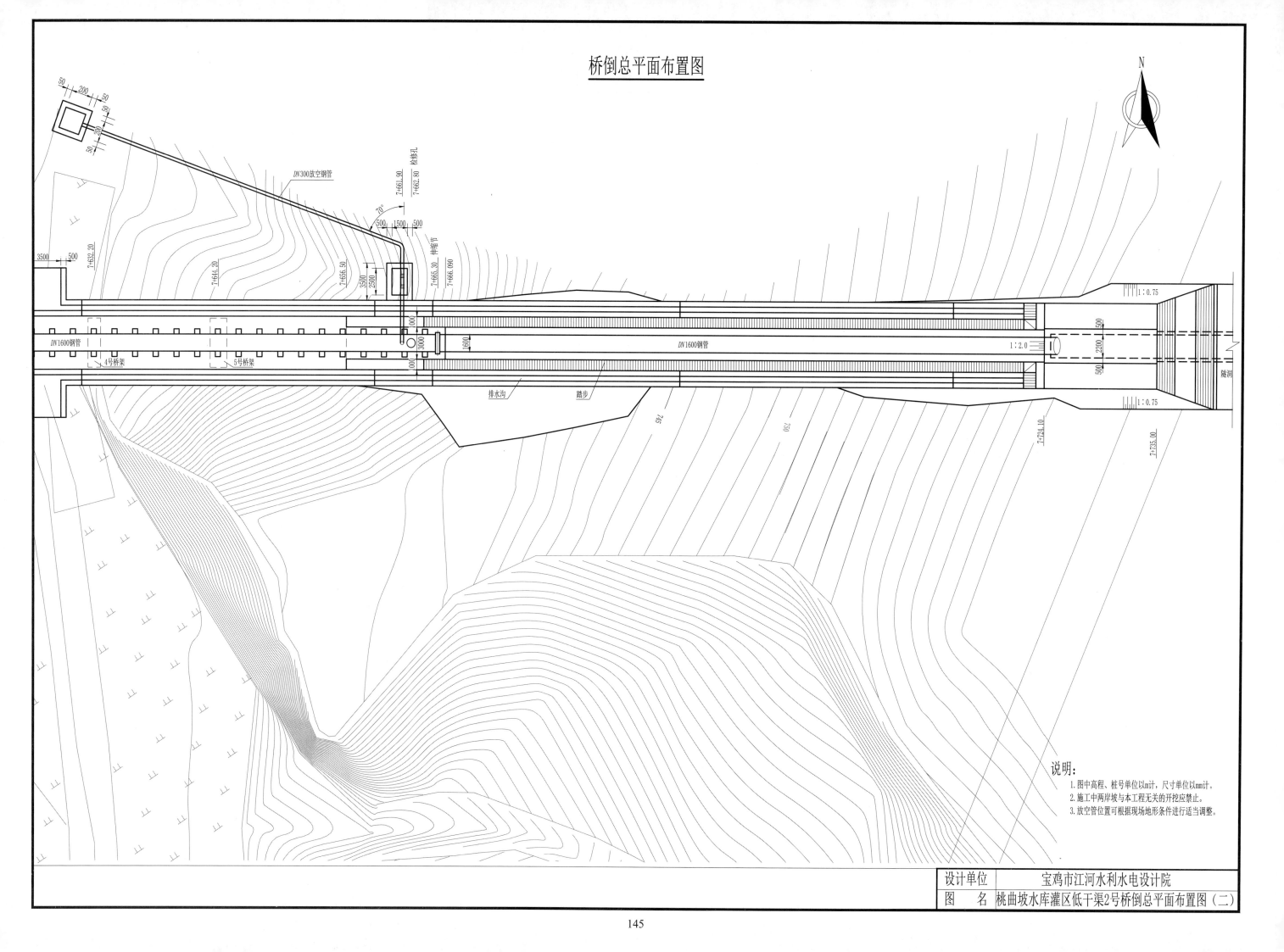

设计单位	宝鸡市江河水利水电设计院
图 名	桃曲坡水库灌区低干渠2号桥倒总平面布置图(二)

桥倒纵断面图

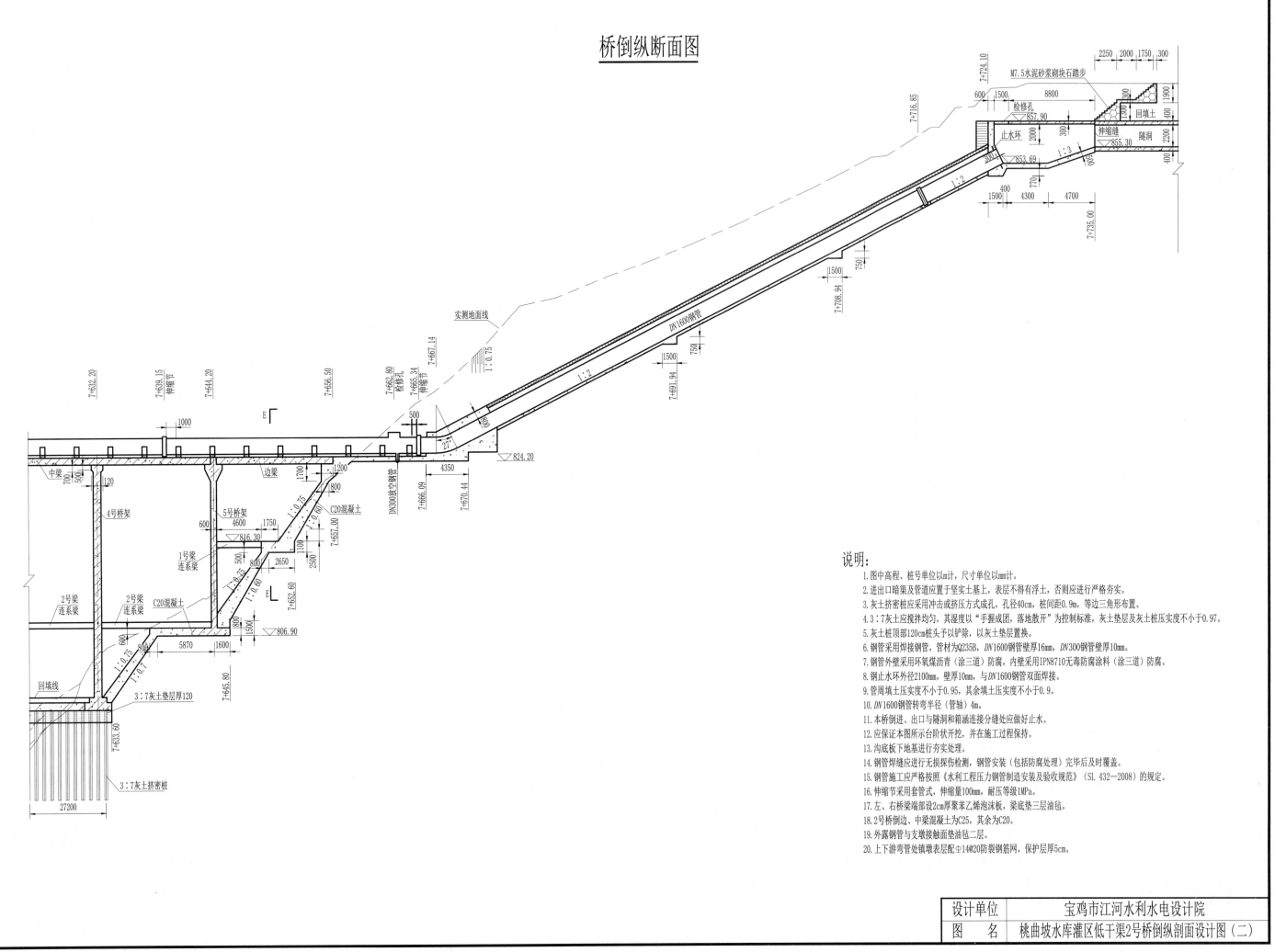

说明：

1. 图中高程、桩号单位以m计，尺寸单位以mm计。
2. 进出口暗渠及管道应置于坚实土基上，表层不得有浮土，否则应进行严格夯实。
3. 灰土挤密桩应采用冲击或挤压方式成孔，孔径40cm，桩间距0.9m，等边三角形布置。
4. 3：7灰土应搅拌均匀，其湿度以"手握成团，落地散开"为控制标准，灰土垫层及灰土桩压实度不小于0.97。
5. 灰土桩顶部120cm桩头予以铲除，以灰土垫层置换。
6. 钢管采用焊接钢管，管材为Q235B，DN1600钢管壁厚16mm，DN300钢管壁厚10mm。
7. 钢管外壁采用环氧煤沥青（涂三道）防腐，内壁采用IPN8710无毒防腐涂料（涂三道）防腐。
8. 钢止水环外径2100mm，壁厚10mm，与DN1600钢管双面焊接。
9. 管周填土压实度不小于0.95，其余填土压实度不小于0.9。
10. DN1600钢管转弯半径（管轴）4m。
11. 本桥倒进、出口与隧洞和箱涵连接分缝处应做好止水。
12. 应保证本图所示阶梯状开挖，并在施工过程保持。
13. 沟底板下地基应进行夯实处理。
14. 钢管焊缝应进行无损探伤检测，钢管安装（包括防腐处理）完毕后及时覆盖。
15. 钢管施工应严格按照《水利工程压力钢管制造安装及验收规范》（SL 432—2008）的规定。
16. 伸缩节采用套管式，伸缩量100mm，耐压等级1MPa。
17. 左、右桥梁端部设2cm厚聚苯乙烯泡沫板，梁底垫三层油毡。
18. 2号桥倒边、中梁混凝土为C25，其余为C20。
19. 外露钢管与支墩接触面垫油毡二层。
20. 上下游弯管处镇墩表层配Φ14@20防裂钢筋网，保护层厚5cm。

设计单位	宝鸡市江河水利水电设计院
图　名	桃曲坡水库灌区低干渠2号桥倒纵剖面设计图（二）

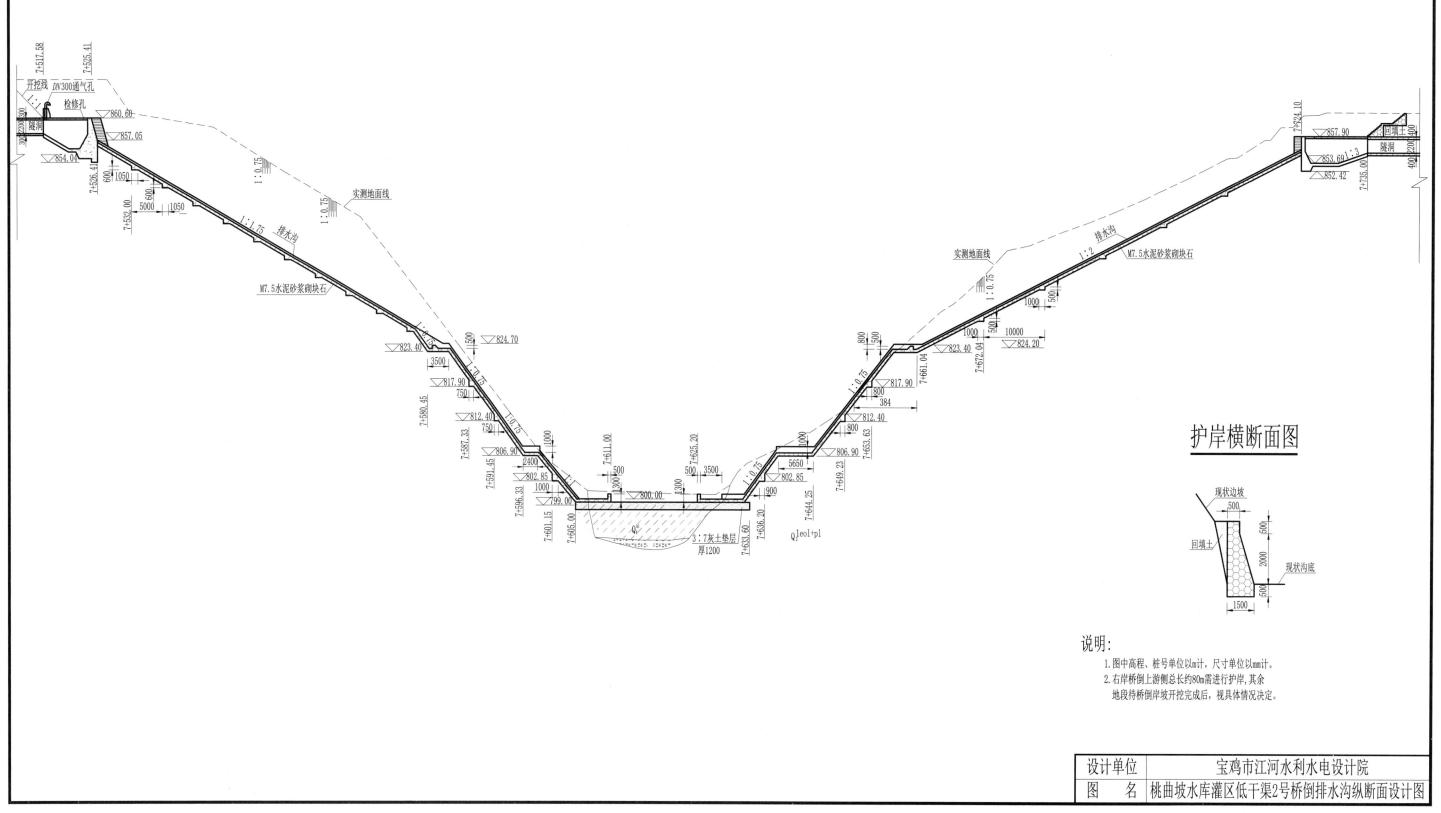

排水沟纵断面图

护岸横断面图

说明:
1. 图中高程、桩号单位以m计, 尺寸单位以mm计。
2. 右岸桥倒上游侧总长约80m需进行护岸, 其余
地段待桥倒岸坡开挖完成后, 视具体情况决定。

设计单位	宝鸡市江河水利水电设计院
图　名	桃曲坡水库灌区低干渠2号桥倒排水沟纵断面设计图

1号、5号桥架配筋图

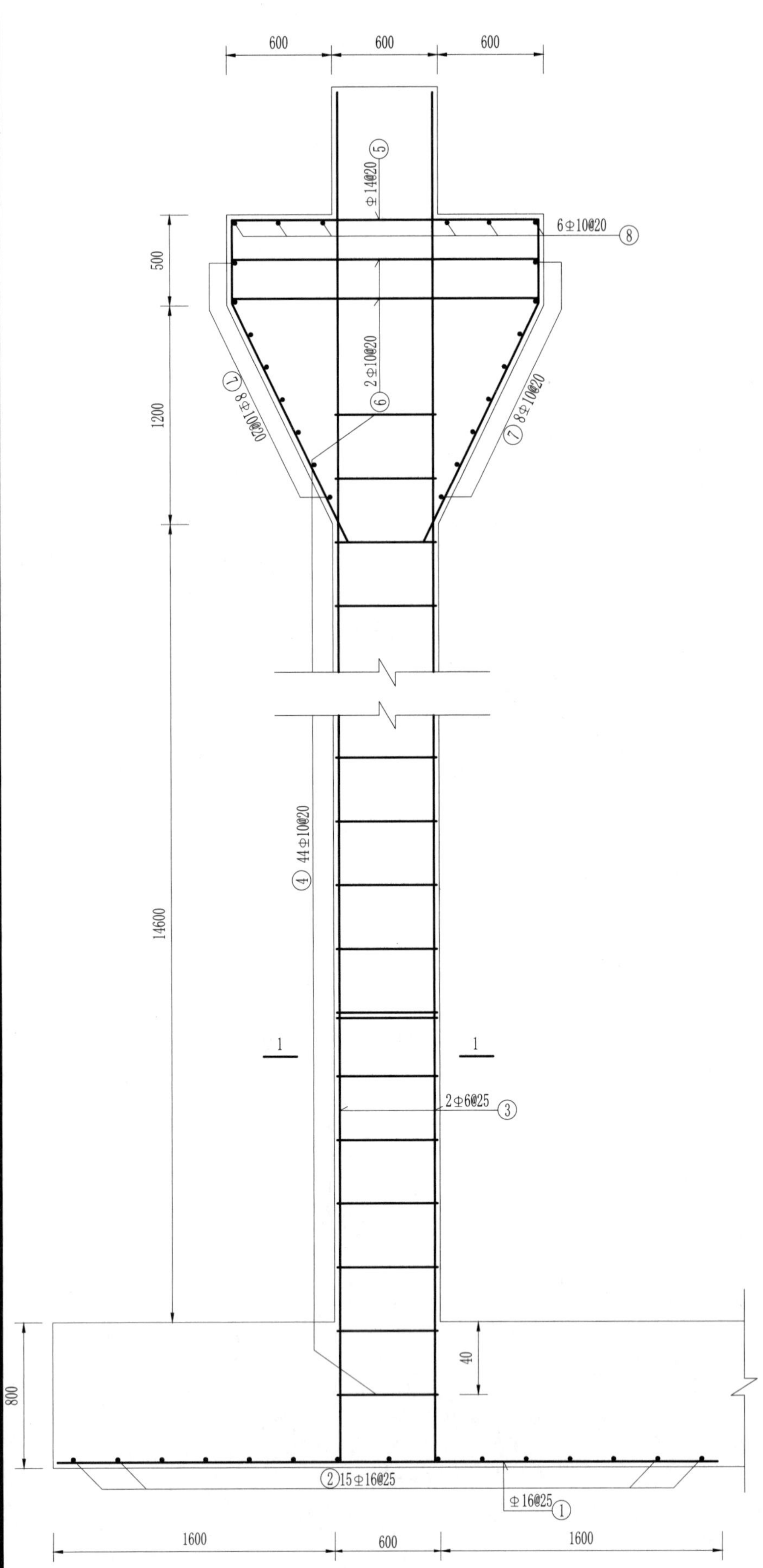

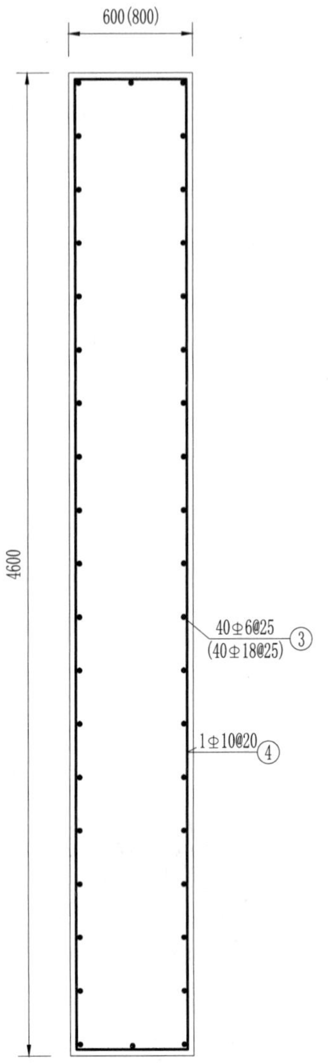

2~5号桥架配筋图

1-1

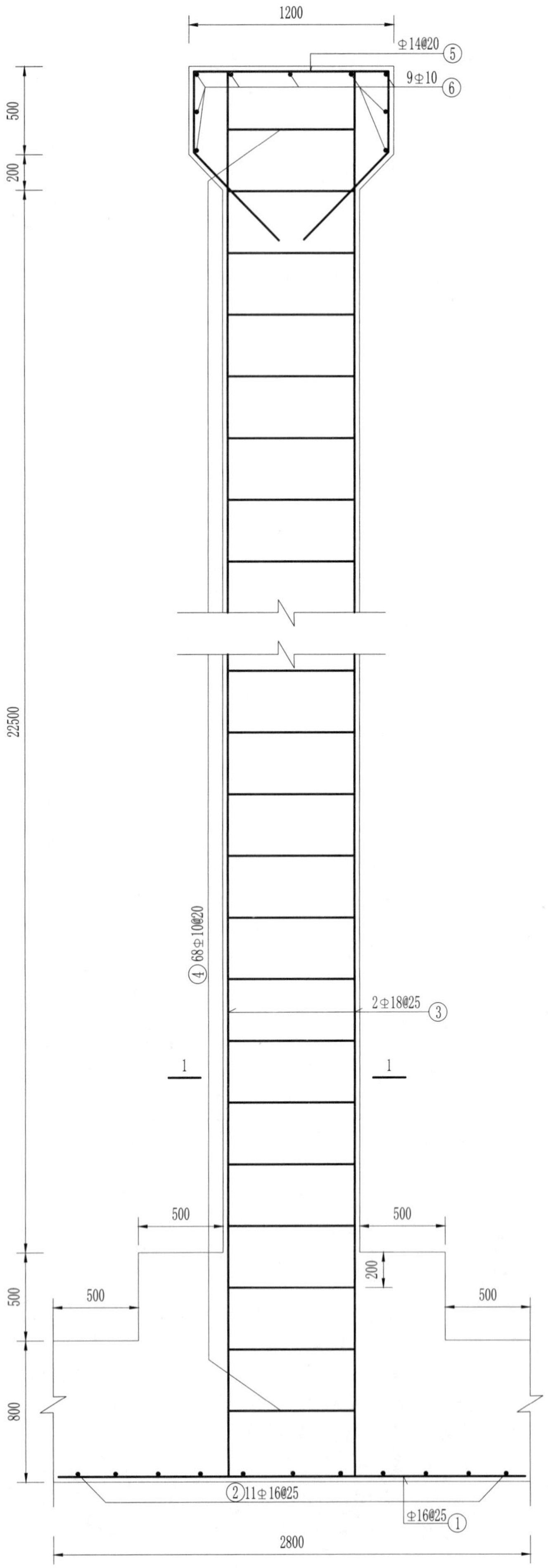

1号、5号桥架钢筋表（一个桥架）

编号	直径(mm)	型式	单根长(cm)	根数
①	Φ12	320	320	21
②	Φ12	495	495	15
③	Φ16	30⌐1770	1800	40
④	Φ10	10⌐450⌐55 / 55⌐450⌐10	515	44×2
⑤	Φ14	174 / 46⌐153.4° 46 / 150 150	566	21
⑥	Φ10	10⌐174⌐10	194	42
⑦	Φ10	450	450	16
⑧	Φ10	25⌐450⌐25	500	6

Φ16钢筋1170kg，Φ14钢筋140kg，Φ12钢筋125kg。
Φ10钢筋395kg。

2~4号桥架钢筋表（一个桥架）

编号	直径(mm)	型式	单根长(cm)	根数
①	Φ12	270	270	27
②	Φ12	650	650	11
③	Φ18	30⌐2445	2475	40
④	Φ10	10⌐450⌐55 / 55⌐450⌐10	515	68×2
⑤	Φ14	114 / 46⌐135° 46 / 80 80	546	21
⑥	Φ10	25⌐450⌐25	500	9

Φ18钢筋2112kg，Φ14钢筋140kg，Φ12钢筋130kg。
Φ10钢筋460kg。

说明：

1. 图中尺寸单位以mm计。
2. 图中所示钢筋为Ⅱ级钢筋，其保护层厚为3cm。
3. 钢筋长度每超过9m时，钢筋重量中计入了一次搭接长度30d。
4. 桥架底部放大基础除底图示配筋外，表层均配置Φ16@25钢筋网。

设计单位	宝鸡市江河水利水电设计院
图 名	桃曲坡水库灌区低干渠2号桥倒排架配筋设计图

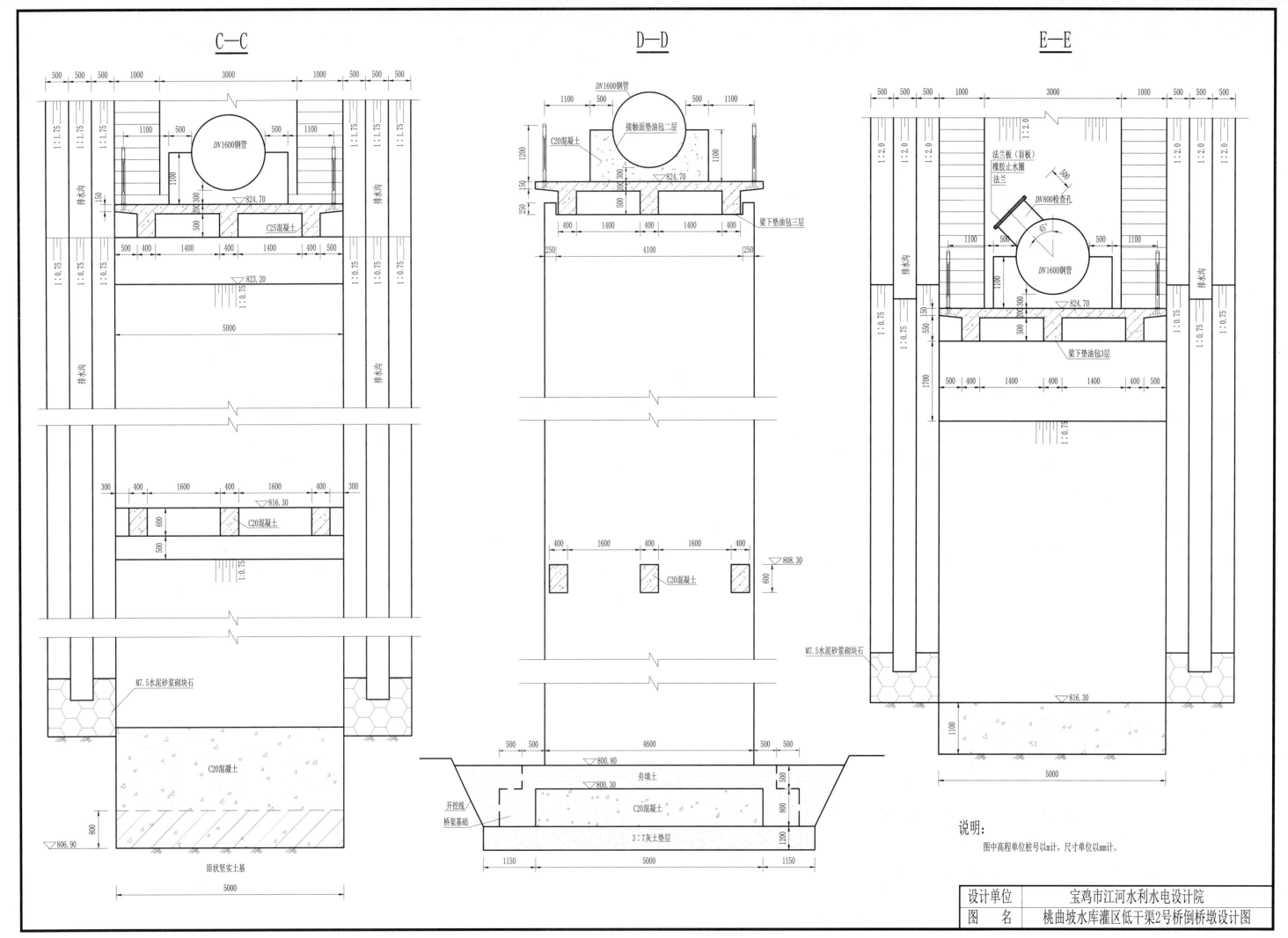

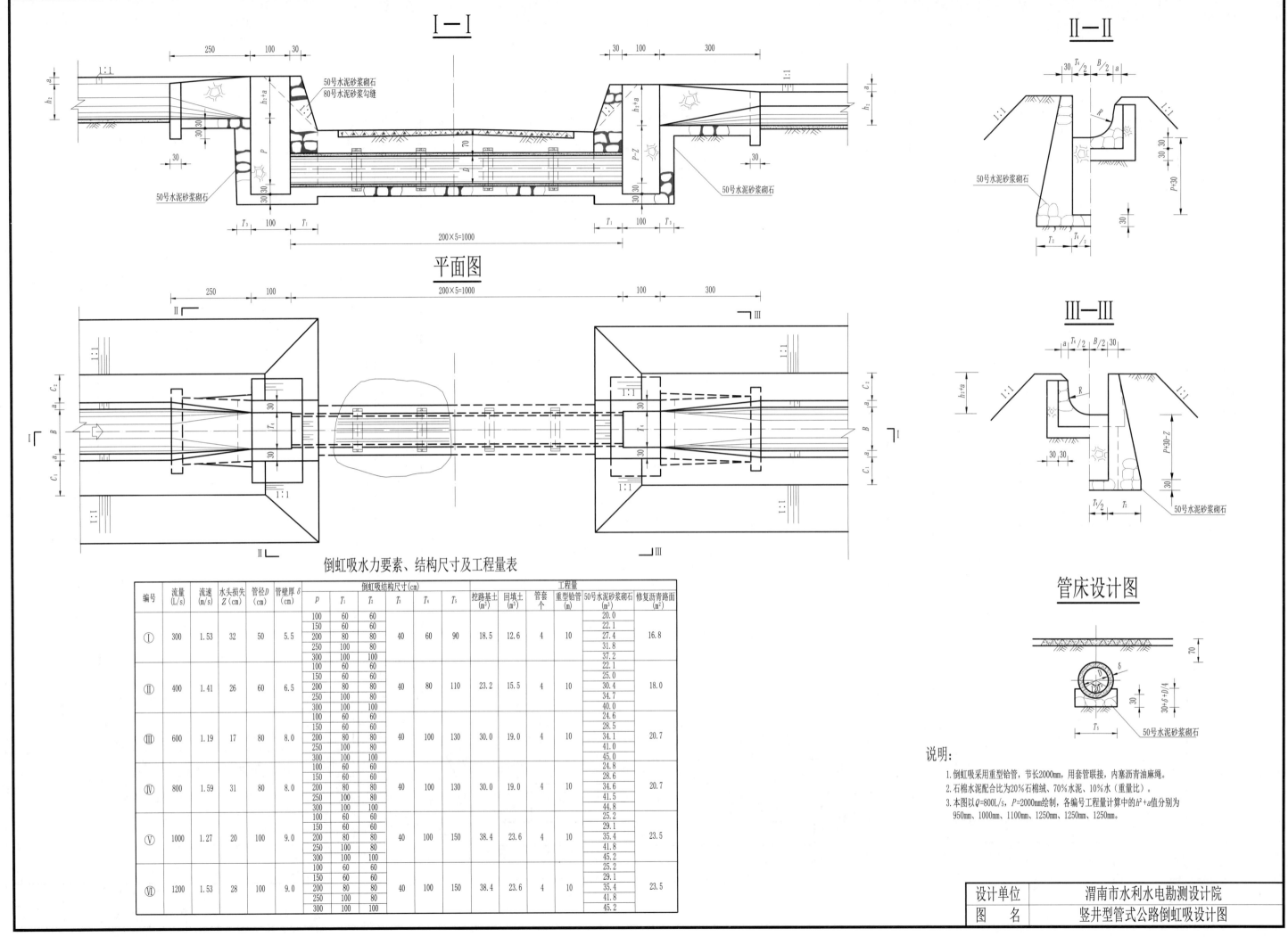

I—I

平面图

II—II

III—III

管床设计图

倒虹吸水力要素、结构尺寸及工程量表

编号	流量(L/s)	流速(m/s)	水头损失Z(cm)	管径D(cm)	管壁厚δ(cm)	倒虹吸结构尺寸(cm) P	T_1	T_2	T_3	T_4	T_5	挖路基土(m³)	回填土(m³)	管套个	重型铅管(m)	50号水泥砂浆砌石(m³)	修复沥青路面(m²)
Ⅰ	300	1.53	32	50	5.5	100	60	60	40	60	90	18.5	12.6	4	10	20.0	16.8
						150	60	60								22.1	
						200	80	80								27.4	
						250	100	80								31.8	
						300	100	100								37.2	
Ⅱ	400	1.41	26	60	6.5	100	60	60	40	80	110	23.2	15.5	4	10	22.1	18.0
						150	60	60								25.0	
						200	80	80								30.4	
						250	100	80								34.7	
						300	100	100								40.0	
Ⅲ	600	1.19	17	80	8.0	100	60	60	40	100	130	30.0	19.0	4	10	24.6	20.7
						150	60	60								28.5	
						200	80	80								34.1	
						250	100	80								41.0	
						300	100	100								45.0	
Ⅳ	800	1.59	31	80	8.0	100	60	60	40	100	130	30.0	19.0	4	10	24.8	20.7
						150	60	60								28.6	
						200	80	80								34.6	
						250	100	80								41.5	
						300	100	100								44.8	
Ⅴ	1000	1.27	20	100	9.0	100	60	60	40	100	150	38.4	23.6	4	10	25.2	23.5
						150	60	60								29.1	
						200	80	80								35.4	
						250	100	80								41.8	
						300	100	100								45.2	
Ⅵ	1200	1.53	28	100	9.0	100	60	60	40	100	150	38.4	23.6	4	10	25.2	23.5
						150	60	60								29.1	
						200	80	80								35.4	
						250	100	80								41.8	
						300	100	100								45.2	

50号水泥砂浆砌石
80号水泥砂浆勾缝
50号水泥砂浆砌石

说明：
1. 倒虹吸采用重型铅管，节长2000mm，用套管联接，内塞沥青油麻绳。
2. 石棉水泥配合比为20%石棉绒、70%水泥、10%水（重量比）。
3. 本图以Q=800L/s，P=2000mm绘制，各编号工程量计算中的h^2+a值分别为950mm、1000mm、1100mm、1250mm、1250mm、1250mm。

设计单位	渭南市水利水电勘测设计院
图名	竖井型管式公路倒虹吸设计图

Ⅰ—Ⅰ

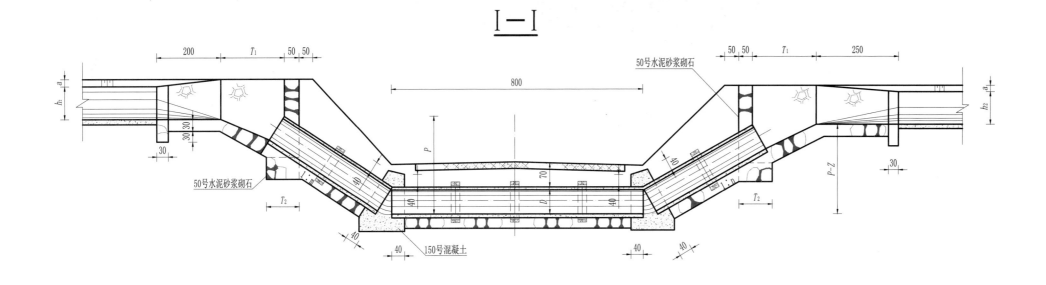

50号水泥砂浆砌石

50号水泥砂浆砌石

150号混凝土

Ⅱ—Ⅱ

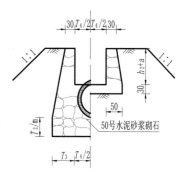

50号水泥砂浆砌石

平面图

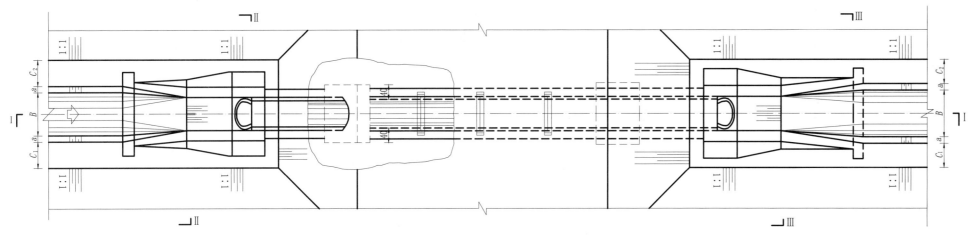

Ⅲ—Ⅲ

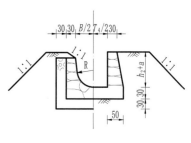

倒虹吸水力要素、结构尺寸及工程量表

编号	流量 (L/s)	流速 (m/s)	水头损失 Z(cm)	管径 D(cm)	倒虹吸结构尺寸(cm)								工程量表							
					P	T_1	T_2	T_3	T_4	T_5	m	n	挖路基土(m³)	回填土(m³)	管套 个	平管(m)	斜管(m)	修复沥青路面(m²)	50号水泥砂浆砌石(m³)	150号混凝土(m³)
①	300	1.53	36	50	200	100	100	60	80	90	2.472	3.363	18.5	12.6	5	8	4.4	16.0	19.6	2.7
			38		300						2.182	1.590			6		6.4		21.2	
			41		400						2.055	1.664			8		8.6		22.8	
			43		500						1.470	1.692			9		8.8		23.6	
②	400	1.41	27	60	200	100	100	60	80	110	2.676	1.460	23.2	15.5	4	8	4.2	18.0	22.2	3.1
			29		300						2.29	1.610			6		6.4		24.4	
			30		400						1.454	1.657			8		6.6		25.5	
			33		500						1.518	1.692			9		8.8		27.7	
③	600	1.19	18	80	200	150	100	80	100	130	3.180	1.687	30.6	19.0	4	8	4.2	20.7	26.0	4.1
			18		300						1.518	1.709			5		4.4		27.2	
			19		400						1.586	1.724			7		6.6		29.8	
			20		500						1.621	1.732			9		8.8		32.4	
④	800	1.59	31	80	200	200	100	80	100	130	3.180	2.012	30.6	19.0	4	8	4.2	20.7	26.7	4.1
			32		300						1.518	1.878			5		4.4		27.9	
			34		400						1.586	1.844			7		6.6		30.5	
			36		500						1.621	1.827			9		8.8		33.1	
⑤	1000	1.27	18	100	200	200	100	90	100	150	1.732	2.224	38.8	23.6	3	8	2.2	23.5	28.6	5.1
			19		300						1.732	1.970			5		4.4		31.8	
			20		400						1.732	1.895			7		6.6		35.0	
			21		500						1.732	1.859			9		8.8		38.2	
⑥	1200	1.53	27	100	200	200	100	90	100	150	1.732	2.224	38.8	23.6	3	8	2.2	23.5	28.6	5.1
			28		300						1.732	2.100			5		4.4		31.8	
			29		400						1.732	1.975			7		6.6		35.0	
			31		500						1.732	1.924			9		8.8		38.2	

管床设计图

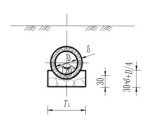

说明：

1. 倒虹吸平管采用重型钢筋混凝土管，斜管采用轻型钢筋混凝土管。
2. 石棉水泥配合比为20%石棉绒、70%水泥、10%水（重量比）。
3. 本图以 Q=800L/s，P=200cm绘制，各编号工程量计算中的 $h'+a$ 值分别为 95cm、100cm、110cm、125cm、125cm、125cm。

设计单位	渭南市水利水电勘测设计院
图名	斜管型管式公路倒虹吸设计图

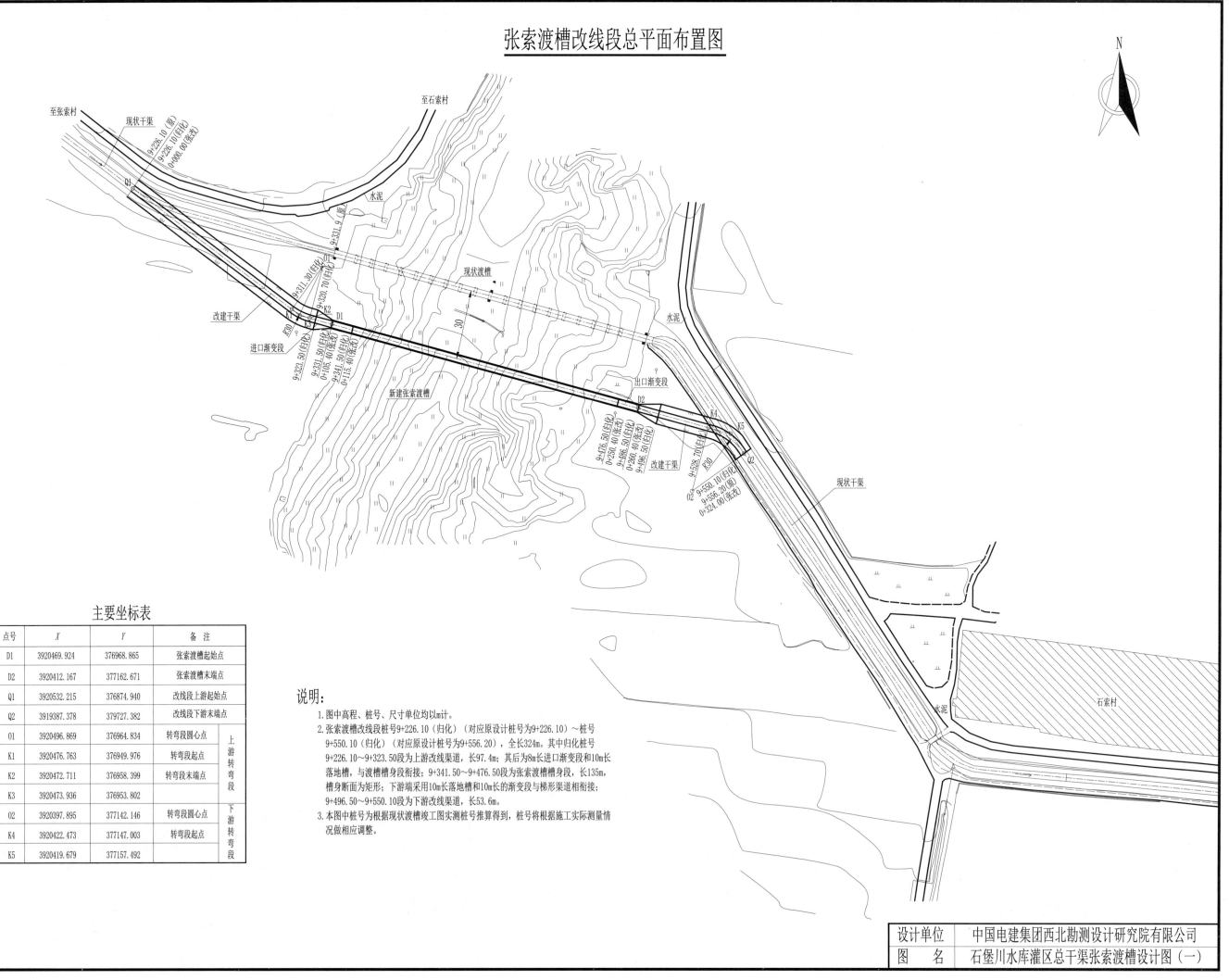

张索渡槽改线段总平面布置图

主要坐标表

点号	X	Y	备 注	
D1	3920469.924	376968.865	张索渡槽起始点	
D2	3920412.167	377162.671	张索渡槽末端点	
Q1	3920532.215	376874.940	改线段上游起始点	
Q2	3919387.378	379727.382	改线段下游末端点	
O1	3920496.869	376964.834	转弯段圆心点	上游转弯段
K1	3920476.763	376949.976	转弯段起点	
K2	3920472.711	376958.399	转弯段末端点	
K3	3920473.936	376953.802		
O2	3920397.895	377142.146	转弯段圆心点	下游转弯段
K4	3920422.473	377147.003	转弯段起点	
K5	3920419.679	377157.492		

说明:
1. 图中高程、桩号、尺寸单位均以m计。
2. 张索渡槽改线段桩号9+226.10(归化)(对应原设计桩号为9+226.10)~桩号9+550.10(归化)(对应原设计桩号为9+556.20),全长324m。其中归化桩号9+226.10~9+323.50段为上游改线渠道,长97.4m;其后为8m长进口渐变段和10m长落地槽,与渡槽槽身衔接;9+341.50~9+476.50段为张索渡槽槽身,长135m,槽身断面为矩形;下游端采用10m长落地槽和10m长的渐变段与梯形渠道相衔接;9+496.50~9+550.10段为下游改线渠道,长53.6m。
3. 本图中桩号为根据现状渡槽竣工图实测桩号推算得到,桩号将根据施工实际测量情况做相应调整。

设计单位	中国电建集团西北勘测设计研究院有限公司
图 名	石堡川水库灌区总干渠张索渡槽设计图(一)

张索渡槽纵轴线工程地质剖面图

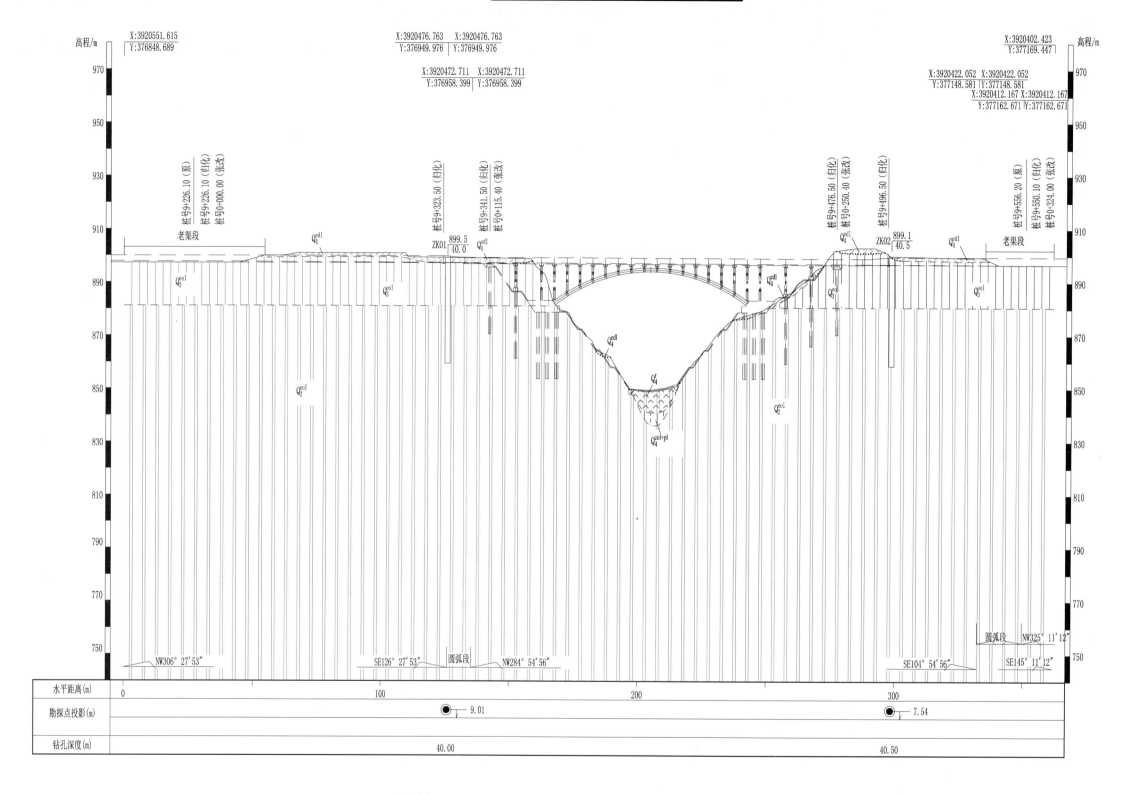

图例

全新统	Q_4^{ml} 回填土	全新统	Q_4^{col+pl} 黄土状壤土	中更新统	Q_2^{eol} Q_2^{eol}黄土		ZK02 899.1/40.5	钻孔编号	孔口高程(m)/孔深(m)
全新统	Q_4^{dl} 粉土	上更新统	Q_3^{eol} Q_3^{eol}黄土		岩性分界线 (虚线为推测)				

说明:

图中高程、桩号尺寸单位以m计。

设计单位	中国电建集团西北勘测设计研究院有限公司
图 名	石堡川水库灌区总干渠张索渡槽设计图（二）

张索渡槽改线段纵断面设计图

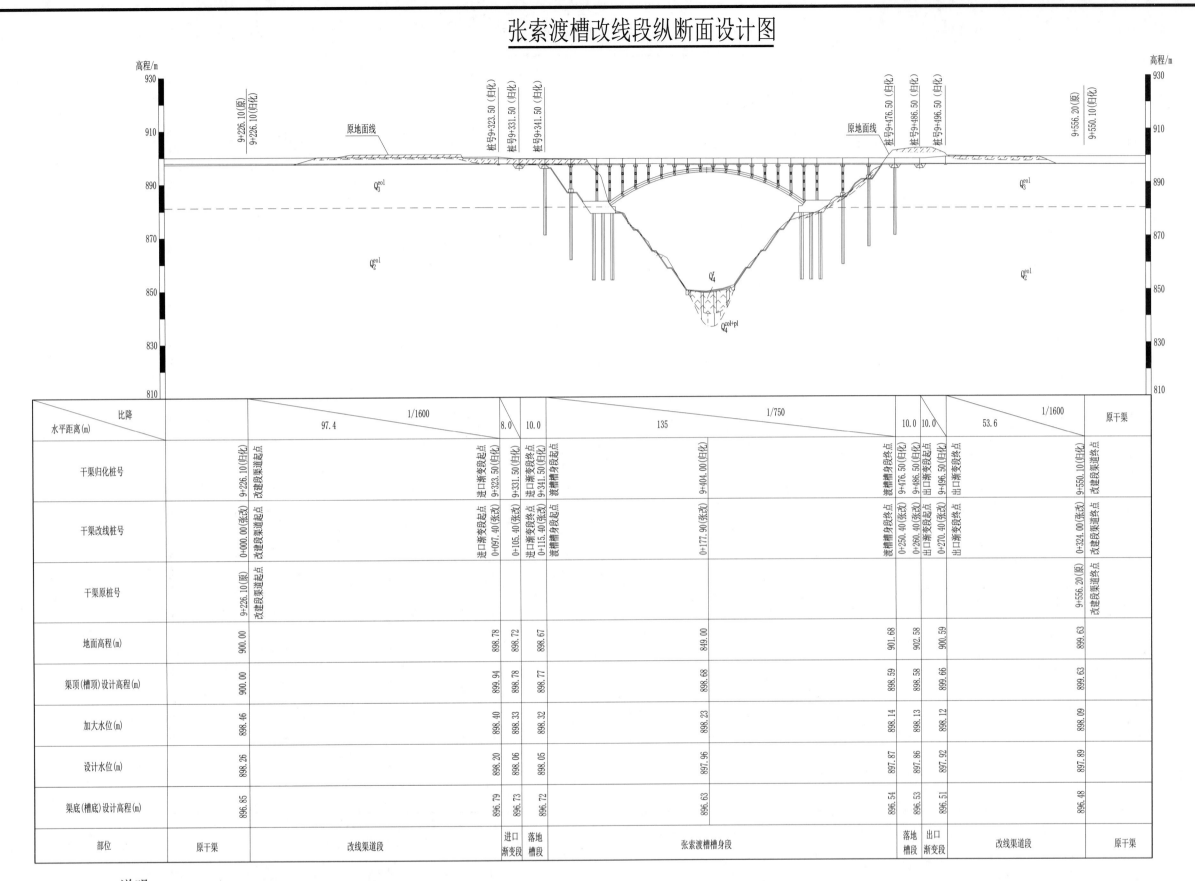

说明：
1. 图中高程、桩号、尺寸标注均以m计。
2. 张索渡槽改线段[桩号9+226.10（归化）（对应原设计桩号为9+226.10）～桩号9+550.10（归化）（对应原设计桩号为9+556.20）]，全长324m。其中归化桩号 9+226.10～9+323.50为上游改线渠道，长97.4m；其后为8m长进口渐变段和10m长落地槽，与渡槽槽身段衔接；9+341.50～9+476.50段为张索槽槽身段，长135m，槽身断面为矩形；下游端采用10m长落地槽和10m长的渐变段与梯形渠道相衔接；9+496.50～9+550.10段为下游改线渠道，长53.6m。
3. 本图中桩号为根据现状渡槽竣工图实测桩号推算得到，桩号将根据施工实际测量情况做相应调整。

设计单位	中国电建集团西北勘测设计研究院有限公司
图　名	石堡川水库灌区总干渠张索渡槽设计图（三）

张索渡槽槽身段布置图

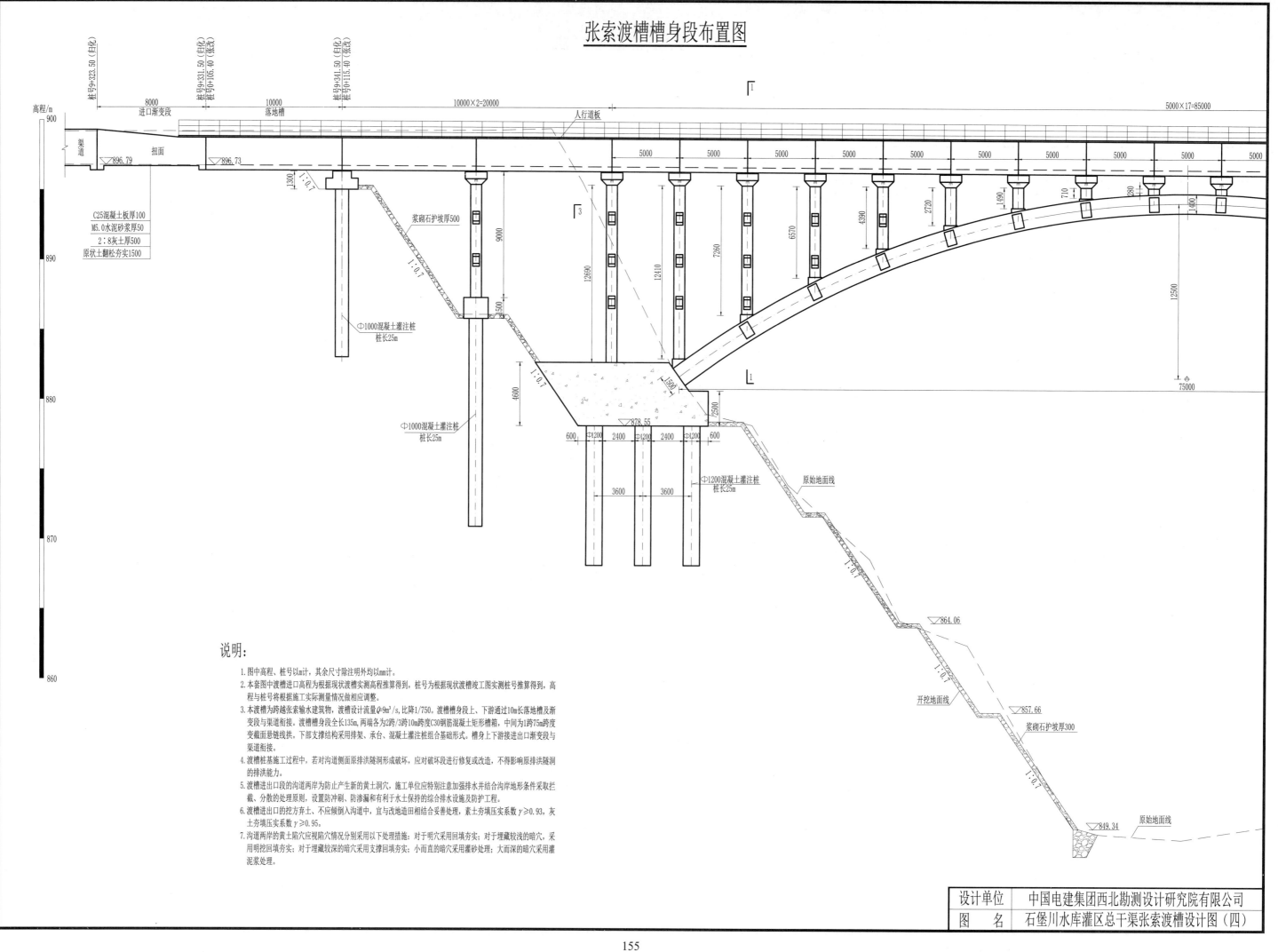

说明:

1. 图中高程、桩号以m计,其余尺寸除注明外均以mm计。

2. 本套图中渡槽进口高程为根据现状渡槽实测高程推算得到,桩号为根据现状渡槽竣工图实测桩号推算得到,高程与桩号将根据施工实际测量情况做相应调整。

3. 本渡槽为跨越张索输水建筑物,渡槽设计流量Q=9m³/s,比降1/750。渡槽槽身段上、下游通过10m长落地槽及渐变段与渠道衔接。渡槽槽身段全长135m,两端各为2跨/3跨10m跨度C30钢筋混凝土矩形槽箱,中间为1跨75m跨度变截面悬链线拱。下部支撑结构采用排架、承台、混凝土灌注桩组合基础形式。槽身上下游接进出口渐变段与渠道衔接。

4. 渡槽桩基施工过程中,若对沟道侧面排洪隧洞形成破坏,应对破坏段进行修复或改造,不得影响原排洪隧洞的排洪能力。

5. 渡槽进出口段的沟道两岸为防止产生新的黄土洞穴,施工单位应特别注意加强排水并结合沟岸地形条件采取拦截、分散的处理原则,设置防冲刷、防渗漏和有利于水土保持的综合排水设施及防护工程。

6. 渡槽进出口的挖方弃土、不应倾倒入沟道中,宜与改造造田相结合妥善处理,素土夯填压实系数γ≥0.93,灰土夯填压实系数γ≥0.95。

7. 沟道两岸的黄土陷穴应视陷穴情况分别采用以下处理措施:对于明穴采用回填夯实;对于埋藏较浅的暗穴,采用明挖回填夯实;对于埋藏较深的暗穴采用支撑回填夯实;小而直的暗穴采用灌砂处理;大而深的暗穴采用灌泥浆处理。

设计单位	中国电建集团西北勘测设计研究院有限公司
图 名	石堡川水库灌区总干渠张索渡槽设计图(四)

张索渡槽槽身段布置图

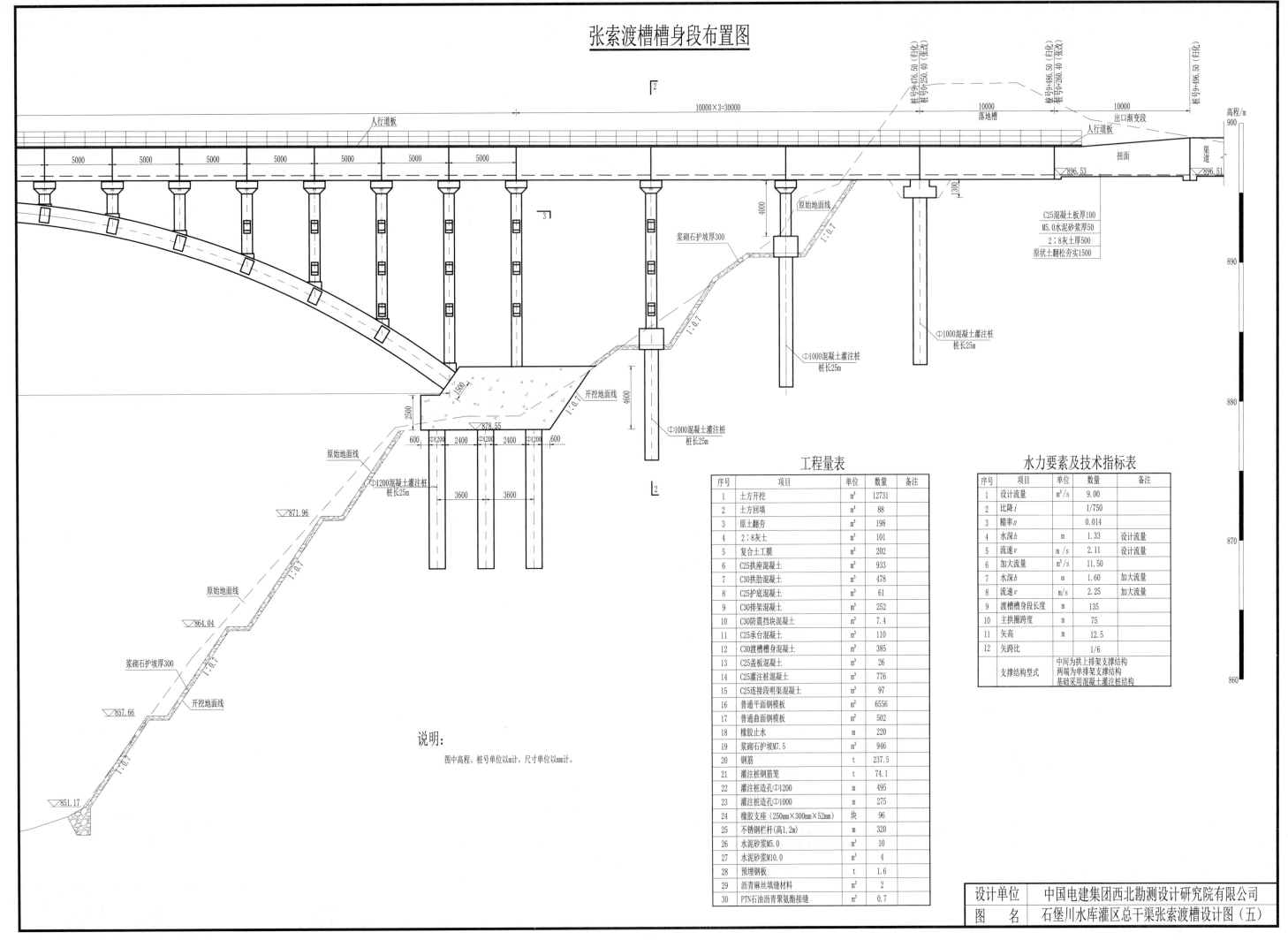

工程量表

序号	项目	单位	数量	备注
1	土方开挖	m³	12731	
2	土方回填	m³	88	
3	原土翻夯	m³	198	
4	2：8灰土	m³	101	
5	复合土工膜	m²	202	
6	C25拱座混凝土	m³	933	
7	C30拱肋混凝土	m³	478	
8	C25护底混凝土	m³	61	
9	C30排架混凝土	m³	252	
10	C30防震挡块混凝土	m³	7.4	
11	C25承台混凝土	m³	110	
12	C30渡槽槽身混凝土	m³	385	
13	C25盖板混凝土	m³	26	
14	C25灌注桩混凝土	m³	776	
15	C25连接段明渠混凝土	m³	97	
16	普通平面钢模板	m²	6556	
17	普通曲面钢模板	m²	502	
18	橡胶止水	m	220	
19	浆砌石护坡M7.5	m³	946	
20	钢筋	t	237.5	
21	灌注桩钢筋笼	t	74.1	
22	灌注桩造孔Φ1200	m	495	
23	灌注桩造孔Φ1000	m	275	
24	橡胶支座（250mm×300mm×52mm）	块	96	
25	不锈钢栏杆(高1.2m)	m	320	
26	水泥砂浆M5.0	m³	10	
27	水泥砂浆M10.0	m³	4	
28	预埋钢板	t	1.6	
29	沥青麻丝填缝材料	m³	2	
30	PTN石油沥青聚氨酯接缝	m³	0.7	

水力要素及技术指标表

序号	项目	单位	数量	备注
1	设计流量	m³/s	9.00	
2	比降 i		1/750	
3	糙率 n		0.014	
4	水深 h	m	1.33	设计流量
5	流速 v	m/s	2.11	设计流量
6	加大流量	m³/s	11.50	
7	水深 h	m	1.60	加大流量
8	流速 v	m/s	2.25	加大流量
9	渡槽槽身段长度	m	135	
10	主拱圈跨度	m	75	
11	矢高	m	12.5	
12	矢跨比		1/6	
	支撑结构型式		中间为拱上排架支撑结构 两端为单排架支撑结构 基础采用混凝土灌注桩结构	

说明：

图中高程、桩号单位以m计，尺寸单位以mm计。

设计单位	中国电建集团西北勘测设计研究院有限公司
图 名	石堡川水库灌区总干渠张索渡槽设计图（五）

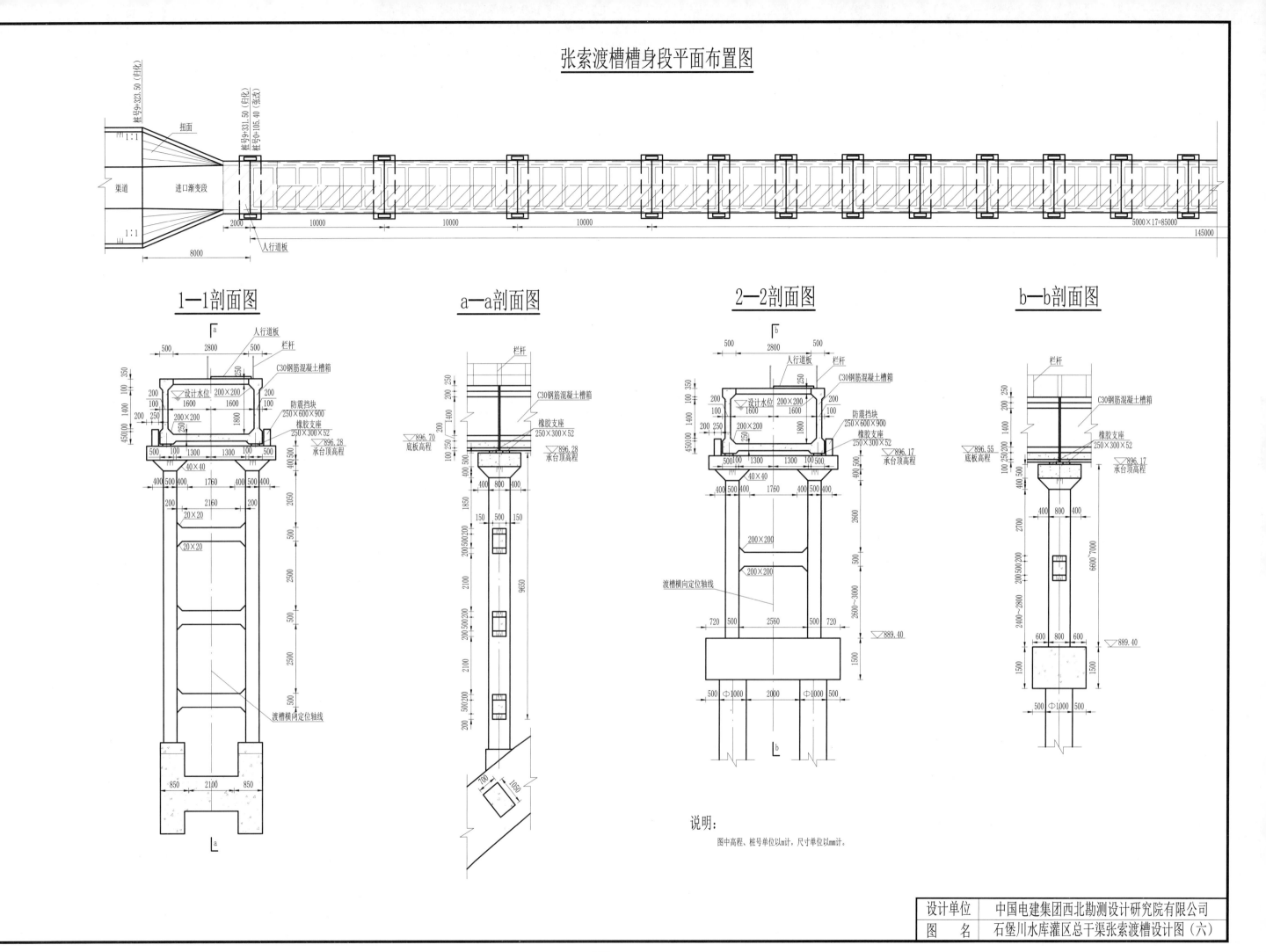

张索渡槽槽身段平面布置图

1—1剖面图

a—a剖面图

2—2剖面图

b—b剖面图

说明:

图中高程、桩号单位以m计,尺寸单位以mm计。

设计单位	中国电建集团西北勘测设计研究院有限公司
图 名	石堡川水库灌区总干渠张索渡槽设计图（六）

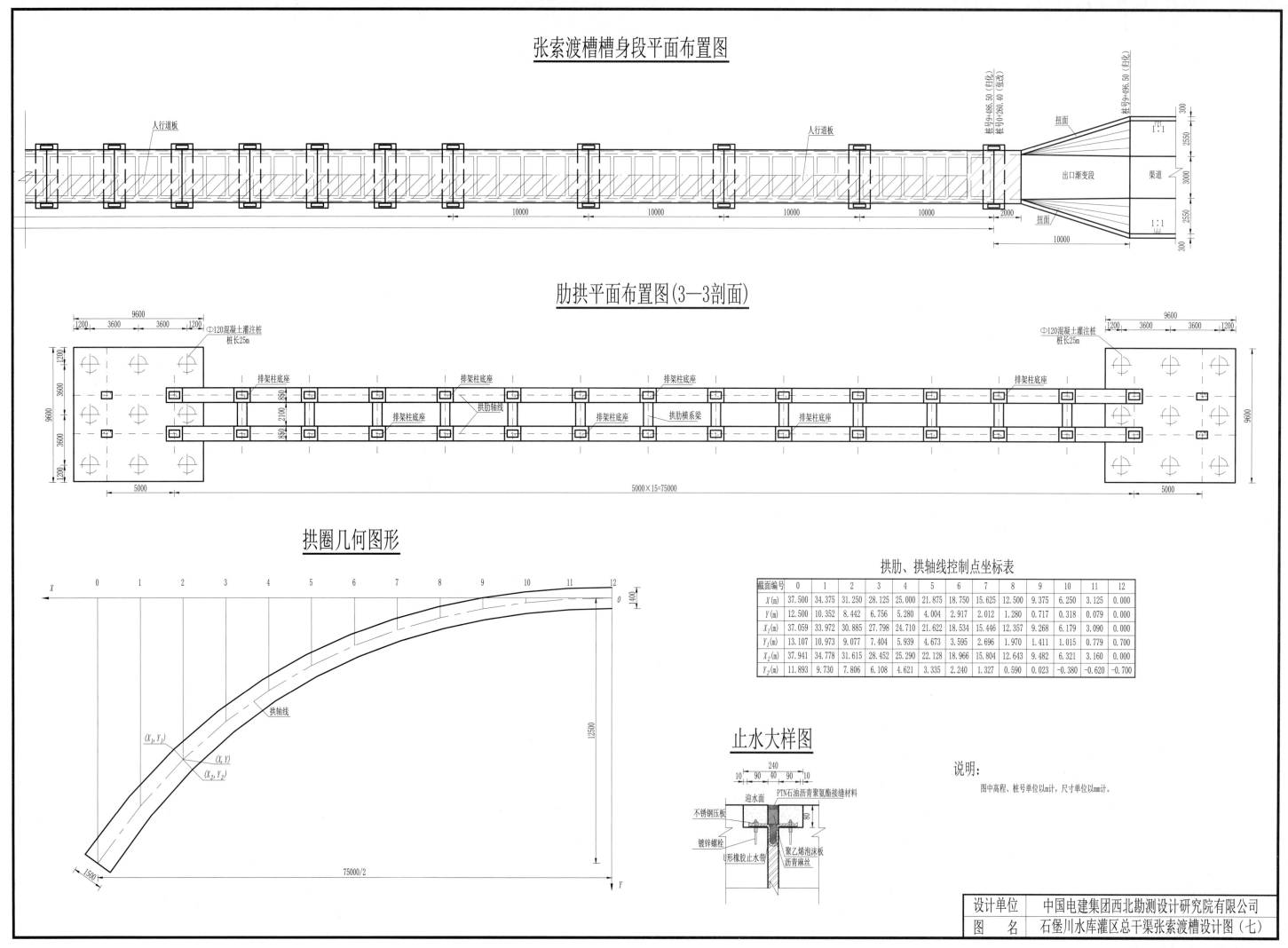

张索渡槽槽身段平面布置图

人行道板

10000　10000　10000　10000　2000

桩号9+486.50（归化）
桩号9+260.40（张改）

扭面

出口渐变段　　渠道

扭面

10000

肋拱平面布置图(3—3剖面)

9600
1200　3600　3600　1200

Φ120混凝土灌注桩
桩长25m

排架柱底座　　排架柱底座　　排架柱底座　　排架柱底座

排架柱底座　　拱肋轴线　　排架柱底座　　拱肋横系梁　　排架柱底座

5000　　5000×15=75000　　5000

9600
1200　3600　3600　1200

Φ120混凝土灌注桩
桩长25m

拱圈几何图形

拱轴线

(X_1, Y_1)
(X, Y)
(X_2, Y_2)

75000/2

拱肋、拱轴线控制点坐标表

截面编号	0	1	2	3	4	5	6	7	8	9	10	11	12
X(m)	37.500	34.375	31.250	28.125	25.000	21.875	18.750	15.625	12.500	9.375	6.250	3.125	0.000
Y(m)	12.500	10.352	8.442	6.756	5.280	4.004	2.917	2.012	1.280	0.717	0.318	0.079	0.000
X_1(m)	37.059	33.972	30.885	27.798	24.710	21.622	18.534	15.446	12.357	9.268	6.179	3.090	0.000
Y_1(m)	13.107	10.973	9.077	7.404	5.939	4.673	3.595	2.696	1.970	1.411	1.015	0.779	0.700
X_2(m)	37.941	34.778	31.615	28.452	25.290	22.128	18.966	15.804	12.643	9.482	6.321	3.160	0.000
Y_2(m)	11.893	9.730	7.806	6.108	4.621	3.335	2.240	1.327	0.590	0.023	-0.380	-0.620	-0.700

止水大样图

240
10　90　40　90　10

迎水面　　PTN石油沥青聚酯氨酯接缝材料

不锈钢压板
镀锌螺栓
U形橡胶止水带
聚乙烯泡沫板
沥青麻丝

说明：

图中高程、桩号单位以m计，尺寸单位以mm计。

设计单位	中国电建集团西北勘测设计研究院有限公司
图　名	石堡川水库灌区总干渠张索渡槽设计图（七）

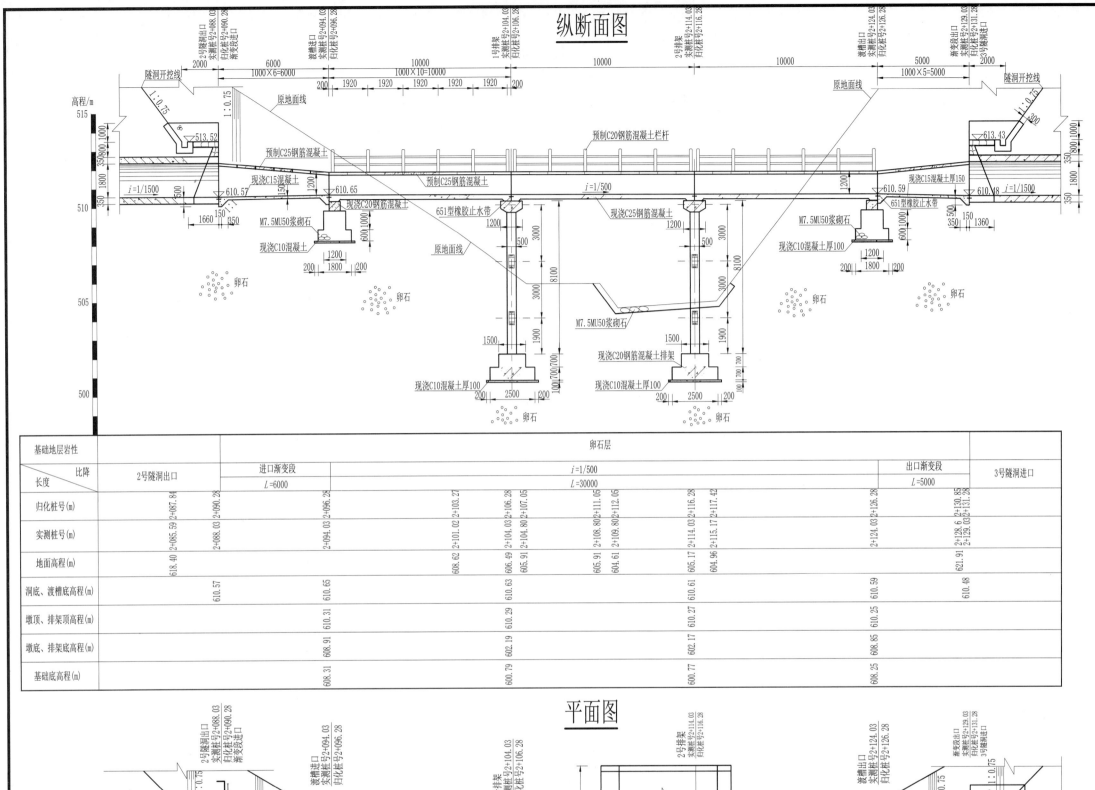

纵断面图

渡槽水力要素表

流量Q(m³/s)		底宽(m)	高度(m)	比降	糙率	水深h(m)		流速v(m/s)	
设计	校核					设计	校核	设计	校核
1.5	1.9	1.5	1.2	1/500	0.014	0.637	0.759	1.57	1.67

工程量表

序号	名称	单位	数量	备注
1	挖土方	m³	1034	
2	挖砂卵石	m³	2948	
3	回填碎石土	m³	3828	
4	现浇C10混凝土垫层	m³	15.3	
5	现浇C15混凝土渐变段底板	m³	5.7	
6	现浇C20钢筋混凝土排架、基础	m³	38.2	
7	预制C20钢筋混凝土栏杆	m³	2.3	
8	现浇C25钢筋混凝土槽箱	m³	42.6	
9	预制C25钢筋混凝土盖板	m³	11.0	
10	弯轧钢筋	t	8.45	
11	M7.5MU50浆砌石	m³	135.1	
12	聚乙烯泡沫板	m²	22.8	
13	651橡胶止水带	m³	31.5	
14	橡胶支座	块	12	
15	钢板	kg	131.1	
16	PTN聚氨酯胶	m³	0.5	

沟道纵断面砌护图

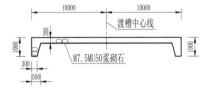

平面图

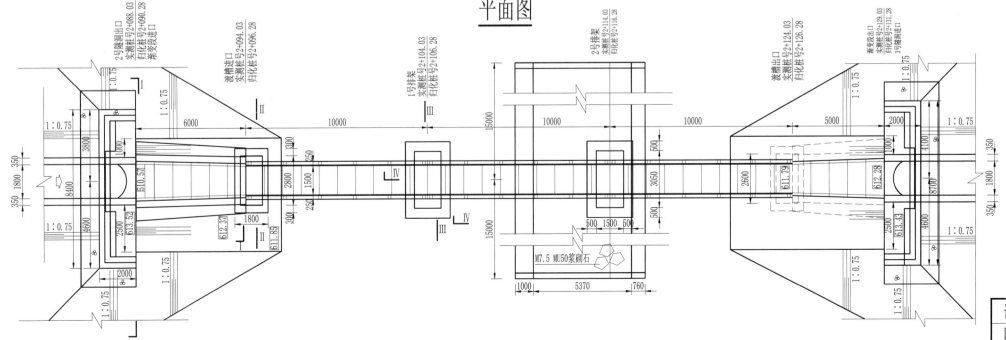

说明：

1. 图中高程、桩号单位以m计，尺寸单位以mm计。
2. 渡槽设计流量为1.5m³/s，加大流量1.9m³/s，设计比降i=1/500，进口实测桩号2+088.03，出口实测桩号2+129.03，共3跨，总长41m，其中，进口渐变段6m，出口渐变段5m，槽箱段30m。
3. 渡槽槽箱采用现浇C25钢筋混凝土矩形槽箱，下部支承结构采用现浇C20钢筋混凝土排架，抗冻等级均为F50，盖板采用预制C25钢筋混凝土，栏杆采用预制C20钢筋混凝土。
4. 本图依据2004年7月实测定线资料绘制。

设计单位	陕西省水利电力勘测设计研究院
图名	西安市黑河灌区西高干窑头沟渡槽设计图（一）

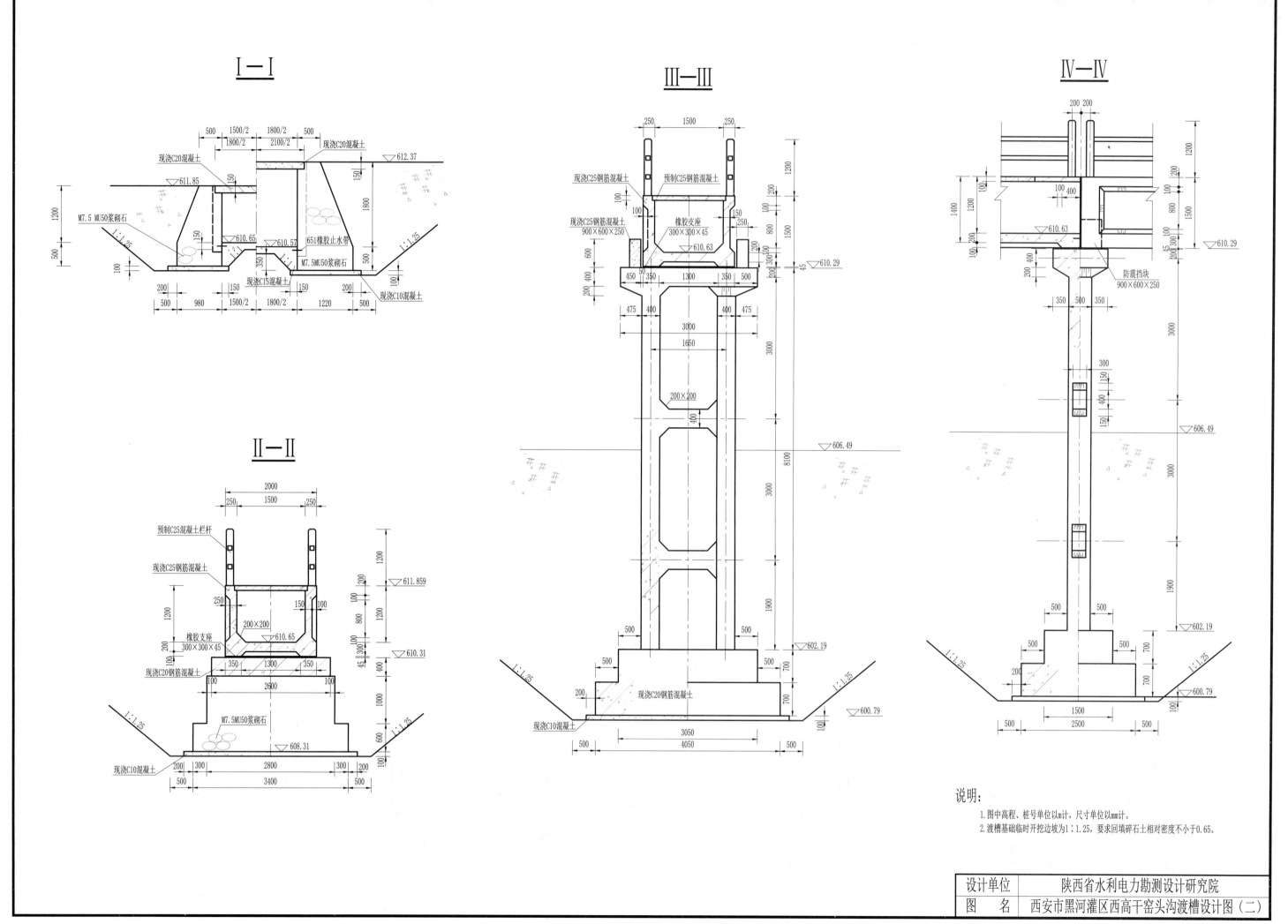

I—I

500 | 1500/2 | 1800/2 | 500
1800/2 | 2100/2
现浇C20混凝土
现浇C20混凝土
▽612.37
▽611.85
150
150
1800
1200
M7.5 MU50浆砌石
150
▽610.65
▽610.57
651橡胶止水带
500
1:1.25
350
M7.5MU50浆砌石
500
100
200 | 150 | 150 | 200
500 | 980 | 1500/2 | 1800/2 | 1220 | 500
现浇C15混凝土
现浇C10混凝土

II—II

2000
250 | 1500 | 250
预制C25混凝土栏杆
现浇C25钢筋混凝土
1200
250
150 | 100
200
▽611.859
1200
800
200×200
橡胶支座
300×300×45
▽610.65
100 | 300
▽610.31
45 | 400
350 | 1300 | 350
现浇C20钢筋混凝土
100 | 2600 | 100
1000
M7.5MU50浆砌石
600
1:1.25
▽608.31
现浇C10混凝土
200 | 300 | 2800 | 300 | 200 | 100
500 | 3400 | 500

III—III

250 | 1500 | 250
现浇C25钢筋混凝土
预制C25钢筋混凝土
1200
100
200
现浇C25钢筋混凝土
900×600×250
橡胶支座
300×300×45
150
1500
250
▽610.63
600
800
200 | 300 | 100
▽610.29
45
200 | 400
450 | 350 | 1300 | 350 | 500
475 | 400 | 3000 | 400 | 475
1650
200×200
400
▽606.49
8100
3000
1900
500
500
▽602.19
700
1:1.25
现浇C20钢筋混凝土
1:1.25
200
▽600.79
现浇C10混凝土
100
500 | 3050 | 500
4050

IV—IV

200 | 200
1200
100 | 400
1400
1200
100
200 | 400
▽610.63
1500
防震挡块
900×600×250
200
100 | 300
▽610.29
45
200
1:1.25
350 | 500 | 350
3000
300
400
150
▽606.49
3000
1900
500 | 500
▽602.19
700
1:1.25
200
700
▽600.79
500 | 500
1500
2500
100
700

说明:
1.图中高程、桩号单位以m计,尺寸单位以mm计。
2.渡槽基础临时开挖边坡为1:1.25,要求回填碎石土相对密度不小于0.65。

设计单位	陕西省水利电力勘测设计研究院
图 名	西安市黑河灌区西高干窑头沟渡槽设计图（二）

渡槽底板配筋图

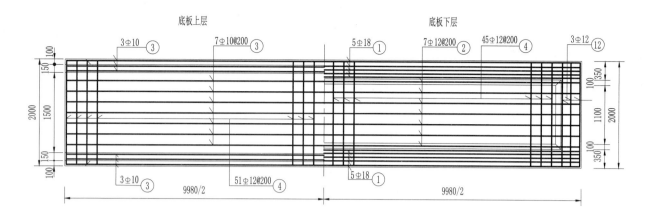

渡槽盖板配筋纵断面图

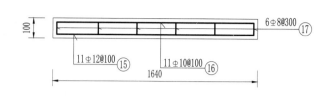

渡槽侧墙配筋图

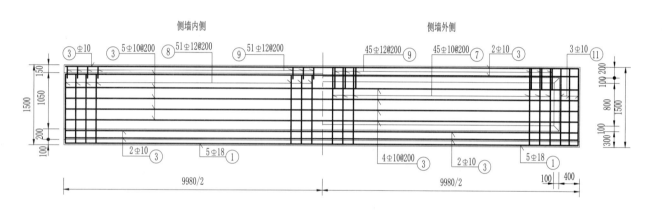

渡槽盖板配筋横断面图

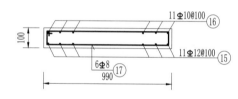

渡槽跨中配筋横断面图

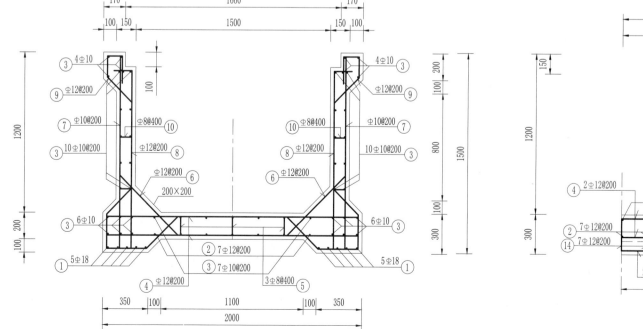

渡槽端部配筋横断面图

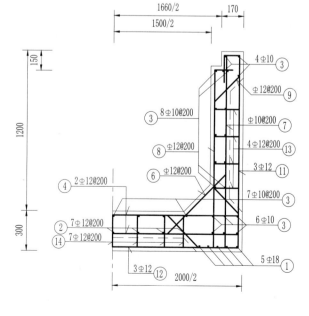

栏杆与槽箱连接钢筋大样图

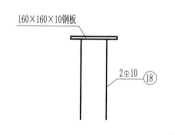

钢筋表(一跨)

部位	编号	型式	直径(mm)	单根长(mm)	根数	总长(m)	备注
槽箱1跨	①	9920	Φ18	9920	10	99.2	
	②	9920	Φ12	9920	7	69.4	
	③	9920	Φ10	10045	47	476.8	
	④	1940	Φ12	1940	96	186.2	
	⑤	140	Φ8	240	75	18.0	
	⑥	640	Φ12	640	102	65.3	
	⑦	1440 340 190	Φ10	2095	90	188.6	
	⑧	1290 150 280 240 190	Φ12	2200	102	224.4	
	⑨	250 110 140 270	Φ12	770	102	78.5	
	⑩	90	Φ8	190	100	19.0	
	⑪	1440 290	Φ12	1730	12	20.8	
	⑫	1940	Φ12	1940	6	11.6	
	⑬	190 340 270	Φ12	800	16	12.8	
	⑭	240 340 340	Φ12	920	14	12.9	
盖板10块	⑮	1590	Φ12	1590	10×11	174.9	
	⑯	1590	Φ10	1715	10×11	188.7	
	⑰	940 50	Φ8	2080	10×6	124.8	
预埋钢板	⑱	300 100	Φ10	700	10×2	14.0	
	钢板	170mm×170mm×10mm			块	10	22.7kg

材料表

名称		钢筋			钢板	C25混凝土(m³)
种类	Φ8	Φ10	Φ12	Φ18		
一跨 m	161.8	868.1	856.8	99.2		
一跨 kg	63.9	535.6	760.8	198.4		
合计	Ⅰ级钢筋:599.5kg		Ⅱ级钢筋:959.2kg		22.7kg	14.2
三跨	Ⅰ级钢筋:1798.5kg		Ⅱ级钢筋:2877.6kg		68.1kg	42.6

说明：

1. 图中尺寸单位以mm计。
2. 钢筋保护层厚度：槽箱为30mm，盖板为25mm。
3. 影响橡胶止水带安装的非受力钢筋在施工中可适当偏移。

设计单位	陕西省水利电力勘测设计研究院
图 名	西安市黑河灌区西高干窑头沟渡槽设计图（三）

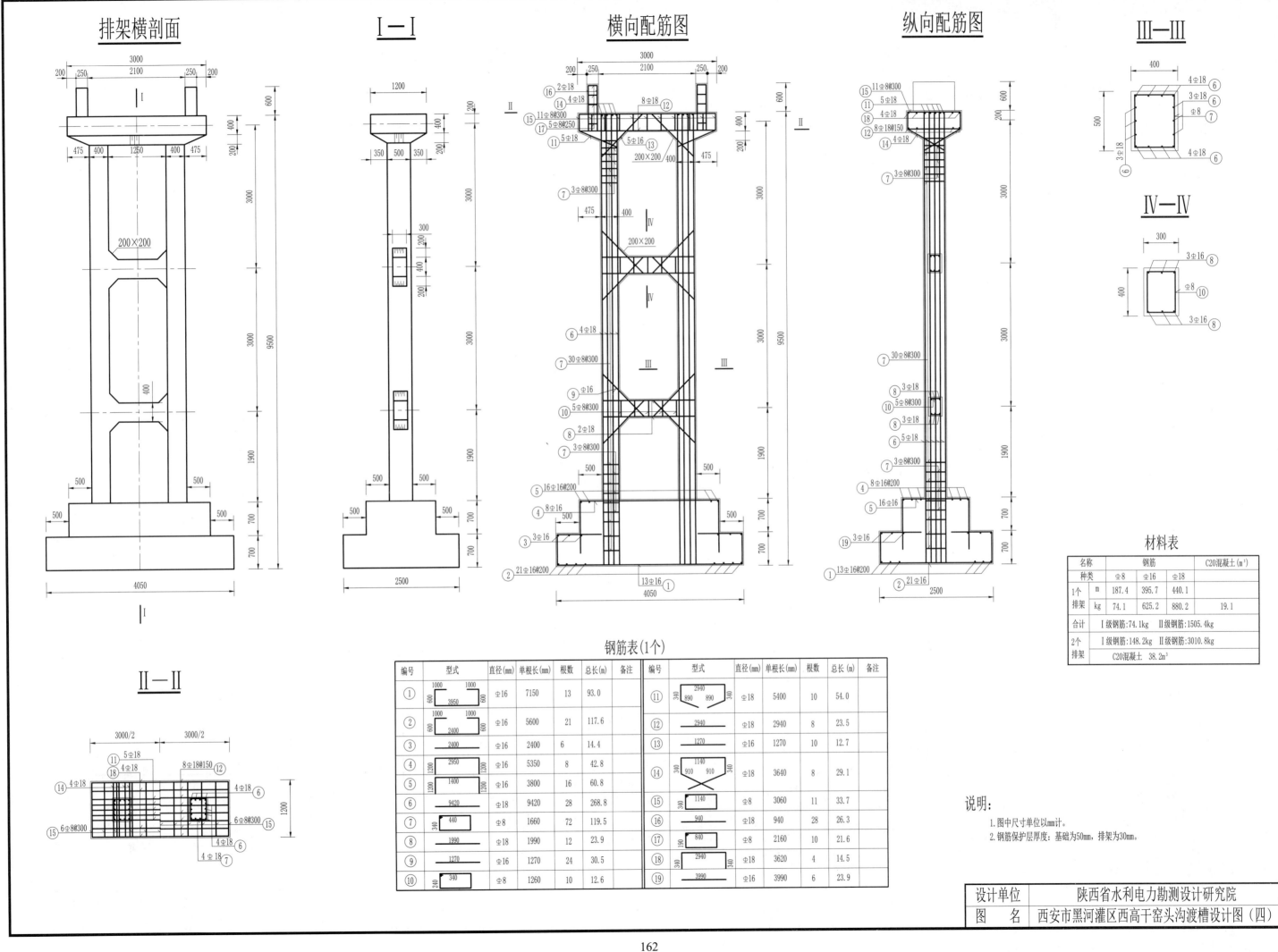

东干渠东滑峪支线渡槽纵剖面图

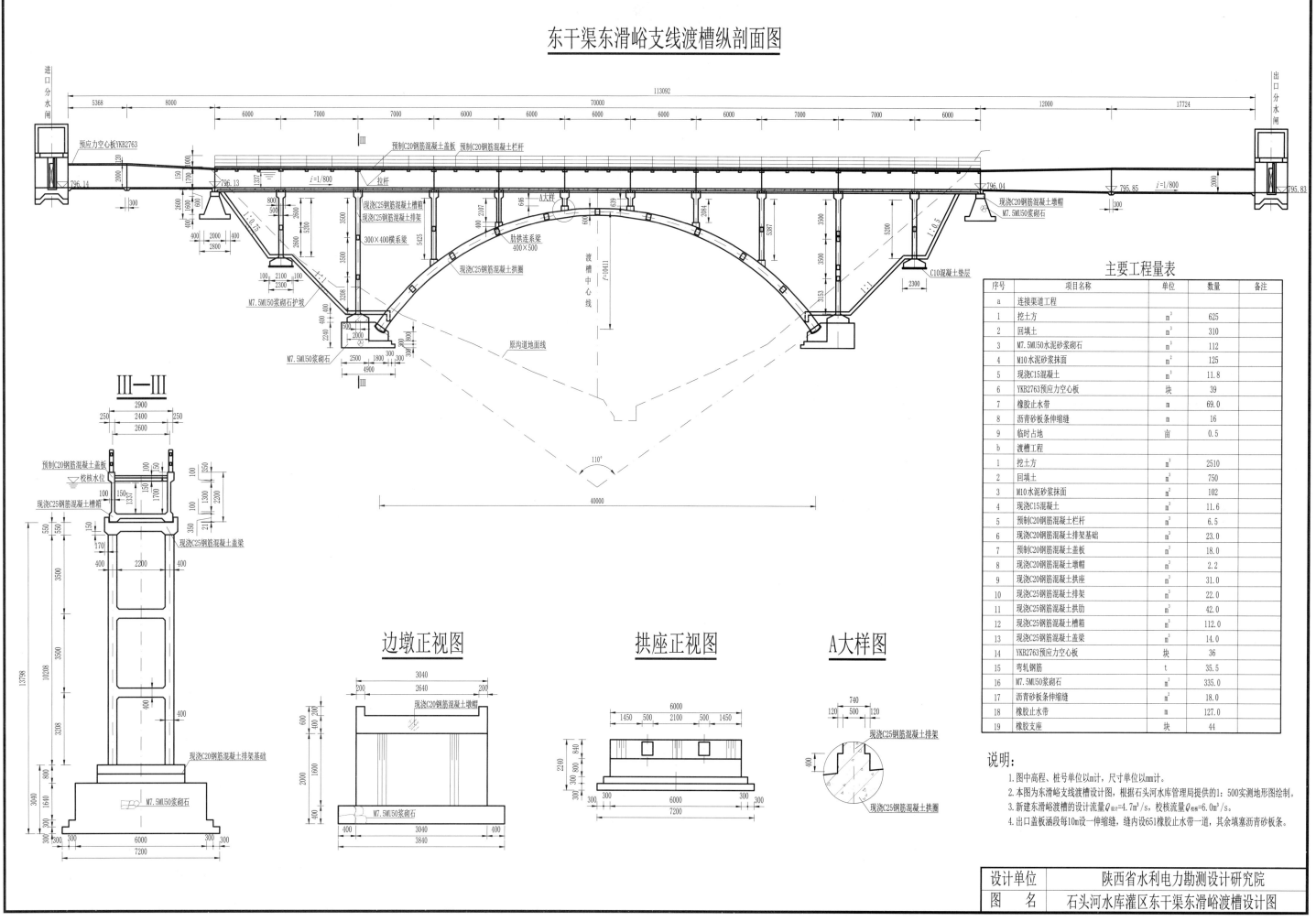

III—III

边墩正视图

拱座正视图

A大样图

主要工程量表

序号	项目名称	单位	数量	备注
a	连接渠道工程			
1	挖土方	m³	625	
2	回填土	m³	310	
3	M7.5MU50水泥砂浆砌石	m³	112	
4	M10水泥砂浆抹面	m²	125	
5	现浇C15混凝土	m³	11.8	
6	YKB2763预应力空心板	块	39	
7	橡胶止水带	m	69.0	
8	沥青砂板条伸缩缝	m	16	
9	临时占地	亩	0.5	
b	渡槽工程			
1	挖土方	m³	2510	
2	回填土	m³	750	
3	M10水泥砂浆抹面	m²	102	
4	现浇C15混凝土	m³	11.6	
5	预制C20钢筋混凝土栏杆	m³	6.5	
6	现浇C20钢筋混凝土排架基础	m³	23.0	
7	预制C20钢筋混凝土盖板	m³	18.0	
8	现浇C20钢筋混凝土墩帽	m³	2.2	
9	现浇C20钢筋混凝土拱座	m³	31.0	
10	现浇C25钢筋混凝土排架	m³	22.0	
11	现浇C25钢筋混凝土拱肋	m³	42.0	
12	现浇C25钢筋混凝土槽箱	m³	112.0	
13	现浇C25钢筋混凝土盖梁	m³	14.0	
14	YKB2763预应力空心板	块	36	
15	弯轧钢筋	t	35.5	
16	M7.5MU50浆砌石	m³	335.0	
17	沥青砂板条伸缩缝	m³	18.0	
18	橡胶止水带	m	127.0	
19	橡胶支座	块	44	

说明:

1. 图中高程、桩号单位以m计,尺寸单位以mm计。
2. 本图为东滑峪支线渡槽设计图,根据石头河水库管理局提供的1:500实测地形图绘制。
3. 新建东滑峪渡槽的设计流量$Q_{设计}$=4.7m³/s,校核流量$Q_{校核}$=6.0m³/s。
4. 出口盖板涵段每10m设一伸缩缝,缝内设651橡胶止水带一道,其余填塞沥青砂板条。

设计单位	陕西省水利电力勘测设计研究院
图 名	石头河水库灌区东干渠东滑峪渡槽设计图

渡槽平面布置图

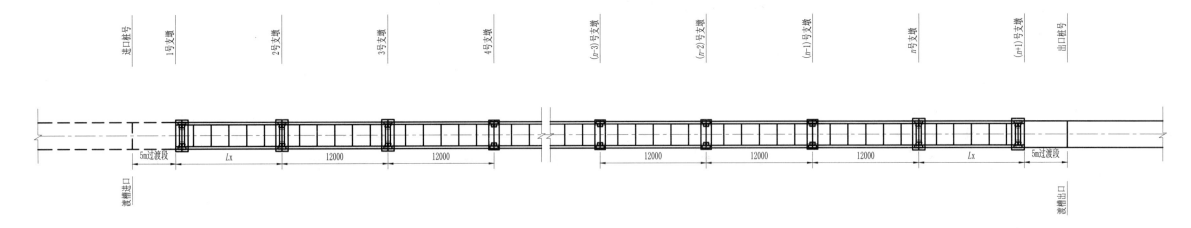

渡槽纵向布置图

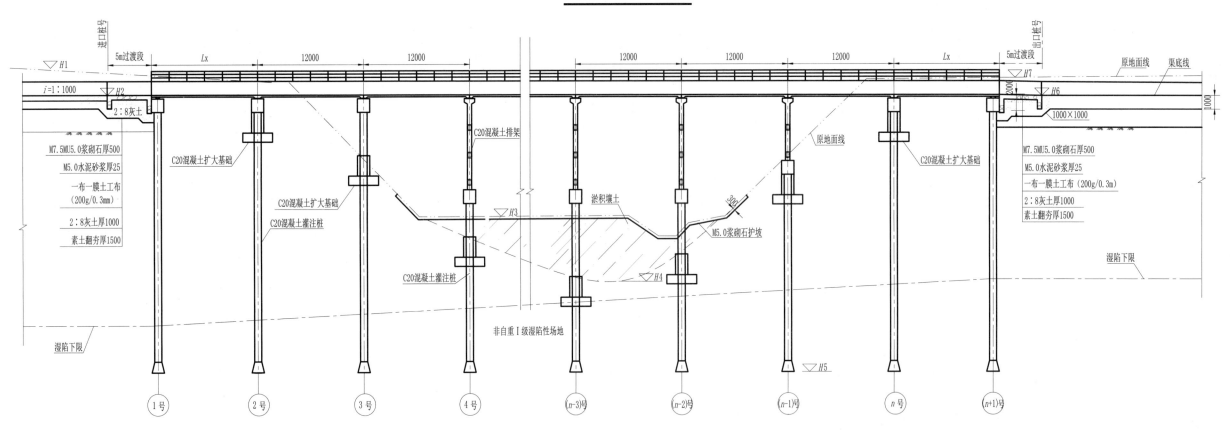

说明:
1. 图中高程、桩号单位以m计,尺寸单位以mm计。
2. 图中主要表现了黄土地基基础处理型式,其中虚线基础(C20混凝土扩大基础)为岩石地基基础处理型式。
3. 基础为岩石时Lx=0。

设计单位	陕西省水利电力勘测设计研究院
图　名	南沟门水库供水总干渠渡槽设计图(一)

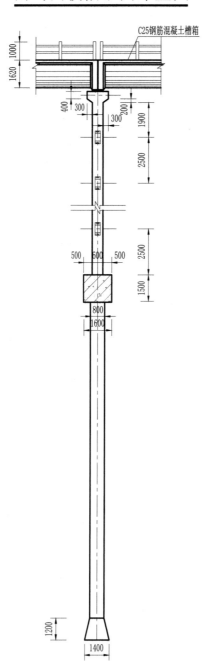

南沟门渡槽横向视图

A—A

南沟门渡槽纵向布置图

C25钢筋混凝土槽箱

C20钢筋混凝土

B—B

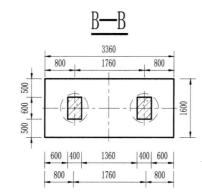

主要工程量表

序号	项目	单位	数量				备注
			1号渡槽	2号渡槽	3号渡槽	4号渡槽	
1	挖土(石)方	m³	(122)	(70)	202	357	
2	填土(碎石)方	m³	(68)	(39)	113	200	
3	预制C25钢筋混凝土槽箱	m³	69	40	52	91	预制槽箱
4	现浇C20钢筋混凝土排架	m³	22	13	32	25	预制排架
5	现浇C30钢筋混凝土防震挡块	m³	2.2	1.3	1.7	3	防震挡块
6	钢筋	t	44	25	27	50	
7	M5.0MU50浆砌石护坡	m³	490	282	183	744	
8	一布一膜土工布	m²	51	30	38	68	布200g/m²,膜0.3mm
9	2:8灰土垫层	m³	70	41	53	93	
10	橡胶支座	个	32	20	28	40	
11	现浇C20钢筋混凝土承台	m³	65	42	70	99	
12	现浇C20钢筋混凝土	m³	198	125	55	276	灌注桩或扩大基础
13	φ50钢管栏杆	m	348	200	260	460	

特征数值表

序号	项目	单位	数量				备注
			1号渡槽	2号渡槽	3号渡槽	4号渡槽	
1	进口桩号	m	0+157.75	0+410.05	0+574.70	3+383.50	
2	出口桩号	m	0+244.75	0+460.05	0+639.70	3+498.50	
3	L	m	87	50	65	115	
4	Lx	m	0	0	8.5	9.5	
5	n	跨	8	5	7	10	
6	H_1	m	827.1	828.7	817.3	816.9	
7	H_2	m	815.69	815.16	814.74	811.29	渡槽起点底板高程
8	H_3	m	799.3	808.9	808.2	806.7	
9	H_4	m	796.1	802.7	805.9	800.3	
10	H_5	m	786.7	792.5	796.4	790.9	
11	H_6	m	815.32	814.86	814.41	810.86	渡槽末点底板高程
12	H_7	m	824.96	827.76	821.38	817.45	

渡槽水力要素表

项目	Q	底宽	i	n	h	v	备注
单位	m³/s	m			m	m/s	
1~3号渡槽	3.09	1.3	1/500	0.016	1.54	1.7	
4号渡槽	1.50	0.82	1/500	0.016	1.50	1.35	

说明：

1. 图中高程、桩号单位以m计，尺寸单位以mm计。
2. 渡槽槽箱采用预制C25钢筋混凝土U形薄壳槽箱，下部支承结构采用C20钢筋混凝土灌注桩及灌注桩与排架的组合结构型式或C20混凝土扩大基础形式。
3. 岸开挖出土方应堆在渡槽中心线沟道下游方向20m外的沟道内，土方堆积高度应小于1m，并在堆积土方上预留排洪槽，以满足排洪要求。
4. 沟道采用M5.0MU50浆砌石，砌护范围为渡槽中心线上、下游各15m。

设计单位	陕西省水利电力勘测设计研究院
图 名	南沟门水库供水总干渠渡槽设计图（二）

渡槽纵断面设计图

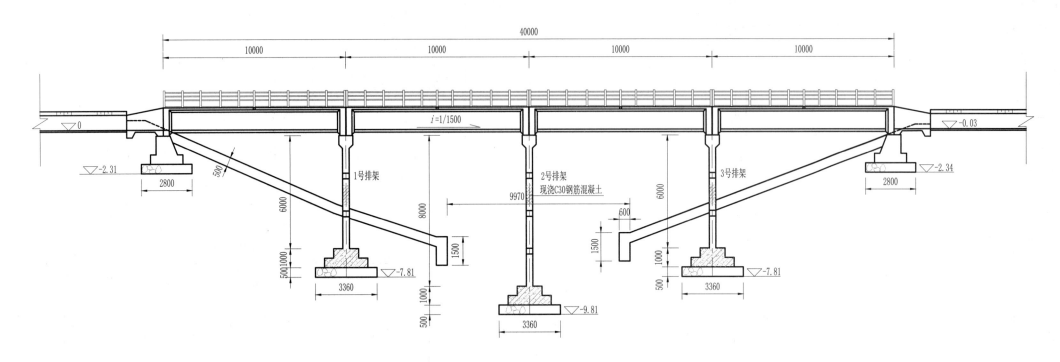

边墩设计图

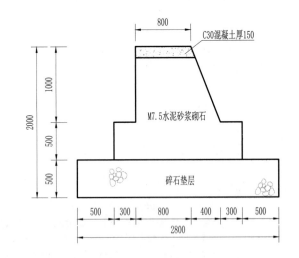

渡槽水力要素表

流量（m³/s）		槽深（cm）	衬砌宽（cm）	设计比降	水深（cm）	流速（m/s）
设计	加大					
0.5	0.63	150	120	1/1500	90	0.85

说明:

1. 图中高程、桩号单位以m计，尺寸单位以mm计。

2. 渡槽位于五支渠上，槽身为U形，下部结构采用排架，共四跨。

3. 槽身采用现浇，人行板采用预制。

4. 渡槽每隔1m设拉杆，拉杆与栏杆位置相对应，人行板布置于拉杆间。

5. 槽壳及排架均为现浇C30钢筋混凝土。

6. 排架尺寸根据基础开挖揭露实际地质情况进行适当调整，填土压实系数为0.95。

设计单位	渭南市水利水电勘测设计院
图　名	白水县林皋水库灌区五支渡槽设计图（一）

槽身正视图—槽身纵剖视图

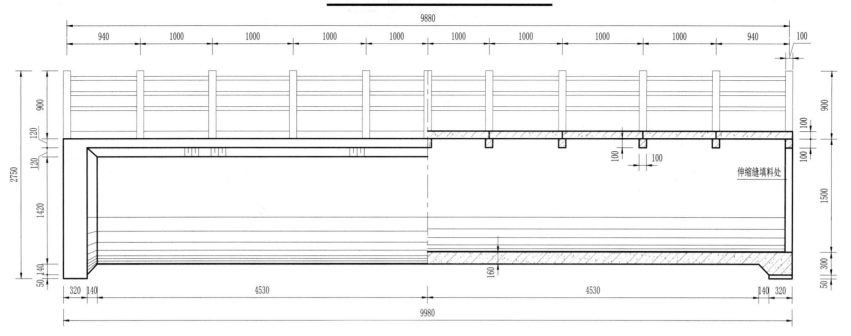

横剖视图

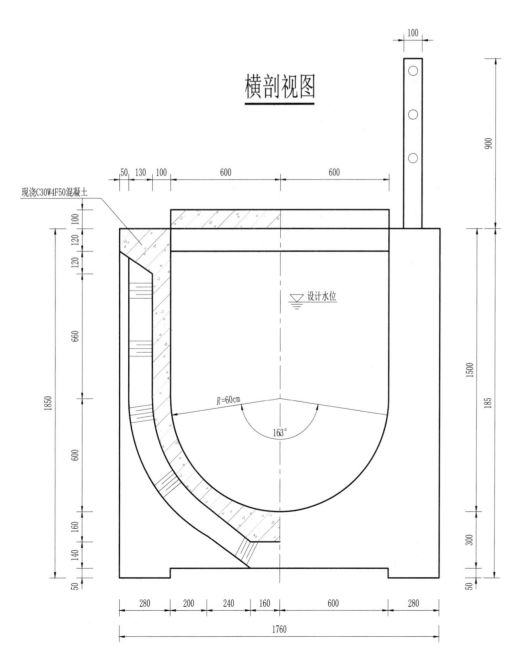

现浇C30W4F50混凝土

$R=60cm$

163°

设计水位

渡槽工程量

部位	项目	单位	数量	备注
渡槽	基础挖方	m³	400	
	基础回填土	m³	300	
	碎石垫层	m³	40	
	槽箱现浇C30混凝土	m³	75	
	拉杆C30混凝土	m³	0.6	
	人行盖板C25混凝土	m³	5	
	栏杆C25混凝土	m³	2	
	排架基础C30混凝土	m³	20	
	C30混凝土排架	m³	9	
	挖泥	m³	190	
	M7.5砌石基础	m³	10	
	C30混凝土边墩帽	m³	1.5	
	伸缩缝	m²	4	
	钢筋	t	16	
进出口衔接	挖土	m³	5	
	回填土	m³	3	
	C20混凝土侧墙	m³	1.5	
	C20混凝土底板	m³	1.5	
岸坡加固	整修边坡	m²	750	
	M10浆砌石砌护	m³	400	
	伸缩缝	m²	85	

说明:

图中高程、桩号单位以m计,尺寸单位以mm计。

设计单位	渭南市水利水电勘测设计院
图 名	白水县林皋水库灌区五支渡槽设计图(二)

甲—甲

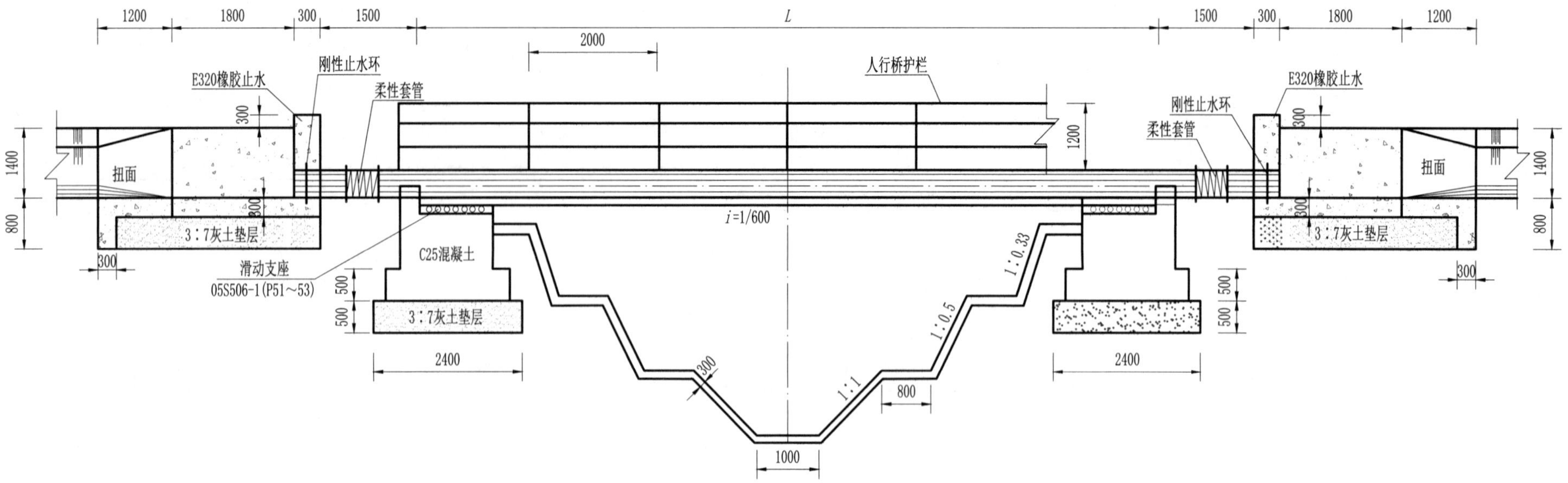

平面图

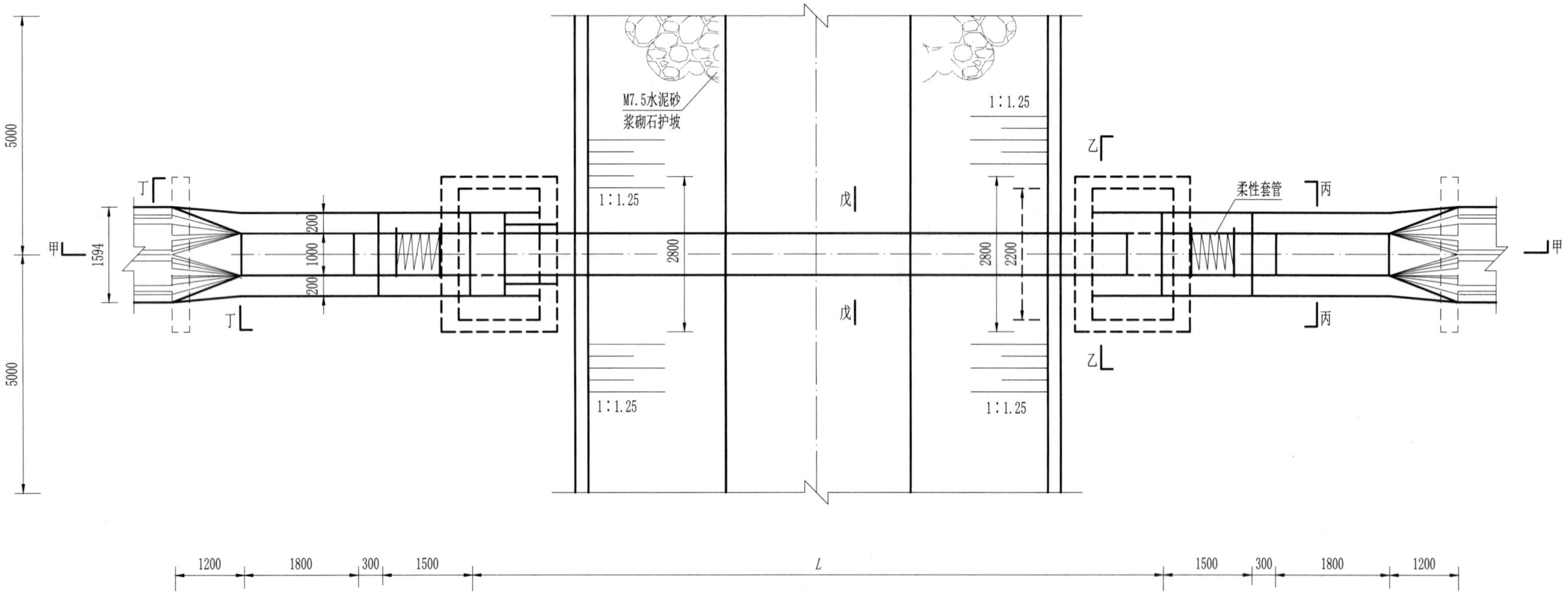

说明:
1. 渡槽基础用C25混凝土,回填土压实系数为0.95。
2. 槽身采用直径600~800mm钢管。
3. 混凝土等级为强度C25、抗冻F50、抗渗W4。
4. 伸缩缝采用651橡胶止水。
5. 渡槽加强肋支承在滑动钢支座上,滑动钢支座见《自承式平直形架空钢管》(05S506-1)。
6. 渡槽统计表中未注明有通行要求的,可不做人行桥部分;未说明部分按照现行规范执行。
7. 图中尺寸单位以mm计。

设计单位	陕西秦东水利水电设计院
图 名	交口抽渭灌区支渠跨干支沟渡槽设计图(一)

支墩详图

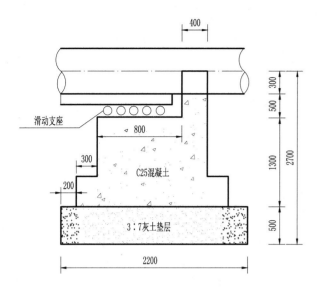

滑动支座
C25混凝土
3：7灰土垫层

乙—乙

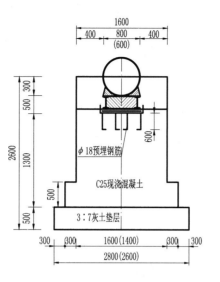

φ18预埋钢筋
C25现浇混凝土
3：7灰土垫层

丙—丙

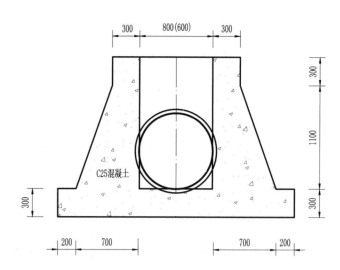

C25混凝土

丁—丁

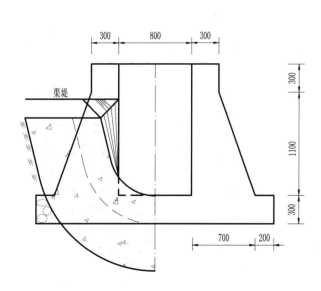

渠堤

戊—戊

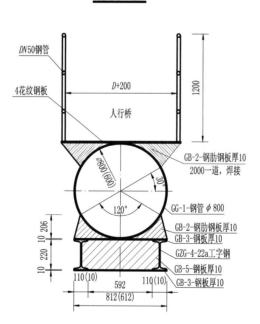

DN50钢管
4花纹钢板
人行桥
GB-2-钢肋钢板厚10
2000一道，焊接
GG-1-钢管φ800
GB-2-钢肋钢板厚10
GB-3-钢板厚10
GZG-4-22a工字钢
GB-5-钢板厚10
GB-3-钢板厚10

渡槽接缝大样图

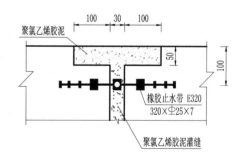

聚氯乙烯胶泥
橡胶止水带 E320
320×Φ25×7
聚氯乙烯胶泥灌缝

说明：
1. 渡槽基础用C25混凝土，回填土压实系数0.95。
2. 槽身采用直径600~800mm钢管，括号内数值用于φ600管径。
3. 混凝土等级：强度C25，抗冻F50，抗渗W4。
4. 跨度在14m以内可不设加强肋。
5. 伸缩缝采用651橡胶止水，焊接用新焊缝严格按照《钢结构设计规范（GB50017—2017）》制作。
6. 渡槽加强肋支承在滑动钢支座上，滑动支座见《自承式平直形架空钢管》（05S506-1）。
7. 渡槽统计表中未注明有通行要求的，可不做人行桥部分；未说明部分按照现行规范执行。
8. 图中尺寸单位以mm计。

设计单位	陕西秦东水利水电设计院
图 名	交口抽渭灌区支渠跨干支沟渡槽设计图（二）

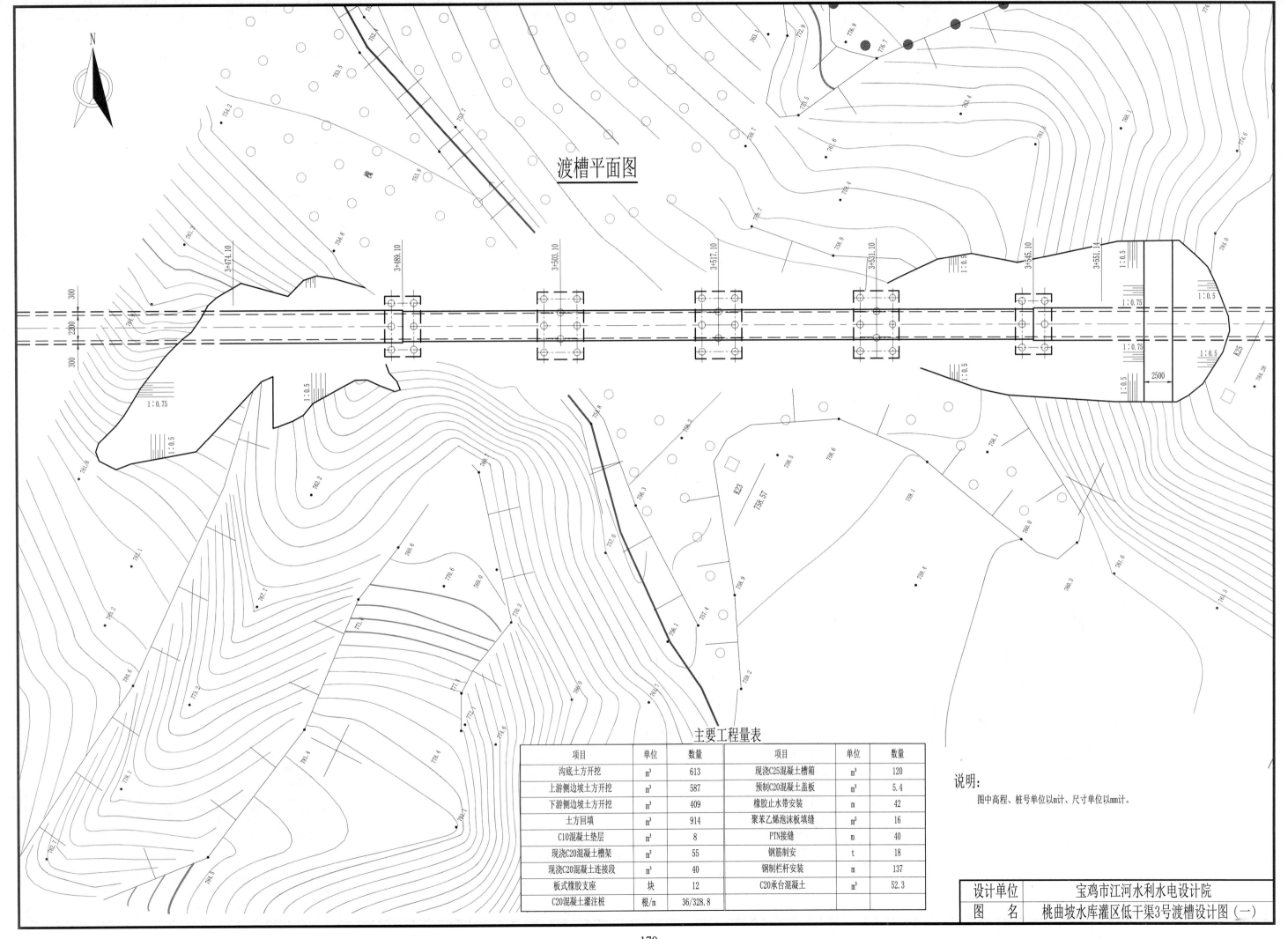

渡槽平面图

主要工程量表

项目	单位	数量	项目	单位	数量
沟底土方开挖	m³	613	现浇C25混凝土槽箱	m³	120
上游侧边坡土方开挖	m³	587	预制C20混凝土盖板	m³	5.4
下游侧边坡土方开挖	m³	409	橡胶止水带安装	m	42
土方回填	m³	914	聚苯乙烯泡沫板填缝	m²	16
C10混凝土垫层	m³	8	PTN接缝	m	40
现浇C20混凝土槽架	m³	55	钢筋制安	t	18
现浇C20混凝土连接段	m³	40	钢制栏杆安装	m	137
板式橡胶支座	块	12	C20承台混凝土	m³	52.3
C20混凝土灌注桩	根/m	36/328.8			

说明:

图中高程、桩号单位以m计、尺寸单位以mm计。

设计单位	宝鸡市江河水利水电设计院
图　名	桃曲坡水库灌区低干渠3号渡槽设计图（一）

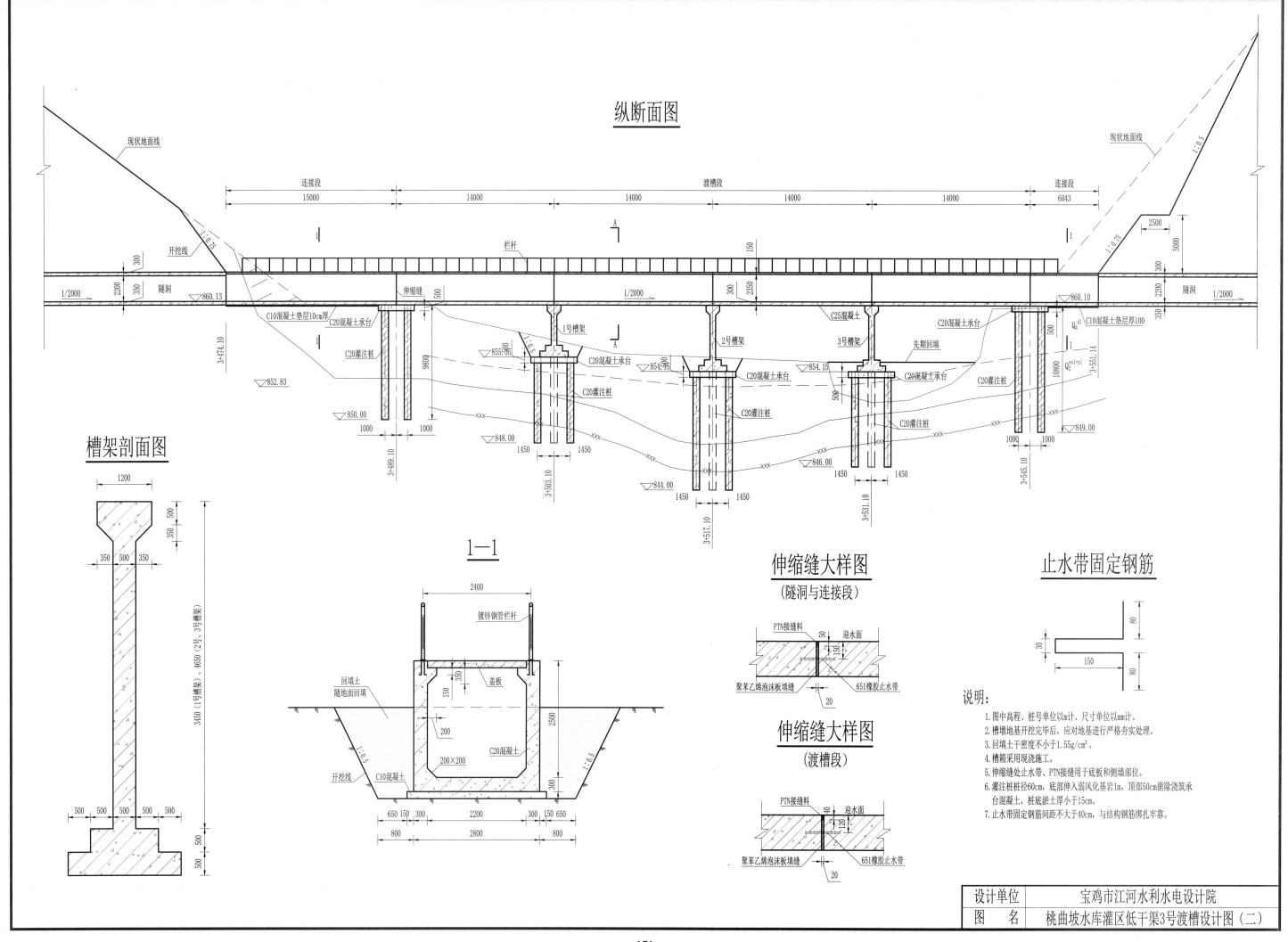

纵断面图

连接段 渡槽段 连接段

现状地面线

现状地面线

栏杆

伸缩缝

C10混凝土垫层10cm厚
C20混凝土承台
1号槽架
C20混凝土承台
C20灌注桩
2号槽架
C20混凝土承台
C25混凝土
3号槽架
先期回填
C20混凝土承台
C20灌注桩
C10混凝土垫层厚100

C20灌注桩
C20灌注桩

槽架剖面图

1—1

镀锌钢管栏杆

盖板

回填土随地面回填

C20混凝土

C10混凝土

开挖线

伸缩缝大样图
（隧洞与连接段）

PTN接缝料
迎水面
聚苯乙烯泡沫板填缝
651橡胶止水带

伸缩缝大样图
（渡槽段）

PTN接缝料
迎水面
聚苯乙烯泡沫板填缝
651橡胶止水带

止水带固定钢筋

说明：

1. 图中高程、桩号单位以m计、尺寸单位以mm计。
2. 槽墩地基开挖完毕后，应对地基进行严格夯实处理。
3. 回填土干密度不小于1.55g/cm³。
4. 槽箱采用现浇施工。
5. 伸缩缝处止水带、PTN接缝用于底板和侧墙部位。
6. 灌注桩桩径60cm，底部伸入弱风化基岩1m，顶部50cm凿除浇筑承台混凝土，桩底淤土厚小于15cm。
7. 止水带固定钢筋间距不大于40cm，与结构钢筋绑扎牢靠。

设计单位	宝鸡市江河水利水电设计院
图 名	桃曲坡水库灌区低干渠3号渡槽设计图（二）

A—A

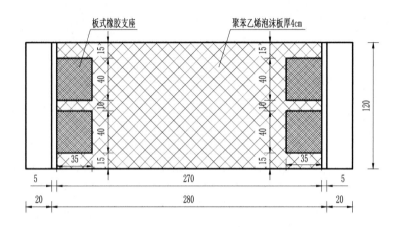

槽架顶部橡胶支座位置图

承台及桩位平面布置图

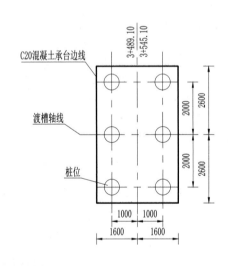

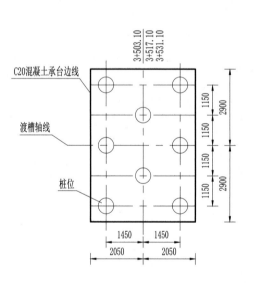

说明:
1. 图中高程、桩号单位以m计、尺寸单位以mm计。
2. 板式橡胶支座安装时,其底部应以M10砂浆找平。

设计单位	宝鸡市江河水利水电设计院
图 名	桃曲坡水库灌区低干渠3号渡槽设计图(三)

槽架配筋图

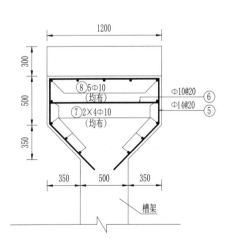

1—1

2800　200　200

24φ12@31 ③　φ10@35 ④

500　3200

4φ10@35

3450（1号槽架），4650（2号、3号槽架）

顶部 300

11φ12@31 ③

2φ12@30

φ12@30 ①

17φ12@30

5200

1号槽架钢筋表

编号	直径(mm)	型式	单根长(cm)	根数
①	φ12	510	510	9
②	φ12	240	240	17
③	φ12	30　405	435	24
④	φ10	40　310　40 ／ 40　310　40	360	11×2
⑤	φ14	46　114　46 / 135°	336	14
⑥	φ10	5　114　5	124	14
⑦	φ10	310	310	8
⑧	φ10	30　310　30	370	5

φ14钢筋重57kg，φ12钢筋重170kg，φ10钢筋重87kg。

2号、3号槽架钢筋表（一个槽架）

编号	直径(mm)	型式	单根长(cm)	根数
①	φ12	510	510	9
②	φ12	240	240	17
③	φ12	30　525	555	24
④	φ10	40　310　40 ／ 40　310　40	360	14×2
⑤	φ14	46　114　46 / 135°	336	14
⑥	φ10	5　114　5	124	14
⑦	φ10	310	310	8
⑧	φ10	30　310　30	370	5

φ14钢筋重57kg，φ12钢筋重195kg，φ10钢筋重100kg。

槽架顶部配筋图

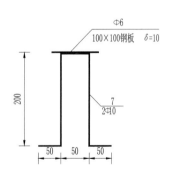

1200

300　500　350

⑧5φ10 φ10@20 ⑥
⑦2×4φ10（均布） φ14@20 ⑤

350　500　350

槽架

预埋件详图

φ6
100×100钢板 δ=10

200

7
2φ10

50　50　50

栏杆材料表（一个单元）

编号		规格(mm)	长度(m)	数量(件)	备注
栏杆	1	φ50钢管 δ=3	1.5	1	
	2	φ50钢管 δ=3	1.2	1	相互焊接
	3	φ38钢管 δ=3	1.5	1	
	4	φ38钢管 δ=3	0.9	2	
	5	φ20圆钢	0.9	8	
预埋件	6	100×100钢板 δ=10		1	相互焊接
	7	φ10钢筋	0.67	2	

灌注桩配筋图

承台

500

灌注桩

8φ20 均布 ①

φ10@25 ②

2　2

D600　150　200

2—2

8φ20 均布 ①
φ10@25 ②

灌注桩钢筋表

编号		直径(mm)	型式	单根长(cm)	根数
3+489.10 灌注桩	①	φ20	960	960	8
	②	φ10	R=25	165	39
3+503.10 灌注桩	①	φ20	715	715	8
	②	φ10	R=25	165	29
3+517.10 灌注桩	①	φ20	995	995	8
	②	φ10	R=25	165	41
3+531.10 灌注桩	①	φ20	795	795	8
	②	φ10	R=25	165	32
3+545.10 灌注桩	①	φ20	1060	1060	8
	②	φ10	R=25	165	43

φ20钢筋重2810kg，φ10钢筋重185kg。

说明：

1. 图中高程、桩号单位以m计、尺寸单位以mm计。
2. 本图所示钢筋为Ⅱ级钢筋，顶部保护层厚3cm，以下为5cm。
3. 钢筋单根长超过9m时，重量中计入了一次搭接长度30d。
4. ③钢筋与底层钢筋焊接。
5. 槽架为C20混凝土。
6. 栏杆安装完毕后，涂防锈漆（自选）三道防腐。

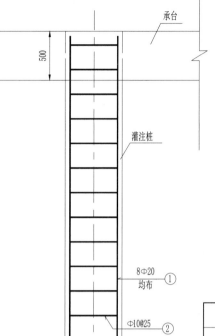

设计单位	宝鸡市江河水利水电设计院
图　名	桃曲坡水库灌区低干渠3号渡槽设计图（四）

槽箱配筋图（14m跨）

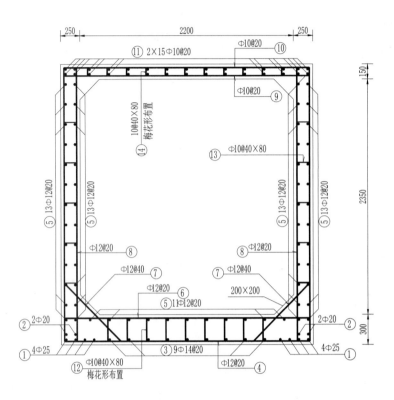

连接段配筋图

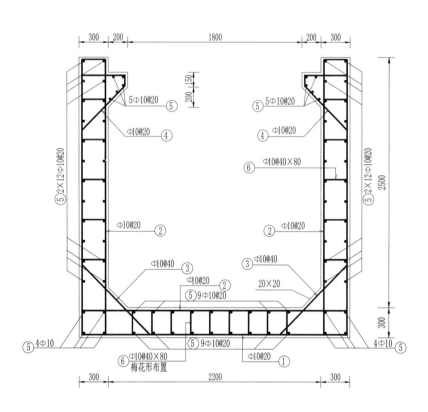

连接段盖板配筋图

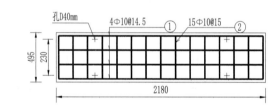

槽箱钢筋表(一跨)

编号	直径(mm)	型式	单根长(cm)	根数
①	Φ25	1393	1393	8
②	Φ20	1393	1393	4
③	Φ14	1493	1393	9
④	Φ12	273 263 273	809	71
⑤	Φ12	1393	1393	63
⑥	Φ12	263	263	71
⑦	Φ12	89	89	36×2
⑧	Φ12	273	273	71×2
⑨	Φ10	263	263	71
⑩	Φ10	40 263 40	343	71
⑪	Φ10	1393	1393	30
⑫	Φ10	5 25 5	35	152
⑬	Φ10	5 20 5	30	168
⑭	Φ10	5 10 5	20	152

Φ25钢筋重452kg，Φ20钢筋重143kg
Φ14钢筋重156kg，Φ12钢筋重1877kg
Φ10钢筋重612kg

连接段钢筋表(15m节)

编号	直径(mm)	型式	单根长(cm)	根数
①	Φ10	273 273 273	819	76
②	Φ10	273	273	76×3
③	Φ10	100	100	37×2
④	Φ10	43 10 63 10	126	76×2
⑤	Φ10	1494	1494	76
⑥	Φ10	5 25 5	35	758

Φ10钢筋重1810kg。

连接段钢筋表(6.04m节)

编号	直径(mm)	型式	单根长(cm)	根数
①	Φ10	273 273 273	819	30
②	Φ10	273	273	30×3
③	Φ10	100	100	15×2
④	Φ10	43 10 63 10	126	30×2
⑤	Φ10	598	598	76
⑥	Φ10	5 25 5	35	306

Φ10钢筋重715kg。

连接段盖板钢筋表(一块)

编号	直径(mm)	型式	单根长(cm)	根数
①	Φ10	212	212	4
②	Φ10	45	45	15

Φ10钢筋重10kg。

说明：

1. 图中高程、桩号单位以m计，尺寸单位以mm计。
2. 本图中所示钢筋为Ⅱ级钢筋，其保护层厚为3.5cm(盖板保护层为3cm)。
3. 钢筋长度超过9m时，钢筋重量中计入了一次搭接长度30d。
4. 盖板钢筋配于板底部，共32块板。
5. 槽箱混凝土为C25，连接段及盖板混凝土为C20。

设计单位	宝鸡市江河水利水电设计院
图 名	桃曲坡水库灌区低干渠3号渡槽设计图（五）

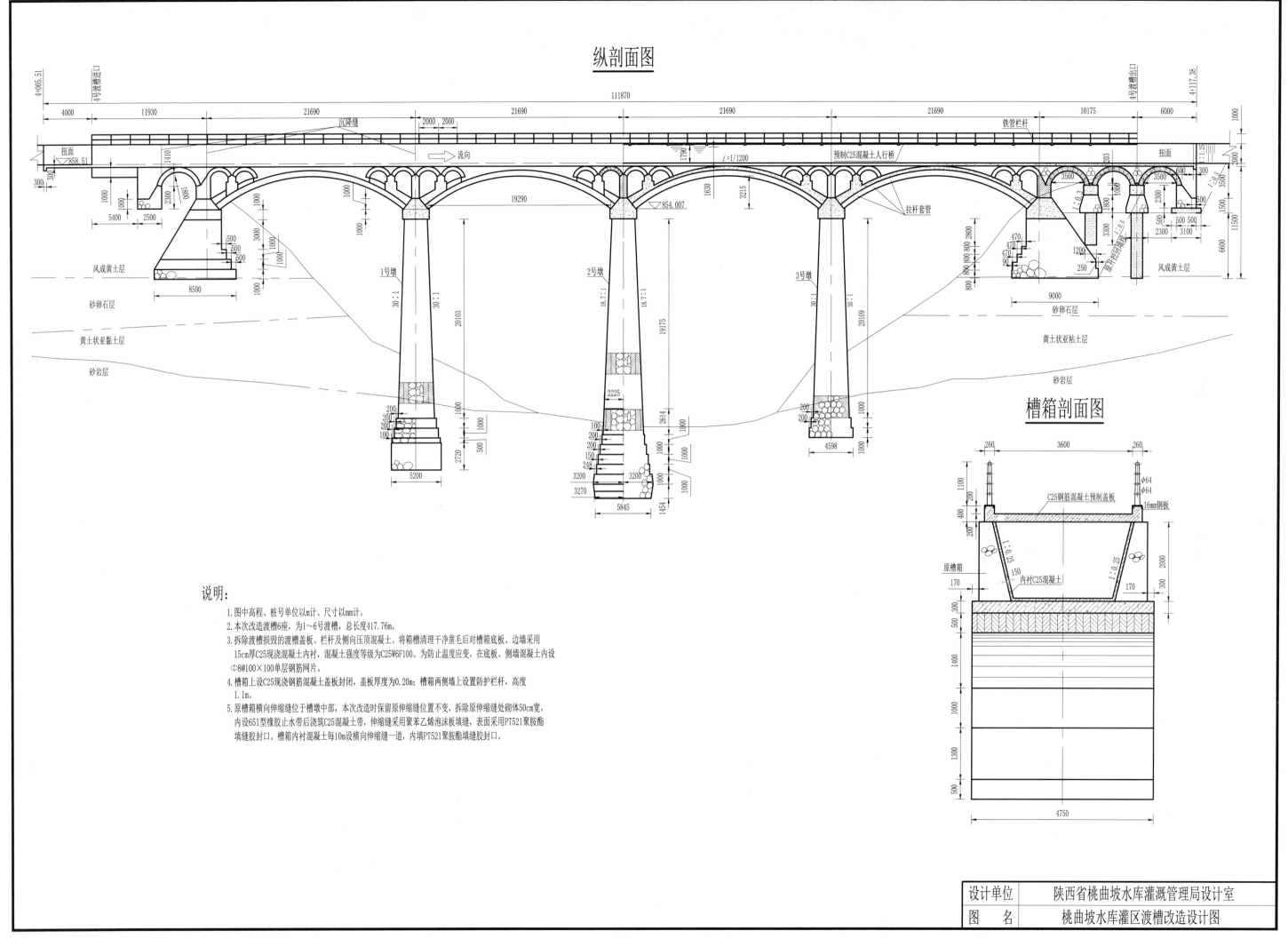

纵剖面图

槽箱剖面图

说明：

1. 图中高程、桩号单位以m计、尺寸以mm计。

2. 本次改造渡槽6座，为1～6号渡槽，总长度417.76m。

3. 拆除渡槽损毁的渡槽盖板、栏杆及侧向压顶混凝土。将箱槽清理干净凿毛后对槽箱底板、边墙采用15cm厚C25现浇混凝土内衬，混凝土强度等级为C25W6F100。为防止温度应变，在底板、侧墙混凝土内设φ8@100×100单层钢筋网片。

4. 槽箱上设C25现浇钢筋混凝土盖板封闭，盖板厚度为0.20m；槽箱两侧墙上设置防护栏杆，高度1.1m。

5. 原槽箱横向伸缩缝位于槽墩中部，本次改造时保留原伸缩缝位置不变，拆除原伸缩缝处砌体50cm宽，内设651型橡胶止水带后浇筑C25混凝土带，伸缩缝采用聚苯乙烯泡沫板填缝，表面采用PT521聚胺酯填缝胶封口。槽箱内衬混凝土每10m设横向伸缩缝一道，内填PT521聚胺酯填缝胶封口。

设计单位	陕西省桃曲坡水库灌溉管理局设计室
图 名	桃曲坡水库灌区渡槽改造设计图

东干渠马岔河涵洞平面布置图

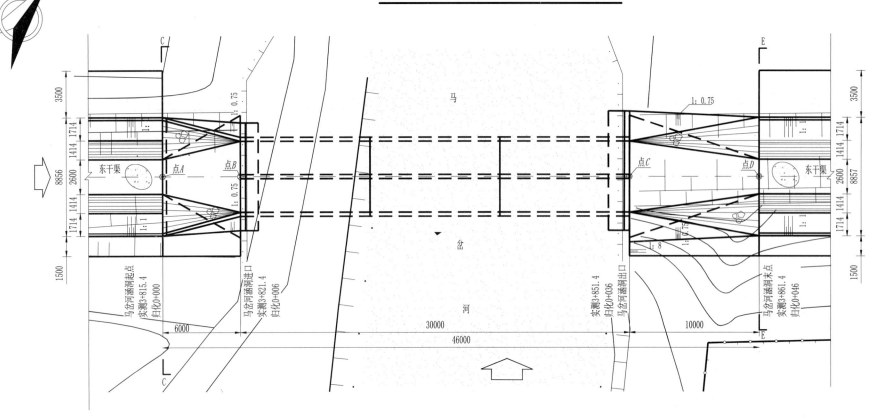

主要工程量表

编号	项目	单位	数量	备注
1	挖土方	m³	160	
2	挖砂卵石	m³	1420	
3	人工回填土夹砂卵石	m³	850	
4	现浇C20混凝土箱涵	m³	160	
5	现浇C10素混凝土找平层	m³	20	
6	M7.5MU50水泥砂砌石渐变段及脸墙	m³	101	
7	M7.5MU50水泥砂砌石护堤	m³	390	
8	钢筋制安	t	13.48	
9	651橡胶止水带	m	65	
10	聚乙烯泡沫板伸缩缝	m²	21	
11	M7.5MU50水泥砂砌块石护底		165	
12	浆砌石拆除		475	

马岔河涵洞纵断面设计图

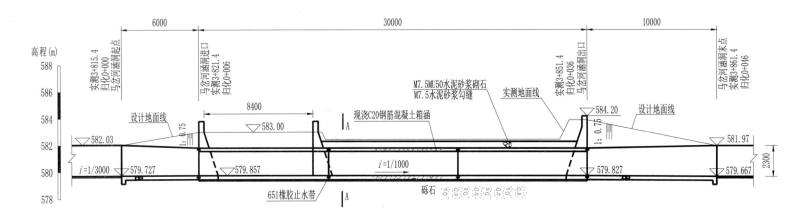

A—A

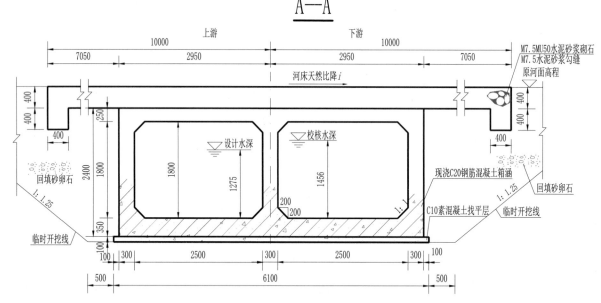

控制点坐标

点名	X坐标	Y坐标
A	3771365.6500	522948.5900
B	3771369.4300	522953.3400
C	3771387.6479	522977.1916
D	3771393.7439	522985.1190

说明：

1. 本图依据2008年11月实测1：1000地形图绘制，采用1956年黄海高程系，坐标系统为以Ⅱ安沟口三角点为原点的独立坐标系统（原点坐标为1954年北京坐标系）。

2. 图中桩号、高程单位以m计，尺寸单位以mm计。

3. 马岔河涵洞设计流量9.5m³/s，校核流量11.5m³/s，全长46m，其中进口渐变段6m，洞身段30m，出口渐变段10m。涵洞横断面为2孔钢筋混凝土矩形箱涵，单孔尺寸为B×H=2.5m×1.8m，涵洞段维持原轴线不变。

4. 箱涵每10m设一道横向伸缩缝，缝内嵌651橡胶止水带，聚乙烯泡沫板填缝，临水面用聚氯乙烯胶泥抹平。

5. 原马岔河涵洞应全部拆除，施工时损坏的进口处巡堤段、河堤护坡应恢复原貌，工程量已计入。

6. 回填料必须分层夯实，黏性土压实系数不小于0.93，非黏性土相对密度不小于0.65。

7. 临时开挖边坡：砾石1：1.25，（砂）壤土1：0.5。

8. 就峪河涵洞必须在非灌溉期的枯水季节施工，尽量减少对灌溉的影响。

设计单位	陕西省水利电力勘测设计研究院
图　名	西安市黑河灌区东干渠马岔河涵洞设计图（一）

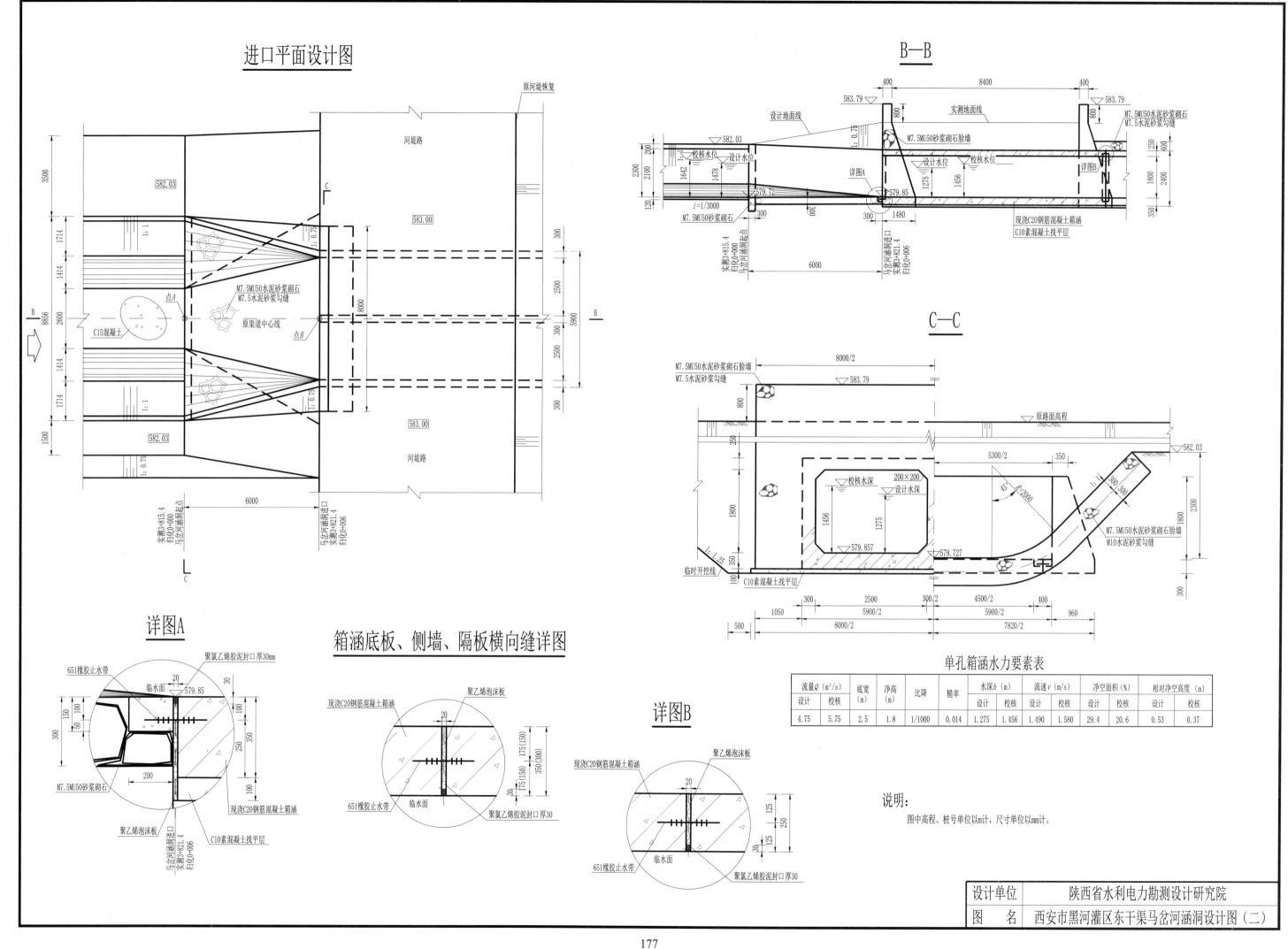

进口平面设计图

原河堤恢复

河堤路

582.03

1714
1414
2600
1414
1714
1500

1:1

M7.5MU50水泥砂浆砌石
M7.5水泥砂浆勾缝

点A

C15混凝土

原渠道中心线

点B

1:0.75

8000

8856

583.00

583.00

583.00

300
2500
5900
2500
300

B

河堤路

582.03

1:0.75

6000

实测3+815.4
归化0+000

马岔河涵洞进口
实测3+821.4
归化0+006

B—B

400
8400
400

583.79

设计地面线

实测地面线

583.79

800

M7.5MU50砂浆砌石胶墙

M7.5MU50水泥砂浆砌石
M7.5水泥砂浆勾缝

800

582.03

校核水位
设计水位

设计水位
校核水位

详图A

详图B

250
400

200
2300
2100
1642
1478

1275
1456

1800
2400

120

579.72

i=1/3000

579.85

300

300

1480

350

M7.5MU50砂浆砌石

现浇C20钢筋混凝土箱涵
C10素混凝土找平层

6000

实测3+815.4
归化0+000

马岔河涵洞进口
实测3+821.4
归化0+006

C—C

M7.5MU50水泥砂浆砌石胶墙
M7.5水泥砂浆勾缝

8000/2

583.79

原路面高程

582.03

250

800

5300/2
350

1800

校核水深
设计水深

200×200

45°
t=2000

300
300

1800
2300

1456
1275

579.857

579.727

M7.5MU50水泥砂浆砌石胶墙
M10水泥砂浆勾缝

1:1.35

350

临时开挖线

C10素混凝土找平层

300
2500
300/2
4500/2
400

1050
5900/2
5900/2
960

500

8000/2

7820/2

详图A

651橡胶止水带

聚氯乙烯胶泥封口厚30mm

临水面

20

579.85

30

100

150
50
100
250
350
100

300

200

M7.5MU50砂浆砌石

聚乙烯泡沫板

马岔河涵洞进口
实测3+821.4
归化0+006

现浇C20钢筋混凝土箱涵

C10素混凝土找平层

箱涵底板、侧墙、隔板横向缝详图

现浇C20钢筋混凝土箱涵

聚乙烯泡沫板

20

175(150)
175(150)
175(150)
175(150)

350(300)

30

651橡胶止水带

临水面

聚氯乙烯胶泥封口厚30

详图B

现浇C20钢筋混凝土箱涵

聚乙烯泡沫板

20

125
125

250

30

临水面

651橡胶止水带

聚氯乙烯胶泥封口厚30

单孔箱涵水力要素表

流量Q (m³/s)		底宽 (m)	净高 (m)	比降	糙率	水深h (m)		流速v (m/s)		净空面积 (m²)		相对净空高度 (m)	
设计	校核					设计	校核	设计	校核	设计	校核	设计	校核
4.75	5.75	2.5	1.8	1/1000	0.014	1.275	1.456	1.490	1.580	29.4	20.6	0.53	0.37

说明:

图中高程、桩号单位以m计,尺寸单位以mm计。

设计单位	陕西省水利电力勘测设计研究院
图 名	西安市黑河灌区东干渠马岔河涵洞设计图(二)

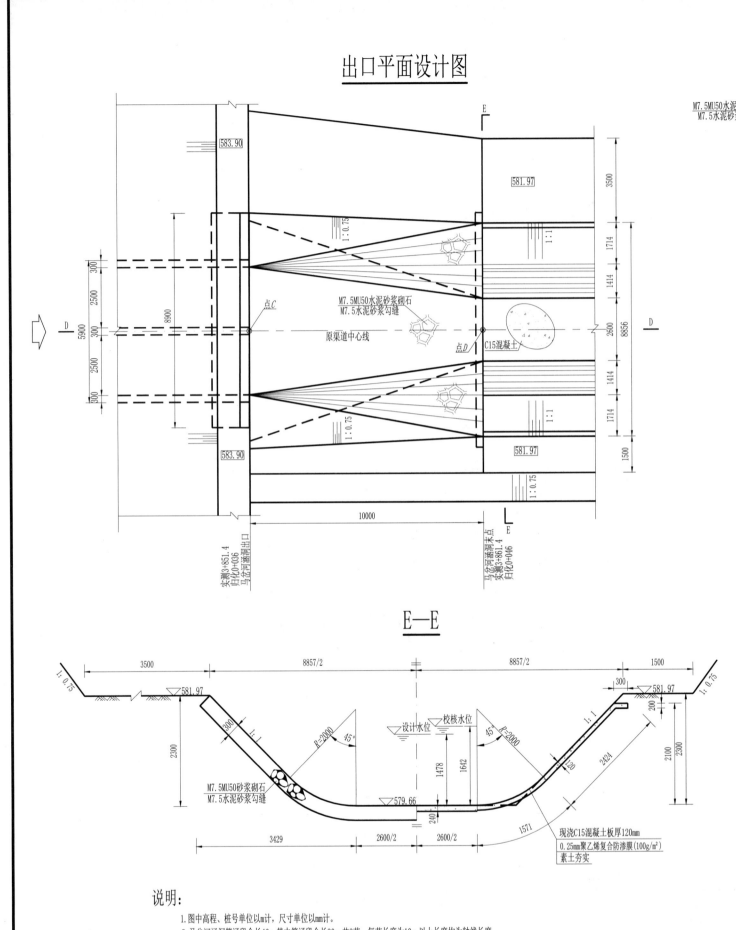

出口平面设计图

原渠道中心线

点C
点D

M7.5MU50水泥砂浆砌石
M7.5水泥砂浆勾缝

C15混凝土

实测3+851.4
归化0+036
马岔河涵洞出口

马岔河涵洞末点
实测3+861.4
归化0+046

(583.90)
581.97
581.97
583.90

3500
1714
1414
2600
1414
1714
1500
8856

5900
300
2500
300
8900
2500
10000

1:1
1:0.75
1:0.75
1:1

E—E

3500
8857/2
8857/2
1500

581.97
581.97

2300
2300
2100
200
300

1:0.75
1:0.75
1:1
1:1

45°
45°
R=2000
R=2000

设计水位
校核水位

579.66
579.82

1478
1642

240
120

M7.5MU50砂浆砌石
M7.5水泥砂浆勾缝

现浇C15混凝土板厚120mm
0.25mm聚乙烯复合防渗膜(100g/m²)
素土夯实

3429
2600/2
2600/2
1571
2424

D—D

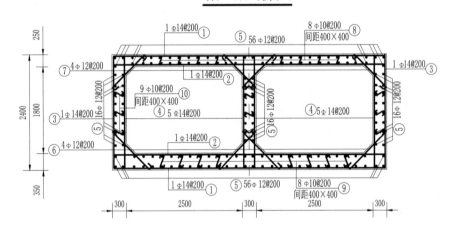

M7.5MU50水泥砂浆砌石脸墙
M10水泥砂浆勾缝

M7.5MU50水泥砂浆砌石
M7.5水泥砂浆勾缝

设计地面线
实测地面线

584.20

651橡胶止水带

设计水位
校核水位

C20钢筋混凝土箱涵
C10素混凝土找平层

581.97
579.66
579.82

2400
1800
250
350

1456
1275

1478
1642

2100
2300
200
120

i=1/1000

实测3+851.4
归化0+036
马岔河涵洞进口

马岔河涵洞末点
实测3+861.4
归化0+046

1620
300
300
10000

箱涵配筋图

250
2400
1800
350

300
2500
300
2500
300

① 1Φ14@200
⑤ 56Φ12@200
⑧ 8Φ10@200 间距400×400
③ 1Φ14@200

⑦ 4Φ12@200
① 1Φ14@200
⑩ 9Φ10@200 间距400×400
④ 5Φ14@200
④ 5Φ14@200

③ 1Φ14@200
④ 5Φ14@200
⑤ 16Φ12@200
⑤ 56Φ12@200

⑥ 4Φ12@200
② 1Φ14@200
① 1Φ14@200
⑨ 8Φ10@200 间距400×400

钢筋表（L=9.98m） (1节)

编号	直径(mm)	型式	单根长(mm)	根数	总长(m)
①	Φ14	5830	6830	102	696.66
②	Φ14	5830	5830	102	594.66
③	Φ14	2330	3330	102	339.66
④	Φ14	2330	2330	204	475.32
⑤	Φ12	9910	9910	160	1585.6
⑥	Φ12	1050	1180	204	240.72
⑦	Φ12	920	1100	204	224.4
⑧	Φ10	180	305	182	55.51
⑨	Φ10	280	405	182	73.71
⑩	Φ10	230	355	195	69.225

材料表 (3节)

规格	总长度(m)	单位重(kg/m)	总重(kg)
Φ10	595.35	0.617	367.33
Φ12	6152.16	0.888	5463.12
Φ14	6318.90	1.210	7645.87

不计损耗，共计钢筋量13.48t，每立方米混凝土含钢量84.3kg，混凝土强度等级C20方量160m³

说明：

1. 图中高程、桩号单位以m计，尺寸单位以mm计。
2. 马岔河涵洞箱涵段全长46m，其中箱涵段全长30m，共3节，每节长度为10m，以上长度均为轴线长度。
3. 涵洞车载按公路车辆荷载效应的0.7倍考虑。
4. 钢筋的混凝土保护层厚度为35mm。
5. 受力钢筋的搭接应错开，同一断面内搭接的根数不应大于该受力筋根数的25%。

设计单位	陕西省水利电力勘测设计研究院
图 名	西安市黑河灌区东干渠马岔河涵洞设计图（三）

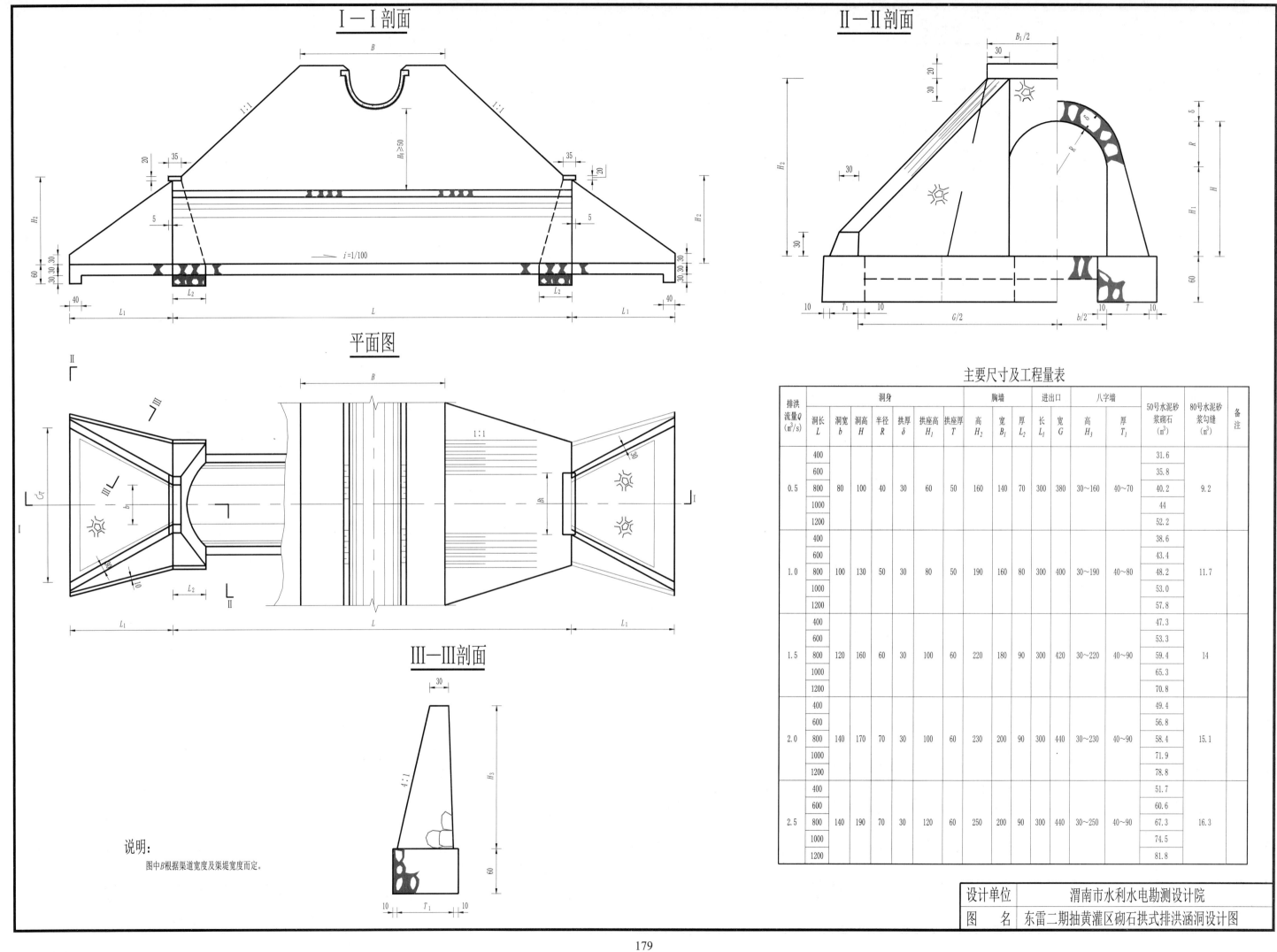

Ⅰ—Ⅰ剖面

Ⅱ—Ⅱ剖面

平面图

Ⅲ—Ⅲ剖面

说明：
图中B根据渠道宽度及渠堤宽度而定。

主要尺寸及工程量表

排洪流量Q (m³/s)	洞身							胸墙			进出口	八字墙				50号水泥砂浆砌石 (m³)	80号水泥砂浆勾缝 (m³)	备注
	洞长 L	洞宽 b	洞高 H	半径 R	拱厚 δ	拱座高 H_1	拱座厚 T	高 H_2	宽 B_1	厚 L_2	长 L_1	宽 G	高 H_3	厚 T_1				
0.5	400	80	100	40	30	60	50	160	140	70	300	380	30～160	40～70	31.6	9.2	
	600														35.8		
	800														40.2		
	1000														44		
	1200														52.2		
1.0	400	100	130	50	30	80	50	190	160	80	300	400	30～190	40～80	38.6	11.7	
	600														43.4		
	800														48.2		
	1000														53.0		
	1200														57.8		
1.5	400	120	160	60	30	100	60	220	180	90	300	420	30～220	40～90	47.3	14	
	600														53.3		
	800														59.4		
	1000														65.3		
	1200														70.8		
2.0	400	140	170	70	30	100	60	230	200	90	300	440	30～230	40～90	49.4	15.1	
	600														56.8		
	800														58.4		
	1000														71.9		
	1200														78.8		
2.5	400	140	190	70	30	120	60	250	200	90	300	440	30～250	40～90	51.7	16.3	
	600														60.6		
	800														67.3		
	1000														74.5		
	1200														81.8		

设计单位	渭南市水利水电勘测设计院
图 名	东雷二期抽黄灌区砌石拱式排洪涵洞设计图

Ⅱ—Ⅱ 剖面

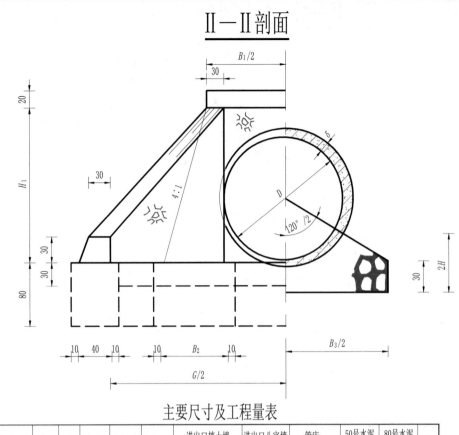

Ⅰ—Ⅰ 剖面

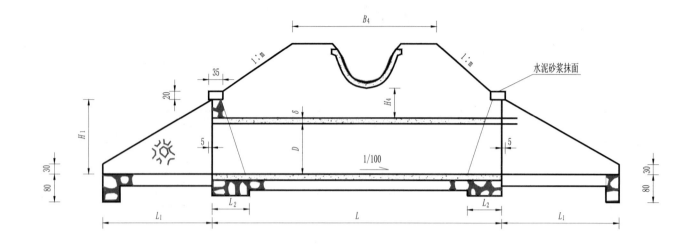

水泥砂浆抹面

平面图

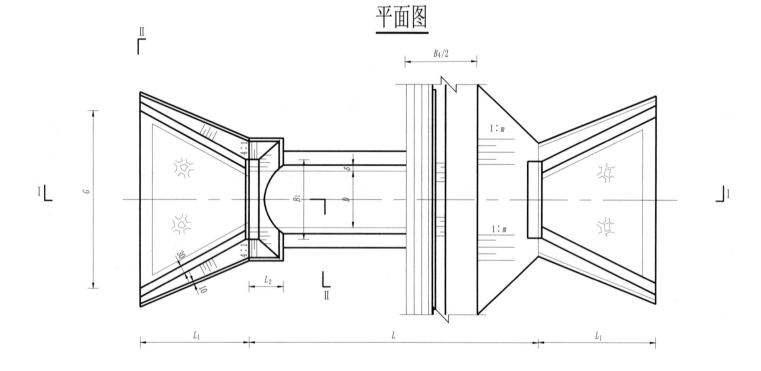

管接头大样图

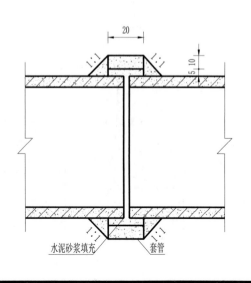

水泥砂浆填充　　套管

主要尺寸及工程量表

排洪流量 (m³/s)	管长 L	管径 D	管壁厚 δ	进出口长 L₁	进出口宽 G	进出口挡土墙 H₁	B₁	L₂	进出口八字墙 H	B₂	管床 H₂	B₃	50号水泥砂浆砌石 (m³)	80号水泥砂浆勾缝 (m³)	备注
0.5	400	75	9	150	230	150	140	70	150	68	50	150	17.6	9.2	
	600												19.9		
	800												22.2		
	1000												24.5		
	1200												26.8		
1.0	400	100	9	150	250	150	160	70	150	68	60	200	19.3	9.2	
	600												22.3		
	800												23.4		
	1000												28.5		
	1200												31.6		
1.5	400	125	12	180	310	180	190	80	180	75	60	220	22.9	11.7	
	600												26.0		
	800												29.0		
	1000												32.1		
	1200												35.0		
2.0	400	125	12	180	310	180	190	80	180	75	60	220	22.9	11.7	
	600												26.0		
	800												29.0		
	1000												32.1		
	1200												35.0		
2.5	400	150	15	200	350	200	210	80	200	80	70	260	27.1	13.8	
	600												30.6		
	800												34.2		
	1000												37.8		
	1200												41.4		
3.0	400	150	15	200	350	200	210	80	200	80	70	260	27.1	13.8	
	600												30.8		
	800												34.2		
	1000												37.8		
	1200												41.4		

说明:
1. 图中尺寸单位以cm计。
2. 本图按管径 D 为150cm，管长800cm绘制。
3. 本图的适用范围 H₁≥50cm，B₁根据渠宽及渠堤宽而定。

设计单位	渭南市水利水电勘测设计院
图　名	东雷二期抽黄灌区管式排洪涵洞设计图

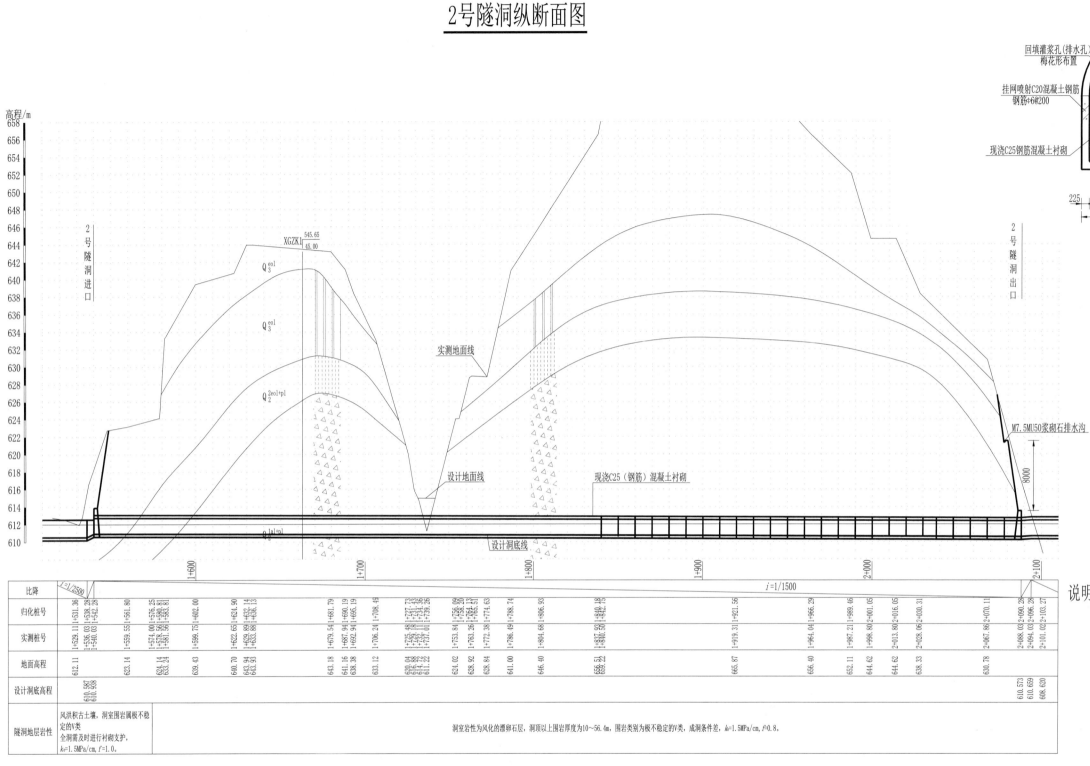

隧洞横断面设计图

2号隧洞纵断面图

主要工程量

序号	名称	单位	数量	备注
1	挖土方	m³	1340	
2	洞挖土方	m³	245	
3	洞挖砂卵石	m³	3600	
4	回填土	m³	320	
5	聚乙烯泡沫板	m²	172	
6	651橡胶止水带	m	490	
7	PTN聚氨酯胶	m³	0.45	
8	M7.5MU50水泥砂浆砌石	m³	230	
9	现浇C25钢筋混凝土隧洞衬砌	m³	1589.2	
10	现浇C15混凝土	m³	2.8	
11	钢筋制安	t	121.29	
12	回填灌浆	m²	2370	
13	钢拱架支护	t	38	
14	喷射C20混凝土	m³	510	
15	Φ32.5mm钢制花管	m	20560	
16	固结灌浆	m	20560	

说明:

1. 图中坐标为挂靠1954年北京坐标系的独立坐标系,独立坐标系统投影面为470m,高程为1956年黄海高程系统。
2. 图中高程、桩号单位以m计,尺寸单位以mm计。
3. 输水隧洞设计流量Q为1.5m³/s,最大流量Q为1.9m³/s。
4. 隧洞衬砌材料选用现浇C25钢筋混凝土,混凝土的强度等级为C25、抗冻等级F50、抗渗等级为W4,每10m设一道伸缩缝,缝内设651橡胶止水带一道,其余填塞聚乙烯泡沫板,临水侧设30mm采用PTN聚氨酯胶封口。
5. 顶拱布置回填灌浆孔,排距2000mm,深入围岩100mm,灌浆压力依据灌浆试验确定。
6. 砂卵石地基洞段开挖应提前支护,支护采用小导管注浆、钢筋格栅和挂网喷射混凝土的形式。
7. 施工单位应加强地质编录及预测预报工作,若发现地质与设计不符时,应及时通知监理、设计、业主等部门,共同研究解决方案。

2号隧洞水力要素表

流量Q	糙率n	洞宽	洞高	顶拱半径R	比降i	流速v	水深h₀
		m	m	m		m/s	m
设计	1.5	0.014	1.8	1.8	0.9	1500	1.04	0.801
校核	1.9	0.014	1.8	1.8	0.9	1500	1.105	0.956

2号隧洞轴线参数表

点名	纵坐标x	横坐标y
WG13	3770644.618	36518396.234
WG21	3770870.58	36517414.456

设计单位	陕西省水利电力勘测设计研究院
图　名	西安市黑河灌区西干渠2号隧洞设计图(一)

隧洞进口平面图

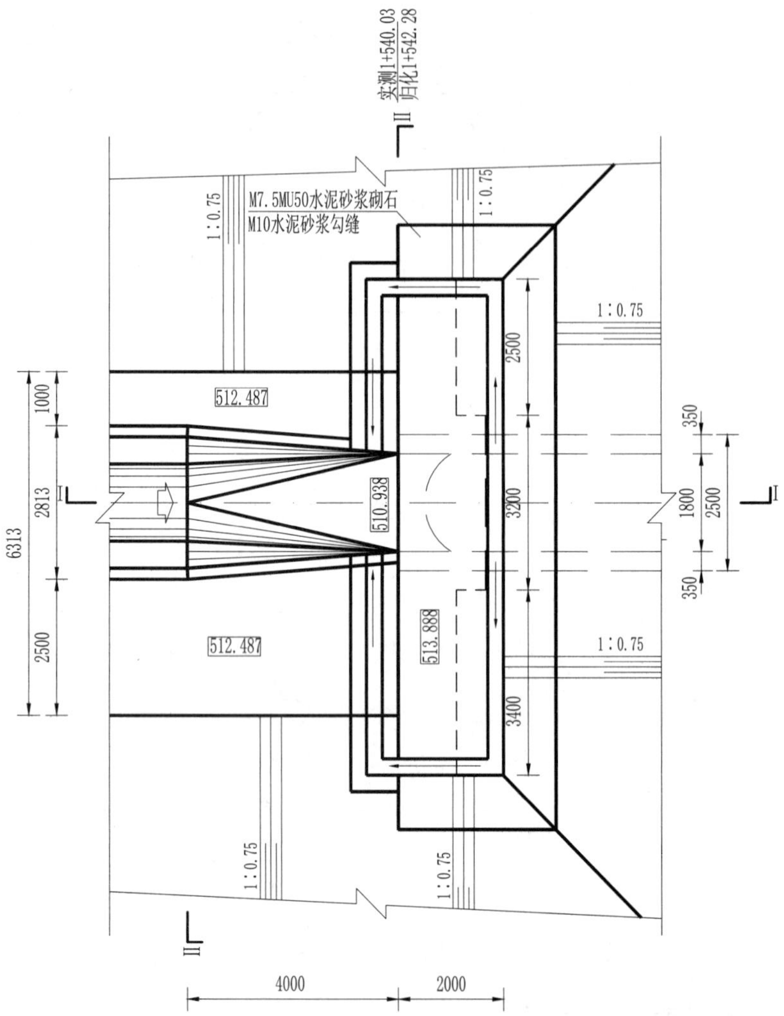

隧洞出口平面图

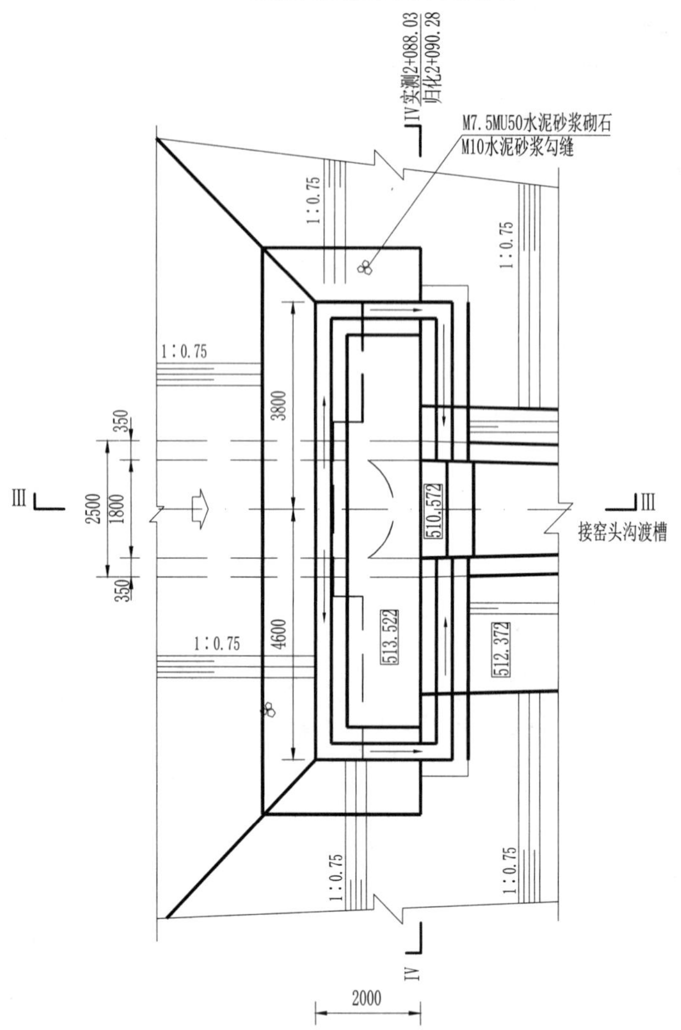

I—I

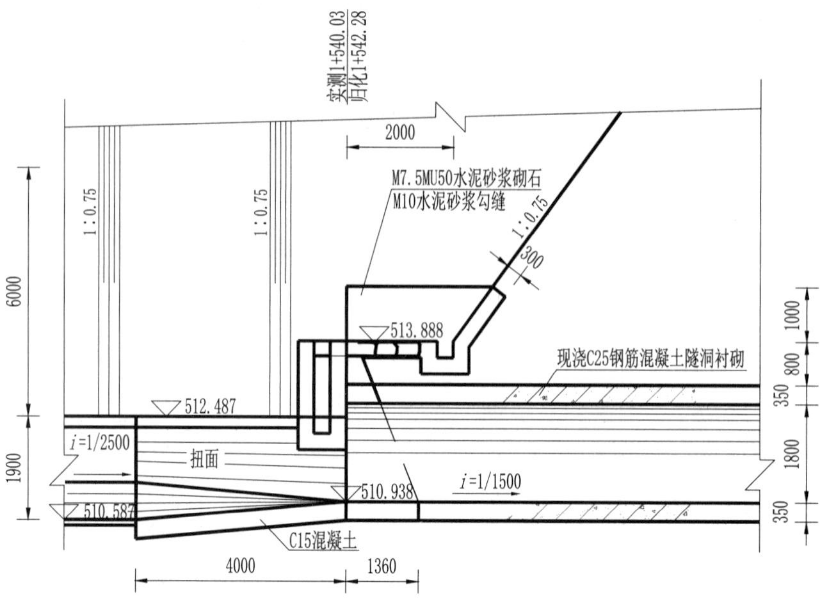

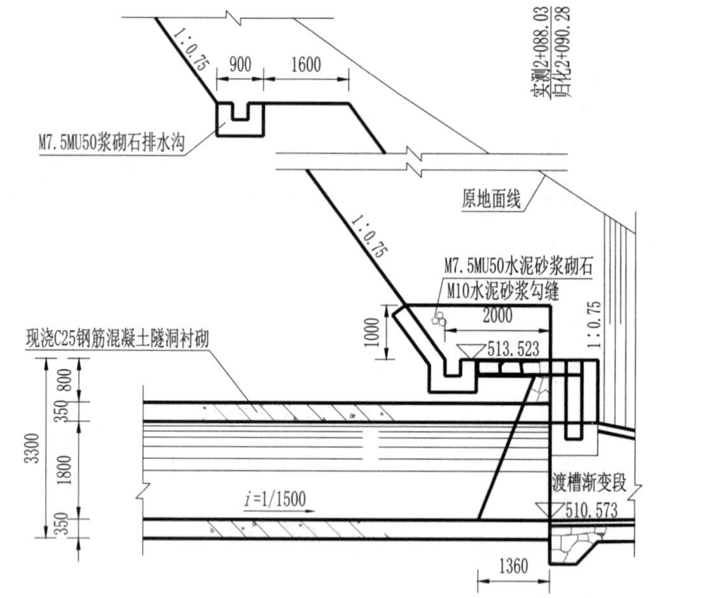

II—II

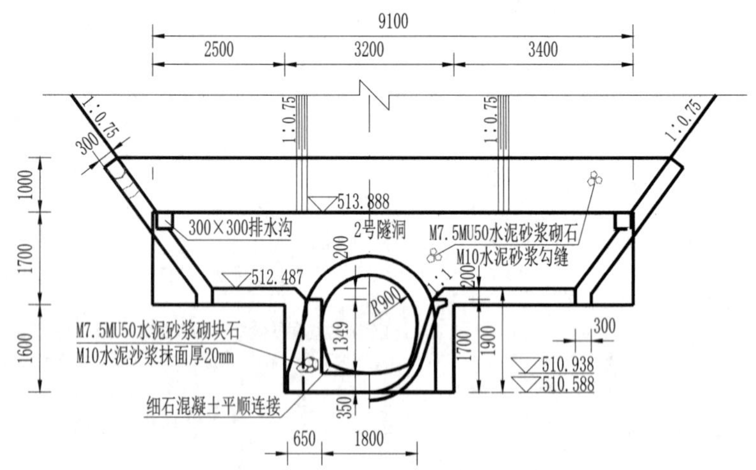

IV—IV

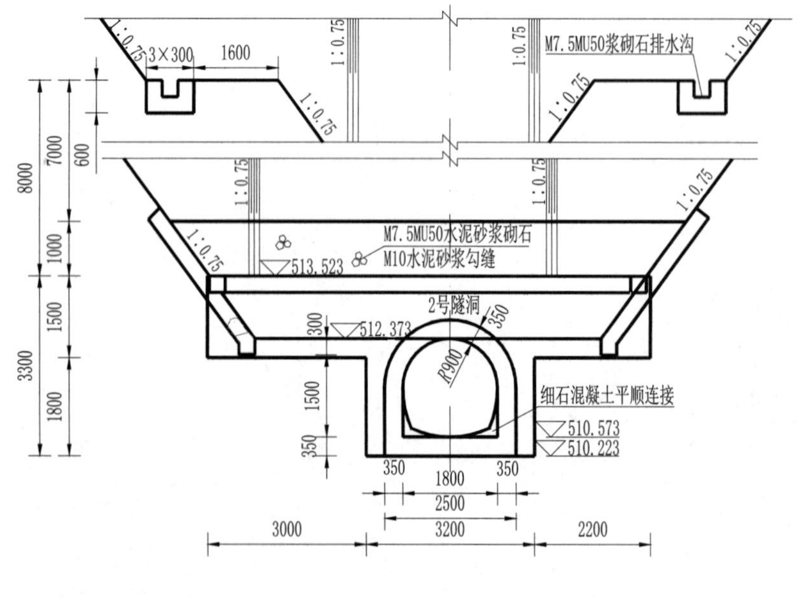

III—III

说明：
1. 高程、桩号单位以m计，尺寸单位以mm计。
2. 在脸墙顶部，钺台上设300mm×300mm浆砌石排水沟，钺台上排水沟根据地形排入进出口外自然沟道内，脸墙顶排水沟排入渠道内。
3. 钢筋的混凝土保护层厚度为40mm。

设计单位	陕西省水利电力勘测设计研究院
图 名	西安市黑河灌区西干渠2号隧洞设计图（二）

182

进口平面图

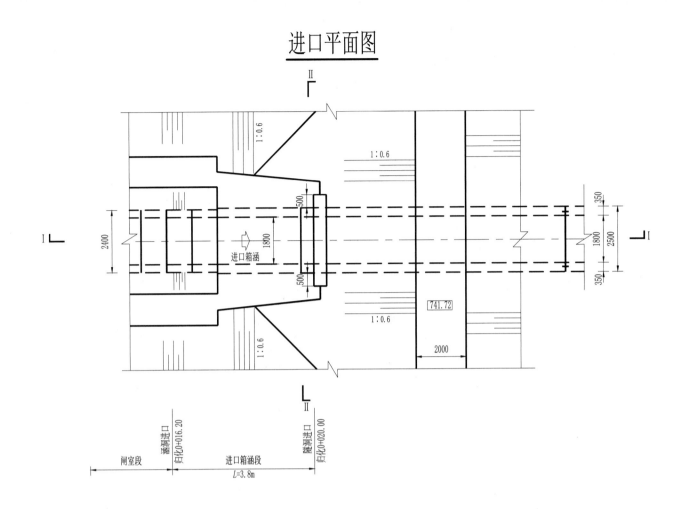

II－II

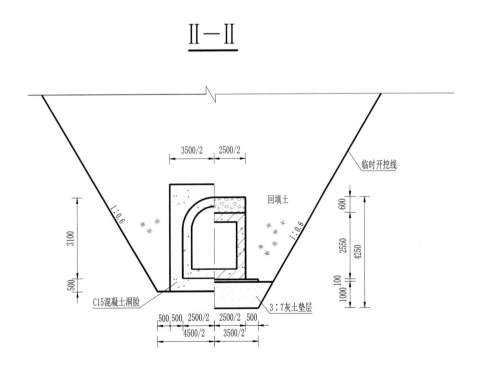

I－I

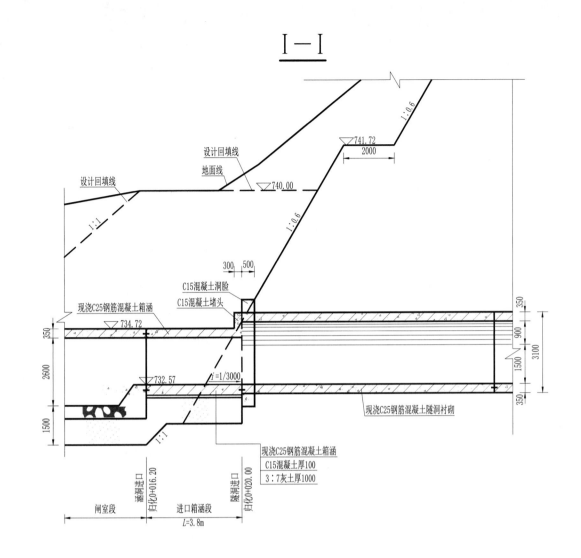

说明:

1. 图中高程、桩号单位以m计,尺寸单位以mm计。
2. 隧洞起点接闸室段末点,即实测0+016.20。进出口箱涵采用现浇C25钢筋混凝土,箱涵临时开挖坡比1:0.6,隧洞脸墙采用现浇C15混凝土。
3. 隧洞进口受地形条件限制,埋深较浅,施工时应加强支护。
4. 洞脸开挖边坡1:0.6,每10m设一级戗台,戗台宽2m。

设计单位	陕西省水利电力勘测设计研究院
图 名	羊毛湾水库引水工程输水隧洞设计图(一)

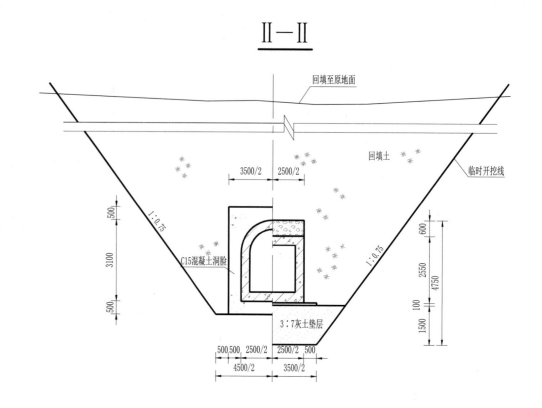

出口平面图

II—II

回填至原地面

回填土

临时开挖线

C15混凝土洞脸

3:7灰土垫层

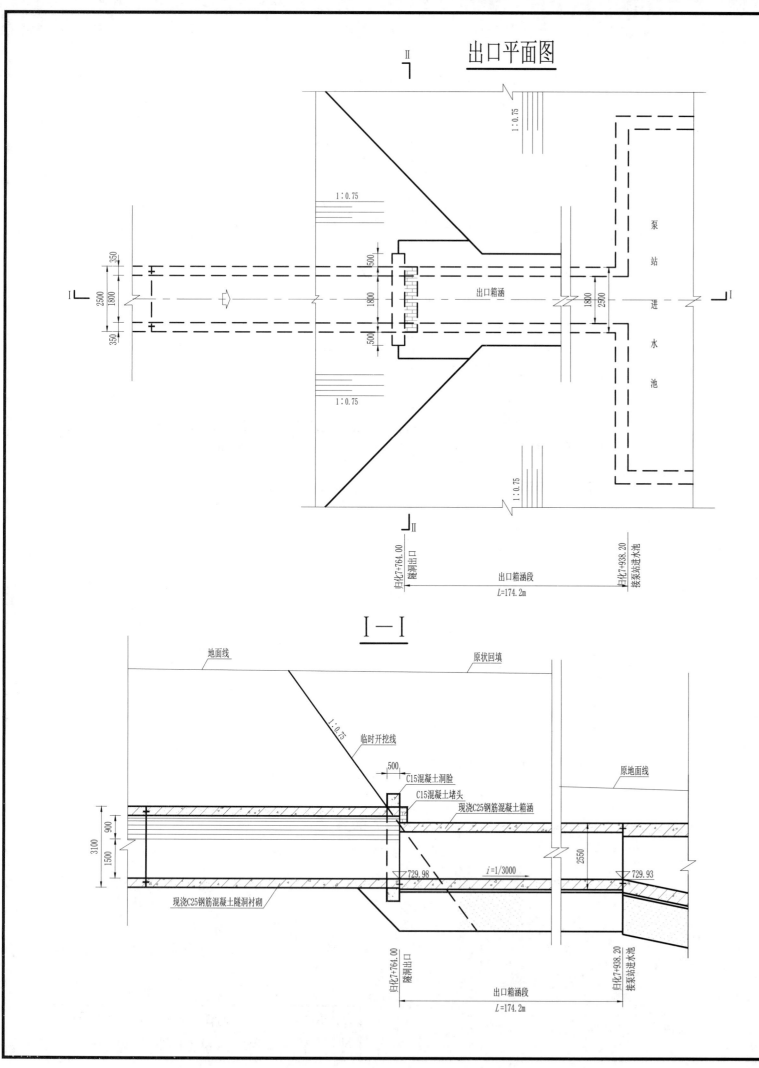

I—I

地面线

原状回填

原地面线

C15混凝土洞脸

C15混凝土堵头

现浇C25钢筋混凝土箱涵

现浇C25钢筋混凝土隧洞衬砌

$i=1/3000$

729.98

729.93

桩号7+764.00

隧洞出口

桩号7+938.20

接泵站进水池

出口箱涵段

$L=174.2m$

说明:

1. 图中高程、桩号单位以m计, 尺寸单位以mm计。

2. 出口段箱涵采用现浇C25钢筋混凝土, 箱涵临时开挖坡比1:0.75, 考虑到该段地面耕作的完整性, 待施工完成后, 箱涵顶部应回填至原状地面, 隧洞脸墙采用现浇C15混凝土。

3. 隧洞进口受地形条件限制, 埋深较浅, 施工时应加强支护。

设计单位	陕西省水利电力勘测设计研究院
图 名	羊毛湾水库引水工程输水隧洞设计图（二）

184

隧洞A型断面
Ⅱ类围岩

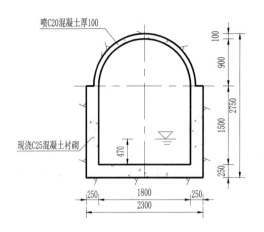

喷C20混凝土厚100
现浇C25混凝土衬砌

隧洞B型断面
Ⅲ类围岩

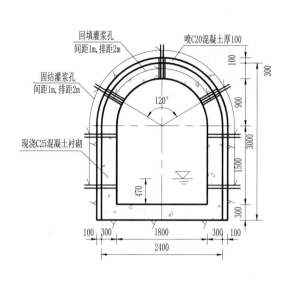

回填灌浆孔 间距1m,排距2m
喷C20混凝土厚100
固结灌浆孔 间距1m,排距2m
现浇C25混凝土衬砌

隧洞C型断面
Ⅳ类围岩

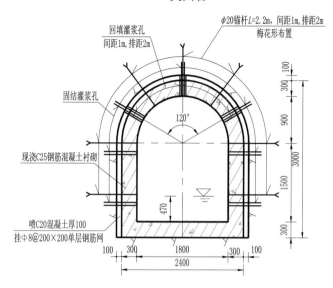

φ20锚杆L=2.2m,间距1m,排距2m 梅花形布置
回填灌浆孔 间距1m,排距2m
固结灌浆孔 间距1m,排距2m
现浇C25钢筋混凝土衬砌
喷C20混凝土厚100
挂Φ8@200×200层钢筋网

隧洞D型断面
Ⅴ类围岩

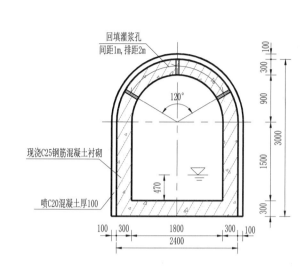

回填灌浆孔 间距1m,排距2m
现浇C25钢筋混凝土衬砌
喷C20混凝土厚100

主要工程量表

部位	序号	项目名称	单位	数量	备注
	1	明挖土方	m³	1008	
	2	C15混凝土	m³	9	洞脸、堵头
洞	3	洞挖土方	m³	23061	
	4	洞挖石方	m³	30179	
	5	现浇C25钢筋混凝土隧洞衬砌	m³	8388	
身	6	现浇C25混凝土隧洞衬砌	m³	8099	
	7	钢拱架支护	t	791	工字钢,间距1m
	8	Φ20锚杆	根	245	长度2.2m,间距1m
段	9	挂钢筋网	t	2	φ8钢筋网间距200mm
	10	隧洞初衬喷C20混凝土	m³	4440	
	11	弯扎钢筋	t	576	
	12	回填灌浆	m²	17166	拱顶范围
	13	固结灌浆	m	4565	间距2m,平均孔深1m
	14	651型橡胶止水带	m	7037	
	15	低发泡聚乙烯泡沫板	m²	1658	
	16	PTN聚氨酯胶	m³	6	
	17	明挖土方	m³	18529	
	18	夯填土方	m³	16560	
进	19	现浇C25钢筋混凝土箱涵	m³	1191	
出	20	弯扎钢筋	t	140	
口	21	3:7灰土	m³	981	
箱	22	C15混凝土垫层	m³	66	
涵	23	651橡胶止水带	m	183	
	24	低发泡聚乙烯泡沫板	m²	134	
	25	PTN聚氨酯胶	m³	0.5	

止水大样图

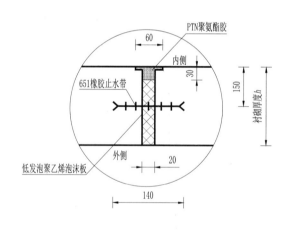

PTN聚氨酯胶
内侧
651橡胶止水带
外侧
低发泡聚乙烯泡沫板

隧洞水力要素表

型式	设计流量Q (m³/s)	糙率n	底宽B(直径D) (m)	顶拱半径R (m)	洞(涵)高h (m)	比降I	流速v (m/s)	水深h₀ (m)
圆拱直墙型断面	0.502	0.014	1.8	0.9	2.4	3000	0.60	0.47

说明:

1. 图中高程、桩号单位以m计,尺寸单位以mm计。
2. 输水隧洞设计流量Q为0.502m³/s,全长7922.0m,其中圆拱直墙隧洞段长7744m,进口箱涵段长3.8m,出口箱涵段长174.2m,隧洞末端自重湿陷Ⅳ级黄土段采用大开挖暗涵与泵站前池衔接。
3. 隧洞衬砌材料Ⅱ、Ⅲ类围岩采用现浇C25混凝土,Ⅳ、Ⅴ类围岩采用现浇C25钢筋混凝土,每10m设一道伸缩缝,缝内设651橡胶止水带一道,其中填塞聚乙烯泡沫板,临水侧30mm采用PTN聚氨酯胶封口,大开挖暗涵分缝距离、型式与隧洞相同。
4. 顶拱布置回填灌浆孔,排距2000mm,深入围岩100mm,灌浆压力依据灌浆试验确定。
5. 因施工及通风需要,在归化桩号4+802.27处布设斜支洞1条。
6. 隧洞穿越围岩类型分别为:Ⅱ类围岩段总长3509.4m,占45%;Ⅲ类围岩段总长1173.8m,占15%;Ⅳ类围岩段总长64.5m,占1%;Ⅴ类围岩总长3002.3m,占39%。隧洞A型断面适用于Ⅱ类围岩段,B型断面适用于Ⅲ类围岩段,C型断面适用于Ⅳ类围岩段,D型断面适用于Ⅴ类围岩段,Ⅴ类围岩全段采用钢拱架支护。

设计单位	陕西省水利电力勘测设计研究院
图 名	羊毛湾水库引水工程输水隧洞横断面设计图

Ⅱ～Ⅲ类围岩段支护衬砌横断面图

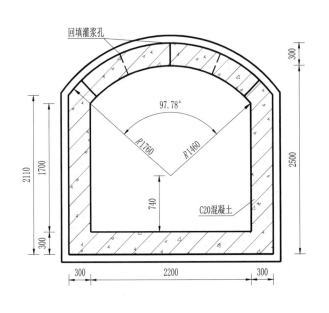

Ⅴ类围岩段支护衬砌横断面图

Ⅳ类围岩段支护衬砌横断面图

土质隧洞横断面图

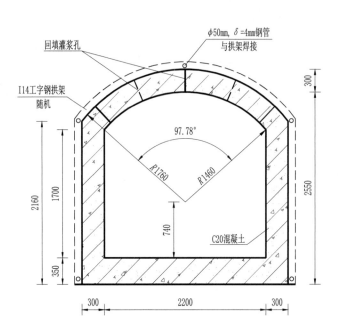

隧洞进、出口横断面图
（纵向厚度50cm）

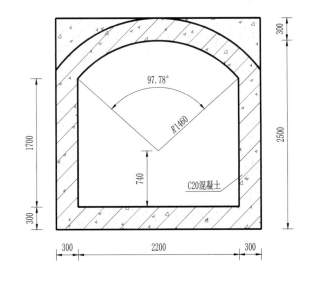

土质隧洞进、出口横断面图
（纵向厚度50cm）

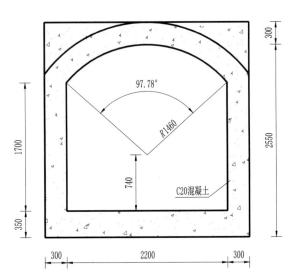

钢拱架图

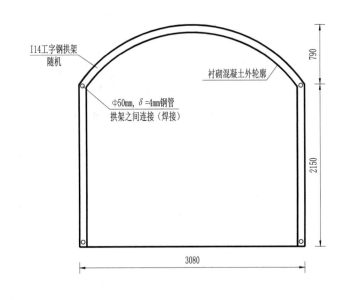

隧洞衬砌伸缩缝大样图

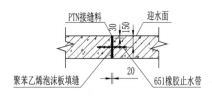

止水带固定钢筋

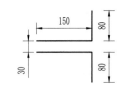

说明：
1. 图中单位尺寸以mm计。
2. 洞顶90°范围内进行回填灌浆，灌浆孔梅花形布置，排距3m，孔间距1.2m，浆液为水泥浆，灌浆压力0.2MPa。
3. Ⅱ、Ⅲ类围岩地段，隧洞开挖时应根据围岩稳定情况，随机采用长2m的φ20锚杆进行支护，必要时，局部辅以喷混凝土支护，喷护厚度5cm。
4. Ⅳ类围岩地段，隧洞开挖时，顶拱部位系统布置长2m的φ20锚杆，并喷5cm厚混凝土进行支护，系统锚杆梅花形布置，间、排距1.5m；侧墙部位根据围岩稳定情况，随机采用长2m的φ20锚杆进行支护，必要时，局部辅以喷混凝土支护，喷护厚度5cm。
5. Ⅴ类围岩地段，顶拱及侧墙系统布置长2m的φ20锚杆，并喷5cm厚混凝土支护，必要时局部可铺以20cm×20cm的φ5钢筋网，系统锚杆梅花形布置，间、排距1～1.5m；局部当喷锚支护仍无法维持围岩稳定时，可随机增加I14工字钢拱架支撑，设拱架处以拱架外轮廓开挖。
6. 隧洞施工应遵循"短开挖、弱爆破、强支护、早衬砌、勤通风"的原则，并加强施工现场观测，对发现的异常情况应及时采取措施处理，确保施工安全。
7. 止水带固定钢筋间距不大于40cm，与结构钢筋绑扎牢靠，PTN接缝仅用于底板和侧墙部位。
8. 喷混凝土等级C20，砂浆锚杆灌注砂浆等级M7.5。

设计单位	宝鸡市江河水利水电设计院
图 名	桃曲坡水库灌区低干渠输水隧洞横断面设计图

I－I

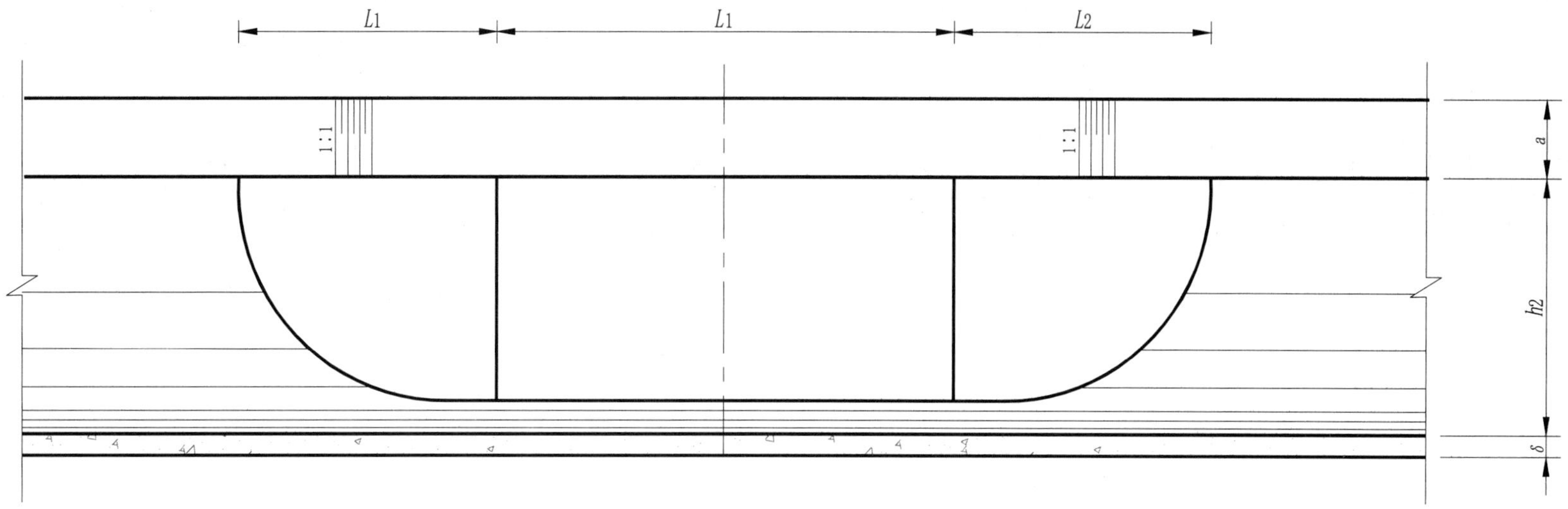

平面图

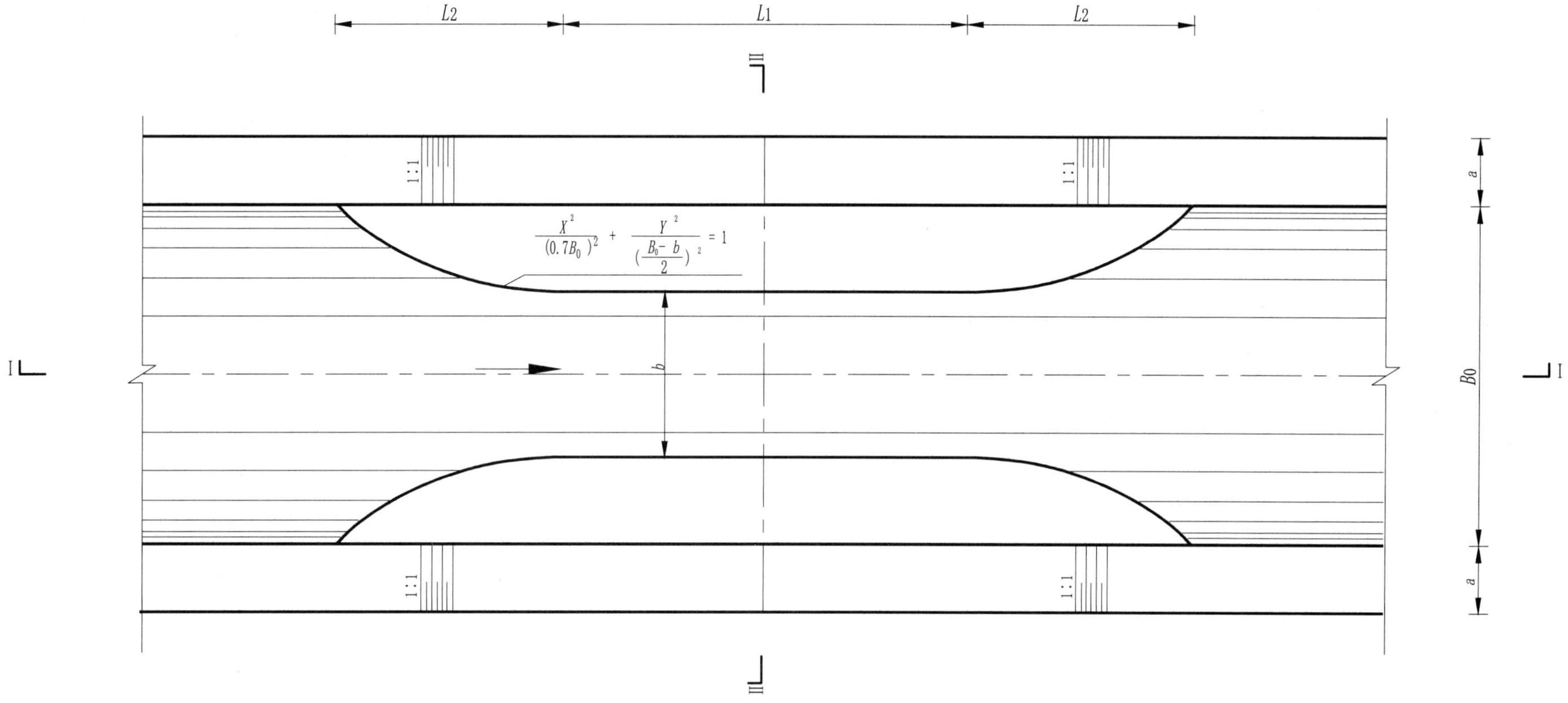

$$\frac{X^2}{(0.7B_0)^2} + \frac{Y^2}{\left(\frac{B_0-b}{2}\right)^2} = 1$$

II－II

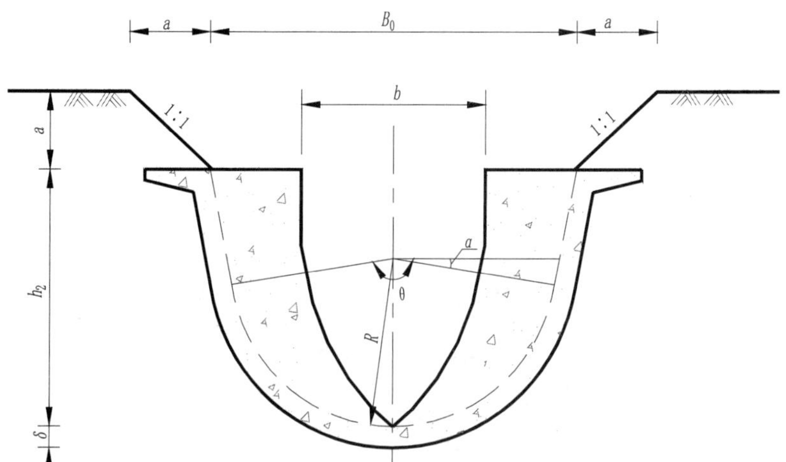

单座量水堰尺寸及工程量表

渠名	喉宽 b(cm)	圆弧半径 R(cm)	渠衬深 h_2(cm)	渠衬口宽 B_0(cm)	喉道长 L_1(cm)	过渡段长 L_2(cm)	上下游水尺距堰进出口距离(cm)	收缩比 $\lambda=b/(2R)$	流量 Q(m³/s)	拆除混凝土(m³)	现浇C20混凝土(m³)	挖土(m³)	填土(m³)
四、五、六支渠	60	50	108	118	148	83	178	0.55	0.6	1.1	1	4	3
六支一分支	50	40	98	98	125	70	150	0.57	0.4	0.8	0.7	4	3
总计	共4座，其中四、五、六支渠分别有1座，六支一分支有1座												

说明：
1. 本图依 R=40cm，h=100cm尺寸绘制。
2. 图中 θ 为163°，α 为8.5°。
3. 水尺直接印制在U形槽壁上，其零点与水尺断面处的渠底中心平齐。
4. 适用范围：i= 1/200～1/1000，λ=0.5～0.65。
5. 堰采用C20混凝土浇筑。
6. 流量 Q=0.2610$c_v\sqrt{2g}b(0.516H/R+0.0187)^{1.5476}$，其中 H 为上游实测水深，D 为U形渠道的直径，R 为半径，b 为喉道宽。

设计单位	渭南市水利水电勘测设计院
图 名	支渠量水堰设计图

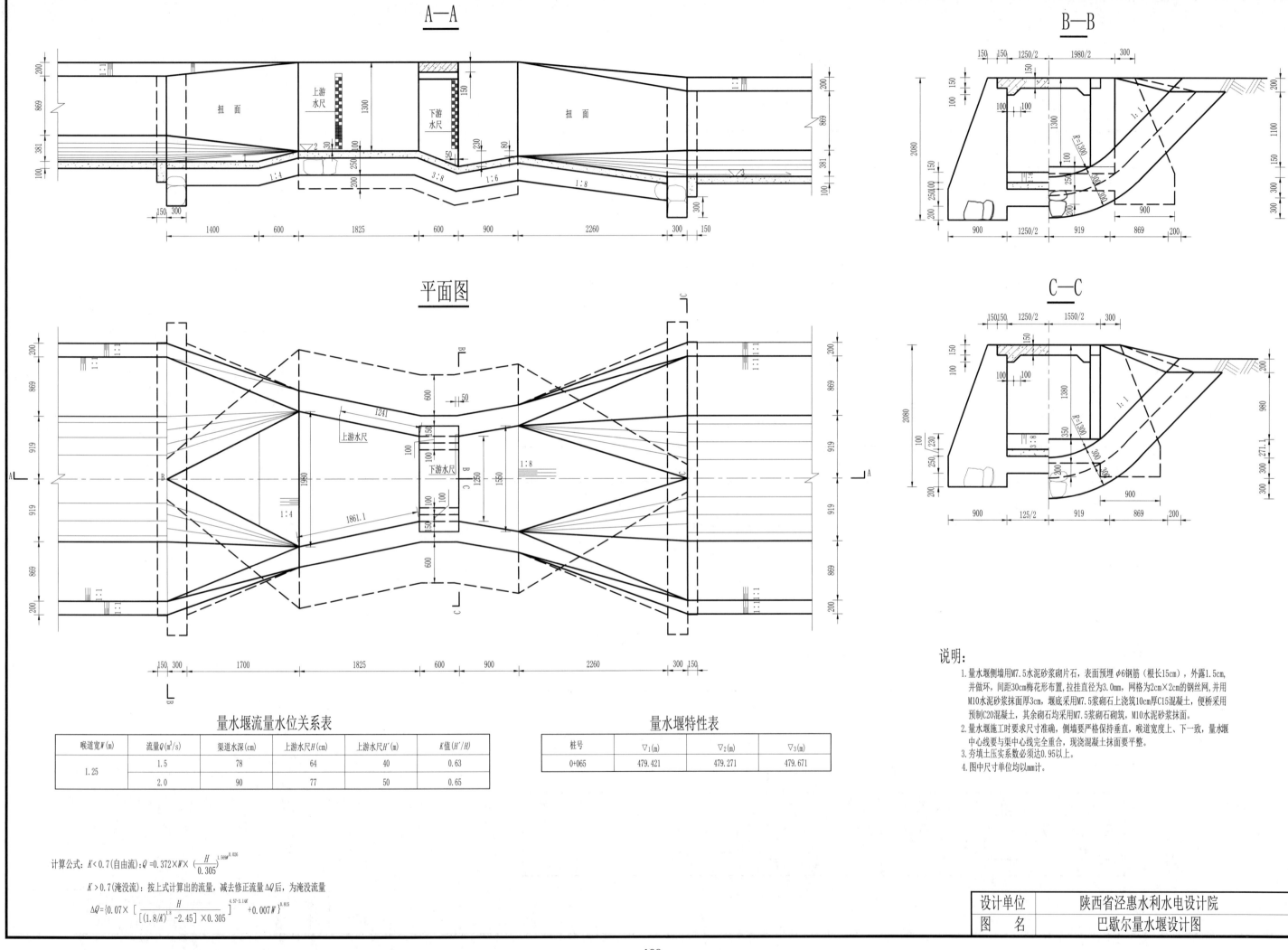

A—A

扭面 上游水尺 下游水尺 扭面

平面图

上游水尺 下游水尺

B—B

C—C

量水堰流量水位关系表

喉道宽W(m)	流量Q(m³/s)	渠道水深(cm)	上游水尺H(cm)	上游水尺H′(m)	K值(H′/H)
1.25	1.5	78	64	40	0.63
	2.0	90	77	50	0.65

量水堰特性表

桩号	▽₁(m)	▽₂(m)	▽₃(m)
0+065	479.421	479.271	479.671

说明：

1. 量水堰侧墙用M7.5水泥砂浆砌片石，表面预埋φ6钢筋（根长15cm），外露1.5cm，并做环，间距30cm梅花形布置，拉挂直径为3.0mm，网格为2cm×2cm的钢丝网，并用M10水泥砂浆抹面厚3cm，堰底采用M7.5浆砌石上浇筑10cm厚C15混凝土，便桥采用预制C20混凝土，其余砌石均采用M7.5浆砌石砌筑，M10水泥砂浆抹面。
2. 量水堰施工时要求尺寸准确，侧墙要严格保持垂直，喉道宽度上、下一致，量水堰中心线要与渠中心线完全重合，现浇混凝土抹面要平整。
3. 夯填土压实系数必须达0.95以上。
4. 图中尺寸单位均以mm计。

计算公式：$K<0.7$(自由流)：$Q=0.372\times W\times \left(\dfrac{H}{0.305}\right)^{1.569W^{0.026}}$

$K>0.7$(淹没流)：按上式计算出的流量，减去修正流量ΔQ后，为淹没流量

$$\Delta Q=\left\{0.07\times\left[\dfrac{H}{\left[(1.8/K)^{1.8}-2.45\right]\times 0.305}\right]^{4.57-3.14W}+0.007W\right\}^{0.815}$$

设计单位	陕西省泾惠水利水电设计院
图 名	巴歇尔量水堰设计图

188

喷灌系统典型设计图

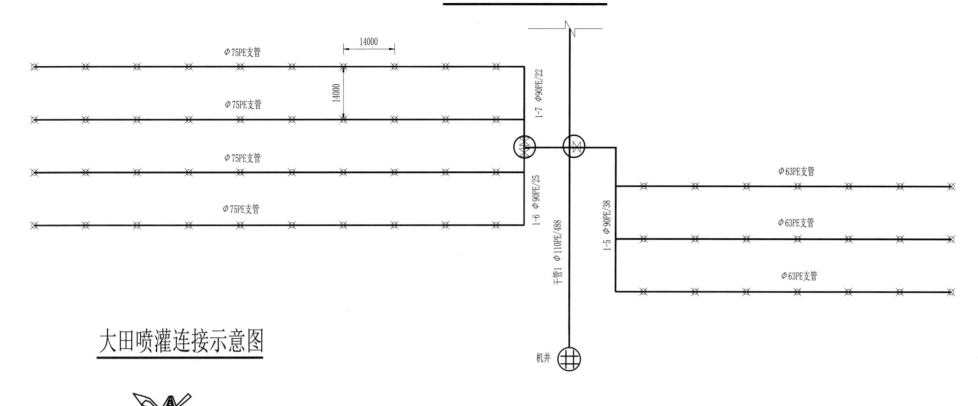

φ75PE支管
φ75PE支管
φ75PE支管
φ75PE支管
14000
14000

1-7 φ90PE/22
1-6 φ90PE/25
1-5 φ90PE/38
干管1 φ110PE/488

φ63PE支管
φ63PE支管
φ63PE支管

机井

大田喷灌连接示意图

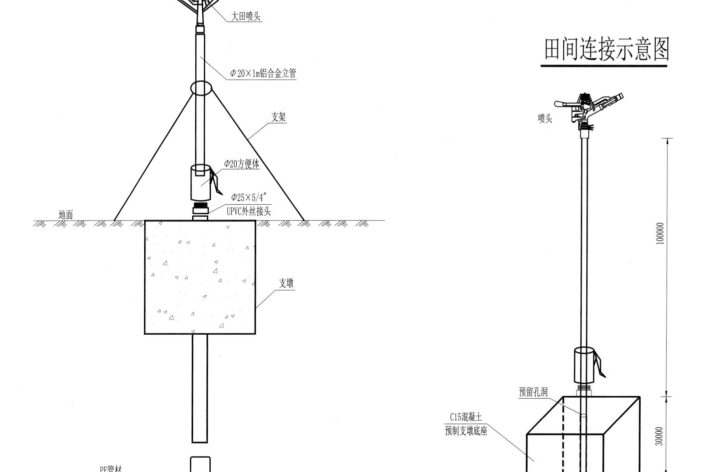

大田喷头
φ20×1m铝合金立管
支架
φ20方便体
φ25×5/4″UPVC外丝接头
地面
支墩
PE管材
PE三通

田间连接示意图

喷头
预留孔洞
C15混凝土预制支墩底座
100000
30000
30000
30000

设计参数表

内容	单位	数值
土壤容重	g/cm³	1.35
计划湿润层深度	cm	55
田间持水率（重量百分比）	%	25
土壤含水量上限（重量百分比）	%	90
土壤含水量下限（重量百分比）	%	65
土壤湿润比		1.00
灌溉水利用系数		0.85
灌水定额	m³/亩	20
最大日耗水强度	mm	5
设计灌水周期T	d	6
系统日灌溉时间	h	22
支管间距	m	14
喷头间距	m	14
灌水器设计流量	L/h	1230
轮灌组数	个	24
一次灌水延续时间	h	5.5
系统控制面积	亩	185
系统设计流量	m³/h	29.77

说明：
1. 图中尺寸均以mm计。
2. 本系统控制面积185亩，种植作物为花卉，项目区内水源井出水量30m³/h左右，机井动位80m。
3. 系统管网为主干管、干管、分干、支管四级，田间管道管材均选用PE管。
4. 灌水器选型：选用PY1-10G1/2(in)型号喷头，单喷头流量为1.23m³/h，最小工作水头20m，喷头、支管布置间距均为14m。
5. 灌溉管网系统内的最低点设置DN800排水井，排水闸阀设计选用φ50PE球阀，连接PE管就近接入田间。
6. 此地块采用地下水，水质较好，故首部过滤系统选用4寸离心过滤器和3寸自动反冲洗叠片过滤器，施肥选用比例式施肥器（含Y型叠片过滤器）。
7. 地埋管路中，必要时在三通、弯头等处有不平衡力的地方设置镇墩。

设计单位	杨凌瑞沃水利水电规划设计有限公司
图 名	杨凌区农业种植试验示范园喷灌典型设计图

滴灌典型设计图

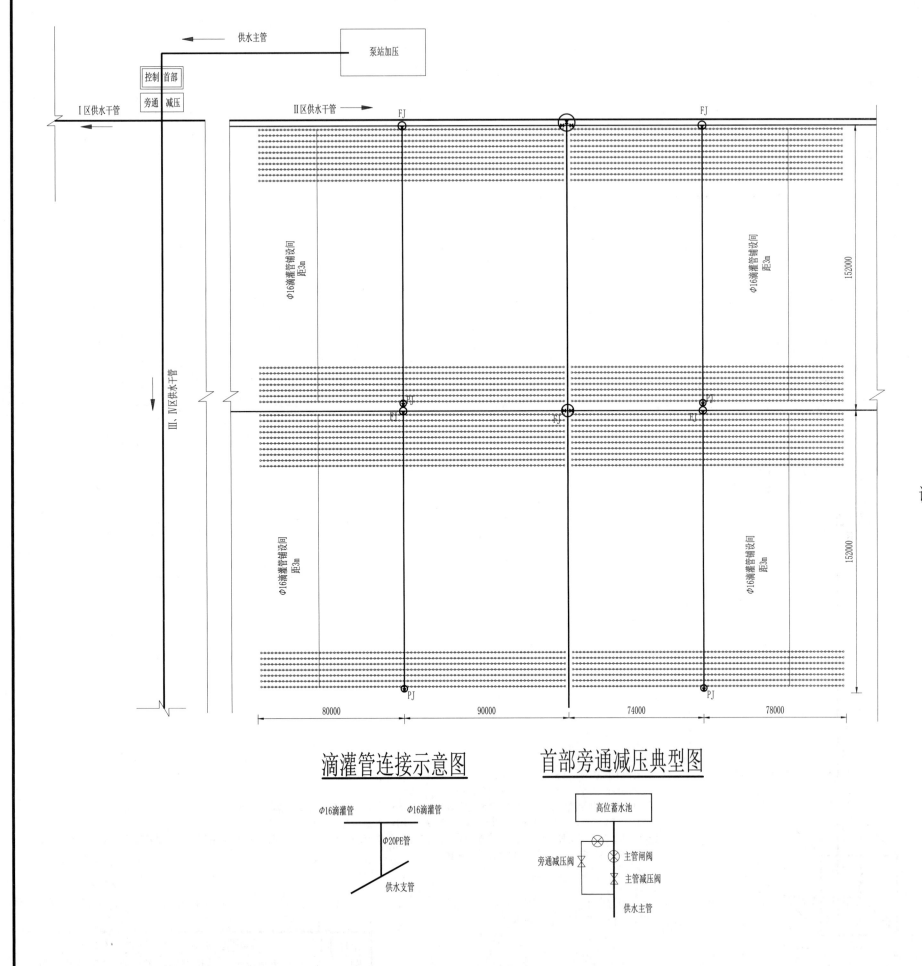

图例

	主干管		分干管
	支管		分支管
	毛管	○	滴头
FJ	闸阀井	PJ	排水井

设计参数表

内容	单位	数值	内容	单位	数值
土壤容重	g/cm³	1.35	最大日耗水强度	mm	3.5
计划湿润层深度	cm	60	设计灌水周期 T	d	5
田间持水率(重量百分比)	%	25	系统日灌溉时间	h	14
土壤含水量上限(重量百分比)	%	90	毛管间距	m	3
土壤含水量下限(重量百分比)	%	65	灌水器设计流量	L/h	2.2
土壤湿润比		0.40	一次灌水延续时间	h	13.3
灌溉水利用系数		0.90	系统控制面积	亩	315
灌水定额	m³/亩	12	系统设计流量	m³/h	60.49

说明:

1. 图中尺寸单位均以mm计。
2. 本系统控制面积315亩。项目区以葡萄种植为主,葡萄株距为1.0m,行距为3m,每亩种植222株。
3. 灌水器选用φ16滴灌管,壁厚1.1mm,滴头间距0.5m,单滴头2.2L/h。
4. 供水管网按管道级别分为主干管、分干管、支管、分支管和田间配水毛管,田间配水毛管沿葡萄种植行铺设,分支管垂直田间毛管布置,支管一般沿田块布置,主干管、分干管沿路布置,并输水至所控制的灌溉分区。
5. 为了便于灌溉控制和流量平衡,地块宽度约为160m,长度约为160m,面积一般为30～50亩,实际面积根据地形、道路、渠道及建筑物等进行调整。
6. 统一设置田间控制首部,分别由法兰式伸缩蝶阀、砂石过滤器、叠片式过滤器、减压阀、空气阀、配水涡轮蝶阀和蝶阀后的。
7. 每条分支管末端均设置排水井(用于灌溉季节结束时将管道内的存水全部排空)。
8. 田间输水管道材料为UPVC管。
9. 项目区滴灌统一由泵站加压供水,在灌水时各灌溉分区同时运行。主干管从过滤系统后引水,经过滤器过滤后进入干管,依据干管的控制宽度及道路确定分干管距离,垂直分干管布置支管,垂直支管布置分支管,毛管灌水一般采用双向布置(地形复杂时适当调整为单向布置)。
10. 控制田间配水毛管的分支管管径均为75～160mm,其它管道依据灌溉工作制度确定管径。
11. 根据灌溉工作制度确定不同级别管道的管径,管网压力等级除滴灌管不大于0.20MPa外,其余均为0.63MPa。
12. 为了保证小单元小流量灌溉,在首部控制后加旁通减压。

滴灌管连接示意图

φ16滴灌管   φ16滴灌管

φ20PE管

供水支管

首部旁通减压典型图

高位蓄水池

旁通减压阀   主管闸阀

主管减压阀

供水主管

设计单位	杨凌瑞沃水利水电规划设计有限公司
图 名	杨凌区农业种植试验示范园滴灌典型设计图

温室大棚区典型设计图

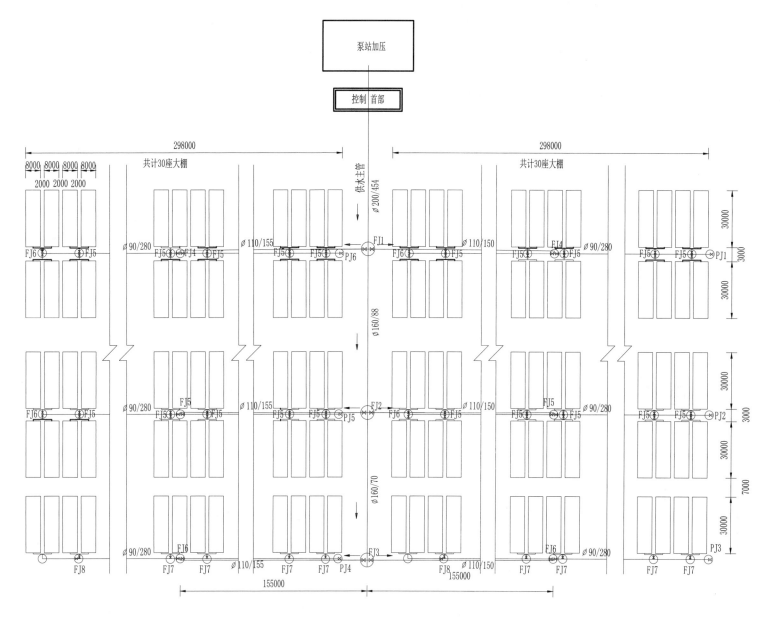

说明:

1. 图中单位均以mm计。
2. 种植结构:温室大棚以温室蔬菜种植为主,蔬菜种植株距为0.3m,行距为0.6m。
3. 灌水器选择:温室大棚区采用滴灌和微喷灌结合的灌水方式。滴灌选用φ16PE滴灌管,滴头间距0.3m,毛管间距0.6m,单滴头流量2.0L/h;微喷灌选用φ20PE毛管,微喷头选用5429旋转微喷头,微喷头间距3.3m,单个微喷头流量60L/h。
4. 供水管网布置:按管道级别分为干管、支管和田间配水毛管。干管沿路布置,支管平行等高线布置,并输水至所控制的温室大棚。田间配水滴灌毛管沿栽植行向布置,铺设间距0.6m,滴头间距0.3m;微喷灌毛管悬挂在温室大棚顶部布置(实际以适宜安装固定具体调整),平面布置间距3m,微喷头间距3.3m。
5. 项目区总面积180亩,大棚面积108亩,考虑温室大棚灌水方式的多样性,共用一套首部系统,设计水泵控制采用恒压变频调控。微喷灌灌水时,每个轮灌组可满足1~8座棚同时灌溉;采用滴灌灌水时,每个轮灌组可满足1~5座大棚同时灌溉。温室大棚区设计划分为5个轮灌组,每个轮灌组包括60座大棚。设计灌水周期为4天,每天灌水时间为18h,微喷灌灌水时每次灌溉延续时间为9h;滴灌灌水时每次灌溉延续时间为6h。系统设计流量为58.3m³/h,微喷灌额定工作压力为20~25m;滴灌额定工作压力为8~12m。
6. 干管、支管均采用UPVC管,管道公称压力为0.63MPa;干管管径为110~160mm,支管管径为50~90mm。配水毛管为φ32PE管。
7. 每条支管末端设置排水阀(用于灌溉季节结束时将管道内的存水全部排空)。
8. 为了保证系统加压灌溉,在蓄水池控制首部后加旁通管道泵。
9. 干管、支管埋深均为1.2m。

支管末端排水示意图

温室大棚区滴灌管连接示意图

首部旁通管道泵典型图

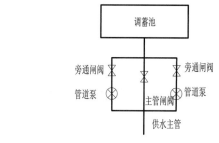

图例

▬▬▬		主干管
────		支管
⊗ FJ		闸阀井
⊗ PJ		排水井
90/280		管径/长度

设计单位	杨凌瑞沃水利水电规划设计有限公司
图 名	杨凌区农业种植试验示范园温室大棚田间典型布置图(一)

温室大棚区田间平面布置图

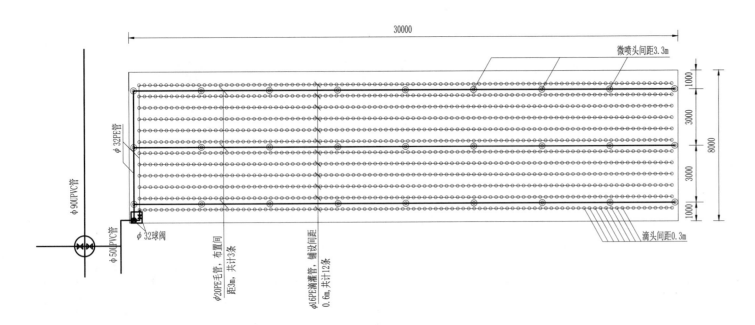

温室大棚立面图

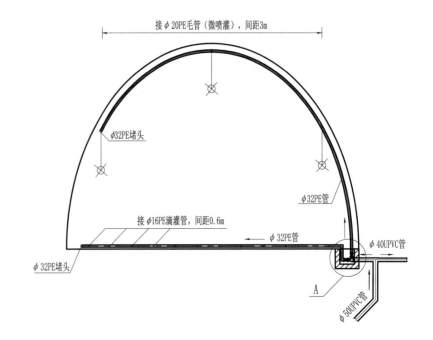

小砖池平面图

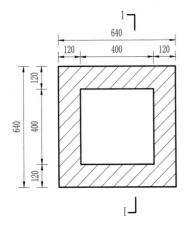

I－I 剖面图

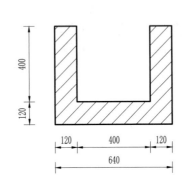

节点A

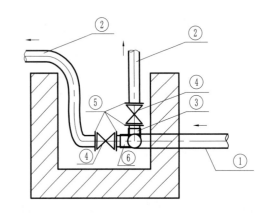

编号	名称
①	φ40UPVC管
②	φ32PE管
③	φ40×40×32三通
④	φ32球阀
⑤	φ32外丝接头
⑥	φ40×32异径弯头

图例

⊗	闸阀井
──	支管
─	分支管
◎	微喷头
○	滴头

说明：
1. 图中标注尺寸单位以mm计。
2. 每座温室大棚均设有小砖池以控制阀件，尺寸为64cm×64cm×52cm（长×宽×高）。

设计单位	杨凌瑞沃水利水电规划设计有限公司
图　名	杨凌区农业种植试验示范园温室大棚田间典型布置图（二）

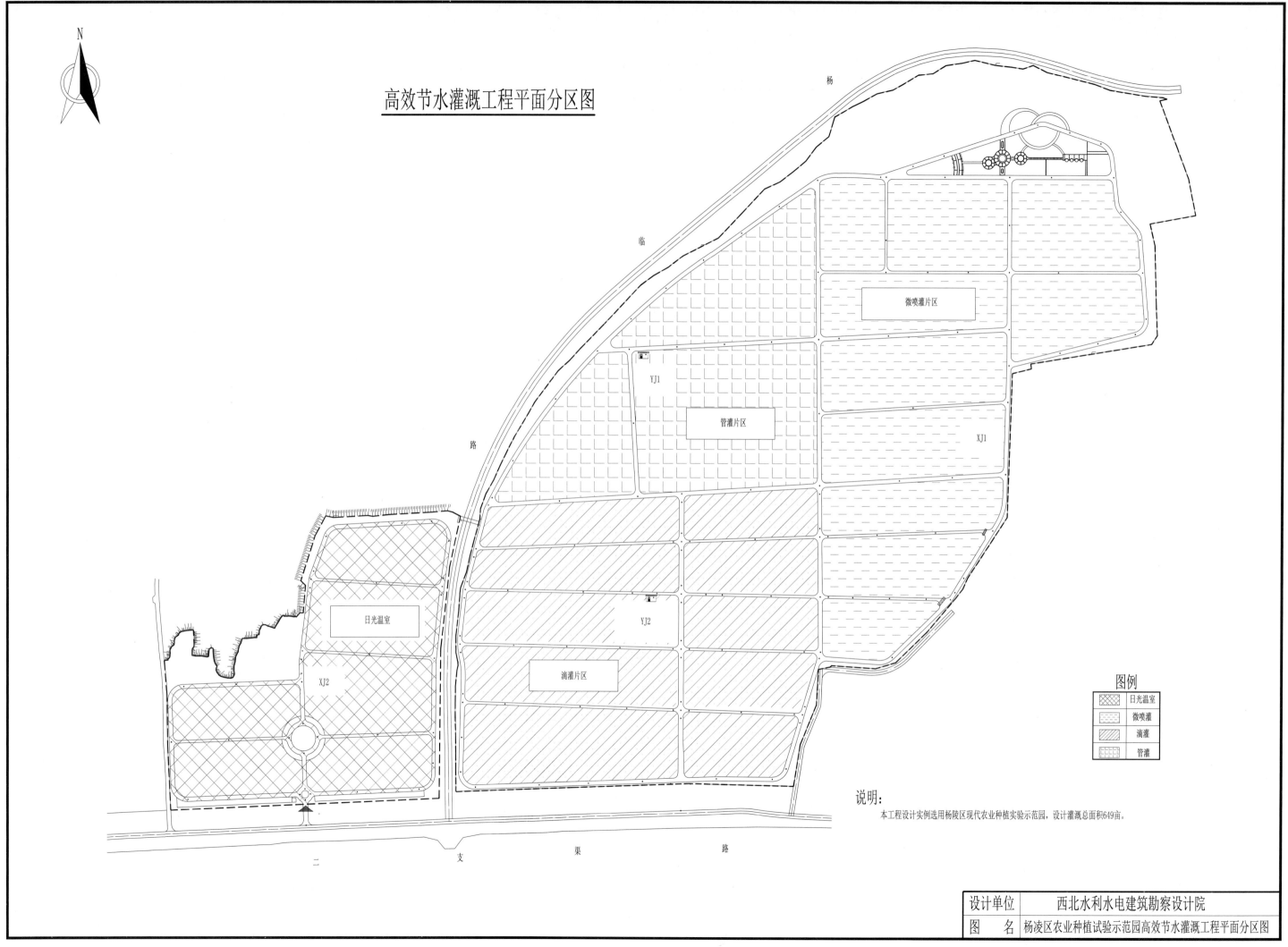

高效节水灌溉工程平面分区图

微喷灌片区

YJ1

管灌片区

XJ1

日光温室

YJ2

XJ2

滴灌片区

图例

	日光温室
	微喷灌
	滴灌
	管灌

说明:
本工程设计实例选用杨陵区现代农业种植实验示范园,设计灌溉总面积649亩。

二　　支　　渠　　路

| 设计单位 | 西北水利水电建筑勘察设计院 |
| 图　名 | 杨凌区农业种植试验示范园高效节水灌溉工程平面分区图 |

高效节水灌溉工程平面布置图

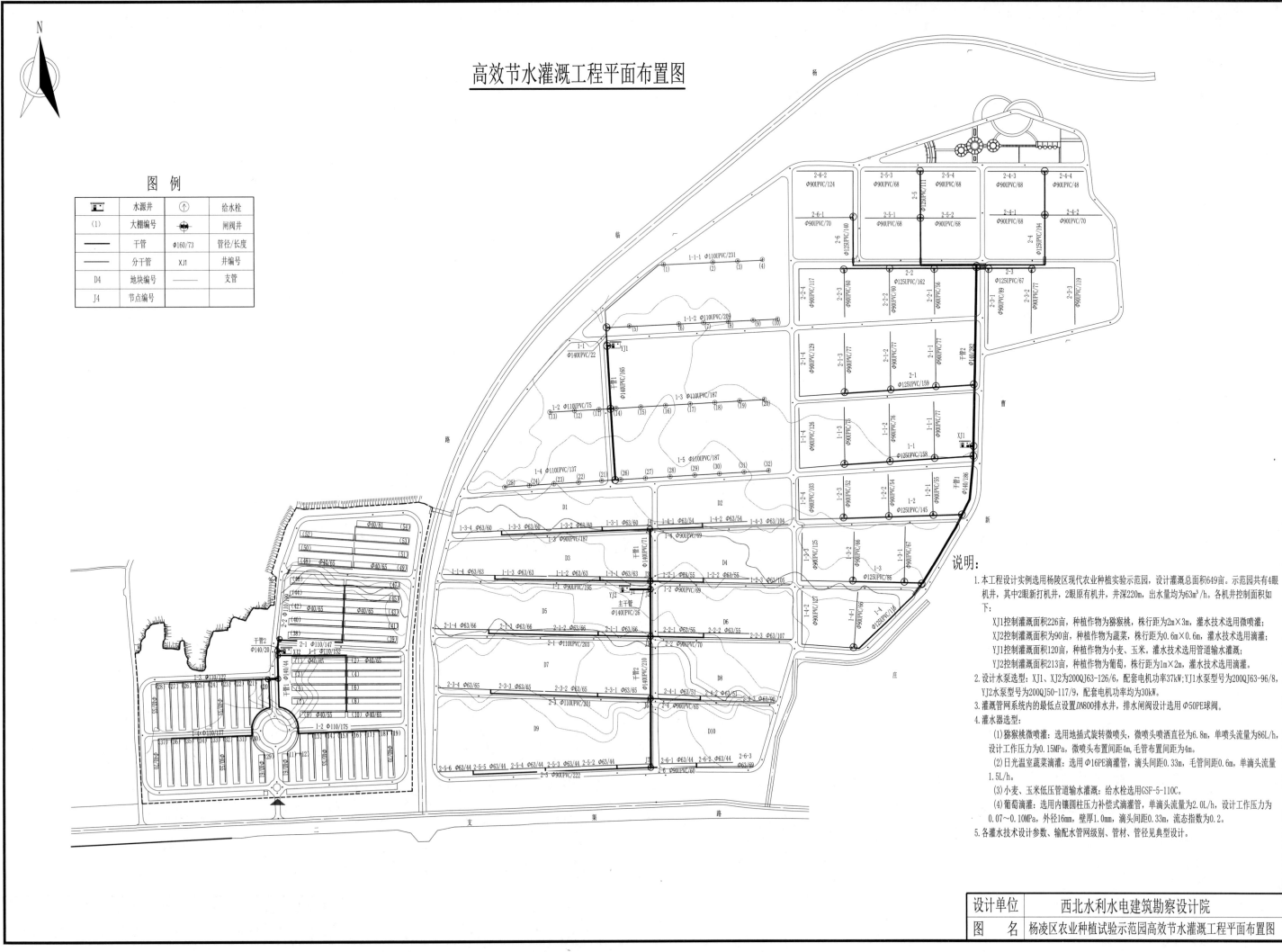

图 例

水源井		给水栓
(1)	大棚编号	闸阀井
	干管	Φ160/73 管径/长度
	分干管	XJ1 井编号
D4	地块编号	支管
J4	节点编号	

说明：

1. 本工程设计实例选用杨陵区现代农业种植实验示范园，设计灌溉总面积649亩。示范园共有4眼机井，其中2眼新打机井，2眼原有机井，井深220m，出水量均为63m³/h。各机井控制面积如下：

   XJ1控制灌溉面积226亩，种植作物为猕猴桃，株行距为2m×3m，灌水技术选用微喷灌；
   XJ2控制灌溉面积90亩，种植作物为蔬菜，株行距为0.6m×0.6m，灌水技术选用滴灌；
   YJ1控制灌溉面积120亩，种植作物为小麦、玉米，灌水技术选用管道输水灌溉；
   YJ2控制灌溉面积213亩，种植作物为葡萄，株行距为1m×2m，灌水技术选用滴灌。

2. 设计水泵选型：XJ1、XJ2为200QJ63-126/6，配套电机功率37kW；YJ1水泵型号为200QJ63-96/8，YJ2水泵型号为200QJ50-117/9，配套电机功率均为30kW。

3. 灌溉管网系统内的最低点设置DN800排水井，排水闸阀设计选用Φ50PE球阀。

4. 灌水器选型：

   (1) 猕猴桃微喷灌：选用地插式旋转微喷头，微喷头喷洒直径为6.8m，单喷头流量为86L/h，设计工作压力为0.15MPa，微喷头布置间距4m，毛管布置间距为4m。

   (2) 日光温室蔬菜滴灌：选用Φ16PE滴灌管，滴头间距0.33m，毛管间距0.6m，单滴头流量1.5L/h。

   (3) 小麦、玉米低压管道输水灌溉：给水栓选用GSF-5-110C。

   (4) 葡萄滴灌：选用内镶圆柱压力补偿式滴灌管，单滴头流量为2.0L/h，设计工作压力为0.07～0.10MPa，外径16mm，壁厚1.0mm，滴头间距0.33m，流态指数为0.2。

5. 各灌水技术设计参数、输配水管网级别、管材、管径见典型设计。

| 设计单位 | 西北水利水电建筑勘察设计院 |
| 图 名 | 杨凌区农业种植试验示范园高效节水灌溉工程平面布置图 |

高效节水灌溉工程管网水力计算图

设计单位	西北水利水电建筑勘察设计院
图　名	杨凌区农业种植试验示范园高效节水灌溉工程管网水力计算图

农业种植试验示范园葡萄滴灌典型设计图

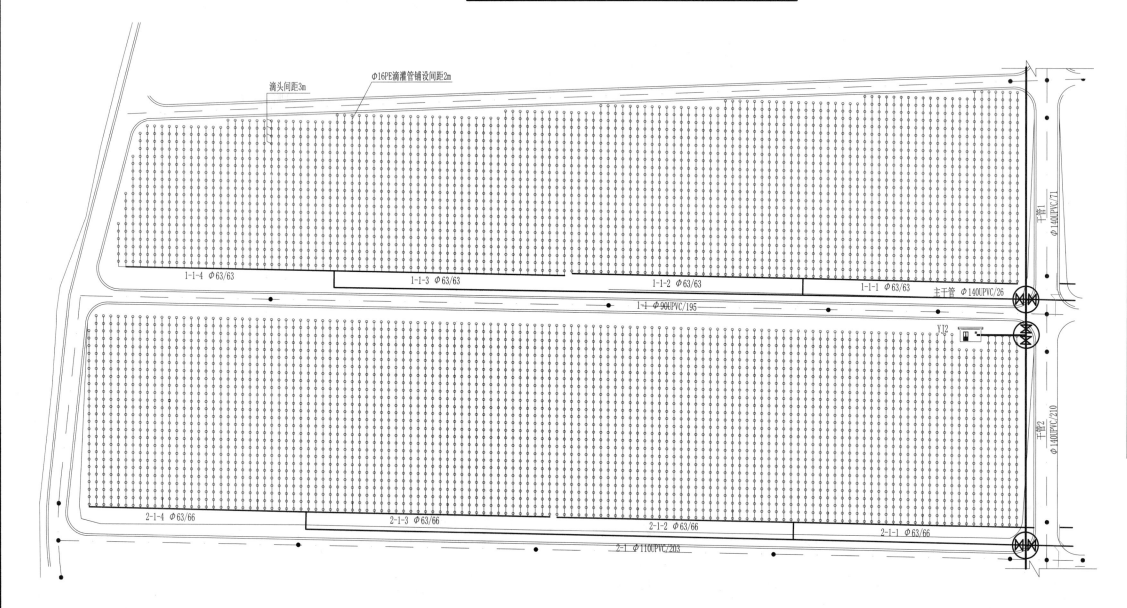

设计参数表

项目	单位	数值
土壤容重	g/cm³	1.45
计划湿润层深度	cm	65
田间持水率（重量百分比）	%	23.5
土壤含水量上限（重量百分比）	%	90
土壤含水量下限（重量百分比）	%	65
土壤湿润比		0.50
灌溉水利用系数		0.90
灌水定额	m³/亩	18.46
最大日耗水强度	mm	5
设计灌水周期 T	d	5
系统日灌溉时间	h	22
毛管间距	m	2
滴头间距	m	0.33
灌水器设计流量	L/h	2
轮灌组数	个	10
一次灌水延续时间	h	9.17
系统控制面积	亩	213
系统设计流量	m³/h	41.5

滴灌管连接示意图

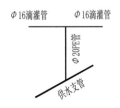

首部旁通减压典型图

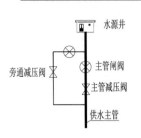

说明：

1. 图中尺寸除管径单位以mm计外，其余均以m计。
2. 本系统控制面积14.2hm²（213亩），全部为葡萄，项目区内水源井出水量为63m³/h左右，机井动水位为80m。
3. 灌水器选型：选用内镶圆柱压力补偿式滴灌管，单滴头流量为2.0L/h，设计工作压力为0.07～0.10MPa，外径16mm，壁厚1.0mm，滴头间距0.33m，流态指数为0.2。
4. 供水管网按管道级别分为主干管、干管、分干管、支管和毛管五级。田间管道管材主干管、干管、分干管均采用0.63MPaPVC-U管，支管采用0.6MPaPVC-U管，主干管、干管、分干管管径为140mm，支管管径为90mm；配水毛管采用0.6MPaPE管，管径为16mm。
5. 此地块采用地下水，水质较好，故首部过滤系统选用离心过滤器和自动反冲洗叠片过滤器，施肥选用比例式施肥器（含Y型叠片过滤器）。
6. 地埋管路中，必要时在三通、弯头等处有不平衡力的地方设置镇墩。
7. 灌溉管网系统内的最低点设置DN800排水井，排水闸阀设计选用φ50PE球阀，连接PE管就近排入田间。

设计单位	西北水利水电建筑勘察设计院
图　名	杨凌区农业种植试验示范园葡萄滴灌典型设计图

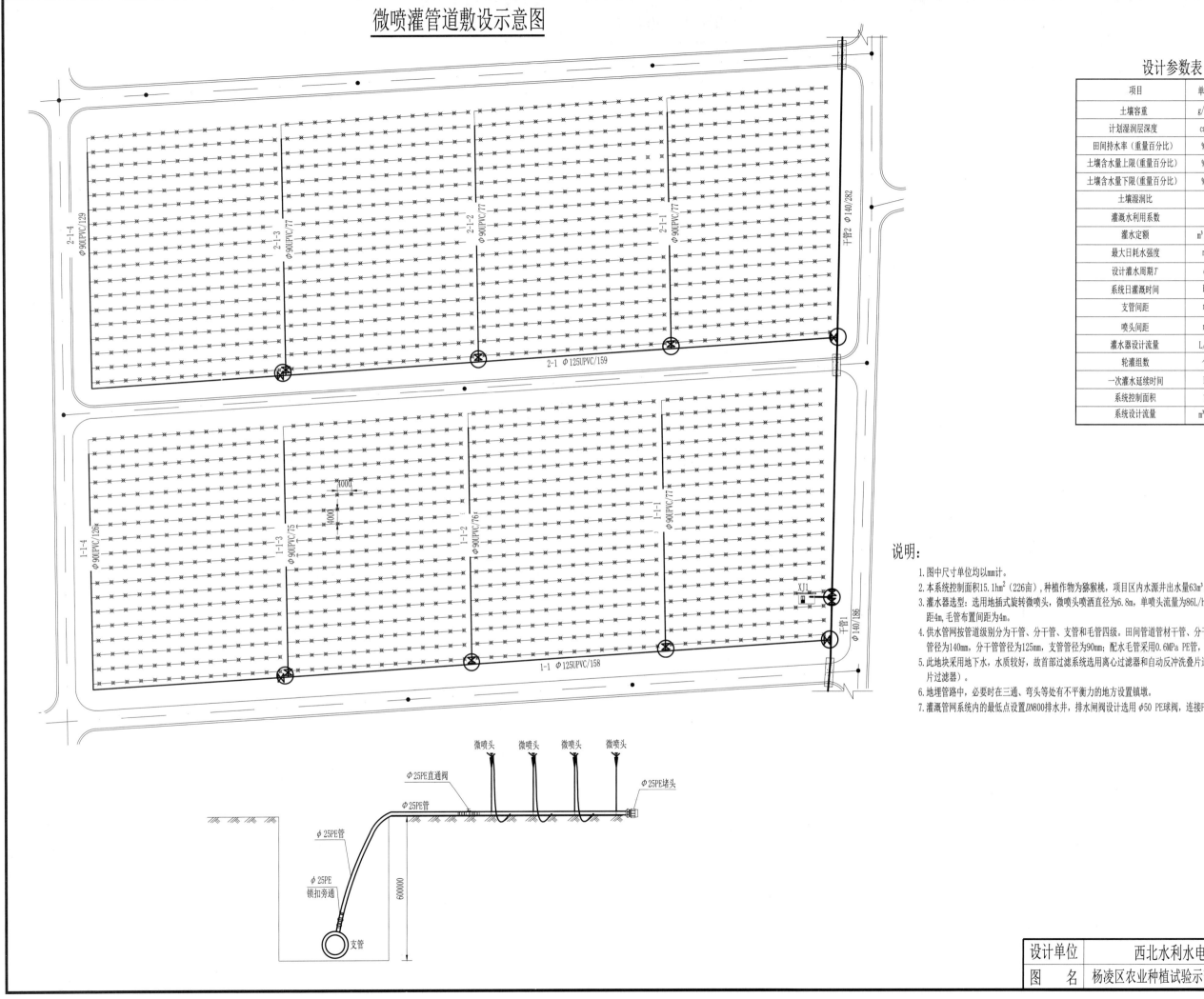

微喷灌管道敷设示意图

设计参数表

项目	单位	数值
土壤容重	g/cm³	1.45
计划湿润层深度	cm	50
田间持水率（重量百分比）	%	22
土壤含水量上限（重量百分比）	%	90
土壤含水量下限（重量百分比）	%	65
土壤湿润比		0.70
灌溉水利用系数		0.85
灌水定额	m³/亩	16.67
最大日耗水强度	mm	5
设计灌水周期 T	d	5
系统日灌溉时间	h	22
支管间距	m	4
喷头间距	m	4
灌水器设计流量	L/h	86
轮灌组数	个	4
一次灌水延续时间	h	5.47
系统控制面积	亩	226
系统设计流量	m³/h	57.55

说明：

1. 图中尺寸单位均以mm计。
2. 本系统控制面积15.1hm²（226亩），种植作物为猕猴桃，项目区内水源井出水量63m³/h左右，机井动水位80m。
3. 灌水器选型：选用地插式旋转微喷头，微喷头喷洒直径为6.8m，单喷头流量为86L/h，设计工作压力为0.15MPa，微喷头布置间距4m，毛管布置间距为4m。
4. 供水管网按管道级别分为干管、分干管、支管和毛管四级。田间管道管材干管、分干管、支管均采用0.63MPa PVC-U管，干管管径为140mm，分干管管径为125mm，支管管径为90mm；配水毛管采用0.6MPa PE管，管径为25mm。
5. 此地块采用地下水，水质较好，故首部过滤系统选用离心式过滤器和自动反冲洗叠片式过滤器，施肥选用比例式施肥器（含Y型叠片过滤器）。
6. 地埋管路中，必要时在三通、弯头等处有不平衡力的地方设置镇墩。
7. 灌溉管网系统内的最低点设置DN800排水井，排水闸阀设计选用φ50 PE球阀，连接PE管就近排入田间。

设计单位	西北水利水电建筑勘察设计院
图　名	杨凌区农业种植试验示范园猕猴桃微喷灌典型设计图

温室大棚区典型设计图

设计参数表

项目	单位	数值	项目	单位	数值
土壤容重	g/cm³	1.45	最大日耗水强度	mm	5.0
计划湿润层深度	cm	35	设计灌水周期 T	d	4
田间持水率（重量百分比）	%	22	系统日灌溉时间	h	15
土壤含水量上限（重量百分比）	%	90	毛管间距	m	0.6
土壤含水量下限（重量百分比）	%	65	灌水器设计流量	L/h	1.5
土壤湿润比		0.80	一次灌水延续时间	h	2.93
灌溉水利用系数		0.90	系统控制面积	亩	90
灌水定额	m³/亩	13.00	系统设计流量	m³/h	59.26

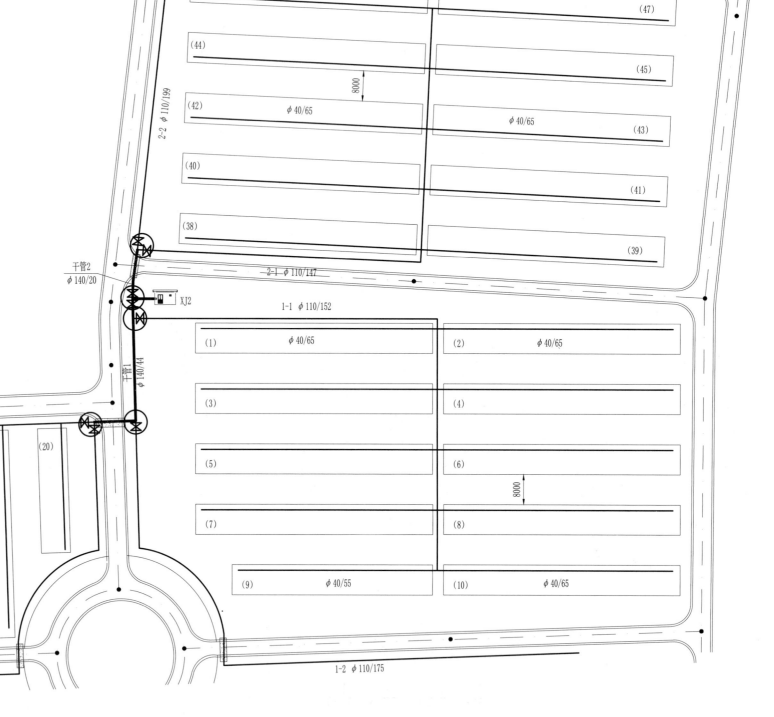

说明：

1. 图中单位均以mm计。
2. 控制面积及水源：本系统控制面积6hm²（90亩），共54栋温室。水源为机井，出水量63m³/h左右。
3. 种植结构：种植作物为蔬菜，蔬菜种植株距为0.6m，行距为0.6m。
4. 灌水器选择：选用φ16PE滴灌管，滴头间距0.33m，毛管间距0.6m，单滴头流量1.5L/h。
5. 考虑温室大棚灌水方式的多样性，共用一套首部系统，设计水泵控制采用恒压变频调控。每个轮灌组可满足9~18座棚同时灌溉。温室大棚区设计共划分为4个轮灌组。滴灌额定工作压力为10m。
6. 供水管网及管材：按管道级别分为干管、分干管、支管和毛管四级。田间管道管材干管、分干管采用0.63MPa PVC-U管，干管管径为140mm，分干管管径为110mm；支管、配水毛管采用0.6MPa PE管，支管管径为40mm，配水毛管管径为φ16mm。
7. 统一设置田间控制首部，分别由法兰式伸缩蝶阀、离心式过滤器、叠片式过滤器、减压阀、空气阀、配水涡轮蝶阀和蝶阀后的支管进气阀构成。
8. 每条分支管末端均设置排水阀(用于灌溉季节结束时将管道内的存水全部排空)。

设计单位	西北水利水电建筑勘察设计院
图　名	杨凌区农业种植试验示范园日光温室滴灌典型设计图（一）

日光温室滴灌系统平面布置图

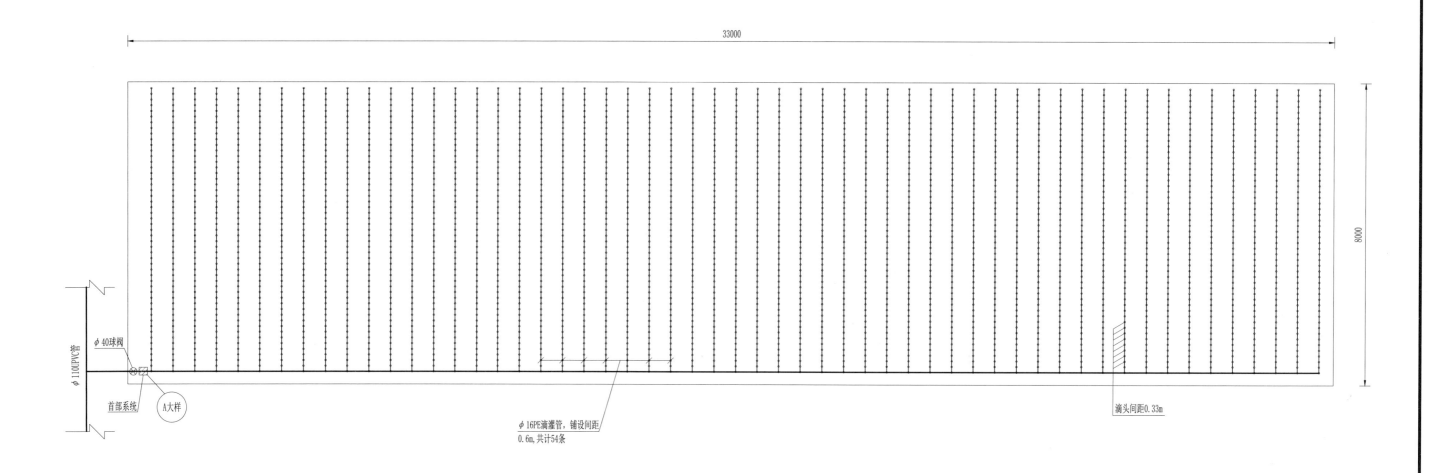

33000

8000

ϕ1100PVC管

ϕ40球阀

首部系统

A大样

ϕ16PE滴灌管，铺设间距0.6m，共计54条

滴头间距0.33m

A大样图

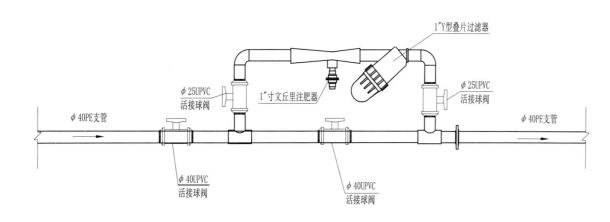

1″Y型叠片过滤器

ϕ25UPVC活接球阀

1″寸文丘里注肥器

ϕ25UPVC活接球阀

ϕ40PE支管

ϕ40PE支管

ϕ40UPVC活接球阀

ϕ40UPVC活接球阀

说明：

图中尺寸单位以mm计。

设计单位	西北水利水电建筑勘察设计院
图 名	杨凌区农业种植试验示范园日光温室滴灌典型设计图（二）

低压管道输水灌溉管网平面布置图

1-1-1 φ110UPVC/231

1-1-2 φ110UPVC/209

1-1 φ140UPVC/22

干管1 φ140UPVC/165

1-2 φ110UPVC/75

1-3 φ110UPVC/187

A

1-4 φ110UPVC/137

给水栓(出水口)

1-5 φ110UPVC/187

YJ1

设计参数表

项目	单位	数值
土壤容重	g/cm³	1.45
计划湿润层深度	cm	80
田间持水率（重量百分比）	%	23.5
土壤含水量上限（重量百分比）	%	90
土壤含水量下限（重量百分比）	%	65
土壤湿润比		1.0
灌溉水利用系数	m³/h	0.85
灌水定额	m³/亩	45.39
最大日耗水强度	mm	5
设计灌水周期	d	13
系统日灌溉时间	h	13
支管间距	m	80
给水栓间距	m	30
积水算设计流量		30
轮灌组数	个	16
一次灌水延续时间	h	6.41
系统控制面积	亩	120
系统设计流量	m³/h	61.67

A点连接图

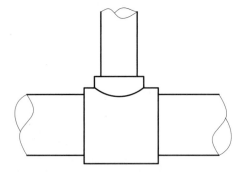

说明:

1. 图中尺寸管径单位以mm计，其余均以m计。

2. 本系统控制面积为8.0hm²（120亩），种植作物为小麦、玉米，项目区内水源井出水量63m³/h左右，机井动水位80m。

3. 供水管网按管道级别分为干管、分干管和支管三级。田间管道管材主干管、干管、分干管均采用0.63MPaPVC-U管，主干管、分干管
   管径为140mm，支管管径为110mm。

4. 给水栓选用GSF-5-110C，出水口设置防冲槽。

5. 地埋管路中，必要时在三通、弯头等处有不平衡力的地方设置镇墩。

6. 灌溉管网系统内的最低点设置DN800排水井，排水闸阀设计选用φ50PE球阀，连接PE管就近排入田间。

设计单位	西北水利水电建筑勘察设计院
图 名	杨凌区农业种植试验示范园低压管道输水灌溉设计图

小管出流灌溉系统组成示意图

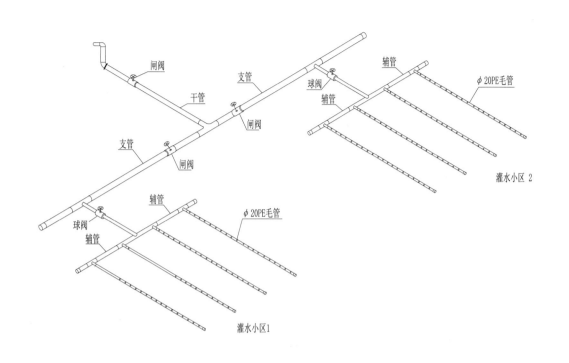

滴灌系统组成示意图

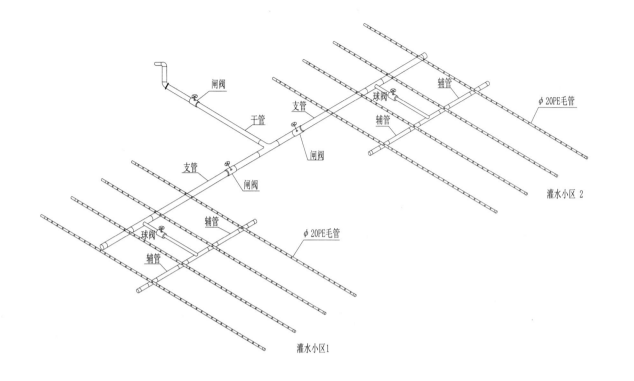

微喷灌系统组成示意图

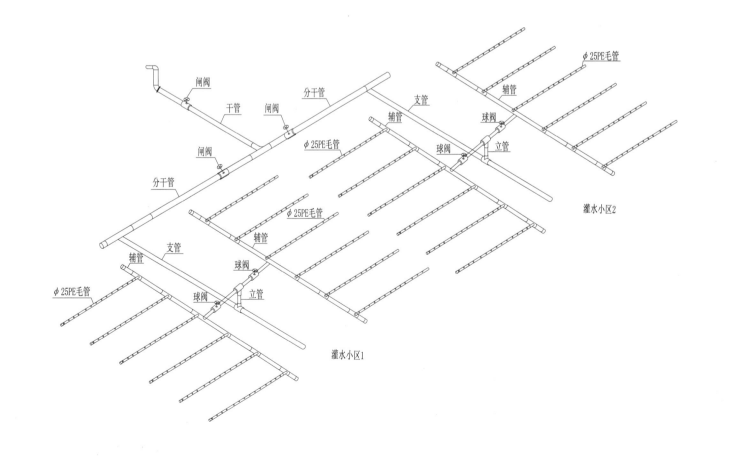

说明:

1. 首部枢纽选用H型叠片过滤器。
2. 实际设备配备可根据实际情况进行选择。

设计单位	西北水利水电建筑勘察设计院
图　名	杨凌区农业种植试验示范园滴灌、微喷灌、小管出流灌溉系统组成图